教育部高等学校电子信息类专业教学指导委员会规划教材
高等学校电子信息类专业系列教材

传感器与检测技术

卜乐平 主编

清华大学出版社
北京

内 容 简 介

本书系统地阐述了传感器与检测技术的概念、原理和方法。全书分为三篇，共14章。第一篇为基础知识和误差理论，介绍传感器与检测技术的基本概念、误差分析基础、传感器与检测系统的基本特性；第二篇为传感器及信号调理电路，介绍各种典型传感器的原理、结构、特性指标、使用特点及测量电路；第三篇为检测技术，介绍电学与磁学测量、流量的测量、火灾探测与测量，以及现代检测系统。其中，第二篇的内容是根据不同的测量原理进行分类的；第三篇的内容是根据不同的被测物理量进行分类的。各篇内容相对独立，紧密衔接，循序渐进，将传感器和检测技术有机结合起来，便于教师组织教学和学生系统学习。

本书可作为高等学校自动化、电子信息工程、测控技术及仪器等专业的教材，也可供其他专业学生及相关技术人员参考。

本书封面贴有清华大学出版社防伪标签，无标签者不得销售。
版权所有，侵权必究。举报：010-62782989，beiqinquan@tup.tsinghua.edu.cn。

图书在版编目(CIP)数据

传感器与检测技术/卜乐平主编. —北京：清华大学出版社，2021.9(2024.8重印)
高等学校电子信息类专业系列教材
ISBN 978-7-302-57637-2

Ⅰ.①传… Ⅱ.①卜… Ⅲ.①传感器－检测－高等学校－教材 Ⅳ.①TP212

中国版本图书馆CIP数据核字(2021)第037431号

策划编辑：盛东亮
责任编辑：吴彤云
封面设计：李召霞
责任校对：李建庄
责任印制：杨 艳

出版发行：清华大学出版社
网　　址：https://www.tup.com.cn,https://www.wqxuetang.com
地　　址：北京清华大学学研大厦A座　　　　　邮　编：100084
社 总 机：010-83470000　　　　　　　　　　邮　购：010-62786544
投稿与读者服务：010-62776969，c-service@tup.tsinghua.edu.cn
质量反馈：010-62772015，zhiliang@tup.tsinghua.edu.cn
课件下载：https://www.tup.com.cn,010-83470236

印 装 者：三河市天利华印刷装订有限公司
经　　销：全国新华书店
开　　本：185mm×260mm　　印　张：22.5　　字　数：551千字
版　　次：2021年9月第1版　　　　　　　　印　次：2024年8月第4次印刷
印　　数：3101～4100
定　　价：69.00元

产品编号：089114-01

高等学校电子信息类专业系列教材

顾问委员会

谈振辉	北京交通大学（教指委高级顾问）		郁道银	天津大学（教指委高级顾问）
廖延彪	清华大学　　（特约高级顾问）		胡广书	清华大学（特约高级顾问）
华成英	清华大学　　（国家级教学名师）		于洪珍	中国矿业大学（国家级教学名师）
彭启琮	电子科技大学（国家级教学名师）		孙肖子	西安电子科技大学（国家级教学名师）
邹逢兴	国防科技大学（国家级教学名师）		严国萍	华中科技大学（国家级教学名师）

编审委员会

主　任	吕志伟	哈尔滨工业大学			
副主任	刘　旭	浙江大学		王志军	北京大学
	隆克平	北京科技大学		葛宝臻	天津大学
	秦石乔	国防科技大学		何伟明	哈尔滨工业大学
	刘向东	浙江大学			
委　员	王志华	清华大学		宋　梅	北京邮电大学
	韩　焱	中北大学		张雪英	太原理工大学
	殷福亮	大连理工大学		赵晓晖	吉林大学
	张朝柱	哈尔滨工程大学		刘兴钊	上海交通大学
	洪　伟	东南大学		陈鹤鸣	南京邮电大学
	杨明武	合肥工业大学		袁东风	山东大学
	王忠勇	郑州大学		程文青	华中科技大学
	曾　云	湖南大学		李思敏	桂林电子科技大学
	陈前斌	重庆邮电大学		张怀武	电子科技大学
	谢　泉	贵州大学		卞树檀	火箭军工程大学
	吴　瑛	战略支援部队信息工程大学		刘纯亮	西安交通大学
	金伟其	北京理工大学		毕卫红	燕山大学
	胡秀珍	内蒙古工业大学		付跃刚	长春理工大学
	贾宏志	上海理工大学		顾济华	苏州大学
	李振华	南京理工大学		韩正甫	中国科学技术大学
	李　晖	福建师范大学		何兴道	南昌航空大学
	何平安	武汉大学		张新亮	华中科技大学
	郭永彩	重庆大学		曹益平	四川大学
	刘缠牢	西安工业大学		李儒新	中国科学院上海光学精密机械研究所
	赵尚弘	空军工程大学		董友梅	京东方科技集团股份有限公司
	蒋晓瑜	陆军装甲兵学院		蔡　毅	中国兵器科学研究院
	仲顺安	北京理工大学		冯其波	北京交通大学
	黄翊东	清华大学		张有光	北京航空航天大学
	李勇朝	西安电子科技大学		江　毅	北京理工大学
	章毓晋	清华大学		张伟刚	南开大学
	刘铁根	天津大学		宋　峰	南开大学
	王艳芬	中国矿业大学		靳　伟	香港理工大学
	苑立波	哈尔滨工程大学			
丛书责任编辑	盛东亮	清华大学出版社			

序
FOREWORD

  我国电子信息产业销售收入总规模在2013年已经突破12万亿元,行业收入占工业总体比重已经超过9%。电子信息产业在工业经济中的支撑作用凸显,更加促进了信息化和工业化的高层次深度融合。随着移动互联网、云计算、物联网、大数据和石墨烯等新兴产业的爆发式增长,电子信息产业的发展呈现了新的特点,电子信息产业的人才培养面临着新的挑战。

  (1) 随着控制、通信、人机交互和网络互联等新兴电子信息技术的不断发展,传统工业设备融合了大量最新的电子信息技术,它们一起构成了庞大而复杂的系统,派生出大量新兴的电子信息技术应用需求。这些"系统级"的应用需求,迫切要求具有系统级设计能力的电子信息技术人才。

  (2) 电子信息系统设备的功能越来越复杂,系统的集成度越来越高。因此,要求未来的设计者应该具备更扎实的理论基础知识和更宽广的专业视野。未来电子信息系统的设计越来越要求软件和硬件的协同规划、协同设计和协同调试。

  (3) 新兴电子信息技术的发展依赖于半导体产业的不断推动,半导体厂商为设计者提供了越来越丰富的生态资源,系统集成厂商的全方位配合又加速了这种生态资源的进一步完善。半导体厂商和系统集成厂商所建立的这种生态系统,为未来的设计者提供了更加便捷却又必须依赖的设计资源。

  教育部2012年颁布的《普通高等学校本科专业目录》将电子信息类专业进行了整合,为各高校建立系统化的人才培养体系,培养具有扎实理论基础和宽广专业技能的、兼顾"基础"和"系统"的高层次电子信息人才给出了指引。

  传统的电子信息学科专业课程体系呈现"自底向上"的特点,这种课程体系偏重对底层元器件的分析与设计,较少涉及系统级的集成与设计。近年来,国内很多高校对电子信息类专业课程体系进行了大力度的改革,这些改革顺应时代潮流,从系统集成的角度,更加科学合理地构建了课程体系。

  为了进一步提高普通高校电子信息类专业教育与教学质量,贯彻落实《国家中长期教育改革和发展规划纲要(2010—2020年)》和《教育部关于全面提高高等教育质量若干意见》(教高〔2012〕4号)的精神,教育部高等学校电子信息类专业教学指导委员会开展了"高等学校电子信息类专业课程体系"的立项研究工作,并于2014年5月启动了《高等学校电子信息类专业系列教材》(教育部高等学校电子信息类专业教学指导委员会规划教材)的建设工作。其目的是为推进高等教育内涵式发展,提高教学水平,满足高等学校对电子信息类专业人才培养、教学改革与课程改革的需要。

  本系列教材定位于高等学校电子信息类专业的专业课程,适用于电子信息类的电子信息工程、电子科学与技术、通信工程、微电子科学与工程、光电信息科学与工程、信息工程及其相近专业。经过编审委员会与众多高校多次沟通,初步拟定分批次(2014—2017年)建设约100门课程教材。本系列教材将力求在保证基础的前提下,突出技术的先进性和科学的前沿性,体现创新教学和工程实践教学;将重视系统集成思想在教学中的体现,鼓励推陈出新,采用"自顶向下"的方法编写教材;将注重反映优秀的教学改革成果,推广优秀的教学经验与理念。

为了保证本系列教材的科学性、系统性及编写质量,本系列教材设立顾问委员会及编审委员会。顾问委员会由教指委高级顾问、特约高级顾问和国家级教学名师担任,编审委员会由教育部高等学校电子信息类专业教学指导委员会委员和一线教学名师组成。同时,清华大学出版社为本系列教材配置优秀的编辑团队,力求高水准出版。本系列教材的建设,不仅有众多高校教师参与,也有大量知名的电子信息类企业支持。在此,谨向参与本系列教材策划、组织、编写与出版的广大教师、企业代表及出版人员致以诚挚的感谢,并殷切希望本系列教材在我国高等学校电子信息类专业人才培养与课程体系建设中发挥切实的作用。

吕志伟 教授

前言
PREFACE

传感器与检测技术作为信息获取与信息转换的重要手段，是实现装备自动化、信息化、智能化的技术基础之一。"没有传感器与检测技术，就没有自动化、信息化"的观点已为全世界所公认。本书在对我国多种型号船舶装备技术进行充分调研的基础上，对传感器及检测技术、检测方法进行了归纳总结，内容涉及装备常用的温度、压力、电、磁、火灾信号等的检测，循序渐进地介绍了相关知识点，便于教师教学和学生自学。

本书涉及内容广泛，全书分为三篇，共14章。第一篇是基础知识和误差理论，共3章：第1章（绪论）介绍传感器及检测技术的基本概念和发展趋势；第2章（检测技术基础知识）主要介绍误差的概念和测量不确定度的评定与表示方法；第3章介绍传感器与检测系统的静态、动态特性。第一篇内容在教学中可略讲或不讲，作为学生自学的参考资料。第二篇是传感器及信号调理电路，共7章，包括按不同原理进行分类的多种传感器及测量电路。第三篇是检测技术，共4章，按照被测量进行分类介绍，内容具有一定的综合性。全书内容尽可能涵盖船舶所用的传感器和仪表相关技术。为了进一步加深读者对内容的理解，每章最后都附有参考习题。

本书以工程教育为理念，以培养创新型人才为目标，注重学生动手能力、设计研发能力和解决实际问题能力的培养，对相关的内容给出了工程应用实例或应用背景。部分案例来源于实际装备研制和产品开发研究成果。部分内容（如热电阻温度传感器、火灾探测方法相关内容）融入了新技术和新方法。本书主要作为全国高等学校自动化专业、测控技术与仪器专业本科教材，以及机械电气类其他有关专业的教学参考书，也可供广大检测科技工作者自学或参考。

本书由海军工程大学卜乐平主编，杨宣访、王黎明、赵文春、王腾参与编写。卜乐平编写第1、2、3、10、12章；杨宣访编写第14章，王黎明编写第4~9章，赵文春编写第11章；王腾编写第13章。卜乐平负责全书的策划、内容安排、文稿修改和审定工作。

本书在编写过程中参考了许多有关的教材、标准、期刊文献、技术手册，在此对本书引用文献的有关作者一并表示感谢。

由于编者水平与能力有限，本书难免有不足或不当之处，恳请广大读者批评指正。

编　者
2021年6月于武汉

目 录
CONTENTS

第一篇 基础知识和误差理论

第1章 绪论 ··· 3
  1.1 传感器与检测技术的定义与作用 ·· 3
    1.1.1 传感器的定义 ··· 3
    1.1.2 检测的定义 ·· 3
    1.1.3 传感器与检测技术的地位与作用 ··· 4
  1.2 检测系统的组成 ·· 4
  1.3 传感器与检测系统的分类 ·· 7
    1.3.1 传感器的分类 ··· 7
    1.3.2 检测系统的分类 ·· 7
  1.4 传感器与检测技术的发展趋势 ·· 8
    1.4.1 传感器的发展趋势 ·· 8
    1.4.2 检测技术的发展趋势 ··· 10
  习题 1 ··· 11

第2章 检测技术基础知识 ·· 12
  2.1 检测系统误差分析基础 ··· 12
    2.1.1 误差的基本概念 ··· 12
    2.1.2 误差的表示方法 ··· 13
    2.1.3 检测仪器准确度等级与工作误差 ·· 15
    2.1.4 测量误差的分类 ··· 16
  2.2 系统误差的处理 ·· 17
    2.2.1 系统误差的特点及常见变化规律 ·· 17
    2.2.2 系统误差的判别和确定 ·· 18
    2.2.3 减小系统误差的方法 ··· 19
  2.3 随机误差的处理 ·· 20
    2.3.1 随机误差的分布规律 ··· 21
    2.3.2 测量数据的随机误差估计 ··· 23
  2.4 粗大误差处理 ··· 24
  习题 2 ··· 26

第3章 传感器与检测系统基本特性 ·· 28
  3.1 概述 ·· 28
  3.2 传感器与检测系统的静态特性 ·· 28

  3.3 传感器与检测系统静态特性主要参数 ………………………………………………… 30
  3.4 传感器与检测系统动态特性 ……………………………………………………………… 34
    3.4.1 传感器与检测系统动态数学模型 …………………………………………… 34
    3.4.2 零阶系统的数学模型 ………………………………………………………… 36
    3.4.3 一阶(惯性)系统的数学模型及动态特性参数 …………………………… 36
    3.4.4 二阶(振荡)系统的数学模型及动态特性参数 …………………………… 38
  3.5 传感器与检测仪器的校准 ………………………………………………………………… 41
    3.5.1 传感器或检测仪器的静态校准 ……………………………………………… 42
    3.5.2 传感器或检测仪器的动态校准 ……………………………………………… 43
 习题 3 ………………………………………………………………………………………………… 45

第二篇 传感器及信号调理电路

第 4 章 应变式电阻传感器 ……………………………………………………………………… 49
  4.1 电阻应变片工作原理 ……………………………………………………………………… 49
  4.2 结构与类型 ………………………………………………………………………………… 50
  4.3 金属电阻应变片主要特性 ………………………………………………………………… 53
  4.4 温度效应及其补偿 ………………………………………………………………………… 58
  4.5 应变式电阻传感器测量电路 ……………………………………………………………… 60
    4.5.1 直流电桥 ……………………………………………………………………… 61
    4.5.2 交流电桥 ……………………………………………………………………… 63
    4.5.3 应变式电阻传感器的应用 …………………………………………………… 64
 习题 4 ………………………………………………………………………………………………… 69

第 5 章 电感式传感器 …………………………………………………………………………… 71
  5.1 自感式传感器 ……………………………………………………………………………… 71
    5.1.1 工作原理 ……………………………………………………………………… 71
    5.1.2 灵敏度及非线性 ……………………………………………………………… 72
    5.1.3 等效电路 ……………………………………………………………………… 74
    5.1.4 信号调理电路 ………………………………………………………………… 75
    5.1.5 零点残余电压 ………………………………………………………………… 79
  5.2 互感式传感器 ……………………………………………………………………………… 80
    5.2.1 结构和工作原理 ……………………………………………………………… 80
    5.2.2 等效电路及其特性 …………………………………………………………… 80
    5.2.3 差动变压器的信号调理电路 ………………………………………………… 83
    5.2.4 零点残余电压的补偿 ………………………………………………………… 87
  5.3 电涡流式传感器 …………………………………………………………………………… 88
    5.3.1 结构和工作原理 ……………………………………………………………… 88
    5.3.2 信号调理电路 ………………………………………………………………… 91
    5.3.3 电涡流式传感器的特点及应用 ……………………………………………… 93
 习题 5 ………………………………………………………………………………………………… 95

第 6 章 电容式传感器 …………………………………………………………………………… 97
  6.1 工作原理和类型 …………………………………………………………………………… 97
    6.1.1 工作原理 ……………………………………………………………………… 97

		6.1.2 类型	97
	6.2	灵敏度和非线性	101
	6.3	电容式传感器等效电路	103
	6.4	电容式传感器测量电路	105
		6.4.1 调制型电路	105
		6.4.2 脉冲型电路	111
		6.4.3 电容式传感器应用	116
	习题 6		123

第 7 章 压电式传感器 … 126

- 7.1 压电效应和材料 … 126
  - 7.1.1 压电效应 … 126
  - 7.1.2 压电材料 … 131
  - 7.1.3 压电方程和压电常数 … 133
- 7.2 等效电路 … 135
- 7.3 测量电路 … 136
- 7.4 影响压电式传感器性能的主要因素 … 140
- 习题 7 … 142

第 8 章 光电式传感器 … 144

- 8.1 光电效应 … 144
- 8.2 光电器件及其特性 … 145
- 8.3 光电式传感器及其应用 … 152
  - 8.3.1 模拟式光电传感器 … 152
  - 8.3.2 脉冲式光电传感器 … 154
- 8.4 电荷耦合器件 … 155
  - 8.4.1 电荷耦合器件的工作原理 … 155
  - 8.4.2 电荷耦合器件应用举例 … 161
- 8.5 光纤传感器 … 162
  - 8.5.1 光导纤维 … 162
  - 8.5.2 光纤传感器的分类 … 164
  - 8.5.3 光纤传感器应用 … 167
- 习题 8 … 170

第 9 章 磁电式传感器 … 171

- 9.1 磁电感应式传感器 … 171
  - 9.1.1 工作原理和结构类型 … 171
  - 9.1.2 磁电感应式传感器的基本特性 … 173
  - 9.1.3 磁电感应式传感器的测量电路 … 174
  - 9.1.4 磁电感应式传感器应用 … 174
- 9.2 霍尔式传感器 … 176
  - 9.2.1 霍尔效应与霍尔元件 … 176
  - 9.2.2 霍尔元件构造及测量电路 … 179
  - 9.2.3 霍尔元件的主要技术指标 … 180
  - 9.2.4 霍尔元件的补偿电路 … 182

  9.2.5 霍尔式传感器应用 ··· 184
 习题 9 ··· 186

第 10 章 热电式传感器 ··· 188

 10.1 热电阻 ··· 188
  10.1.1 热电阻材料及工作原理 ··· 188
  10.1.2 热电阻测量电路 ·· 189
 10.2 热电偶 ··· 193
  10.2.1 热电效应 ·· 193
  10.2.2 热电偶基本定律 ·· 195
  10.2.3 热电偶材料及常用热电偶 ·· 197
  10.2.4 热电偶测温线路 ·· 198
  10.2.5 热电偶冷端补偿及测量电路 ·· 200
 10.3 热敏电阻 ·· 202
  10.3.1 热敏电阻的主要特性 ·· 203
  10.3.2 热敏电阻特性的线性化 ··· 205
  10.3.3 热敏电阻应用 ·· 208
 10.4 集成温度传感器 ·· 209
 习题 10 ·· 214

第三篇 检 测 技 术

第 11 章 电学与磁学测量 ··· 219

 11.1 电学测量 ·· 220
  11.1.1 电学测量简介 ·· 220
  11.1.2 电压测量与电流测量 ·· 222
  11.1.3 功率测量 ·· 224
 11.2 频率的测量 ··· 224
  11.2.1 直接测频法 ··· 224
  11.2.2 测周法 ··· 225
  11.2.3 多周期同步测频法 ·· 226
  11.2.4 频率测量专用芯片 ·· 226
  11.2.5 微波频率的测量 ·· 227
 11.3 相位差的测量 ·· 228
  11.3.1 脉冲计数法 ··· 228
  11.3.2 基于 FFT 的相位测量 ·· 229
  11.3.3 相关法 ··· 230
  11.3.4 相位测量集成芯片 ·· 231
 11.4 磁学测量 ·· 232
  11.4.1 磁学测量简介 ·· 232
  11.4.2 磁感应法 ·· 234
  11.4.3 霍尔效应法 ··· 235
  11.4.4 磁阻效应法 ··· 235
  11.4.5 磁通门法 ·· 237
  11.4.6 其他磁测量技术简介 ·· 240

11.5　材料磁特性测量技术 ………………………………………………… 242
习题 11 …………………………………………………………………………… 245

第 12 章　流量的测量 ……………………………………………………… 247

12.1　流量测量的基本概念 …………………………………………………… 247
　　12.1.1　流量和流量计 …………………………………………………… 247
　　12.1.2　流量物理参数与管流基础知识 ………………………………… 248
　　12.1.3　流量检测仪表的分类 …………………………………………… 251
12.2　流量测量仪表 …………………………………………………………… 251
　　12.2.1　差压式流量计 …………………………………………………… 251
　　12.2.2　容积式流量计 …………………………………………………… 258
　　12.2.3　叶轮式流量计 …………………………………………………… 260
　　12.2.4　电磁流量计 ……………………………………………………… 264
　　12.2.5　流体振动式流量计 ……………………………………………… 267
　　12.2.6　超声波流量计 …………………………………………………… 270
　　12.2.7　质量流量计 ……………………………………………………… 273
习题 12 …………………………………………………………………………… 278

第 13 章　火灾探测与测量 ………………………………………………… 280

13.1　火灾信号分类 …………………………………………………………… 280
13.2　火灾探测传感器 ………………………………………………………… 281
　　13.2.1　感烟探测器 ……………………………………………………… 282
　　13.2.2　感温探测器 ……………………………………………………… 288
13.3　视频火灾探测 …………………………………………………………… 296
　　13.3.1　视频火灾探测原理 ……………………………………………… 297
　　13.3.2　火灾图像综合识别算法 ………………………………………… 306
习题 13 …………………………………………………………………………… 307

第 14 章　现代检测系统 …………………………………………………… 308

14.1　概述 ……………………………………………………………………… 308
14.2　智能仪器 ………………………………………………………………… 308
　　14.2.1　智能仪器系统的构成 …………………………………………… 308
　　14.2.2　传感器输出信号的预处理 ……………………………………… 310
　　14.2.3　数据采集系统 …………………………………………………… 314
14.3　智能仪器数据处理 ……………………………………………………… 317
　　14.3.1　数字滤波算法 …………………………………………………… 317
　　14.3.2　测量数据标度变换 ……………………………………………… 320
　　14.3.3　非线性校正 ……………………………………………………… 322
　　14.3.4　仪表自校准 ……………………………………………………… 324
14.4　虚拟仪器 ………………………………………………………………… 327
　　14.4.1　基本概念 ………………………………………………………… 327
　　14.4.2　虚拟仪器的组成 ………………………………………………… 328
　　14.4.3　虚拟仪器应用举例 ……………………………………………… 330
14.5　网络化检测仪器 ………………………………………………………… 331
　　14.5.1　网络化测试技术 ………………………………………………… 331

14.5.2　网络化测试系统的组成 ·· 331
　习题 14 ·· 332
附录 1　Pt100 铂热电阻分度表(ZB Y301—85) ·· 334
附录 2　Pt1000 铂热电阻分度表(ZB Y301—85) ·· 337
附录 3　镍铬-镍硅热电偶分度表(K 型) ·· 341
参考文献 ·· 345

第一篇

基础知识和误差理论

第 1 章 绪 论
CHAPTER 1

1.1 传感器与检测技术的定义与作用

1.1.1 传感器的定义

传感器是能感受规定的被测量并将其按一定的规律转换成可用输出信号的器件或装置。这一定义表明：

(1) 传感器是一种实物测量装置，可用于对指定被测量进行检测；

(2) 它能感受某种被测量(传感器的输入)，如某种非电的物理量、化学量、生物量的大小，并把被测量按一定规律转换成便于人们应用、处理的另一参量(传感器的输出)，输出通常为电参量；

(3) 在其规定的精确度范围内，传感器的输出与输入具有对应关系。

为了使传感器的输出信号符合一定的规格，便于后续的仪器设备采集使用，可以采用变送器或信号调理电路。变送器能对传感器输出信号进行放大、滤波、变换等处理，将其转换为容易传输、处理、记录和显示的标准信号。

传感器通常由敏感器件和转换器件组合而成。敏感器件是指传感器中直接感受被测量的部分，转换器件通常是指将敏感器件在传感器内部输出转换为便于人们应用、处理的外部输出(通常为电参量)信号的部分。但是传感器种类繁多，差异很大，并不是所有的传感器都能从其内部明显分出敏感器件和转换器件两部分，有的是合二为一，如 Pt100 热电阻传感器、电容式物位传感器等，它们的敏感器件输出已是电参量，因此可以不配转换器件，直接将敏感器件输出的电参量作为传感器的输出。

在一些国家和有些学科领域，将传感器称为检测器、探测器、转换器等。这些不同叫法的内容和含义都相同或相似。

1.1.2 检测的定义

检测是指在生产、科研、实验及服务等各个领域，为及时获得被测、被控对象的有关信息而实时或非实时地对一些参量进行定性检查和定量测量。

对于现代工业生产，采用各种先进的检测技术与装置对生产全过程进行检查和监测，是确保安全生产，保证产品质量，提高产品合格率，降低能源和原材料消耗，提高企业的劳动生产率和经济效益所必不可少的。

中国有句古话,"工欲善其事,必先利其器",用这句话来说明检测技术在我国现代化建设中的重要性是非常恰当的。今天我们所进行的"事"就是现代化建设大业,而"器"则是先进的检测手段。科学技术的进步、制造业和服务业的发展、军队现代化建设的大量需求,促进了检测技术的发展,而先进的检测手段也可提高制造业、服务业的自动化、信息化水平和劳动生产率,促进科学研究和国防建设的进步,提高人民的生活水平。

"检测"是测量,"计量"也是测量,两者有什么区别?一般来说,"计量"是指用精度等级更高的标准量具、器具或标准仪器,对被测样品、样机进行考核性质的测量。这种测量通常具有非实时及离线和标定的性质,一般在规定的具有良好环境条件的计量室、实验室,采用比被测样品、样机更高精度的并按有关计量法规和定期校准的标准量具、器具或标准仪器进行。而"检测"通常是指在生产、实验等现场,利用某种合适的检测仪器或综合测试系统对被测对象进行在线、连续的测量。

1.1.3 传感器与检测技术的地位与作用

人类社会已进入信息化时代,工农业生产、交通、物流、社会服务等方方面面都需要实时获取各种信息,而各类传感器通常是各种信息源头,是检测与自动化系统、智能化系统的"感觉器官"。20世纪80年代以来,世界许多发达和发展中国家都将传感器技术列为重点发展的高技术并予以支持。

检测技术是自动化和信息化的基础与前提。在新型武器、装备研制过程中对现代检测技术的需求更多,要求更高。研制任何一种新武器,从设计到零部件制造、装配再到样机试验,都要经过成百上千次严格的试验,每次试验需要同时高速、高精度地检测多种物理参量,测量点经常多达上千个。

对于飞机、潜艇等大型装备,在正常使用时都需装备几百个各类传感器,组成十几至几十种检测系统,实时监测和指示各部位的工作状况。在新机型设计、试验过程中需要检测的物理量更多,全部检测点通常需要同时安装5000个以上的各类传感器。在火箭、导弹和卫星的发射过程中,需要动态、高速、高精度地检测许多参量。没有高精度、高可靠性的各类传感器和检测系统,要使导弹精确命中目标、使卫星准确入轨是根本不可能的。

用各种先进的医疗检测仪器可大大提高疾病的检查和诊断的速度和准确性,有利于争取时间,对症治疗,增加患者战胜疾病的机会。

随着生活水平的提高,检测技术与人们日常生活的关系也越来越密切。例如,新型建筑材料的物理/化学性能检测、装饰材料有害成分是否超标检测等,都需要高精度的专用检测系统;而城镇居民家庭室内的温度、湿度、防火、防盗及家用电器的安全监测等均需要大量价廉物美的传感器和检测仪表,从这些不难看出检测技术在现代社会中的重要地位与作用。

1.2 检测系统的组成

尽管现代检测仪器和检测系统的种类和型号繁多,用途和性能千差万别,但都是用于各种物理或化学成分等参量的检测,其组成单元按信号传递的流程来区分。首先,由各种传感器将非电被测物理或化学成分参量转换成电参量信号,然后经信号调理(包括信号转换、信号检波、信号滤波、信号放大等)、数据采集、信号处理后,进行显示、输出,加上系统所需的交/直流稳压电源和必要的输入设备,便构成了一个完整的自动检测(仪器)系统,如图 1-1 所示。

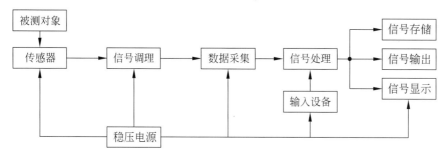

图 1-1　典型自动检测系统的组成框图

1. 传感器

传感器作为检测系统的信号源,是检测系统中十分重要的环节,其性能的好坏将直接影响检测系统的精度和其他指标。对传感器通常有如下要求。

(1) 准确性:传感器的输出信号必须准确地反映其输入,即被测量的变化。因此,传感器的输出与输入关系必须是严格的单值函数关系,最好是线性关系。

(2) 稳定性:传感器的输入、输出的单值函数关系最好不随时间和温度而变化,受外界其他因素的干扰影响也应很小,重复性要好。

(3) 灵敏度:即被测参量较小的变化就可使传感器获得较大的输出信号。

(4) 其他:如耐腐蚀性、功耗、输出信号形式、体积、售价等。

2. 信号调理

信号调理在检测系统中的作用是对传感器输出的微弱信号进行检波、转换、滤波、放大等,以方便检测系统后续处理或显示。例如,工程上常见的热电阻型数字温度检测(控制)仪表,其传感器 Pt100 的输出信号为热电阻值的变化。为便于后续处理,通常须设计一个四臂电桥,把随被测温度变化的热电阻阻值转换成电压信号;由于信号中往往夹杂着 50Hz 工频等噪声电压,故其信号调理电路通常包括滤波、放大、线性化等环节。传感器和检测系统种类繁多,复杂程度、精度、性能指标要求等往往差异很大,因此它们所配置的信号调理电路的多寡也不尽一致。对信号调理电路一般有如下要求。

(1) 能准确转换、稳定放大、可靠地传输信号。

(2) 信噪比高,抗干扰性能好。

3. 数据采集

数据采集(系统)在检测系统中的作用是对信号调理后的连续模拟信号进行离散化并转换成与模拟信号电压幅度相对应的一系列数值信息,同时以一定的方式把这些转换数据及时传递给微处理器或依次自动存储。数据采集系统通常以各类模/数(A/D)转换器为核心,辅以模拟多路开关、采样/保持器、输入缓冲器、输出锁存器等。数据采集系统的主要性能指标如下。

(1) 输入模拟电压信号范围,单位为伏特(V)。

(2) 转换速度(率),单位为次/秒。

(3) 分辨力，通常以模拟信号输入为满度时的转换值的倒数来表征。

(4) 转换误差，通常是指实际转换数值与理想 A/D 转换器理论转换值之差。

4. 信号处理

信号处理模块是自动检测仪表、检测系统进行数据处理和各种控制的中枢环节，其作用和人的大脑类似。现代检测仪表、检测系统中的信号处理模块通常以各种型号的嵌入式微控制器、专用高速数据处理器和大规模可编程集成电路，或直接采用工业控制计算机构建。

对于检测仪表、检测系统的信号处理环节，只要能满足用户对信号处理的要求，则越简单越可靠，成本越低越好。由于大规模集成电路设计、制造和封装技术的迅速发展，嵌入式微控制器、专用高速数据处理器和大规模可编程集成电路性能不断提升，而芯片价格不断降低，稍复杂一点的检测系统(仪器)的信号处理环节都应优先考虑选用合适型号的微控制器或数字信号处理器(Digital Signal Processor, DSP)进行设计和构建，从而使该检测系统具有更高的性能价格比。

5. 信号显示

通常人们都希望及时知道被测参量的瞬时值、累积值或其随时间的变化情况，因此，各类检测仪表和检测系统在信号处理器计算出被测参量的当前值后通常均需送至各自的显示器进行实时显示。显示是检测系统与人联系的主要环节之一，一般可分为指示式、数字式和屏幕式 3 种。

(1) 指示式显示又称为模拟式显示。被测参量数值大小由光指示器或指针在标尺上的相对位置表示。用有形的指针位移模拟无形的被测量是较方便、直观的。指示式仪表有动圈式和动磁式等多种形式，但均有结构简单、价格低廉、显示直观的特点，在检测精度要求不高的单参量测量显示场合应用较多。指示式仪表存在指针驱动误差和标尺刻度误差，这种仪表的读数精度和仪器的灵敏度受标尺最小分度的限制，操作者读仪表示值时站位不当就会引入主观读数误差。

(2) 数字式显示。以数字形式直接显示被测参量数值的大小。数字式显示没有转换误差和显示驱动误差，能有效地克服读数的主观误差(相对指示式仪表)，还能方便地与智能化终端连接并进行数据传输。因此，各类检测仪表和检测系统越来越多地采用数字式显示方式。

(3) 屏幕式显示。屏幕式显示实际上是一种类似电视的点阵式显示方法，具有形象性和易于读数的优点，能在同一屏幕上显示一个被测量或多个被测量的变化曲线或图表，显示信息量大、方便灵活。屏幕显示器一般体积较大，对环境温度、湿度等要求较高，在仪表控制室、监控中心等环境条件较好的场合使用较多。

6. 信号输出

在许多情况下，检测仪表和检测系统在信号处理器计算出被测参量的瞬时值后除送显示器进行实时显示外，通常还要把测量值及时传送给监控计算机、可编程逻辑控制器 (Programmable Logic Controller, PLC)或其他智能化终端。检测仪表和检测系统的输出信号通常有 4～20mA 的电流模拟信号和脉宽调制(Pulse Width Modulation, PWM)信号及串行数字通信信号等多种形式，根据系统的具体要求确定。

7. 输入设备

输入设备是操作人员与检测仪表或检测系统联系的另一主要环节，用于输入设置参数、下达有关命令等。最常用的输入设备是各种键盘、拨码盘、条码阅读器等。近年来,随着工业自动化、办公自动化和信息化程度的不断提高,通过网络或各种通信总线利用其他计算机或数字化智能终端实现远程信息和数据输入的方式越来越普遍。

8. 稳压电源

由于工业现场通常只能提供交流 220V 工频电源或 +24V 直流电源,传感器和检测系统通常不经降压、稳压就无法直接使用,因此,需要根据传感器和检测系统内部电路的实际需要,自行设计稳压电源。

最后,值得一提的是,以上部分不是所有的检测系统(仪表)都必须具备的,对于有些简单的检测系统,其各环节之间的界限也不是十分清楚,要根据具体情况进行分析。

1.3 传感器与检测系统的分类

1.3.1 传感器的分类

传感器种类繁多,其分类方法也较多。传感器常见的分类方法如表 1-1 所示。

表 1-1 传感器的分类

分类方法	传感器的种类	说 明
按传感器输入参量分类	位移传感器、压力传感器、温度传感器、一氧化碳传感器等	传感器以被测参量命名
按传感器转换机理(工作原理)分类	电阻式、电容式、电感式、压电式、超声波式、霍尔式等	以传感器转换机理命名
按物理现象分类	结构型传感器	传感器依赖其机构参数的变化实现信息转换
	物理性型传感器	传感器依赖其敏感器件物理性的变化实现信息转换
按能量关系分类	能量转换型传感器	传感器直接被测对象的能量转换为输出能量
	能量控制型传感器	由外部供给传感器能量,由被测量大小比例控制传感器的输出能量
按输出信号分类	模拟式传感器	传感器输出为模拟量
	数字式传感器	传感器输出为数字量

通常,采用按传感器输入参量分类法有利于人们按照目标对象的检测要求选用传感器,而采用按传感器转换机理分类法有利于对传感器开展研究和实验。

1.3.2 检测系统的分类

随着科技和生产的迅速发展,检测系统(仪表)的种类不断增加,其分类方法也很多,工程上常用的分类法如下。

1. 按被测参量分类

常见的被测参量可分为以下几类。

(1) 电工量:电压、电流、电功率、电阻、电容、频率、磁场强度、磁通密度等。

(2) 热工量:温度、热量、比热、热流、热分布、压力、压差、真空度、流量、流速、物位、液位、界面等。

（3）机械量：位移、形状、力、应力、力矩、重量、质量、转速、线速度、振动、加速度、噪声等。

（4）物性和成分量：气体成分、液体成分、固体成分、酸碱度、盐度、浓度、黏度、粒度、密度等。

（5）光学量：光强、光通量、光照度、辐射能量等。

（6）状态量：颜色、透明度、磨损量、裂纹、缺陷、泄漏、表面质量等。

严格地说，状态量范围更广，但是有些状态量由于已习惯归入热工量、机械量、成分量中，因此，在这里不再重复列出。

2. 按被测参量的检测转换方法分类

被测参量通常是非电物理或化学成分量，通常要用某种传感器把被测参量转换成电量，以便后续处理。被测参量转换成电量的方法很多，最主要的有以下几类。

（1）电磁转换：电阻式、应变式、压阻式、热阻式、电感式、互感式（差动变压器）、电容式、阻抗式（电涡流式）、磁电式、热电式、压电式、霍尔式、振频式、感应同步器、磁栅等。

（2）光电转换：光电式、激光式、红外式、光栅、光导纤维式等。

（3）其他能/电转换：声/电转换（超声波式）、辐射能/电转换（X射线式、β射线式、γ射线式）、化学能/电转换（各种电化学转换）等。

3. 按使用性质分类

按使用性质，检测仪表通常可分为标准表、实验室表和工业用表等3类。

标准表是各级计量部门专门用于精确计量、校准送检样品和样机的标准仪表。标准表的精度等级必须高于被测样品、样机所标称的精度等级，而其本身又根据量值传递的规定，必须经过更高一级法定计量部门的定期检定、校准，由更高精度等级的标准表检定，并出具该标准表重新核定的合格证书，方可依法使用。

实验室表多用于各类实验室中，它的使用环境条件较好，往往无特殊的防水、防尘措施，对于温度、相对湿度、机械振动等的允许范围也较小。这类检测仪表的精度等级虽较工业用表更高，但使用条件要求较严，只适于实验室条件下的测量与读数，不适于远距离观察及传送信号。

工业用表是长期使用于实际工业生产现场的检测仪表与检测系统。这类仪表数量最多，根据安装地点的不同，又有现场安装及控制室安装之分。前者应有可靠的防护，能抵御恶劣的环境条件，其显示也应醒目。工业用表的精度一般不是很高，但要求能长期连续工作，并具有足够的可靠性。在某些场合下使用时，还必须保证不因仪表引起事故，如在易燃、易爆环境条件下使用时，各种检测仪表都应有很好的防爆性能。

此外，按显示方式，检测系统可分为指示式（主要是指针式）系统、数字式系统和屏幕式系统等。

1.4 传感器与检测技术的发展趋势

1.4.1 传感器的发展趋势

传感器技术涉及多个学科领域，努力探索新现象、新理论，采用新技术、新工艺、新材料以研发新型传感器，或提高现有传感器的转换效能、转换范围或某些技术性能指标和经济指标,将是传感器总的发展方向。

当前,传感器技术的主要发展动向,一是深入开展基础和应用研究,探索新现象,研发新型传感器;二是研究和开发新材料、新工艺,实现传感器的集成化、微型化与智能化。

1. 探索新现象,研发新型传感器

利用物理现象、化学反应和生物效应是各种传感器工作的基本原理,因而探索和发现新现象与新效应是研制新型传感器最重要的工作,也是研制新型传感器的前提与技术基础。例如,目前世界主要发达经济体均有不少科研机构、高技术企业投入大量人力、物力,在大力开展仿生技术研究和高灵敏度仿生传感器研发。可以预见,这类仿生传感器将不断问世,而这类仿生传感器一旦大量成功应用,其意义和影响将十分深远。

2. 采用新技术、新工艺、新材料,提高现有传感器的性能

由于材料科学的进步,传感器材料有更多更好的选择。采用新技术、新工艺、新材料,可提高现有传感器的性能。例如,采用新型的半导体氧化物可以制造各种气体传感器;而用特种陶瓷材料制作的压电加速度传感器,其工作温度可远高于半导体晶体制作的同类传感器。传感器制造新工艺的发明与应用往往将催生新型传感器,或相对原有同类传感器可大幅度提高某些指标,如采用薄膜工艺可制造出远比干湿球、氯化锂等常用湿度传感器响应速度快的湿敏传感器。

3. 研究和开发集成化、微型化与智能化传感器

传感器集成化主要体现在以下几方面。

(1) 把同一功能敏感器件微型化、实现多敏感器件阵列化,同一类、同规格的众多敏感元件排成阵列型组合传感器,排成一维的构成线型阵列传感器(如线型压阻传感器),或者排成二维的构成面型阵列传感器(如电荷耦合元件图像传感器)。

(2) 把传感器的功能延伸至信号放大、滤波、线性化、电压/电流信号转换电路等,如在工业自动化领域广泛使用的压力、温度、流量等变送器,就是典型的集成化传感器,它们内部除有敏感器件外,还同时集成了信号转换、信号放大、滤波、线性化、电压/电流信号转换等电路,最终输出均为抗干扰能力强、适合远距离传输的 4~20mA 标准电流信号。

(3) 通过把不同功能敏感器件微型化后再组合、集成在一起,构成能检测两个以上参量的集成传感器,此类集成传感器特别适合需要大量应用的场合和空间狭小的特殊场合,如将热敏元件和湿敏元件及信号调理电路集成在一起的温、湿度传感器,一个传感器可同时完成温度和湿度的测量。

微米/纳米技术和微机械加工技术,特别是深层同步辐射 X 射线光刻、电铸成型及铸塑技术与工艺的问世与应用,为微型传感器研制奠定了坚实的基础。微型传感器的敏感元件尺寸通常为微米级,其显著特征就是"微小",通常其体积、质量仅为传统传感器的几十分之一甚至几百分之一。微型传感器对航空、航天、武器装备、侦察和医疗等领域检测技术的进步影响巨大,意义深远。

智能传感器是一种带微处理器、具有双向通信功能的传感器(系统),除具有被测参量检测、转换和信息处理功能外,还具有存储、记忆、自补偿、自诊断和双向通信功能。21 世纪初,美国率先提出"数字地球"概念,到 2009 年,中国倡导开展"感知中国"行动,促进"无线传感网络技术"研究,这些都是对智能传感器发展方向的肯定与推动。

1.4.2 检测技术的发展趋势

随着世界各国现代化步伐的加快,对检测技术的需求与日俱增。而大规模集成电路技术、微型计算机技术、机电一体化技术、微机械和新材料技术的不断进步,则大大促进了检测技术的发展。目前,现代检测技术发展的总趋势大体如下。

1. 不断拓展测量范围,努力提高检测精度和可靠性

随着科学技术的发展,对检测仪器和检测系统的性能要求,尤其是精度、测量范围、可靠性指标的要求越来越高。以温度为例,为满足某些科学实验的需求,不仅要求研制测温下限接近0K(-273.15℃),且测温范围尽可能达到15K(约-258℃)的高精度超低温检测仪表。同时,某些场合需连续测量液态金属的温度或长时间连续测量2500~3000℃的高温介质温度,目前虽然已能研制和生产上限超过2800℃的钨铼系列热电偶,但测温范围一旦超过2300℃,其准确度将下降,而且极易氧化,从而严重影响其使用寿命与可靠性。因此,寻找能长时间连续准确检测上限超过2300℃被测介质温度的新方法、新材料和研制(尤其是适合低成本大批量生产)出相应的测温传感器是各国科技工作者多年来一直努力要解决的课题。目前,非接触式辐射型温度检测仪表的测温上限,理论上最高可达100 000℃以上,但与聚核反应优化控制理想温度约10^8℃相比,还相差3个数量级,这就说明超高温检测的需求远远高于当前温度检测技术所能达到的技术水平。

随着微米/纳米技术和微机械加工技术研究与应用,对微机电系统、超精细加工、高精度在线检测技术和检测系统需求十分巨大,缺少在线检测技术和检测系统业已成为各种微机电系统制作成品率十分低下、难以批量生产的根本原因。

目前,除了超高温、超低温度检测仍有待突破外,诸如混相流量、脉动流量的实时检测,微差压(几十帕)、超高压在线检测、高温高压下物质成分的实时检测等都是亟待攻克的检测技术难题。

随着我国工业化、信息化步伐加快,各行各业高效率的生产更依赖于各种可靠的在线检测设备。努力研制在复杂和恶劣测量环境下能满足用户所需精度要求且能长期稳定工作的各种高可靠性检测仪器和检测系统将是检测技术的一个长期发展方向。

2. 重视非接触式检测技术研究

在检测过程中,把传感器置于被测对象上,灵敏地感知被测参量的变化,这种接触式检测方法通常比较直接、可靠,测量精度较高,但在某些情况下,因传感器的加入会对被测对象的工作状态产生干扰,而影响测量的精度。而在有些被测对象上,根本不允许或不可能安装传感器,如测量高速旋转轴的振动、转矩等。因此,各种可行的非接触式检测技术的研究越来越受到重视,目前已商品化的光电式传感器、电涡流式传感器、超声波检测仪表、核辐射检测仪表、红外检测与红外成像仪器等正是在这些背景下不断发展起来的。今后不仅需要继续改进和克服非接触式(传感器)检测仪器易受外界干扰及绝对精度较低等问题,而且相信对一些难以采用接触式检测或无法采用接触方式进行检测的,尤其是那些具有重大军事、经济或其他应用价值的非接触检测技术课题的研究投入会不断增加,非接触检测技术的研究、发展和应用步伐将明显加快。

3. 检测系统智能化

近10年,包括微处理器、微控制器在内的大规模集成电路的成本和价格不断降低,功能和集成度不断提高,使许多以微处理器、微控制器或微型计算机为核心的现代检测仪器(系统)实现了智能化,这些现代检测仪器通常具有系统故障自测、自诊断、自调零、自校准、自选量程、自动测试和自动分选功能,并且具有强大的数据处理和统计功能,远距离数据通信和输入、输出功能,可配置各种数字通信接口,传递检测数据和各种操作命令等,还可方便地接入不同规模的自动检测、控制与管理信息网络系统。与传统检测系统相比,智能化的现代检测系统具有更高的精度和性价比。

随着现代三大信息技术(现代传感技术、通信技术和计算机技术)的日益融合,各种最新的检测方法与成果不断应用到实际检测系统中,如基于机器视觉的检测技术、基于雷达的检测技术、基于无线通信的检测技术和基于虚拟仪器的检测技术等,这些都为检测技术的发展注入了新的活力。

习题 1

1-1 简述传感器的定义。

1-2 什么是变送器?

1-3 综述并举例说明传感器与检测技术在现代化建设中的作用。

1-4 检测系统通常由哪几部分组成?其中对传感器的一般要求是什么?

1-5 试述信号调理和信号处理的主要功能和区别,并说明信号调理单元和信号处理单元通常由哪些部分组成。

1-6 传感器有哪些分类方法?各包含哪些传感器种类?

1-7 根据被测参量的不同,检测系统通常可分为哪几类?

1-8 传感器与检测技术的主要发展趋势有哪些?

第 2 章 检测技术基础知识

CHAPTER 2

2.1 检测系统误差分析基础

目前误差理论已发展成为一门专门的学科,涉及内容很多。下面对测量误差的一些术语、概念、常用误差处理方法进行简要的介绍。

2.1.1 误差的基本概念

测量是变换、放大、比较、显示、读数等环节的综合。由于检测系统(仪表)不可能绝对精确,测量原理的局限、测量方法的不完善、环境因素和外界干扰的存在以及测量过程中被测对象的原有状态可能会被影响等因素,也使得测量结果不能准确地反映被测量的真值而存在一定的偏差,这个偏差就是测量误差。

与测量误差有关的几个术语如下。

(1) 真值(True Value):表征物理量与给定的特定量的定义一致的量值。真值是客观存在的,是人们根据对客观事物的认识而定义的,是一个理想的概念,是不可测量的。在实际的计量和测量工作中,经常采用"约定真值"和"相对真值"。

(2) 约定真值(Conventional True Value):按照国际公认的单位定义,应用科学技术发展的最高水平所复现的单位基准,有时也称为相对真值、约定值、最佳估计值、校准值或标准值。约定真值常常以法律的形式规定或指定,具有不确定度。随着科技的发展,不确定度越来越小。

(3) 标称值:计量或测量器具上标注的量值,如砝码上标出的 1kg、电阻上标出的 1.5kΩ 等。由于制造工艺不完备、测量不准确及环境条件的变化,标称值并不一定等于它的标准值。所以,在给出量具标称值的同时,通常应给出它的误差范围或准确度等级。

(4) 示值:由测量仪器(设备)给出或提供的量值,也称为测量值。

(5) 测量误差:用测量器具进行测量时,所测出来的数值与被测量真值之间的差值。

(6) 误差公理:人们对客观规律认识的局限性、测量设备不准确、测量方法不完善、测量时所处环境条件不理想、测量人员技术水平不高等原因都会使测量结果不可能等于被测量的真值,即一切测量都具有误差,误差自始至终存在于所有科学实验的过程之中。

(7) 准确度(Accuracy of Measurement):测量结果与被测量真值之间一致的程度。准确度是一个定性的概念,由于不可能知道被测量的真值,因此不可能准确定量地确定准确度的值。传统的误差理论认为准确度是系统误差和随机误差的合成。在说明测量结果的准确度时,应该用测量的不确定度定量表示。

人们研究误差的目的如下。

(1) 认识误差的规律、性质,寻找产生误差的原因,进而找出减小误差的途径与方法。

(2) 正确处理测量和实验数据,合理计算测量结果,以便在一定条件下得到更接近真值的数据。

(3) 正确组织实验过程,合理设计测量系统和测量方法,在最经济的条件下,得到理想的结果。

在实际测量中,对给定的检测任务,只需要达到规定的准确度要求就可以了,决不是准确度越高越好,但必须了解误差的大小。

2.1.2 误差的表示方法

检测系统(仪器)的基本误差通常有以下几种表示形式。

1) 绝对误差

绝对误差定义为测量结果(示值)M 与被测量真值 T 之差,即

$$\Delta = M - T$$

由于 T 未知,只能用约定真值替代,所以实际得到的是测量误差的估计值。

为了减少绝对测量误差,仪表中常使用修正值的概念,用于补偿仪表的系统误差。修正值 $\alpha_c = T - M = -\Delta$,与系统误差大小相等,符号相反,用以补偿仪表的系统误差。

采用绝对误差 Δ 不能比较不同量程的仪表的测量准确度,因为 Δ 与量程无关。

例如,测量 200kg/cm^2 压力时,$\Delta = \pm 1 \text{kg/cm}^2$;测量 50kg/cm^2 压力时,$\Delta = \pm 1 \text{kg/cm}^2$。仅从 Δ 上看无法判断优劣,但显然前者的性能更好。

2) 相对误差

相对误差定义为绝对误差 Δ 与被测量真值 T 的比值,即

$$r = \frac{\Delta}{T}$$

由于被测量的真值 T 无法得到,因此一般采用测量仪表的示值 M 代替真值 T,所得到的相对误差称为示值相对误差,用 δ_m 表示,计算式为

$$\delta_m = \frac{\Delta}{M}$$

可以看出,同一个仪表在整个测量范围内,相对误差不是定值,随被测量而变化,所以又引出了引用误差(归算误差)的概念。

3) 引用误差(归算误差)

引用误差(归算误差)定义为绝对误差 Δ 与仪表量程 B 的比值,即

$$\delta_0 = \frac{\Delta}{B} \times 100\%$$

$$B = X_{\max} - X_{\min}$$

其中,$X_{\max}$ 和 $X_{\min}$ 分别为仪表规定的最大测量值和最小测量值。

4)精确度

精确度表示仪表在测量性能上的综合优良程度,有精密度和正确度二者总和的意义。

(1) 精密度

对某一稳定的被测量,在相同的规定工作条件下,由同一测量者在相当短的时间内用同一仪表按同一方向连续重复测量多次,其测量结果(示值)的不一致程度取决于随机误差和仪表的有效位数,两者缺一不可。

例如,一标准电阻值为(真值约定)$R=4.3894\text{M}\Omega$,而用仪表多次测量显示值为 $4.4\text{M}\Omega$,不能说该仪表的精密度高,因为它的有效位数太少。

精密度反映出仪表显示值的不一致程度,反映了仪表的随机误差。

(2) 正确度

示值有规律地偏离真值(或约定真值)大小的程度称为正确度。

示值偏离真值的程度越小,正确度就越高,正确度也叫作准确度。

正确度偏离反映了仪表的系统误差,这个误差一般是固定不变的。

图 2-1 所示为精密度、正确度、精确度 3 种不同概念的典型示意图。

(a) 精密度高　　　(b) 正确度高　　　(c) 精确度高

图 2-1　3 种典型的测量结果

图 2-1(a)所示为精密度高的测量结果,弹着点(测量值)虽然偏离靶心(真值)比较远(表明正确度不高),但它们非常集中,分散性非常小。

测量设备应该足够精密,才能在使用时达到最少的重复测量次数。原则上讲,一个精密度低的无系统误差的测量过程不能提供准确的数据,因为从实用的观点来看,需要多次测量才能把随机误差减小到适当的限度。

图 2-1(b)中,尽管从打靶的角度来说其成绩非常糟糕,但从测量的角度来看,它们的几何中心(平均值)却非常接近靶心,因此正确度比较高。

图 2-1(c)所示为精确度高的测量结果,集中了图 2-1(a)和图 2-1(b)的优点。

精确度是一个定性的概念,具体反映精确度高低的指标为精确度等级。

5)准确度

准确度表示测量结果与真值的接近程度,是测量结果中系统误差和随机误差的综合,准确度涉及真值,由于真值的"不可知性",所以准确度只是一个定性的概念,而不能用于定量表达。定量表达应该用"测量的不确定度"。

在 1993 年第 2 版的《国际通用计量基本术语》中,前面所讲的"精密度""正确度"和"精确度"再未列出,而是代之以"准确度",相应地对仪表性能的评价也不再用精确度等级,而应采用准确度等级。

2.1.3 检测仪器准确度等级与工作误差

准确度等级 A 是指仪表在规定工作条件下,其最大绝对允许误差值 Δg_{max} 相对于仪表量程(测量范围)的百分数,即

$$A = \frac{|\Delta g_{max}|}{B} \times 100\% = \frac{|\Delta g_{max}|}{X_{max} - X_{min}} \times 100\%$$

其中,Δg_{max} 为最大绝对误差;B 为量程。

准确度等级实际上就是最大引用误差,用于评价仪表的精确性。

国家标准 GB 776—76《电测量指示仪表通用技术条件》规定,电测量仪表的准确度等级分为 0.1、0.2、0.5、1.0、1.5、2.5、5.0 等 7 级。

通常用最大引用误差 δ_{0max} 确定仪表的准确度等级,若 $\delta_{0max} < A\%$,则该仪表的准确度等级为 A。

例 2-1 测量稍低于 100℃ 的温度,现有两个温度计:0.5 级,0～300℃;1.0 级,0～100℃。如何选取?

解 直观上选取 0.5 级更好,但可以比较一下相对误差

$$\Delta_{max} = \delta_{0max} B, \quad r = \frac{\Delta_{max}}{T}$$

用 0.5 级时,$r = \frac{300 \times 0.5\%}{100} = 1.5\%$;

用 1.0 级时,$r = \frac{100 \times 1.0\%}{100} = 1.0\%$。

可见用 1.0 级的温度计比用 0.5 级的更适合。在选用仪表时应兼顾准确度等级和量程,不能只看准确度等级。

例 2-2 1.0 级电压表,量程为 300V,测 $U_1 = 300V, U_2 = 200V, U_3 = 100V$ 电压,求测量值的最大绝对误差和示值相对误差。

解 最大绝对误差 $\Delta U_1 = \Delta U_2 = \Delta U_3 = \pm 300 \times 1.0\% = \pm 3V$

$$r_{U_1} = \frac{\Delta U_1}{U_1} = 100\% = \pm 1.0\%$$

$$r_{U_2} = \frac{\Delta U_2}{U_2} = 100\% = \pm 1.5\%$$

$$r_{U_3} = \frac{\Delta U_3}{U_3} = 100\% = \pm 3.0\%$$

结论 (1) 示值测量误差仅与准确度等级有关,也与量程有关;

(2) 量程与测量值相差越小,测量的准确度越高。

所以,在选择仪表量程时,测量值应尽可能接近仪表的满量程,一般不小于满度值的 2/3,这样,测量结果的相对误差将不会超过仪表准确度等级指数百分数的 1.5 倍。这一结论适用于以标度尺上量限的百分数划分仪表准确度等级的一类仪表,如电流表、电压表、功率表;而对于测量电阻的普通型欧姆表是不适合的,因为欧姆表的准确度等级是以标度尺长度的百分数划分的,可以证明欧姆表的示值接近其中值电阻时,测量误差最小,准确度最高。

2.1.4 测量误差的分类

从不同的角度,测量误差可以有不同的分类方法。

1. 按误差的性质分类

根据误差的性质(或出现的规律),测量误差可分为系统误差、随机误差和粗大误差3类。

1) 系统误差

在相同条件下,多次重复测量同一被测参量时,其测量误差的大小和符号保持不变,或在条件改变时,误差按某一确定的规律变化,这种测量误差称为系统误差。

误差值恒定不变的系统误差又称为定值系统误差,误差值变化的系统误差则称为变值系统误差。变值系统误差又可分为累进性的、周期性的以及按复杂规律变化的系统误差。

系统误差产生的原因大体上有:测量所用的工具(仪器、量具等)本身性能不完善或安装、布置、调整不当;在测量过程中温度、湿度、气压、电磁干扰等环境条件发生变化;测量方法不完善或测量所依据的理论本身不完善;操作人员视读方式不当。总之,系统误差的特征是测量误差出现的有规律性和产生原因的可知性。系统误差产生的原因和变化规律一般可以通过实验和分析查出。因此,系统误差可被设法确定并消除。

2) 随机误差

在相同条件下多次重复测量同一被测参量时,测量误差的大小与符号均无规律变化,这类误差称为随机误差。随机误差主要是由于检测仪器或测量过程中某些未知或无法控制的随机因素(如仪器某些元器件性能不稳定、外界温度/湿度变化、空中电磁波扰动、电网的畸变与波动等)综合作用的结果。随机误差的变化通常难以预测,因此也无法通过实验方法确定、修正和消除。但是通过足够多的测量比较可以发现随机误差服从某种统计规律(如正态分布、均匀分布、泊松分布等)。

3) 粗大误差

粗大误差是指明显超出规定条件下预期的误差。其特点是误差数值大,明显歪曲了测量结果。粗大误差一般由外界重大干扰、仪器故障或不正确的操作等引起。存在粗大误差的测量值称为异常值或坏值,一般容易发现,发现后应立即剔除。也就是说,正常的测量数据应是剔除了粗大误差的数据,所以通常研究的测量结果误差中仅包含系统和随机两类误差。

系统误差和随机误差虽然是两类性质不同的误差,但两者并不是彼此孤立的。它们总是同时存在并对测量结果产生影响。许多情况下,很难把它们严格区分开来,有时不得不把并没有完全掌握或分析起来过于复杂的系统误差当作随机误差来处理。例如,生产一批应变片,就每一只应变片而言,它的性能、误差是完全可以确定的,属于系统误差;但是由于应变片生产批量大和误差测定方法的限制,不允许逐只进行测定,而只能在同一批产品中按一定比例抽测,其余未测的只能按抽测误差来估计,这一估计具有随机误差的特点,是按随机误差方法来处理的。

同样,某些随机误差(如环境温度、电源电压波动等所引起的),当掌握它的确切规律后,就可视为系统误差并设法修正。

由于在任何一次测量中,系统误差与随机误差一般都同时存在,所以常按其对测量结果的影响程度分3种情况来处理：系统误差远大于随机误差,仅按系统误差处理；系统误差很小,已经校正,可仅按随机误差处理；系统误差和随机误差差不多,应分别按不同方法来处理。

2. 按被测参量与时间的关系分类

按被测参量与时间的关系,测量误差可分为静态误差和动态误差两大类。习惯上,将被测参量不随时间变化时所测得的误差称为静态误差；被测参量随时间变化过程中进行测量时所产生的附加误差称为动态误差。动态误差是由于检测系统对输入信号变化响应上的滞后或输入信号中不同频率成分通过检测系统时受到不同的衰减和延迟而造成的误差。动态误差的大小为动态时测量和静态时测量所得误差值的差值。

3. 按产生误差的原因分类

按产生误差的原因,把误差分为原理性误差、构造误差等。由于测量原理、方法的不完善,或对理论特性方程中的某些参数做了近似或省略了高次项而引起的误差称为原理性误差(又称为方法误差)；因检测仪器(系统)在结构上、在制造调试工艺上不尽合理、不尽完善而引起的误差称为构造误差(又称为工具误差)。

2.2 系统误差的处理

在一般工程测量中,系统误差与随机误差总是同时存在,尤其对于装配刚结束可正常运行的检测仪器,在出厂前进行的对比测试、校准过程中,反映出的系统误差往往比随机误差大得多；而新购检测仪器尽管在出厂前,生产厂家已经对仪器的系统误差进行过良好的校正,但一旦安装到用户使用现场,也会因仪器的工况改变产生新的甚至是很大的系统误差,为此,需要进行现场调试和校正；在检测仪器使用过程中还会因仪器元器件老化、线路板及元器件上积尘、外部环境发生某种变化等原因而造成检测仪器系统误差的变化,因此需要对检测仪器定期检定与校准。

不难看出,为保证和提高测量精度,需要研究发现系统误差,进而设法校正和消除系统误差。

2.2.1 系统误差的特点及常见变化规律

系统误差的特点是其出现有规律性,系统误差的产生原因一般可通过实验和分析研究确定与消除。由于检测仪器种类和型号繁多,使用环境往往差异很大,产生系统误差的因素众多,因此系统误差所表现的特征,即变化规律往往也不尽一致。

系统误差(这里用 Δx 表示)随测量时间变化的几种常见关系曲线如图2-2所示。

曲线1表示测量误差的大小与方向不随时间变化的恒差型系统误差；曲线2表示测量误差随时间以某种斜率呈线性变化的线性变差型系统误差；曲线3表示测量误差随时间作某种周期性变化的周期变差型系统误差；曲线4为上述3种关系曲线的某种组合

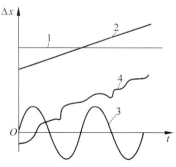

图2-2 系统误差的几种常见关系曲线

形态,表示呈现复杂规律变化的复杂变差型系统误差。

2.2.2 系统误差的判别和确定

1. 恒差系统误差的确定

1) 实验比对

对于不随时间变化的恒差系统误差,通常可以采用实验比对的方法发现和确定。实验比对的方法又可分为标准器件法(简称标准件法)和标准仪器法(简称标准表法)两种。以电阻测量为例,标准件法就是用检测仪器对高精度精密标准电阻器(其值作为约定真值)进行重复多次测量,如果测量值与标准电阻器阻值的差值大小均稳定不变,则该差值即可作为此检测仪器在该示值点的系统误差值,其相反数即为此测量点的修正值。标准表法是把精度等级高于被检定仪器两档以上的同类高精度仪器作为近似没有误差的标准表,与被检定检测仪器同时或依次对被测对象(如在被检定检测仪器测量范围内的电阻器)进行重复测量,把标准表的示值视为相对真值,如果被检定检测仪器示值与标准表示值之差大小稳定不变,则可将该差值作为此检测仪器在该示值点的系统误差,该差值的相反数即为此检测仪器在此点的修正值。

当不能获得高精度的标准件或标准仪器时,可用多台同类或类似仪器进行重复测量和比对,把多台仪器重复测量的平均值近似作为相对真值,仔细观察和分析测量结果,也可粗略地发现和确定被检仪器的系统误差。此方法只能判别被检仪器个体与其他群体间存在系统误差的情况。

2) 原理分析与理论计算

对一些因转换原理、检测方法或设计制造方面存在不足而产生的恒差型系统误差,可通过原理分析与理论计算加以修正。这类"不足"经常表现为在传感器转换过程中存在零位、传感器输出信号与被测参量间存在非线性、传感器内阻大而信号调理电路输入阻抗不够高、信号处理时采用的是略去高次项的近似经验公式或经简化的电路模型等。对此,需要针对性地仔细研究和计算、评估实际值与理想(或理论)值之间的恒定误差,然后设法校正、补偿和消除。

3) 改变外界测量条件

有些检测系统,一旦工作环境条件或被测参量数值发生改变,其测量系统误差往往也从一个固定值变化成另一个确定值。对这类检测系统需要通过逐个改变外界测量条件,发现和确定仪器在其允许的不同工况条件下的系统误差。

2. 变差系统误差的确定

变差系统误差是指按某种确定规律变化的测量系统误差。对此,可采用残差观察法或利用某些判断准则发现并确定是否存在变差系统误差。

1) 残差观察法

当系统误差比随机误差大时,通过观察和分析测量数据及各测量值与全部测量数据算术平均值之差,即剩余偏差(又称为残差),常常能发现该误差是否为按某种规律变化的变差系统误差。通常的做法是把一系列等精度重复测量值及其残差按测量时的先后次序分别列表,仔细观察和分析各测量数据残差值的大小和符号的变化情况,如果残差序列有规律地递增或递减,且残差序列减去其中值后的新数列在以中值为原点的数轴上呈正负对称分布,则说明测量存在累进性的线性系统误差;如果偏差序列有规律交替重复变化,则说明测量存在周期性系统误差。

当系统误差比随机误差小时,就不能通过观察发现系统误差,只能通过专门的判断准则才能较好地发现和确定。这些判断准则实质上是检验误差的分布是否偏离正态分布,常用的有马利科夫准则和阿贝-赫梅特准则等。

2) 马利科夫准则

马利科夫准则适用于判断、发现和确定线性系统误差。该准则的实际操作方法是将在同一条件下顺序重复测量得到的一组测量值 $X_1, X_2, \cdots, X_i, \cdots, X_n$ 按序排列,并求出它们相应的残差 $v_1, v_2, \cdots, v_i, \cdots, v_n$。

$$v_i = X_i - \frac{1}{n}\sum_{i=1}^{n}X_i = X_i - \overline{X} \tag{2-1}$$

其中,X_i 为第 i 次测量值;n 为测量次数;$\overline{X}$ 为全部 n 次测量值的算术平均值,简称为测量均值;v_i 为第 i 次测量的残差。

将残差序列以中间值 v_k 为界分为前后两组,分别求和,然后把两组残差和相减,即

$$D = \sum_{i=1}^{k}v_i - \sum_{i=s}^{n}v_i \tag{2-2}$$

当 n 为偶数时,取 $k=n/2, s=n/2+1$;当 n 为奇数时,取 $k=(n+1)/2=s$。

若 D 近似等于零,说明测量中不含线性系统误差;若 D 明显不为零(且大于 v_i),则表明这组测量中存在线性系统误差。

3) 阿贝-赫梅特准则

阿贝-赫梅特准则适用于判断、发现和确定周期性系统误差。该准则的实际操作方法也是将在同一条件下重复测量得到的一组测量值 $X_1, X_2, \cdots, X_n$ 按序排列,并根据式(2-1)求出它们相应的残差 $v_1, v_2, \cdots, v_n$,然后计算

$$A = \left|\sum_{i=1}^{n-1}v_i v_{i+1}\right| = |v_1 v_2 + v_2 v_3 + \cdots + v_{n-1}v_n| \tag{2-3}$$

如果式(2-3)中 $A > \sigma^2\sqrt{n-1}$ 成立(σ^2 为本测量数据序列的方差),则表明测量值中存在周期性系统误差。

2.2.3 减小系统误差的方法

在测量过程中,若发现测量数据中存在系统误差,则需要做进一步的分析比较,找出产生该系统误差的主要原因以及相应减小系统误差的方法。由于产生系统误差的因素众多,且经常是若干因素共同作用,因而显得更加复杂,难以找到一种普遍有效的方法来减小和消除系统误差。下面介绍几种最常用的减小系统误差的方法。

1. 针对产生系统误差的主要原因采取相应措施

对测量过程中可能产生系统误差的环节进行仔细分析,找出产生系统误差的主要原因,并采取相应措施,是减小和消除系统误差最基本和最常用的方法。例如,如果发现测量数据中存在系统误差的主要原因是在传感器转换过程中存在零位或传感器输出信号与被测参量间存在非线性,则可采取相应措施调整传感器零位,仔细测量出传感器非线性误差,并据此调整线性化电路或用软件补偿的方法校正和消除此非线性误差;如果发现测量数据中存在

的系统误差主要是因为信号处理时采用近似经验公式(如略去高次项等),则可考虑用改进算法、多保留高次项的措施减小和消除系统误差。

2. 采用修正方法减小恒差系统误差

利用修正值减小和消除恒差系统误差是常用的、非常有效的方法之一,在高精度测量、计量与校准时被广泛采用。

通常的做法是在测量前预先通过标准器件法或标准仪器法比对(计算),得到该检测仪器系统误差的修正值,制成系统误差修正表;然后用该检测仪器进行具体测量时可人工或由仪器自动地将测量值与修正值相加,从而大大减小或基本消除该检测仪器原先存在的系统误差。

除通过标准器件法或标准仪器法获取该检测仪器系统误差的修正值外,还可对各种影响因素(如温度、湿度、电源电压等)变化引起的系统误差通过反复实验绘制出相应的修正曲线或制成相应表格,供测量时使用。对随时间或温度不断变化的系统误差,如仪器的零点误差、增益误差等,可采取定期测量和修正的方法解决。智能化检测仪器通常可对仪器的零点误差、增益误差间隔一定时间自动进行采样并自动实时修正处理,这也是智能化仪器能获得较高测量精度的主要原因。

3. 采用交叉读数法减小线性系统误差

交叉读数法也称为对称测量法,是减小线性系统误差的有效方法。如果检测仪器在测量过程中存在线性系统误差,那么在被测参量保持不变的情况下,其重复测量也会随时间的变化而呈线性增加或减小。若选定整个测量时间范围内的某时刻为中点,则对称于此点的各对测量值的和都相等。根据这一特点,可在时间上将测量顺序等间隔对称安排,取各对称点两次交叉读入测量值,然后取其算术平均值作为测量值,即可有效地减小测量的线性系统误差。

4. 采用半周期法减小周期性系统误差

对周期性系统误差,可以相隔半个周期进行一次测量,如图 2-3 所示。

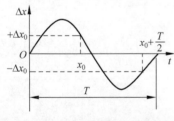

图 2-3 半周期法读数示意图

取两次读数的算术平均值,即可有效地减小周期性系统误差。因为相差半周期的两次测量,其误差在理论上具有大小相等、符号相反的特征,所以这种方法在理论上能很好地减小和消除周期性系统误差。

以上几种方法在具体实施时,由于种种原因,都难以完全消除所有的系统误差,而只能将系统误差减小到对测量结果影响最小以至可以忽略不计的程度。

如果测量系统误差或残余系统误差代数和的绝对值不超过测量结果扩展不确定度的最后一位有效数字的一半,通常就认为测量系统误差已经很小,可忽略不计了。

2.3 随机误差的处理

系统误差的特点是测量误差出现的有规律性,其产生原因一般可通过实验和分析研究确定,并采取相应措施将其减小到一定的程度。为方便起见,本节对随机误差的分析讨论中都假定系统误差已被减小到可忽略不计的程度。

由于随机误差是由没有规律的大量微小因素共同作用所产生的结果,因而不易掌握,也难以消除。但是,随机误差具有随机变量的一切特点,它的概率分布通常服从一定的统计规律。这样,就可以用数理统计的方法,对其分布范围做出估计,得到随机影响的不确定度。

2.3.1 随机误差的分布规律

假定对某个被测参量进行等精度(各种测量因素相同)重复测量 n 次,其测量值分别为 $X_1, X_2, \cdots, X_i, \cdots, X_n$,则各次测量的测量误差,即随机误差(假定已消除系统误差 x_i)分别为

$$\begin{cases} x_1 = X_1 - X_0 \\ x_2 = X_2 - X_0 \\ \vdots \\ x_i = X_i - X_0 \\ \vdots \\ x_n = X_n - X_0 \end{cases} \tag{2-4}$$

其中,X_0 为真值。

大量的实验结果还表明:当不存在起决定性影响作用的误差源(项)时,随机误差的分布规律多数服从正态分布。如果以偏差幅值(有正负)为横坐标,以偏差出现的次数为纵坐标作图,则可以看出满足正态分布的随机误差整体上具有以下统计特性。

(1) 有界性:即各个随机误差的绝对值(幅度)均不超过一定的界限;

(2) 单峰性:即绝对值(幅度)小的随机误差总要比绝对值(幅度)大的随机误差出现的概率大;

(3) 对称性:(幅度)等值而符号相反的随机误差出现的概率接近相等;

(4) 抵偿性:当等精度重复测量次数 $n \to \infty$ 时,所有测量值的随机误差的代数和为零,即

$$\lim_{n \to \infty} \sum_{i=1}^{n} x_i = 0$$

所以,在等精度重复测量次数足够大时,其算术平均值 $\overline{X}$ 就是其真值 X_0 较理想的替代值。

当存在起决定性影响作用的误差源时,还会出现正态分布、均匀分布、三角分布、梯形分布、C 分布等。下面对正态分布和均匀分布进行简要介绍。

1. 正态分布

高斯于 1795 年提出的连续型正态分布随机变量 x 的概率密度函数表达式为

$$p(x) = \frac{1}{\sqrt{2\pi}\sigma} e^{\frac{-(x-\mu)^2}{2\sigma^2}} \tag{2-5}$$

其中,μ 为随机变量的数学期望值;σ 为随机变量 x 的均方根差或标准偏差(简称为标准差),即

$$\sigma = \lim_{n \to \infty} \sqrt{\frac{\sum_{i=1}^{n}(x-\mu)^2}{n}} \tag{2-6}$$

σ^2 为随机变量的方差,数学上通常用 D 表示;n 为随机变量的个数。

正态分布中,μ 和 σ 是决定正态分布曲线的两个特征参数。μ 影响随机变量分布的集中位置,称为正态分布的位置特征参数;σ 表征随机变量的分散程度,称为正态分布的离散特征参数。μ 值改变,σ 值保持不变,正态分布曲线的形状保持不变而位置根据 μ 值的改变沿横坐标移动,如图 2-4 所示。当 μ 值不变,σ 值改变,则正态分布曲线的位置不变,但形状改变,如图 2-5 所示。

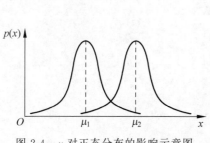

图 2-4 μ 对正态分布的影响示意图

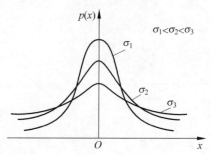

图 2-5 σ 对正态分布的影响示意图

σ 值变小,则正态分布曲线变得尖锐,表示随机变量的离散性变小;σ 值变大,则正态分布曲线变平缓,表示随机变量的离散性变大。

在已经消除系统误差条件下的等精度重复测量中,当测量数据足够多时,测量的随机误差大都呈正态分布,因而完全可以参照式(2-5)的高斯方程对测量随机误差进行比较分析。

分析测量随机误差时,标准差 σ 表征测量数据离散程度。σ 值越小,测量数据越集中,概率密度曲线越陡峭,测量数据的精密度越高;反之,σ 值越大,测量数据越分散,概率密度曲线越平坦,测量数据的精密度越低。

2. 均匀分布

在测试和计量中,随机误差有时还会服从非正态的均匀分布等。从误差分布图上看,均匀分布的特点是:在某一区域内,随机误差出现的概率处处相等,而在该区域外随机误差出现的概率为零。均匀分布的概率密度函数 $\varphi(x)$ 为

$$\varphi(x)=\begin{cases}\dfrac{1}{2a}, & -a\leqslant x\leqslant a\\ 0, & |x|>a\end{cases} \tag{2-7}$$

其中,a 为随机误差 x 的极限值。

均匀分布的随机误差概率密度函数的图形呈直线,如图 2-6 所示。

较常见的均匀分布随机误差通常是因指示式仪器度盘或标尺刻度误差造成的误差、检测仪器最小分辨力限制引起的误差、数字仪表或屏幕显示测量系统产生的量化(± 1)误差、智能化检测仪器在数字信号处理中存在的舍入误差等。此外,对于一些只知道误差出现的大致范围,而难以确切知道其分布规律的误差,在处理时也经常按均匀分布误差对待。

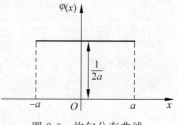

图 2-6 均匀分布曲线

2.3.2 测量数据的随机误差估计

1. 测量真值估计

在实际工程测量中,测量次数 n 不可能无穷大,而测量真值 X_0 通常也不可能已知。根据对已消除系统误差的有限次等精度测量数据样本 $X_1,X_2,\cdots,X_i,\cdots,X_n$,求其算术平均值 $\overline{X}$,即

$$\overline{X} = \frac{1}{n}\sum_{i=1}^{n}X_i \tag{2-8}$$

其中,$\overline{X}$ 为被测参量真值 X_0(或数学期望 μ)的最佳估计值,也是实际测量中比较容易得到的真值近似值。

2. 测量值的均方根误差估计

对已消除系统误差的一组 n 个(有限次)等精度测量数据 $X_1,X_2,\cdots,X_i,\cdots,X_n$,采用其算术平均值 $\overline{X}$ 近似代替测量真值 X_0 后,总会有偏差,目前常使用贝塞尔(Bessel)公式计算偏差的大小。

$$\hat{\sigma} = \sqrt{\frac{\sum_{i=1}^{n}(X_i-\overline{X})}{n-1}} = \sqrt{\frac{\sum_{i=1}^{n}v_i^{2}}{n-1}} \tag{2-9}$$

其中,X_i 为第 i 次测量值;n 为测量次数,这里是一个有限值;$\overline{X}$ 为 n 次测量值的算术平均值,简称为测量均值;v_i 为第 i 次测量的残差;$\hat{\sigma}$ 为标准差 σ 的估计值,也称为实验标准差。

3. 算术平均值的标准差

严格地讲,当 $n \to \infty$ 时,$\hat{\sigma} = \sigma$,$\overline{X} = X_0 = \mu$ 才成立。

可以证明(详细证明参考概率论或误差理论中的相关部分)算术平均值的标准差为

$$\sigma(\overline{X}) = \frac{1}{\sqrt{n}}\sigma(X) \tag{2-10}$$

在实际工作中,测量次数 n 只能是一个有限值,为了不产生误解,建议用算术平均值 $\overline{X}$ 的标准差和方差的估计值 $\hat{\sigma}(\overline{X})$ 和 $\hat{\sigma}^2(\overline{X})$ 分别代替式(2-10)中的 $\sigma(\overline{X})$ 和 $\sigma^2(\overline{X})$。

以上分析表明,算术平均值 $\overline{X}$ 的方差仅为单次测量值 X_i 方差的 $1/n$,也就是说,算术平均值 $\overline{X}$ 的离散度比测量数据 X_i 的离散度要小。所以,在有限次等精度重复测量中,用算术平均值估计被测量值要比用测量数据序列中任何一个都更合理和可靠。

式(2-10)还表明,在 n 较小时,增加测量次数 n,可明显减小测量结果的标准差,提高测量的精密度。但随着 n 的增大,减小的程度越来越小;当 n 大到一定数值时,$\hat{\sigma}(\overline{X})$ 就几乎不变了。另外,增加测量次数 n 不仅使数据采集和数据处理的工作量迅速增加,而且因测量时间不断增大而使"等精度"的测量条件无法保持,由此产生新的误差。所以,在实际测量中,对普通被测参量,测量次数 n 一般取 4~24。若要进一步提高测量精密度,通常需要从选择精度等级更高的测量仪器、采用更为科学的测量方案、改善外部测量环境等方面入手。

4. (正态分布时)测量结果的置信度

由上述可知,可用测量值 X_i 的算术平均值 $\overline{X}$ 作为数学期望 μ 的估计值,即真值 X_0 的

近似值。$\bar{X}$ 的分布离散程度可用贝塞尔公式等方法求出的重复性标准差$\hat{\sigma}$(标准差的估计值)表征,但仅知道这些还是不够的,还需要知道真值 X_0 落在某一数值区间的"肯定程度",即估计真值 X_0 能以多大的概率落在某一数值区间。

以上就是数理统计学中的数值区间估计问题。该数值区间称为置信区间,其界限称为置信限。该置信区间包含真值的概率称为置信概率,也可称为置信水平。这里置信限和置信概率综合体现测量结果的可靠程度,称为测量结果的置信度。显然,对同一测量结果而言,置信限越大,置信概率就越大;反之亦然。

对于正态分布,由于测量值在某一区间出现的概率与标准差σ的大小密切相关,所以一般把测量值 x_i 与真值 X_0(或数学期望 μ)的偏差 Δx 的置信区间取为σ的若干倍,即

$$\Delta x = \pm k\sigma \tag{2-11}$$

其中,k 为置信系数(或称为置信因子),可被看作在某个置信概率情况下,标准差σ与误差限之间的一个系数。它的大小不但与概率有关,而且与概率分布有关。对于正态分布,测量偏差 Δx 落在某区间的概率表达式为

$$P\{|x-\mu|\leqslant k\sigma\} = \int_{\mu-k\sigma}^{\mu+k\sigma} \frac{1}{\sqrt{2\pi}\sigma} e^{\frac{-(x-\mu)^2}{2\sigma^2}} dx \tag{2-12}$$

为表示方便,这里令 $\delta = x - \mu$,则有

$$P(|\delta|<k\sigma) = \int_{-k\sigma}^{+k\sigma} \frac{1}{\sqrt{2\pi}\sigma} e^{\frac{-\delta^2}{2\sigma^2}} d\delta = \int_{-k\sigma}^{+k\sigma} p(\delta) d\delta \tag{2-13}$$

置信系数 k 值确定之后,置信概率便可确定。对于式(2-13),当 k 分别取 1、2、3 时,即可测量误差 Δx 落入正态分布置信区间$\pm\sigma$、$\pm 2\sigma$、$\pm 3\sigma$ 的概率值分别如下。

$$P\{|\delta|\leqslant\sigma\} = \int_{-\sigma}^{+\sigma} p(\delta)d\delta = 0.6827$$

$$P\{|\delta|\leqslant 2\sigma\} = \int_{-2\sigma}^{+2\sigma} p(\delta)d\delta = 0.9545$$

$$P\{|\delta|\leqslant 3\sigma\} = \int_{-3\sigma}^{+3\sigma} p(\delta)d\delta = 0.9973$$

图 2-7 所示为上述不同置信区间的概率分布示意图。

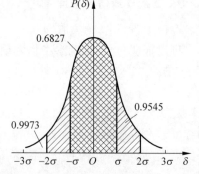

图 2-7 不同置信区间的概率分布示意图

2.4 粗大误差处理

2.3节关于随机误差的讨论是在假设等精度测量已消除系统误差的情况下进行的,但是没有排除测量数据中存在粗大误差的可能性。当在测量数据中发现某个数据可能是异常数据时,一般不要不加分析就轻易将该数据直接从测量记录中删除,最好能分析出该数据出现的主客观原因。判断粗大误差可从定性分析和定量判断两方面考虑。

定性分析就是对测量环境、测量条件、测量设备、测量步骤进行分析,看是否有某种外部条件或测量设备本身存在突变而瞬时破坏,测量操作是否有差错或等精度测量过程中是否存在其他可能引发粗大误差的因素;也可由同一操作者或另换有经验操作者再次重复进行前面的(等精度)测量,然后再将两组测量数据进行分析比较,或再与由不同测量仪器在同等

条件下获得的结果进行对比,以分析该异常数据出现是否"异常",进而判定该数据是否为粗大误差。这种判断属于定性判断,无严格的规则,应细致和谨慎地实施。

定量判断就是以统计学原理和误差理论等相关专业知识为依据,对测量数据中的异常值的"异常程度"进行定量计算,以确定该异常值是否为应剔除的坏值。这里所谓的定量计算是相对上面的定性分析而言,它是建立在等精度测量符合一定的分布规律和置信概率基础上的,因此并不是绝对的。

下面介绍两种工程上常用的粗大误差判断准则。

1. 拉伊达准则

拉伊达准则是依据对于服从正态分布的等精度测量,其某次测量误差$|X_i-\overline{X}|$大于3σ的可能性仅为0.27%,因此,把测量误差大于标准差σ(或其估计值$\hat{\sigma}$)的3倍测量值作为测量坏值予以舍弃。由于等精度测量次数不可能无限多,因此,工程上实际应用的拉伊达准则表达式为

$$|\Delta X_k|=|X_k-\overline{X}|>3\hat{\sigma}=K_L \quad (2\text{-}14)$$

其中,X_k为被疑为坏值的异常测量值;$\overline{X}$为包括此异常测量值在内的所有测量值的算术平均值;$\hat{\sigma}$为包括此异常测量值在内的所有测量值的标准差估计值;$K_L=3\hat{\sigma}$为拉伊达准则的鉴别值。

当某个可疑数据X_k的$|\Delta X_k|>3\hat{\sigma}$时,则认为该测量数据是坏值,应予剔除。剔除该坏值后,剩余测量数据还应继续计算$3\hat{\sigma}$和$\overline{X}$,并按式(2-14)继续计算、判断和剔除其他坏值,直至不再有符合式(2-14)的坏值为止。

拉伊达准则是以测量误差符合正态分布为依据的,值得注意的是,一般实际工程等精度测量次数大都较少,测量误差分布往往和标准正态分布相差较大。因此,在实际工程应用中,当等精度测量次数较少(如$n\leqslant 20$时),仍然采用基于正态分布的拉伊达准则,其可靠性将变差,且容易造成$3\hat{\sigma}$鉴别值界限太宽而无法发现测量数据中应剔除的坏值。可以证明,当测量次数$n<10$时,X_k的$|\Delta X_k|$总是小于$3\hat{\sigma}$。因此,当测量次数$n<10$时,拉伊达准则将彻底失效,不能判别任何粗大误差。拉伊达准则只适用于测量次数较多(如$n>25$以上)、测量误差分布接近正态分布的情况。

2. 格拉布斯(Grubbs)准则

格拉布斯准则是以小样本测量数据,以t分布(详见概率论或误差理论有关书籍)为基础,用数理统计方法推导得出的。理论上比较严谨,具有明确的概率意义,通常被认为是实际工程应用中判断粗大误差比较好的准则。

格拉布斯准则是指小样本测量数据中,满足

$$|\Delta X_k|=|X_k-\overline{X}|>K_G(n,a)\sigma(x) \quad (2\text{-}15)$$

其中,X_k为被疑为坏值的异常测量值;$\overline{X}$为包括此异常测量值在内的所有测量值的算术平均值;$\hat{\sigma}(x)$为包括此异常测量值在内的所有测量值的标准误差估计值;$K_G(n,a)$为格拉布斯准则的鉴别值,n为测量次数,a为危险概率,又称为超差概率,它与置信概率P的关系为$a=1-P$。

当某个可疑数据X_k的$|\Delta X_k|>K_G(n,a)\hat{\sigma}(x)$时,则认为该测量数据是含有粗大误差的异常测量值,应予以剔除。

格拉布斯准则的鉴别值 $K_G(n,a)$ 是与测量次数 n、危险概率 a 相关的数值,可通过查相应的数表获得。表 2-1 是工程常用 $a=0.05$ 和 $a=0.01$ 在不同测量次数 n 时,对应的格拉布斯准则鉴别值 $K_G(n,a)$ 表。

表 2-1 $K_G(n,a)$ 数值表

a \ n	0.01	0.05	a \ n	0.01	0.05
3	1.16	1.15	17	2.78	2.47
4	1.49	1.46	18	2.82	2.50
5	1.75	1.67	19	2.85	2.53
6	1.91	1.82	20	2.88	2.56
7	2.10	1.94	21	2.91	2.58
8	2.22	2.03	22	2.94	2.60
9	2.32	2.11	23	2.96	2.62
10	2.41	2.18	24	2.99	2.64
11	2.48	2.23	25	3.01	2.66
12	2.55	2.29	30	3.10	2.74
13	2.61	2.33	35	3.18	2.81
14	2.66	2.37	40	3.24	2.87
15	2.70	2.41	50	3.34	2.96
16	2.74	2.44			

当 $a=0.05$ 和 0.01 时,按测量数据个数 n 查表 2-1 得到格拉布斯准则作为粗大误差判别的鉴别值 $K_G(n,a)$ 的置信概率 P 分别为 0.95 和 0.99,即按式(2-15)得出的测量值大于按表 2-1 查得的鉴别值 $K_G(n,a)$ 的可能性仅分别为 5% 和 1%,这说明该数据是正常数据的概率已很小,可以认定该测量值为含有粗大误差的坏值并予以剔除。

应注意的是,若按式(2-15)和表 2-1 查出多个可疑测量数据,不能将它们都作为坏值一并剔除,每次只能舍弃误差最大的那个可疑测量数据,如误差超过鉴别值 $K_G(n,a)$ 最大的两个可疑测量数据数值相等,也只能先剔除一个,然后按剔除后的测量数据序列重新计算 $\overline{X}$ 和 $\hat{\sigma}(x)$ 并查表获得新的鉴别值 $K_G(n-1,a)$,重复进行以上判别,直到判明无坏值为止。

格拉布斯准则是建立在统计理论基础上,对 $n<30$ 的小样本测量较为科学、合理判断粗大误差的方法。因此,目前国内外普遍推荐使用此法处理小样本测量数据中的粗大误差。

如果发现在某个测量数据序列中,先后查出的坏值比例太大,则说明这批测量数据极不正常,应查找和消除故障后重新进行测量和处理。

习题 2

2-1 随机误差、系统误差、粗大误差产生的原因是什么?对测量结果的影响有什么不同?从提高测量准确度看,应如何处理这些误差?

2-2 工业仪表常用的准确度等级是如何定义的?准确度等级与测量误差是什么关系?

2-3 已知被测电压范围为 $0\sim5V$,现有(满量程)20V、0.5 级和 150V、0.1 级的两只电压表,应选用哪只电压表进行测量?

2-4 对某电阻两端电压等精度测量 10 次,其值分别为 28.03V、28.01V、27.98V、27.94V、27.96V、28.02V、28.00V、27.93V、27.95V、27.90V。分别用阿贝-赫梅特和马利科夫准则检验该测量中有无系统误差。

2-5 对某个电阻进行已消除系统误差的等精度测量,已知测得的一系列测量数据 R_i 服从正态分布。(1)如果标准差为 1.5,试求被测量电阻的真值 R_0 落在区间 $[R_i-2.8, R_i+2.8]$ 的概率;(2)如果被测量电阻的真值 $R_0=510$,标准差为 2.4,按照 95% 的可能性估计测量值分布区间。

2-6 下列 10 个测量值中的粗大误差可疑值 243 是否应该剔除?如果要剔除,求剔除前后的平均值和标准差。

{160,171,243,192,153,186,163,189,195,178}

第 3 章 传感器与检测系统基本特性
CHAPTER 3

3.1 概述

传感器的特性是指传感器所特有性质的总称。而传感器的输入-输出特性是其基本特性,一般把传感器作为二端网络研究时,输入-输出特性是二端网络的外部特性,即输入量和输出量的对应关系。由于输入作用量的状态(静态、动态)不同,同一个传感器所表现的输入-输出特性也不同,因此有静态特性和动态特性之分。由于不同传感器的内部参数各不相同,它们的静态特性和动态特性也表现出不同的特点,对测量结果的影响也各不相同。因此,从传感器的外部特性入手,分析它们的工作原理、输入-输出特性与内部参数的关系、误差产生的原因、规律、量程关系等是一项重要内容。本章主要从静态和动态角度研究输入-输出特性。

静态特性是指当输入量的各个值处于稳定状态(即输入量为常量或变化极慢)时传感器的输入-输出特性。动态特性是指当输入量随时间变化时传感器的输入-输出特性。

3.2 传感器与检测系统的静态特性

传感器的输入-输出关系或多或少地都存在非线性问题。在不考虑迟滞、蠕变等因素的情况下,其静态特性可用以下多项式代数方程表示。

$$y = a_0 + a_1 x + a_2 x^2 + \cdots + a_n x^n \tag{3-1}$$

其中,y 代表仪表输出量,如电压、电流、偏转角等;x 代表被测物理量,如温度、压力、长度、速度等;a_0 为零位输出;a_1 为传感器理论灵敏度,常用 K 表示;$a_2, a_3, \cdots, a_n$ 为非线性项待定系数。

各项系数不同,决定了特性曲线的具体形式。

由式(3-1)可知,如果 $a_0 = 0$,表示静态特性通过原点。此时静态特性由线性项 $a_1 x$ 和非线性项 $a_2 x^2, a_3 x^3, \cdots, a_n x^n$ 叠加而成,一般可分为 4 种典型情况,如图 3-1 所示。

1) 理想线性

$$a_0 = a_2 = a_3 = \cdots = a_n = 0$$
$$y = a_1 x = Kx, \quad K \text{ 为常数}$$

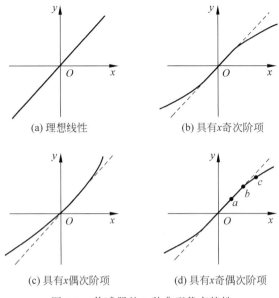

图 3-1 传感器的 4 种典型静态特性

2) 具有 x 奇次阶项的非线性

$$y = a_1 x + a_3 x^3 + a_5 x^5 + \cdots$$

特点：(1) 在原点附近基本上为直线；

(2) $y(x) = -y(-x)$，关于原点对称。

3) 具有 x 偶次阶项的非线性

$$y = a_1 x + a_2 x^2 + a_4 x^4 + \cdots$$

不关于原点对称。

4) 具有 x 奇偶次阶项的非线性

$$y = a_1 x + a_2 x^2 + a_3 x^3 + a_4 x^4 + \cdots$$

由此可见，除了图 3-1(a)所示为理想线性关系外，其余均为非线性关系，其中具有 x 奇次阶项的曲线（见图 3-1(b)），在原点附近一定范围内基本上是线性关系特性。

在实际设计仪表的时候，应尽量减少高次项系数，这样在输入量变化不大的范围(量程)内，使输入-输出特性近似线性化。特别是要去掉偶次项非线性，或采取措施完全消除非线性系数，这叫作静态特性的线性化。

实际应用中，若非线性项的幂次不高，则在输入量变化不大的范围内，用切线或割线代替实际的静态特性曲线的某一段，使传感器的静态特性接近于线性，这称为传感器特性曲线的线性化。在设计传感器时，应将测量范围选择在静态特性最接近直线的一小段，此时原点可能不在零点。传感器静态特性的非线性，使其输出不能成比例地反映被测量的变化情况，而且对动态特性也有一定的影响。

传感器的静态特性是在静态标准条件下测定的。在标准工作状态下，利用一定精度等级的校准设备，对传感器进行往复循环测试，即可得到输出-输入数据。将这些数据列成表格，再画出各被测量（正行程和反行程）对应输出平均值的连线，即为传感器的静态校准曲线。

衡量传感器静态特性的主要指标为线性度、迟滞、重复性、分辨力、稳定性、温度稳定性、各种抗干扰稳定性等。

3.3 传感器与检测系统静态特性主要参数

1. 线性度（非线性误差）

静态特性曲线可由实际测试获得，在获得测试曲线之后，可以说问题已经解决。但是为了标定和数据处理的方便，希望得到线性关系。这时可采取各种方法，包括计算机硬件和软件补偿，进行线性化处理。一般来说，这些办法都比较复杂。所以在非线性误差不太大的情况下，总是采用直线拟合的办法进行线性化。

传感器的线性度计算方法如图 3-2 所示。在采用直线拟合线性化时，输入输出的校正曲线与其拟合直线之间的最大偏差称为非线性误差，通常用相对误差来表示，即

$$\delta_L = \pm \frac{\Delta L_{max}}{y_{FS}} \times 100\% \qquad (3-2)$$

其中，ΔL_{max} 为校准曲线与拟合直线间的最大偏差；y_{FS} 为传感器校准曲线对应的满量程输出，$y_{FS} = y_{max} - y_0$，即校准曲线对应测量范围上、下限的输出值。这里用 y_{FS} 代替了传感器工作特性直线对应的满量程输出值 $Y_{FS} = Y_{max} - Y_0$。

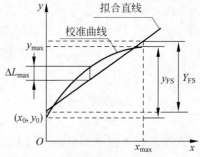

图 3-2 传感器线性度的计算

由此可见，非线性误差的大小是以一定的拟合直线为基准而得来的。拟合直线不同，非线性误差也不同。所以，选择拟合直线的主要出发点是获得最小的非线性误差，另外，还应考虑使用、计算方便等。

目前常使用的拟合方法有理论拟合、过零旋转拟合、端点拟合、端点平移拟合和最小二乘法拟合等。前 4 种方法如图 3-3 所示，实线为实际输出的校正曲线，虚线为拟合直线。

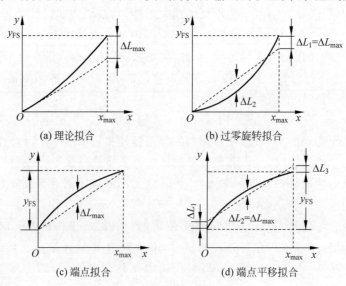

图 3-3 各种直线的拟合方法

在图 3-3(a)中,拟合直线为传感器的理论特性,与实际测试值无关。这种方法十分简便,但一般来说 ΔL_{max} 很大。

图 3-3(b)为过零旋转拟合,常用于校正曲线过零的传感器。拟合时,使 $\Delta L_1 = |\Delta L_2| = \Delta L_{max}$,这种方法也比较简单,非线性误差比理论拟合小很多。

图 3-3(c)中,把校正曲线两端点的连接作为拟合直线。这种方法比较简便,但 ΔL_{max} 较大。在一般文献中,此类方法称为端基法。

$$y = a_0 + kx$$

其中,y 为输出量;x 为输入量;a_0 为 y 轴上的截距;k 为直线的斜率。

图 3-3(d)在图 3-3(c)基础上直线平移,移动距离为图 3-3(c)中 ΔL_{max} 的一半。这条校正曲线在拟合直线的两端,$\Delta L_2 = |\Delta L_1| = |\Delta L_3| = \Delta L_{max}$。与图 3-3(c)相比,非线性误差减小一半,提高了精度。

最小二乘法在误差理论中的基本含义:在具有等精度的多次测量中求最可靠值时,是当各测定值的测量值的残差平方和为最小时所求得的值。也就是说,把所有校准点数据都标在坐标图上,用最小二乘法拟合的直线,其校准点与对应的拟合直线上的点之间的残差平方和为最小。设拟合直线方程式为

$$y = a + kx \tag{3-3}$$

若实际校准测试点有 n 个,则第 i 个校准数据 y_i 与拟合直线上相应值之间的残差为

$$\Delta_i = y_i - (kx_i - a) \tag{3-4}$$

最小二乘法拟合直线的原理就是使 $\sum_{i=1}^{n}\Delta_i^2$ 为最小值,也就是使 $\sum_{i=1}^{n}\Delta_i^2$ 对 k 和 a 的一阶偏导数等于零,即

$$\frac{\partial}{\partial k}\sum\Delta_i^2 = 2\sum(y_i - kx_i - a)(-x_i) = 0 \tag{3-5}$$

$$\frac{\partial}{\partial a}\sum\Delta_i^2 = 2\sum(y_i - kx_i - a)(-1) = 0 \tag{3-6}$$

从而求出 k 和 a 的表达式为

$$k = \frac{n\sum x_i y_i - \sum x_i \sum y_i}{n\sum x_i^2 - (\sum x_i)^2} \tag{3-7}$$

$$a = \frac{\sum x_i^2 \sum y_i - \sum x_i \sum x_i y_i}{n\sum x_i^2 - (\sum x_i)^2} \tag{3-8}$$

在获得 k 和 a 值之后,代入式(3-3)即可得到拟合直线,然后按式(3-4)求出误差的最大值 Δi_{max} 即为非线性误差。最小二乘法有严格的数学依据,尽管计算繁杂,但所得到的拟合直线精密度高,即误差小。

顺便指出,大多数传感器的校正曲线是通过零点的,或者使用"零点调节"使它通过零点。某些量程下限不为零的传感器,也应将量程下限作为零点处理。

2. 迟滞

传感器在正(输入量增大)、反(输入量减小)行程中输出与输入曲线不重合称为迟滞。也就是说,同样大小的输入量所采用的行程方向不同时,尽管输入为同一输入量,输出信号

大小却不相等。产生这种现象的主要原因是传感器机械部分存在不可避免的缺陷,如轴承摩擦、间隙、紧固件松动、材料内摩擦、积尘等,对于仪表主要原因为其中有储能元件。

传感器的迟滞特性如图 3-4 所示。迟滞大小一般由实验方法测得。迟滞误差一般以满量程输出的百分数表示,即

$$\delta_H = \pm \frac{1}{2} \frac{\Delta H_{max}}{y_{FS}} \times 100\% \tag{3-9}$$

其中,ΔH_{max} 为正反行程间输出的最大差值。

3. 重复性

重复性表征传感器在输入按同一方向作全量程连续多次变动时所得特性曲线不一致的程度。多次重复测试的曲线越重合,说明重复性越好,误差也越小。重复性的好坏是与许多随机因素有关,与产生迟滞现象具有相同的原因。

图 3-5 所示为传感器的重复特性,正行程的最大重复性偏差为 ΔR_{max1},反行程的最大重复性偏差为 ΔR_{max2}。重复性误差取这两个偏差中的较大者,记为 ΔR_{max},再以满量程输出的百分数表示,即

$$\delta_R = \pm \frac{\Delta R_{max}}{y_{FS}} \times 100\% \tag{3-10}$$

重复性误差也常用绝对误差来表示。检测时也可选取几个测试点,对应每一点多次从同一方向接近,获得输出值序列 $y_{i1}, y_{i2}, \cdots, y_{in}$,计算出最大值与最小值之差作为重复性偏差 ΔR_i,在几个 ΔR_i 中取出最大值 ΔR_{max} 作为重复性误差。

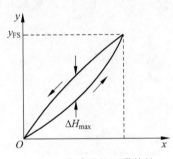

图 3-4 传感器的迟滞特性

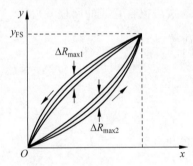

图 3-5 传感器的重复特性

4. 灵敏度与灵敏度误差

传感器输出的变化量 Δy 与引起该变化量的输入变化量 Δx 之比即为其静态灵敏度,其表达式为

$$k = \frac{\Delta y}{\Delta x} \tag{3-11}$$

由此可见,传感器校准曲线的斜率就是其灵敏度,线性传感器的特性是斜率处处相等,灵敏度 k 是一个常数。以拟合直线作为其特性的传感器,也可以认为其灵敏度是一个常数,与输入量的大小无关。例如,位移 1mm,输出电压 300mV,则 $k = 300\text{mV/mm}$;温度上升 1℃,输出电压 2mV,则 $k = 2\text{mV/℃}$。

由于种种原因,会引起灵敏度变化 Δk,产生灵敏度误差。灵敏度误差用相对误差 γ_s 表示,即

$$\gamma_s = \frac{\Delta k}{k} \times 100\%$$

5. 分辨率与阈值

分辨率是指传感器能确切反映被测量的最低极限量。最小检测量越小,表示传感器检测微量的能力越高。

由于传感器的最小检测量易受噪声的影响,所以一般以相当于噪声电平若干倍的被测量为最小检测量,用公式表示为

$$M = \frac{CN}{k} \tag{3-12}$$

其中,M 为最小检测量;C 为系数(一般取 1~5);N 为噪声电平;k 为传感器灵敏度。

例如,电容式压力传感器的噪声电平为 0.2mV,灵敏度 $k=5\text{mV/mm}$,若取 $C=2$,则根据式(3-12)计算得最小检测量为 0.08mm。

数字式传感器的分辨率为输出数字指示值最后一位数字所代表的输入量。

在传感器输入零点附近的分辨率称为阈值。

6. 时间漂移、零点漂移和灵敏度温度漂移

漂移量的大小是表征传感器稳定性的重要性能指标。传感器的漂移有时会使整个测量或控制系统处于瘫痪。时间漂移通常是指传感器零位随时间变化的大小。

1) 时间漂移

$$y_0 = \frac{|y_0'' - y_0'|_{\max}}{y_{FS} \Delta t} \times 100\%$$

其中,y_0'' 为稳定 Δt 小时后的传感器的零位输出值(注意,稳定时间可规定为大于 Δt 小时的任意值);y_0' 为传感器原先的零位输出值;y_{FS} 为满量程输出值。

2) 零点温度漂移

$$y_{0t} = \frac{y_{0(T_2)} - y_{0(T_1)}}{y_{FS(T_1)} \Delta T} \times 100\%$$

3) 灵敏度温度漂移

$$y_s = \frac{y_{FS(T_2)} - y_{FS(T_1)}}{y_{FS(T_1)} \Delta T} \times 100\%$$

其中,$y_{0(T_1)}$ 与 $y_{0(T_2)}$ 分别为起始温度为 T_1 与终止温度为 T_2 时的零位输出值;$y_{FS(T_1)}$ 与 $y_{FS(T_2)}$ 分别为 T_1 与 T_2 温度下的满量程输出值。

7. 多种抗干扰能力

这是指传感器对各种外界干扰的抵抗能力,如抗冲击和振动能力、抗潮湿的能力、抗电磁场干扰的能力等,评价这些能力比较复杂,一般也不易给出数量概念,需要具体问题具体分析。

8. 静态误差

静态误差是指传感器在其全量程内任意点的输出值与其理论输出值的偏离程度。静态误差的求取方法为把全部校准数据与拟合直线上对应值的残差看成随机分布,求出其标准偏差 σ,即

$$\sigma = \sqrt{\frac{1}{n-1} \sum_{i=1}^{n} (\Delta y_i)^2} \tag{3-13}$$

其中，Δy_i 为各种测试点的残差；N 为测试点数。

取 2σ 或 3σ 值即为传感器的静态误差。静态误差也可用相对误差表示，即

$$\gamma = \pm \frac{3\sigma}{y_{FS}} \times 100\% \tag{3-14}$$

静态误差是一项综合性指标，基本上包含了前面叙述的非线性误差 δ_L、迟滞误差 δ_H、重复性误差 δ_K、灵敏度误差 γ_S 等。所以，也可以把这几个单项误差综合而得，即

$$\delta = \pm \sqrt{\delta_L^2 + \delta_H^2 + \delta_K^2 + \gamma_S^2 + \cdots}$$

3.4 传感器与检测系统动态特性

实际中大量的被测信号是随时间变化的动态信号，这时传感器的输出能否良好地追随输入量的变化是一个很重要的问题。有的传感器尽管其静态特性非常好，但不能很好地追随输入量的快速变化而导致严重误差。这种动态误差若不注意加以控制，可以高达百分之几十甚至百分之几百，这就要求我们认真注意传感器的动态响应特性。

研究动态特性，可以从时域和频域两方面采用瞬态响应法和频率响应法来分析。

由于输入信号的时间函数形式是多种多样的，在时域内研究传感器的响应特性时，只能研究几种特定输入时间函数的响应特性，如阶跃函数、脉冲函数和斜坡函数等。在频域内研究动态特性可以采用正弦信号发生器和精密测量设备很方便地得到频率响应特性。动态特性好的传感器应具有很短的暂态响应时间或很宽的频率响应特性。

在研究传感器的动态特性时，为了便于比较和评价，经常采用的输入信号为单位阶跃输入量和正弦输入量。传感器的动态特性的分析和动态标定量也常采用这两种标准输入信号。

3.4.1 传感器与检测系统动态数学模型

大多数传感器都是线性的或在特定范围内认为是线性的系统。在分析线性系统的动态响应特性时，可以用数学方法来描述。传感器或检测系统动态特性的数学模型主要有 3 种形式：时域分析用的微分方程、复频域用的传递函数、频域分析用的频率特性。测量系统动态特性由其本身各个环节的物理特性决定，因此，如果知道上述 3 种数学模型中的任意一种，都可推导出另外两种形式的数学模型。

1. 微分方程

对于线性时不变的传感器或检测系统，表征其动态特性的常系数线性微分方程式为

$$a_n \frac{d^n y(t)}{dt^n} + a_{n-1} \frac{d^{n-1} y(t)}{dt^{n-1}} + \cdots + a_1 \frac{dy(t)}{dt} + a_0 y(t)$$
$$= b_m \frac{d^m x(t)}{dt^m} + b_{m-1} \frac{d^{m-1} x(t)}{dt^{m-1}} + \cdots + b_1 \frac{dx(t)}{dt} + b_0 x(t) \tag{3-15}$$

其中，$y(t)$ 为输出量的时间函数；$x(t)$ 为输入量的时间函数；$a_0, a_1, \cdots, a_{n-1}, a_n$ 和 $b_0, b_1, \cdots, b_{m-1}, b_m$ 为常数。

上述非齐次常微分方程可用经典的算子法求解。

对检测系统的动态特性进行分析,除了采用求输入-输出时域解的方法以外,还可以从频域进行分析,即通过分析系统的频率传递函数,分析系统对不同频率的输入信号的响应情况,了解其动态性能。

2. 传递函数

若传感器或检测系统的初始条件为零,则把传感器或检测系统输出(响应函数)$Y(t)$的拉普拉斯变换 $Y(s)$ 与传感器或检测系统输入(激励函数)$X(t)$的拉普拉斯变换 $X(s)$ 之比称为传感器或检测系统的传递函数 $H(s)$。

满足上述初始条件时,对式(3-15)两边进行拉普拉斯变换,得到测量系统的传递函数为

$$H(s) = \frac{Y(s)}{X(s)} = \frac{b_m s^m + b_{m-1} s^{m-1} + \cdots + b_1 s + b_0}{a_n s^n + a_{n-1} s^{n-1} + \cdots + a_1 s + a_0} \tag{3-16}$$

其中,分母中 s 的最高指数 n 代表微分方程的阶数。相应地,当 $n=1$ 和 $n=2$ 时则分别称为一阶系统传递函数和二阶系统传递函数。由式(3-16)可得

$$Y(s) = H(s)X(s) \tag{3-17}$$

知道传感器或检测系统传递函数和输入函数,即可得到输出(测量结果)函数 $Y(s)$,然后利用拉普拉斯反变换,求出 $Y(s)$ 的原函数,即瞬态输出响应为

$$y(t) = L^{-1}[Y(s)] \tag{3-18}$$

传递函数具有以下特点。

(1) 传递函数是传感器或检测系统本身各环节固有特性的反映,它不受输入信号影响,但包含瞬态、稳态时间和频率响应的全部信息。

(2) 传递函数 $H(s)$ 是通过把实际传感器或检测系统抽象成数学模型后经过拉普拉斯变换得到的,它只反映测量系统的响应特性。

(3) 同一传递函数可能表征多个响应特性相似,但具体物理结构和形式却完全不同的设备,如一个 RC 滤波电路与有阻尼弹簧的响应特性就类似,它们同为一阶系统。

3. 频率(响应)特性

对系统的传递函数 $H(s)$,令 $s = j\omega$,得到测量系统的频率特性 $H(j\omega)$ 为

$$H(j\omega) = \frac{Y(j\omega)}{X(j\omega)} = \frac{b_m (j\omega)^m + b_{m-1} (j\omega)^{m-1} + \cdots + b_1 (j\omega) + b_0}{a_n (j\omega)^n + a_{n-1} (j\omega)^{n-1} + \cdots + a_1 (j\omega) + a_0} \tag{3-19}$$

从物理意义上说,通过傅里叶变换可将满足一定初始条件的任意信号分解成一系列不同频率的正弦信号之和(叠加),从而将信号由时域变换至频域进行分析。因此,频率响应函数是在频域中反映测量系统对正弦输入信号的稳态响应,也称为正弦传递函数。

传递函数表达式(3-16)和频率特性表达式(3-19)形式相似,但前者是传感器或检测系统输出与输入信号的拉普拉斯变换式之比,其输入并不限于正弦信号,所反映的系统特性不仅有稳态,也包含瞬态;后者仅反映测量系统对正弦输入信号的稳态响应。

对于线性测量系统,其稳态响应(输出)是与输入(激励)同频率的正弦信号。对于同一正弦输入,不同传感器或检测系统稳态响应的频率虽相同,但幅度和相位角通常不同。当同一传感器或检测系统输入正弦信号的频率改变时,系统输出与输入正弦信号幅值之比随(输入信号)频率的变化关系称为传感器或检测系统的幅频特性,通常用 $A(\omega)$ 表示;系统输出与输入正弦信号相位差随(输入信号)频率的变化关系称为传感器或检测系统的相频特性,通常用 $\phi(\omega)$ 表示。幅频特性和相频特性合起来统称为传感器或检测系统的频率(响应)特

性。根据得到的频率特性可以方便地在频域直观、形象和定量地分析研究传感器或检测系统的动态特性。

绝大多数测量系统输出与输入的关系均可用零阶、一阶或二阶微分方程来描述。据此可以将测量系统分为零阶、一阶和二阶测量系统。不同阶数的检测系统,其动态特性参数是不同的,现分别叙述如下。

3.4.2 零阶系统的数学模型

对照式(3-15),零阶传感器的系数只有 a_0 和 b_0,于是微分方程为

$$a_0 y(t) = b_0 x(t)$$

或

$$y(t) = \frac{b_0}{a_0} x(t) = k x(t)$$

其中,k 为灵敏度系数。

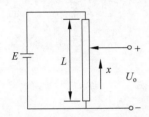

图 3-6 零阶线性电位器

例如,图 3-6 所示的线性电位器就是一个零阶传感器,用它测量电刷的位移 x。

设电位器的阻值是沿长度 L 线性分布的,则输出电压和电刷位移之间的关系为

$$U_o = \frac{E}{L} x = k x$$

其中,U_o 为输出电压;E 为电源电压;x 为电刷位移。

输出电压 U_o 与位移 x 成正比,它对任何频率输入均无时间滞后。这是一种理想的输入输出关系,实际上由于存在寄生电容和电感,高频时会引起少量失真,影响动态性能。

3.4.3 一阶(惯性)系统的数学模型及动态特性参数

1. 一阶系统的阶跃响应

对照式(3-15),一阶系统的微分方程系数除 a_0、a_1 和 b_0 外,其他系数均为 0,因此可以写成

$$a_1 \frac{dy(t)}{dt} + a_0 y(t) = b_0 x(t)$$

其标准形式为

$$\frac{a_1}{a_0} \frac{dy(t)}{dt} + y(t) = \frac{b_0}{a_0} x(t)$$

即

$$\tau \frac{dy(t)}{dx(t)} + y(t) = k x(t) \tag{3-20}$$

其中,k 为静态灵敏度,$k = \dfrac{b_0}{a_0}$;τ 为时间常数,$\tau = \dfrac{a_1}{a_0}$。

可以通过对系统输入端加阶跃信号的方法考查其动态特性。当系统阶跃输入的幅值为

A 时,对一阶测量系统传递函数(式(3-20))进行拉普拉斯反变换,得到一阶系统对阶跃输入的输出响应表达式为

$$y(t) = k(1 - e^{-\frac{t}{\tau}}) \tag{3-21}$$

其输出响应曲线如图 3-7 所示。

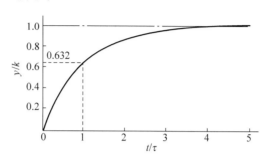

图 3-7 一阶系统对阶跃输入的响应

2. 一阶系统的动态特性参数

一阶系统时域动态特性参数主要是时间常数及与之相关的输出响应时间。

1) 时间常数 τ

时间常数是一阶系统最重要的动态性能指标,一阶系统为阶跃输入时,其输出量上升到稳态值的 63.2% 所需的时间,就为时间常数 τ。一阶系统为阶跃输入时响应曲线的初始斜率为 $1/\tau$。

2) 响应时间 t_s

从式(3-21)和图 3-7 可以看出,一阶系统响应 $y(t)$ 随时间 t 增加而增大,当 $t=\infty$ 时趋于最终稳态值,即 $y(\infty)=kA$。理论上,在阶跃输入后的任何具体时刻都不能得到系统的最终稳态值,即总是 $y(t<\infty)<kA$。因而,工程上通常把 $t_s=4\tau$(这时有一阶系统的输出 $y(4\tau) \approx y(\infty) \times 98.2\% = 0.982kA$)当作一阶测量系统对阶跃输入的输出响应时间。一阶系统的时间常数越小,其系统输出的响应就越快。

3. 一阶系统的频率特性

对式(3-20)进行拉普拉斯变换,可得到一阶系统的传递函数表达式为

$$H(s) = \frac{Y(s)}{X(s)} = \frac{k}{1+\tau s} \tag{3-22}$$

一阶系统的频率特性表达式为

$$H(j\omega) = \frac{Y(j\omega)}{X(j\omega)} = \frac{k}{1+j\omega t} \tag{3-23}$$

其幅频特性表达式为

$$|H(j\omega)| = \frac{k}{\sqrt{1+(\omega\tau)^2}} \tag{3-24}$$

其相频特性表达式为

$$\phi(\omega) = -\arctan\omega\tau \tag{3-25}$$

将 $|H(j\omega)|$ 和 $\phi(\omega)$ 绘成曲线,如图 3-8 所示。幅频特性的纵坐标采用分贝值,其定义已标在图上;横坐标也是对数坐标,但直接标注 ω 值。这种图又称为波特(Bode)图。

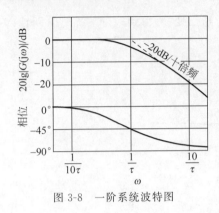

图 3-8 一阶系统波特图

由图 3-8 可知,一阶系统只有在 $\omega\tau$ 值很小时才近似于零阶系统的特性(即 $|G(j\omega)|=k$)。当 $\omega\tau=1$ 时,传感器的灵敏度下降了 3dB(即 $|G(j\omega)|=0.707k$)。如果取灵敏度下降到 3dB 时的频率为工作频带的上限,则一阶系统的上截止频率为 $\omega_H=1/\tau$,所以时间常数 τ 越小,工作频带越宽。

综上所述,用一阶系统描述的检测系统,其动态响应特性的优劣主要取决于时间常数。τ 越小越好。τ 小时,则阶跃响应的上升过程快,而频率响应的上截止频率高。

3.4.4 二阶(振荡)系统的数学模型及动态特性参数

1. 二阶系统的阶跃响应

相当多的传感器,如测压、测力和加速度传感器等都可以近似地看作二阶系统,可以用下列二阶常微分方程描述其输入、输出信号之间的动态关系。

$$a_2 \frac{d^2 y}{d^2 x} + a_1 \frac{dy}{dt} + a_0 y = b_0 x$$

将方程写成标准形式为

$$\frac{1}{\omega_n^2} \frac{d^2 y}{d^2 x} + \frac{2\zeta}{\omega_n} \frac{dy}{dt} + y = kx \tag{3-26}$$

其中,$k=b_0/a_0$ 为静态灵敏度;$\omega_n=\sqrt{a_0/a_2}$ 为无阻尼固有频率;$\zeta=a_1/2\sqrt{a_0 a_2}$ 为阻尼比。

对于二阶系统,当输入信号 $x(t)$ 为幅值等于 A 的阶跃信号时,通过对二阶系统传递函数(式(3-26))进行拉普拉斯反变换,可得常见二阶系统(通常有 $0<\zeta<1$,称为欠阻尼)对阶跃输入的输出响应表达式为

$$y(t) = kA \left[1 - \frac{e^{-\omega_n \zeta t}}{\sqrt{1-\zeta^2}} \sin\left(\omega_d t + \arctan \frac{\sqrt{1-\zeta^2}}{\zeta}\right) \right] \tag{3-27}$$

其中,右边括号外的系数与一阶系统阶跃输入时的响应相同,其全部输出由两项叠加而成。其中一项为不随时间变化的稳态响应 kA,另一项为幅值随时间变化的阻尼衰减振荡(暂态响应)。暂态响应的振荡角频率 ω_d 称为系统有阻尼自然振荡角频率。暂态响应的幅值按指数 $e^{-\omega_n \zeta t}$ 规律衰减,阻尼比 ζ 越大,暂态幅值衰减越快。如果 $\zeta=0$,则二阶测量系统对阶跃输入的响应将为等幅无阻尼振荡;如果 $\zeta=1$,则称为临界阻尼,这时二阶测量系统对阶跃输入的响应为稳态响应 kA 叠加上一项幅值随时间指数减少的暂态项,系统响应无振荡;如果 $\zeta>1$,则称为过阻尼,其暂态响应为两个幅值随时间指数减少的暂态项,且因其中一个衰减很快(通常可忽略其影响),整个系统响应与一阶系统对阶跃输入响应相近,可把其近似地作为一阶系统分析对待。

在阶跃输入下,不同阻尼比对(二阶测量)系统响应的影响如图 3-9 所示。

2. 二阶系统的动态特性参数

由图 3-9 可见,阻尼比 ζ 和系统有阻尼自然振荡角频率 ω_d 是二阶测量系统最主要的动

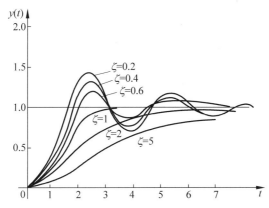

图 3-9 阶跃输入下,二阶测量系统(不同阻尼比)响应

态时域特性参数。常见 $0<\zeta<1$ 衰减振荡型二阶系统的时域动态性能指标示意图如图 3-10 所示。表征二阶系统在阶跃输入作用下时域主要性能指标主要如下。

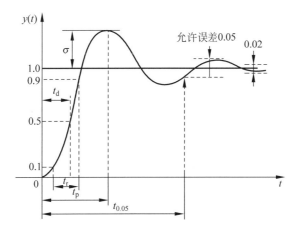

图 3-10 二阶系统的时域动态性能指标示意图

(1) 延迟时间 t_d：系统输出响应值达到稳态值的 50% 所需的时间。

(2) 上升时间 t_r：系统输出响应值从 10% 达到 90% 稳态值所需的时间。

(3) 响应时间 t_s：在响应曲线上,系统输出响应达到一个允许误差范围的稳态值,并永远保持在这一允许误差范围内所需的最小时间。根据不同的应用要求,允许误差范围取值不同,对应的响应时间也不同。工程中多数选系统输出响应第 1 次到达稳态值的 95% 或 98%(也即允许误差为 ±5% 或 ±2%)的时间为响应时间。

(4) 峰值时间 t_p：输出响应曲线达到第 1 个峰值所需的时间。因为峰值时间与超调量相对应,所以峰值时间等于阻尼振荡周期的一半,即 $t_p = T/2$。

(5) 超调量 τ：超调量为输出响应曲线的最大偏差与稳态值比值的百分数。

(6) 衰减率 d：衰减振荡型二阶系统过渡过程曲线上相差一个周期 T 的两个峰值之比。

上述衰减振荡型二阶传感器或检测系统的动态性能指标、相互关系及计算公式如表 3-1 所示。

表 3-1　$0<\zeta<1$ 二阶检测系统时域动态性能指标

名　称	计　算　公　式
振荡周期 T	$T=2\pi/\omega_d$
振荡频率 ω_d	$\omega_d=\omega_n\sqrt{1-\zeta^2}$
峰值时间 t_p	$t_p=\pi/(\omega_n\sqrt{1-\zeta^2})=\pi/\omega_d=T/2$
超调量 σ	$\sigma=\exp(-\pi\zeta/\sqrt{1-\zeta^2})\times 100\%=\exp(-D/2)\times 100\%$
响应时间 t_s	$t_{0.05}=3/\zeta\omega_n=3T/D$ $t_{0.02}=3.9/\zeta\omega_n=3.9T/D$
上升时间 t_r	$t_r=(1+0.9\zeta+1.6\zeta^2)/\omega_n$
延迟时间 t_d	$t_d=(1+0.6\zeta+0.2\zeta^2)/\omega_n$
衰减率 d	$d=\exp(2\pi\zeta/\sqrt{1-\zeta^2})$
对数衰减率 D	$D=2\pi\zeta/\sqrt{1-\zeta^2}=-2\ln\sigma$

3. 二阶系统的频率特性

在零起始条件下,将式(3-26)两边都进行拉普拉斯变换,可得到二阶系统的传递函数为

$$G(s)=\frac{Y(s)}{X(s)}=\frac{k/\omega_n^2}{s^2+2\zeta\omega_n s+\omega_n^2} \tag{3-28}$$

令 $s=j\omega$,得到测量系统的频率特性为

$$G(j\omega)=\frac{k}{\left(\dfrac{j\omega}{\omega_n}\right)^2+\dfrac{2\zeta j\omega}{\omega_n}+1}$$

其中,幅频特性为

$$|G(j\omega)|=\frac{k}{\sqrt{\left(1-\dfrac{\omega^2}{\omega_n^2}\right)^2+\left(2\zeta\dfrac{\omega}{\omega_n}\right)^2}} \tag{3-29}$$

相频特性为

$$\phi=\arctan\left(\frac{2\zeta\omega\omega_n}{\omega^2-\omega_n^2}\right) \tag{3-30}$$

从式(3-29)和式(3-30)及图 3-11(a)的曲线可以得出以下几个结论。

当 $\omega/\omega_n\ll 1$(即 $\omega\ll\omega_n$)时,$|G(j\omega)|\approx k$,$\phi(\omega)\approx 0$,即近似于理想的系统(零阶系统)。要想使工作频带加宽,最关键的是提高无阻尼固有频率 ω_n。

当 $\omega/\omega_n\rightarrow 1$(即 $\omega\rightarrow\omega_n$)时,幅频特性和相频特性都与阻尼比 ζ 有着明显关系。可以分为 3 种情况。

(1) 当 $\zeta<1$(欠阻尼),$\omega/\omega_n\rightarrow 1$(即 $\omega\rightarrow\omega_n$)时,出现极大值,换句话说,就是出现共振现象;当 $\zeta=0$ 时,共振频率就等于无阻尼固有频率 ω_n;当 $\zeta>0$ 时,有阻尼的共振现象为 $\omega_d=\sqrt{1-2\zeta^2}\,\omega_n$,值得注意的是,这与有阻尼的固有频率 $\sqrt{1-\zeta^2}\,\omega_n$ 是稍有不同的,不能混为一谈。另外,$\varphi(\omega)$ 在 $\omega\rightarrow\omega_n$ 时趋近于 $-90°$。一般在 ζ 很小时,取 $\omega\ll\omega_n/10$ 的区域作为传感器的通频带。

(2) 当 $\zeta=0.7$(最佳阻尼)时,幅频特性 $|G(j\omega)|$ 的曲线平坦段最宽,而且相频特性 $\phi(\omega)$ 接近于一条斜线。这种条件下若取 $\omega=\omega_n/2$ 为宽频带,其幅度失真不超过 2.5%,但

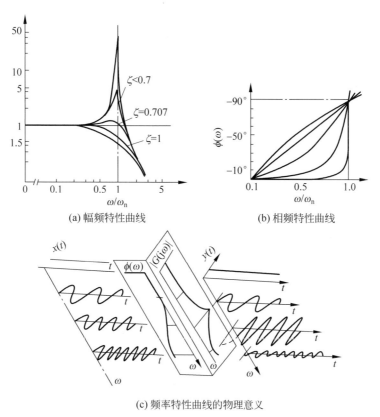

图 3-11 二阶系统的频率特性曲线及其物理意义

输出曲线要比输入曲线延迟 $\Delta t = \pi/2\omega_n$。

(3) 当 $\zeta=1$(临界阻尼)时,幅频特性曲线永远小于 1。相应地,其共振频率 $\omega_d=0$,不会出现共振现象。但因为幅频特性曲线下降太快,平坦段反而变窄了,值得注意的是临界阻尼并非最佳阻尼,不应混为一谈。

当 $\omega/\omega_n \gg 1$(即 $\omega \gg \omega_n$)时,幅频特性曲线趋于零,几乎没有响应。

综上所述,用二阶系统描述的传感器动态特性的优劣主要取决于固有频率 ω_n 或共振频率 $\omega_d = \sqrt{1-2\zeta^2}\,\omega_n$。对于大部分传感器,因为 $\zeta \ll 1$,故 ω_n 与 ω_d 相差无几,就不再详细区分。另外,适当地选取 ζ 值也能改善动态响应特性,从而减少过冲、加宽幅频特性的平坦段,但相比之下不如增大固有频率的效果更直接、更明显。

3.5 传感器与检测仪器的校准

传感器或检测仪器在制造、装配完毕后都必须对其功能和技术性能进行全面测试,以确定传感器或检测仪器的实际性能;为使其符合规定的精度等级要求,出厂前通常须经过——校准。传感器或检测仪器使用一段时间后会因弹性元件疲劳、运动机件磨损及腐蚀、电子元器件的老化等造成误差,所以必须定期进行校准,以保证测量的准确度。此外,新购传感器或检测仪器在安装使用前,为防止运输过程中由于振动或碰撞等原因造成的误差,也应对其进行校准,以保证检测精度。

通常,利用某种标准器或高精度标准表(这里指其测量误差小于被测传感器或检测仪器容许误差1/3的高精度传感器或检测仪器)对被测传感器或检测仪器进行全量程比对性测量,称为标定;将传感器或检测仪器使用一段时间后(可在全量程范围内均匀地选择5个以上的校准点,其中应包括起始点和终点)进行的性能复测称为校准。由于标定与校准的本质相同,下面仅对传感器或检测仪器的校准进行介绍。

传感器或检测仪器的校准分为静态校准和动态校准两种。静态校准的目的是确定传感器或检测仪器的静态特性指标,如线性度、灵敏度、滞后和重复性等。动态校准的目的是确定传感器或检测仪器的动态特性参数,如频率响应、时间常数、固有频率和阻尼比等。

3.5.1 传感器或检测仪器的静态校准

1. 静态标准条件

传感器或检测仪器的静态特性是在静态标准条件下进行校准的。所谓静态标准条件,是指没有加速度、振动、冲击(除非这些参数本身就是被测物理量),以及环境温度一般为室温(20 ± 5)℃、相对湿度不大于85%、大气压力为(101 ± 7)kPa的情况。

2. 校准器精度等级的确定

静态校准可分为标准器件法(简称标准件法)和标准仪器法(简称标准表法)两种。以称重传感器或检测仪器校准为例,标准件法就是采用一系列高精度的标准砝码作为称重传感器或检测仪器输入量与其输出进行正、反行程重复比对测量;称重传感器或检测仪器各测量点的测量值与标准砝码平均差值可作为传感器或检测仪器在该示值点的系统误差值,其相反数即为此测量点的修正值。而标准表法就是把精度等级高于被校准称重传感器或检测仪器一两个等级(其测量误差至少要小于被校准传感器或检测仪器容许误差的1/3)的高精度传感器或检测仪器作为近似没有误差的标准表,与被称重传感器或检测仪器同时或依次对被测对象(本例为被校准称重传感器或检测仪器量程范围内重量不等的物质)进行重复测量,把标准表示值视为相对真值,如果被校准称重传感器或检测仪器示值与标准表示值之差大小稳定不变,就可将该差值作为此检测仪器在该示值点的系统误差,该差值的相反数即为此检测仪器在此点的修正值。

3. 静态特性校准的方法

对传感器或检测仪器进行静态特性校准,要在静态标准条件下选择比被校准传感器或检测仪器的规定精度高一两个等级的标准设备,再对传感器或检测仪器进行静态特性校准。校准步骤如下。

(1) 根据标准器的情况,将传感器或检测仪器全量程(测量范围)分成若干等间距点(一般至少均匀地选择5个以上的校准点,其中应包括起始点和终点)。

(2) 然后由小到大逐一增加输入标准量值,并记录被校准传感器或检测仪器与标准器相对应的输出值。

(3) 将输入值由大到小逐一减小,同时记录与各输入值相对应的输出值。

(4) 按步骤(2)和步骤(3)所述过程,对传感器进行正、反行程往复循环多次测试,将得到的输出-输入测试数据用表格列出或作出曲线。

(5) 对测试数据进行必要的处理,根据处理结果就可以确定被校准传感器或检测仪器的线性度、灵敏度、滞后和重复性等静态特性指标。

3.5.2 传感器或检测仪器的动态校准

传感器或检测仪器的动态校准主要是研究传感器或检测仪器的动态响应,而与动态响应有关的参数包括:一阶系统只有时间常数 τ 一个参数;二阶系统则有固有频率 ω_n 和阻尼比 ζ 两个参数。

对传感器或检测仪器进行动态校准,需要有标准的激励信号源。为了便于比较和评价,通常要求标准的激励信号源能输出阶跃信号和正弦信号,即以一个已知的阶跃信号激励传感器或检测仪器,用高速、高精度仪器记录下传感器或检测仪器按自身的固有频率振动的运动状态后,分析、确定其动态参量;或者以一个振幅和频率均为已知、可调的标准正弦信号源激励传感器或检测仪器,并根据高速、高精度仪器记录下的运动状态,确定传感器或检测仪器的动态特性。

对于一阶传感器或检测仪器,外加阶跃信号,测得阶跃响应之后,取输出值达到最终值的 63.2% 所经历的时间作为时间常数 τ,但这样确定的时间常数实际上没有涉及响应的全过程,测量结果仅取决于个别瞬时值,可靠性较差。如果用下述方法确定时间常数,可以获得较可靠的结果。

一阶传感器或检测仪器的单位阶跃响应函数为

$$y(t) = 1 - e^{-\frac{t}{\tau}} \tag{3-31}$$

令 $z = \ln[1 - y(t)]$,则式(3-31)可变为

$$z = -\frac{t}{\tau} \tag{3-32}$$

式(3-32)表明 z 和时间 t 呈线性关系,并且有 $\tau = \Delta t / \Delta z$(见图 3-12)。因此,可以根据测得的 $y(t)$ 值作出 $z\text{-}t$ 曲线,并根据 $\Delta t / \Delta z$ 的值获得时间常数 τ,这种方法考虑了瞬态响应的全过程。

二阶系统($\zeta < 1$)的单位阶跃响应为

$$y(t) = 1 - \left(\frac{e^{-\zeta \omega_n t}}{\sqrt{1-\zeta^2}} \right) \sin(\sqrt{1-\zeta^2} \omega_n t + \arcsin\sqrt{1-\zeta^2}) \tag{3-33}$$

相应的响应曲线如图 3-13 所示。由式(3-33)可得阶跃响应的峰值 M 为

$$M = e^{-\left(\frac{\zeta \pi}{\sqrt{1-\zeta^2}}\right)} \tag{3-34}$$

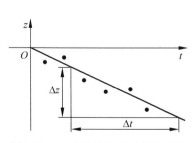

图 3-12 一阶系统时间常数的求法

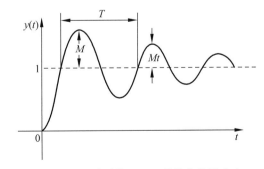

图 3-13 二阶系统($\zeta < 1$)的单位阶跃响应

由式(3-34)得

$$\zeta = \frac{1}{\sqrt{\left(\frac{\pi}{\ln M}\right)^2 + 1}} \quad (3\text{-}35)$$

因此,测得 M 之后,便可按式(3-35)求得阻尼比 ζ。

如果测得阶跃响应的较长瞬变过程,则可利用任意两个过冲量 M_i 和 M_{i+n} 按式(3-34)求得阻尼比 ζ,即

$$\zeta = \frac{\delta_n}{\sqrt{\delta_n^2 + 4\pi^2 n^2}} \quad (3\text{-}36)$$

其中,n 为两峰值相隔的周期数(整数),且

$$\delta_n = \ln \frac{M_i}{M_{i+n}} \quad (3\text{-}37)$$

当 $\zeta < 0.1$ 时,若考虑以 1 代替 $\sqrt{1-\zeta^2}$,此时不会产生过大的误差(不大于 0.6%),则可用式(3-38)计算 ζ,即

$$\zeta = \frac{\ln \dfrac{M_i}{M_{i+n}}}{2n\pi} \quad (3\text{-}38)$$

若传感器或检测仪器是精确的二阶系统,则 n 值取任意正整数所得的 ζ 值不会有差别;反之,若 n 取不同值,获得不同的 ζ 值,则表明该传感器或检测仪器不是线性二阶系统。

根据响应曲线,不难测出振动周期 T,于是有阻尼的振荡频率 ω_d 为

$$\omega_d = 2\pi \frac{1}{T} \quad (3\text{-}39)$$

则无阻尼固有频率 ω_n 为

$$\omega_n = \frac{\omega_d}{\sqrt{1-\zeta^2}} \quad (3\text{-}40)$$

当然,还可以利用正弦输入测定输出和输入的幅值比和相位差以确定传感器或检测仪器的幅频特性和相频特性,然后根据幅频特性,分别按图 3-14 和图 3-15 求得一阶传感器或检测仪器的时间常数 τ 和欠阻尼二阶传感器或检测仪器的固有频率 ω_n 和阻尼比 ζ。

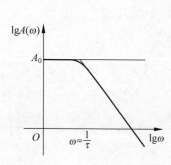

图 3-14　由幅频特性求时间常数 τ

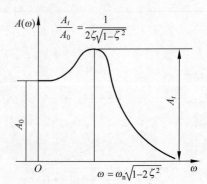

图 3-15　欠阻尼二阶传感器的 ω_n 和 ζ

习题 3

3-1 什么是仪表的测量范围、上下限和量程？它们彼此间有什么关系？

3-2 什么是传感器的静态特性？它有哪些性能指标？如何用公式表征这些性能指标？

3-3 什么是仪表的灵敏度和分辨力？两者存在什么关系？

3-4 某位移传感器，当输入量变化为 4.5mm 时，输出电压变化为 370mV，求其灵敏度。

3-5 测得某测试装置的一组输入输出数据如下。

X	0.8	2.4	3.2	4.5	5.8	6.9
Y	1.1	1.5	2.6	3.2	4.2	5.4

试用最小二乘法拟合直线，求其线性度和灵敏度。

3-6 系统的动态特性取决于哪些参数？如何评定一个系统的动态性能？

3-7 对于一个二阶检测系统，其固有频率为 1kHz，阻尼比为 0.5，用它来测量频率为 500Hz 的振动，它的幅度测量误差至少是多少？用它来测量 800Hz 的振动，它的幅度测量误差又是多少？

3-8 某压力传感器的校验数据如下所示，试用最小二乘法求非线性误差，并计算迟滞和重复性误差。

校验数据列表

| 压力/MPa | 输出值/mW | | | | | |
| | 第1循环 | | 第2循环 | | 第3循环 | |
	正行程	反行程	正行程	反行程	正行程	反行程
0	−2.73	−2.71	−2.71	−2.68	−2.68	−2.69
0.02	0.56	0.66	0.61	0.68	0.64	0.69
0.04	3.96	4.06	3.99	4.09	4.03	4.11
0.06	7.40	7.49	7.43	7.53	7.45	7.52
0.08	10.88	10.95	10.89	10.93	10.94	10.99
0.10	14.42	14.42	14.47	14.47	14.46	14.46

3-9 传感器的线性度是怎样确定的？拟合刻度直线有几种方法？

3-10 一阶传感器怎样确定输入信号频率范围？

3-11 已知某传感器的静态特性方程为 $Y=\sqrt{1+X}$，试分别用切线法、端基法、最小二乘法在 $0<X\leqslant 0.6$ 范围内拟和刻度直线方程，并求出响应的线性度。

3-12 某传感器为一个典型的二阶振荡系统，已知传感器的自振频率 $f_0=1000$Hz，阻尼比 $\zeta=0.72$，用它测量频率为 700Hz 的正弦交变力时，其输出与输入之比 $k(\omega)$ 和相位差 $\phi(\omega)$ 各为多少？

3-13 已知某二阶系统传感器的自振频率 $f_0=10$kHz，阻尼比 $\zeta=0.6$，若要求传感器输出幅值误差小于 3%，试确定传感器的工作频率范围。

3-14　某一阶传感器的时间常数 $\tau=0.01\text{s}$，传感器响应幅值差在 8% 范围内，此时 $\omega\tau$ 最高值为 0.45，求此时输入信号的工作频率范围。

3-15　某温度传感器为时间常数 $\tau=3.2\text{s}$ 的一阶系统，当传感器受到突变温度作用后，试求传感器指示出温差的 1/3 和 1/2 所需要的时间。

3-16　已知某一阶传感器的传递函数 $G(s)=\dfrac{1}{\tau s+1}$，其中 $\tau=0.002\text{s}$，试求传感器输入信号的工作频率范围。

3-17　某玻璃水银温度计的微分方程为 $4\dfrac{\text{d}Q_0}{\text{d}t}+2Q_0=2\times10^{-3}Q_i$。其中，$Q_0$ 为水银柱高度（m）；Q_i 为被测温度。试确定该温度计的时间常数和静态灵敏度系数。

3-18　某压电式加速度计动态特性可用如下微分方程描述。

$$\dfrac{\text{d}^2q}{\text{d}t^2}+3.1\times10^3\dfrac{\text{d}q}{\text{d}t}+2.2\times10^{10}q=1.2\times10^{11}a$$

其中，q 为输出电荷量（单位为 pC）；a 为输入加速度（单位为 m/s²）。试确定该加速度的静态灵敏度系数 k、测量系统的固有振荡频率和阻尼比。

3-19　试用两种方法测试一阶系统的时间常数 τ，并比较这两种测量方法。

3-20　传感器与检测系统静态校准的条件与步骤是什么？

第二篇 传感器及信号调理电路

第4章 应变式电阻传感器

CHAPTER 4

通过电阻参数的变化实现物理量测量的传感器统称为电阻式传感器。各种电阻材料受被测量(如位移、应变、压力、光和热等)作用转换成电阻参数变化的机理是各不相同的,因而电阻式传感器又分为电位计式、应变计式、压阻式、光电阻式和热电阻式等。本章主要讨论应变式电阻传感器。

应变式电阻传感器是利用电阻应变片将应变转换为电阻的变化,实现电测非电量的传感器。传感器由在不同的弹性元件上粘贴电阻应变敏感元件构成,当被测物理量作用在弹性元件上时,弹性元件的变形引起应变敏感元件的阻值变化,通过转换电路将阻值的变化转变为电量输出,电量变化的大小则反映了被测物理量的大小。应变式电阻传感器是目前在测量力、力矩、压力、加速度、重量等参数中应用最广泛的传感器之一。

4.1 电阻应变片工作原理

电阻应变片的工作原理是基于应变效应,即在导体产生机械变形时,它的电阻值相应发生变化。

设有一根长度为 l,截面积为 S,电阻率为 ρ 的金属丝,如图 4-1 所示,它在未受力时的原始电阻值为

$$R = \rho \frac{l}{S} \tag{4-1}$$

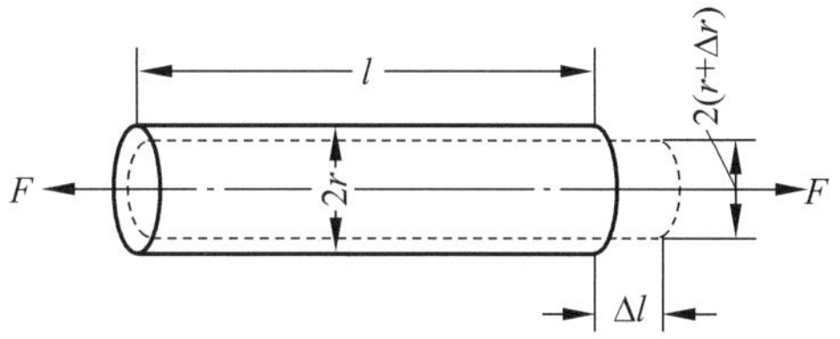

图 4-1 金属丝伸长后几何尺寸

对式(4-1)两端取对数,得

$$\ln R = \ln \rho + \ln l - \ln S \tag{4-2}$$

等式两端微分,得

$$\frac{\mathrm{d}R}{R} = \frac{\mathrm{d}\rho}{\rho} + \frac{\mathrm{d}l}{l} - \frac{\mathrm{d}S}{S} \tag{4-3}$$

其中,$\frac{\mathrm{d}R}{R}$ 为电阻的相对变化;$\frac{\mathrm{d}\rho}{\rho}$ 为电阻率的相对变化;$\frac{\mathrm{d}l}{l}$ 为金属丝长度的相对变化,用 ε 表示,$\varepsilon = \frac{\mathrm{d}l}{l}$ 称为金属丝长度方向的应变或轴向应变;$\frac{\mathrm{d}S}{S}$ 为金属丝截面积的相对变化,因为 $S = \pi r^2$,γ 为金属丝的半径,所以 $\mathrm{d}S = 2\pi r \mathrm{d}r$,$\frac{\mathrm{d}S}{S} = \frac{2\pi r \mathrm{d}r}{\pi r^2} = 2\frac{\mathrm{d}r}{r}$,$\frac{\mathrm{d}r}{r}$ 为金属丝半径的相对变

化,即径向应变 ε_r。

将式(4-3)中的微分 dR、dl、dS 和 $d\rho$ 写成增量形式 ΔR、Δl、ΔS 和 $\Delta \rho$,则电阻丝在 F 作用下,将引起电阻变化,且有

$$\frac{\Delta R}{R} = \frac{\Delta l}{l} - \frac{\Delta S}{S} + \frac{\Delta \rho}{\rho} = \frac{\Delta l}{l} - 2\frac{dr}{r} + \frac{\Delta \rho}{\rho} \tag{4-4}$$

令电阻丝的轴向应变为 $\varepsilon = \frac{\Delta l}{l}$,径向应变为 $\varepsilon_r = \frac{\Delta r}{r}$,由材料力学可知 $\frac{\Delta r}{r} = -\mu \frac{\Delta l}{l} = -\mu \varepsilon$,$\mu$ 为电阻丝材料的泊松系数,经整理可得

$$\frac{\Delta R}{R} = (1+2\mu)\varepsilon + \frac{\Delta \rho}{\rho} \tag{4-5}$$

通常把单位应变所引起的电阻相对变化称为电阻线的灵敏系数,其表达式为

$$k_0 = \frac{\Delta R/R}{\varepsilon} = (1+2\mu) + \frac{\Delta \rho/\rho}{\varepsilon} \tag{4-6}$$

从式(4-6)中可以明显看出,电阻丝灵敏系数 k_0 由以下两部分组成。

(1) $(1+2\mu)$ 部分是受力后由材料的几何尺寸变化引起的,一般金属的 $\mu \approx 0.3$,因此 $(1+2\mu) \approx 1.6$。

(2) $\dfrac{\Delta \rho/\rho}{\varepsilon}$ 部分是由材料电阻率变化所引起的。

对于金属材料,$\dfrac{\Delta \rho/\rho}{\varepsilon}$ 项的值要比 $(1+2\mu)$ 小很多,可以忽略,故 $k_0 = 1+2\mu$。大量实验证明,在电阻丝拉伸比例极限内,电阻的相对变化与应变成正比,即 $k_0 = 1.6 \sim 3.6$。式(4-5)可写成 $\dfrac{\Delta R}{R} = k_0 \varepsilon$。

4.2 结构与类型

1. 应变片的结构

金属电阻应变片分为金属丝式和箔式。图 4-2 所示为金属应变片的典型结构。由图 4-2 可知,金属电阻应变片由以下几个基本部分组成:敏感栅、基底、盖片、引线和黏结剂。

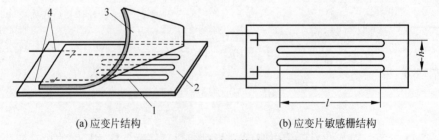

(a) 应变片结构　　　　　　(b) 应变片敏感栅结构

图 4-2 电阻应变片构造示意图

1—敏感栅;2—基底;3—盖片;4—引线

1) 敏感栅

敏感栅是应变片最重要的部分,一般栅丝直径为 $0.015 \sim 0.050 \mathrm{mm}$。敏感栅的纵向轴

线称为应变片轴线,L 为栅长,a 为基宽。根据不同用途,栅长可为 0.2~200mm。

2) 基底和盖片

基底用于保持敏感栅、引线的几何形状和相对位置;盖片既保持敏感栅和引线的形状和相对位置,又可保护敏感栅。最早的基底和盖片多用专门的薄纸制成。

3) 黏结剂

黏结剂用于将敏感栅固定于基底上,并将盖片与基底粘贴在一起。使用金属应变片时,也需用黏结剂将应变片基底粘贴在构建表面的某个方向和位置上,以便将构件受力后的表面应变传递给应变片的基底和敏感栅。

4) 引线

引线是从应变片的敏感栅中引出的细金属线,常用直径约为 0.10~0.15mm 的镀锡铜线或扁带形的其他金属材料制成。对引线材料的性能要求为电阻率低、电阻温度系数小、抗氧化性能好、易于焊接。大多数敏感栅材料都可以作引线,如表 4-1 所示。

表 4-1 常用敏感栅材料的主要特性

材料名称	主要成分 (含量/%)	灵敏度系数 K_S	电阻率 ρ /($\times 10^{-6}\Omega \cdot m$)	电阻温度系数 α/($\times 10^{-6}$/℃)	线膨胀系数 β/($\times 10^{-6}$/℃)	最高工作 温度/℃
康铜	Cu(55) Ni(45)	2.0	0.45~0.52	±20	15	250(静态) 400(动态)
镍铬合金	Ni(80) Cr(20)	2.1~2.3	1.0~1.1	110~130	14	450(静态) 800(动态)
卡玛合金 (6J-22)	Ni(74) Cr(20) Al(3) Fe(3)	2.4~2.6	1.24~1.42	±20	13.3	400(静态) 800(动态)
伊文合金 (6J-23)	Ni(75) Cr(20) Al(3) Cu(2)					
镍铬铁合金	Ni(36) Cr(8) Mo(0.5) Fe(55.5)	3.2	1.0	175	72	230(动态)
镍铬铝合金	Ni(25) Al(5) Vo(2.6) Fe(67.4)	2.6~2.8	1.3~1.5	±30~40	11	800(静态) 1000(动态)
铂	Pt(100)	4.6	0.1	3000	8.9	
铂合金	Pt(80) Ir(20)	4.0	0.35	590	13	
铂钨	Pt(91.5) W(8.5)	3.2	0.74	192	9	800(静态)

对金属电阻应变片敏感栅材料的基本要求如下。
(1) 灵敏度系数大,并且在较大应变范围内保持常数。
(2) 电阻温度系数小。
(3) 电阻率大。
(4) 机械强度高,且易于拉丝或辗薄。
(5) 与铜丝的焊接性好,与其他金属的接触热电势小。
常用的材料有康铜、镍铬合金、镍铬铝合金、铁铬铝合金、铂、铂钨合金等。

2. 应变片的类型

电阻应变片的种类很多,分类方法各异,现从加工方法和材料两方面简要介绍几种常见的应变片及其特点。

按加工方法,可以将应变片分为以下4种。

(1) 丝绕式应变片:由电阻丝绕制而成,可分为回线式应变片和短接式应变片两种。前者如图4-3(a)所示,后者如图4-3(b)所示。

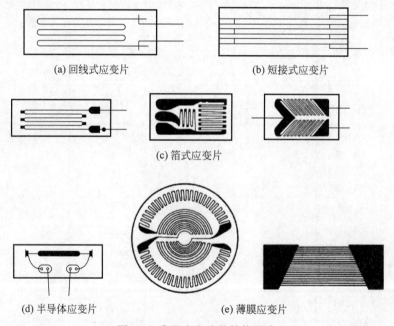

图 4-3 常见应变片的结构形式

(2) 箔式应变片:利用照相制版或光刻腐蚀方法制成,箔材厚度多为0.001~0.010mm,可以制成任意形状以适应不同的测量要求,如图4-3(c)所示。

(3) 半导体应变片:基于半导体材料的压阻效应而制成,一般呈单根状,体积小,灵敏度高,机械滞后小,动态性能好,如图4-3(d)所示。

(4) 薄膜应变片:采用真空蒸发或真空沉积等方法将电阻材料在基底上制成各种形式的敏感栅而形成的应变片,如图4-3(e)所示。

按敏感栅的材料,可将应变计分为金属应变计和半导体应变计两大类,如表4-2所示。

表 4-2 电阻应变计分类表

分 类	分类方法	应变计名称
金属应变计	敏感栅结构	单轴应变计、多轴应变计(应变花)、裂纹应变计等
	基低材料	纸质应变计、胶基应变计、金属基应变计、浸胶基应变计
	制栅工艺	丝绕式应变计、短接式应变计、箔式应变计、薄膜式应变计
	使用温度	低温应变计(-30℃以下)、常温应变计(-30℃~+60℃);中温应变计(+60~+350℃)、高温应变计(+350℃以上)
	安装方式	粘贴式应变计、焊接式应变计、喷涂式应变计、埋入式应变计
	用途	一般用途应变计、特殊用途应变计(水下、疲劳寿命、抗磁感应、裂缝扩展等)
半导体应变计	制造工艺	体型半导体应变计、扩散(含外延)型半导体应变计、薄膜型半导体应变计、N-P元件半导体型应变计

应变片的标称电阻值是指未安装的应变片在不受力的情况下于室温条件下测定的电阻值,也称为原始阻值。应变片的标称电阻值可分为 60Ω、120Ω、200Ω、350Ω、500Ω、1000Ω 等多种,其中 120Ω 最常使用。

4.3 金属电阻应变片主要特性

金属电阻应变片在使用过程中,要了解它的特性和参数,才能正确使用。若不了解这些,则会产生较大的测量误差,甚至得不到所需的测量结果。电阻应变片的特性包括静态特性和动态特性两方面。静态特性是指应变片感受不随时间变化或变化缓慢的应变时的输出特性,表征静态特性的指标主要有灵敏系数、横向效应、机械滞后、蠕变、零漂、应变极限、绝缘电阻、最大工作电流等。动态特性是指电阻应变片在测量频率较高的动态应变时的动态响应特性,下面分别介绍。

1. 灵敏系数

应变片一般制成丝栅状,测量应变时,将应变片粘贴在试件表面上,金属丝和试件表面只隔一层很薄的胶,试件的变形很容易传到金属栅上。而且金属丝的直径很小,其表面积比横截面积大很多倍,丝栅的周围全被胶包住。在承受拉伸时不会脱落,承受压缩时也不会压弯。但是其应变效应与单丝是不同的,即电阻应变片灵敏系数 k 与电阻丝灵敏系数 k_0 是不相同的。原因如下。

(1) 零件的变形是通过剪力传到金属丝上的。由实验可知,金属丝两端的剪力最大,轴向应力为零,中间部分剪力为零。轴向应力分布是不均匀的,相当于参加变形的栅丝长度减少了一段。金属丝制成应变片后,由于是栅状结构,端部增多,灵敏系数下降。

(2) 丝沿长度方向承受应变 ε_x 时,应变片弯角部分承受应变 ε_y,其截面积变大,则应变片直线部分电阻增加时,弯角部分的电阻值减少,也使变化的灵敏度下降。

以上两个原因造成了应变片的灵敏系数 k 比金属丝灵敏系数 k_0 低。

应变片的灵敏系数一般由实验方法求得。因为应变片粘贴到试件上就不能取下再用,所以不能对每个应变片的灵敏系数进行标定,只能在每批产品中提取一定比例(如5%)的产品进行标定,然后取其平均值作为这一批产品的灵敏系数。实验证明,灵敏系数在被测应变的很大范围内能保持为常数。

2. 横向效应

由于金属应变片敏感栅的两端为半圆弧形的横栅,测量应变时,构件的轴向应变 ε 使敏感栅电阻发生变化,其横向应变 ε_r 也将使敏感栅半圆弧部分的电阻发生变化(除 ε 起作用外),应变片的这种既受轴向应变影响,又受横向应变影响而引起电阻变化的现象称为横向效应。这种现象的产生和影响与应变片结构有关。敏感栅端部具有半圆弧形横栅的丝绕应变片的横向效应较为严重。研究横向效应的目的在于,当实际使用应变片的条件与其灵敏系数的标定条件不同时,由于横向效应的影响,实际值要改变。如仍按标定灵敏系数进行计算,可能造成较大误差,如果不能满足测量精度要求,就要进行必要的修正。为了减少横向效应产生的测量误差,现在一般多采用箔式应变片。因其圆弧部分的截面积较栅丝大得多,电阻值较小,因而电阻变化量也就小得多。

图 4-4 表示应变片敏感栅半圆弧部分的形状。沿轴向应变为 ε,沿横向应变为 ε_r。

若敏感栅有 n 根纵栅,每根长为 l,半径为 γ,在轴向应变 ε 作用下,全部纵栅的变形视为 ΔL_1,则

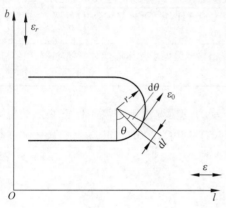

图 4-4 线绕式应变片敏感栅的半圆弧部分

$$\Delta L_1 = nl\varepsilon \tag{4-7}$$

半圆弧横栅同时受到 ε 和 ε_r 的作用,在任意微分小段长度 $\mathrm{d}l = r\mathrm{d}\theta$ 上的应变 ε_θ 可由材料力学公式求得,即

$$\varepsilon_\theta = \frac{1}{2}(\varepsilon + \varepsilon_r) + \frac{1}{2}(\varepsilon - \varepsilon_r)\cos2\theta \tag{4-8}$$

每个圆弧形横栅的变形量 Δl 为

$$\Delta l = \int_0^{\pi r} \varepsilon_\theta \mathrm{d}l = \int_0^{\pi} \varepsilon_\theta r \mathrm{d}\theta = \frac{\pi r}{2}(\varepsilon + \varepsilon_r) \tag{4-9}$$

纵栅为 n 根的应变片共有 $n-1$ 个半圆弧横栅,全部横栅的变形量为

$$\Delta L_2 = \frac{(n-1)\pi r}{2}(\varepsilon + \varepsilon_r) \tag{4-10}$$

应变片敏感栅的总变形为

$$\Delta L = \Delta L_1 + \Delta L_2 = \frac{2nl + (n-1)\pi r}{2}\varepsilon + \frac{(n-1)\pi r}{2}\varepsilon_r \tag{4-11}$$

敏感栅栅丝的总长为 L,敏感栅的灵敏度系数为 k_0,则电阻相对变化为

$$\frac{\Delta R}{R} = k_0 \frac{\Delta L}{L} = \frac{2nl + (n-1)\pi r}{2L}k_0\varepsilon + \frac{(n-1)\pi r}{2L}k_0\varepsilon_r \tag{4-12}$$

令

$$\begin{cases} K_x = \dfrac{2nl + (n-1)\pi r}{2L}k_0 \\ K_y = \dfrac{(n-1)\pi r}{2L}k_0 \end{cases} \tag{4-13}$$

则

$$\frac{\Delta R}{R} = k_0 \frac{\Delta L}{L} = K_x \varepsilon + K_y \varepsilon_r \tag{4-14}$$

式(4-14)说明敏感栅电阻的相对变化分别为 ε 和 ε_r 作用的结果。当 $\varepsilon_r = 0$ 时,可得轴向灵敏度系数为

$$K_x = \left(\frac{\Delta R}{R}\right)_x \bigg/ \varepsilon \tag{4-15}$$

同样,当 $\varepsilon = 0$ 时,可得横向灵敏度系数为

$$K_y = \left(\frac{\Delta R}{R}\right)_y \bigg/ \varepsilon_r \tag{4-16}$$

横向灵敏度系数与轴向灵敏度系数的比值称为横向效应系数 H,即

$$H = \frac{K_y}{K_x} = \frac{(n-1)\pi r}{2nl + (n-1)\pi r} \tag{4-17}$$

可见,r 越小,l 越大,则 H 越小。即敏感栅越窄、基长越长的应变片,其横向效应引起的误差越小。

3. 机械滞后、零漂和蠕变

应变片安装在试件上以后,在一定的温度下,在零和某一指定应变之间,作出应变片电阻相对变化(即指示应变)与试件机械应变之间加载和卸载的特性曲线,如图 4-5 所示。横坐标 ε_r 表示施加在应变片上的实际应变值,ε_i 表示应变片的指示应变值,曲线 1 为加载特性曲线,曲线 2 为卸载特性曲线。实验发现这两条曲线并不重合,在同一机械应变下,卸载时的应变值高于加载时的这种现象称为应变片的机械滞后,加载和卸载特性曲线之间的最大差值 $\Delta \varepsilon_m$ 称为应变片的滞后值。

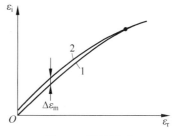

图 4-5 机械滞后

已粘贴的应变片,在温度保持恒定、试件上没有应变的情况下,应变片的指示应变会随时间的增长而逐渐变化,此变化就是应变片的零点漂移,简称零漂。产生零漂的主要原因是敏感栅通以工作电流后的温度效应、应变片的内应力逐渐变化、黏结剂固化不充分等。

已粘贴的应变片,在温度保持恒定时,承受某恒定的机械应变长时间的作用,应变片的指示应变会随时间而变化,这种现象称为蠕变。在应变片工作时,零漂和蠕变是同时存在的。在蠕变值中包含着同一时间内的零漂值。这两项指标都是用来衡量应变特性对时间的稳定性,在长时间测量时其意义更为突出。

4. 应变极限、疲劳寿命

应变片的应变极限是指在一定温度下,应变片的指示应变 ε_i 与被测试件的真实应变 ε_g 的相对误差达到规定值(一般为 10%)时的真实应变值 ε_j,如图 4-6 所示。

对于已安装的应变片,在恒定极值的交变应力作用下,可以连续工作而不产生疲劳损坏的循环次数 N 称为应变片的疲劳寿命。当出现下列 3 种情况之一时都认为是疲劳损坏:应变片的敏感栅或引线发生断路;应变片输出指示应变的极值变化 10%;应变片输出信号

波形上出现穗状尖峰。疲劳寿命反映了应变片对动态响应测量的适应性。

5. 绝缘电阻、最大工作电流

应变片绝缘电阻是指已粘贴的应变片的引线与被测试件之间的电阻值,通常要求在 $50\sim100\mathrm{M}\Omega$。应变片安装之后,其绝缘电阻下降将使测量系统的灵敏度降低,使应变片的指示应变产生误差。

对已安装的应变片,允许通过敏感栅而不影响其工作特性的最大电流称为应变片最大工作电流 $I_{\max}$。显然,工作电流大,应变片输出信号也大,灵敏度高。但过大的工作电流会使应变片本身过热,使灵敏度系数变化,零漂和蠕变增加,甚至烧毁应变片。

6. 动态响应特性

电阻应变片在测量频率较高的动态应变时,应考虑其动态特性。动态应变是以应变波的形式存在的,它的传播速度 v 与声波相同。当应变按正弦规律变化时,应变片反映出来的应变是应变片敏感栅长度各相应点应变量的平均值,显然与某"点"的应变值不同,图 4-7 所示为应变波与应变片轴向关系。

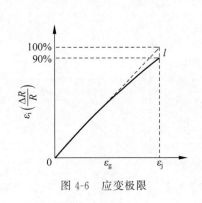

图 4-6　应变极限

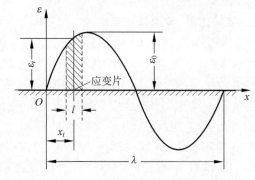

图 4-7　应变片对应变波的动态响应

设一频率为 f 的正弦应变波在构件中以速度 v 沿应变片栅长方向传播,应变波波长为 λ,应变片栅长为 L,则有 $\lambda=\dfrac{v}{f}$。在某一瞬时 t 的应变片沿波构件分布为

$$\varepsilon(x)=\varepsilon_0\sin\frac{2\pi x}{\lambda} \tag{4-18}$$

应变片中点的应变为 $\varepsilon_t=\varepsilon_0\sin\dfrac{2\pi}{\lambda}x_t$,$x_t$ 为瞬时应变片中点的坐标。由应变片测得的应变片栅长 L 范围内的平均应变 ε_m,其数值等于 L 范围内应变曲线下的面积除以 L,即

$$\varepsilon_m=\dfrac{\displaystyle\int_{x_t-\frac{L}{2}}^{x_t+\frac{L}{2}}\varepsilon_0\sin\dfrac{2\pi}{\lambda}x\,\mathrm{d}x}{L}=\varepsilon_0\dfrac{\sin\left(\dfrac{\pi L}{\lambda}\right)}{\dfrac{\pi L}{\lambda}}\cdot\sin\left(\dfrac{2\pi x_t}{\lambda}\right) \tag{4-19}$$

相应 x_t 点的真实应变为

$$\varepsilon_t=\varepsilon_0\sin\left(\dfrac{2\pi x_t}{\lambda}\right) \tag{4-20}$$

当 $\frac{L}{\lambda} \ll 1$ 时,并将 $\sin\left(\frac{\pi L}{\lambda}\right) \cdot \left(\frac{\pi L}{\lambda}\right)^{-1}$ 展开成级数,略去高阶小量,可求出动态应变测量相对误差为

$$\delta = \frac{\varepsilon_m - \varepsilon_t}{\varepsilon_t} = -\frac{1}{6}\left(\frac{\pi f L}{v}\right)^2 \tag{4-21}$$

根据式(4-21)可进行动态应变测量时的误差计算或选择应变片栅长,以满足某种频率范围内的误差要求。表 4-3 给出不同栅长应变片的最高工作频率。

表 4-3　不同栅长应变片的最高工作频率

应变片栅长 L/mm	1	2	3	5	10	15	20
最高工作频率 f/kHz	250	125	83.3	50	25	16.6	12.5

7. 温度效应

用作测量应变的金属应变片,希望其阻值仅随应变变化,而不受其他因素的影响。实际上,粘贴在试件上的电阻应变片,除感受机械应变而产生电阻相对变化外,在环境温度变化时,也会引起电阻的相对变化,产生虚假应变,这种现象称为温度效应。温度变化对电阻应变片的影响是多方面的,这里仅考虑以下两种主要影响。

其一是当环境引起构件温度变化为 Δt 时,由于敏感栅材料的电阻温度系数 α_t(即 1Ω 的电阻值当温度变化 $1°C$ 时的改变量)的存在,引起电阻相对变化为

$$\left(\frac{\Delta R}{R}\right)_1 = \alpha_t \Delta t \tag{4-22}$$

其二是当环境引起构件温度变化 Δt 时,由于敏感材料和被测试件材料的膨胀系数不同,应变片产生附加的拉长(或压缩),引起电阻的相对变化为

$$\left(\frac{\Delta R}{R}\right)_2 = k(\beta_e - \beta_g)\Delta t \tag{4-23}$$

其中,k 为应变片灵敏系数;β_e 为试件材料的线膨胀系数;β_g 为应变片敏感栅材料的线膨胀系数。

因此,温度变化形成总的电阻相对变化为

$$\frac{\Delta R}{R} = \left(\frac{\Delta R}{R}\right)_1 + \left(\frac{\Delta R}{R}\right)_2 = \alpha_t \Delta t + k(\beta_e - \beta_g)\Delta t \tag{4-24}$$

相应的虚假应变 ε_t 为

$$\varepsilon_t = \frac{\frac{\Delta R}{R}}{k} = \left(\frac{\alpha_t}{k}\right)\Delta t + (\beta_e - \beta_g)\Delta t \tag{4-25}$$

式(4-25)为应变片粘贴在试件表面上,当试件不受外力,在温度变化 Δt 时,应变片的温度效应用应变形式表现出来,称为热输出。可以看出,应变片热输出的大小不仅与应变片敏感栅材料的性能(α_t, β_g)有关,还与被测试件材料的热膨胀系数 β_e 有关。要消除此项误差,须采取温度补偿措施。

4.4 温度效应及其补偿

电阻应变片的温度补偿方法通常有应变片自补偿法和电路补偿法两大类。

1. 应变片自补偿法

这种方法是通过精心选配敏感栅材料与结构参数,使得当温度变化时,产生的附加应变为零或相互抵消。应变片自补偿法又可以分为单丝自补偿法和双丝组合式自补偿法两种方式。

1) 单丝自补偿法

从式(4-24)可以看出,为使应变片在温度变化 Δt 时的热输出为零,必须满足

$$\alpha_t + k(\beta_e - \beta_g) = 0$$

即

$$\alpha_t = -k(\beta_e - \beta_g) \tag{4-26}$$

对于给定的试件(即 β_e 给定),可以适当选取应变片栅丝的温度系数 α_t 和膨胀系数 β_g,以满足式(4-26),则对于给定材料的试件可以在一定温度范围内进行温度补偿。

实际的做法是对于给定的试件材料和选定的康铜和镍铬合金栅线(β_e、β_g 和 k 均已给定),适当控制、选择、调整栅丝温度系数 α_t。例如,常用控制康铜丝合金成分、进行冷却或不同的热处理规范(如不同的退火温度)控制栅丝温度系数 α_t。由实验可知,随着栅丝退火温度的增加,其电阻温度系数变化比较大,可以从负值变为正值,并在某一温度下为零。

这种自补偿应变片加工容易,成本低,缺点是只适用于具有一定线膨胀系数材料的试件,补偿温度范围也较窄。

2) 双丝组合式自补偿法

这种补偿方法的应变片敏感栅丝是由两种不同温度系数的金属丝串接组成的,以达到一定的温度范围内在一定材料的试件上实现温度补偿。两种金属丝具有相反的温度系数(一种为正值,一种为负值),结构如图 4-8(a)所示。通过实验与计算,调整 R_1 和 R_2 的比例,使温度变化时产生的电阻变化满足

$$(\Delta R_1)_t = -(\Delta R_2)_t \tag{4-27}$$

经变换得

$$\frac{R_1}{R_2} = -\left(\frac{\Delta R_2}{R_2}\right)_t \bigg/ \left(\frac{\Delta R_1}{R_1}\right)_t = -\frac{\alpha_2 + k_2(\beta_e - \beta_2)}{\alpha_1 + k_1(\beta_e - \beta_1)} \tag{4-28}$$

通过调节两种敏感栅的长度控制应变片的温度自补偿。

组合式自补偿应变片的另一种形式是,两种串接的电阻具有相同符号的温度系数,两者都为正或为负,其结构及电桥连接方式如图 4-8(b)所示。在电阻丝 R_1 和 R_2 串接处焊接一根引线,R_2 为补偿电阻,它具有高的温度系数和低的应变灵敏系数。R_1 作为电桥的一臂,R_2 与一个温度系数很小的附加电阻 R_B 共同作为电桥的一臂,且作为 R_1 的相邻臂。适当调节 R_1 和 R_2 的长度比和外接电阻 R_B 之值,使其满足

$$(\Delta R_1/R_1)_t = (\Delta R_2)_t/(R_2 + R_B) \tag{4-29}$$

由此可求得

$$R_B = R_1 \frac{(\Delta R_2)_t}{(\Delta R_1)_t} - R_2 \tag{4-30}$$

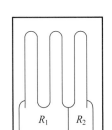
(a) 双丝串接

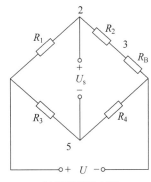
(b) 双丝测量电路

图 4-8 组合式自动补偿法

即可满足温度自补偿要求。由电桥原理可知,由于温度变化引起的电桥相邻两臂的电阻变化相等或很接近,相应的电桥输出电压即为零或极小。经计算,这种补偿方式可以获得较高的测量精度。它的缺点是只适合特定试件材料。此外,补偿电阻 R_2 虽然比 R_1 小得多,但总要敏感应变,在桥路中与工作栅 R_1 敏感的应变起抵消作用,从而使应变片的灵敏度下降。

2. 电路补偿法

电路补偿法中最常用和最好的补偿方法是采用电桥补偿。如图 4-9 所示,工作应变片 R_1 安装在被测试件上,另选一个特性与 R_1 相同的补偿片 R_B 安装在材料与试件相同的某补偿块上,温度与试件相同,但不承受应变。R_1 和 R_B 接入电桥相邻臂上,造成 ΔR_{1t} 与 ΔR_{Bt} 相同。根据电桥理论可知,其输出电压 U_o 与温度变化无关。当工作应变片感受应变时,电桥将产生相应输出电压。

电桥输出电压与桥臂参数的关系为

$$U_o = A(R_1 R_4 - R_B R_3) \tag{4-31}$$

其中,常数 A 由桥臂电阻和电源电压决定。

由式(4-31)可知,当 R_3 和 R_4 为常数时,R_1 和 R_B 对输出电压的作用方向相反。利用这个基本特性可实现对温度的补偿,并且补偿效果较好,这是最常用的补偿方法之一。

测量应变时,使用两个应变片,如图 4-10 所示,R_1 贴在被测试件的表面,称为工作应变片;R_B 贴在与被测试件材料相同的补偿块上,称为补偿应变片。在工作过程中补偿块不受应变,仅随温度发生形变。

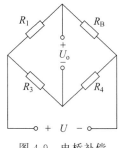
图 4-9 电桥补偿

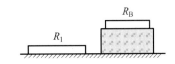
图 4-10 补偿应变片粘贴示意图

当被测试件不受应变时，R_1 和 R_B 处于同一温度场，调整电桥参数，可使电桥输出电压为零，即

$$U_o = A(R_1 R_4 - R_B R_3) = 0 \tag{4-32}$$

式(4-32)中，可以选择 $R_1 = R_B = R$，$R_3 = R_4 = R'$。

当温度升高或降低时，$\Delta R_{1t} = \Delta R_{Bt}$，即两个应变片的热输出相等。由式(4-32)可知电桥的输出电压为零，即

$$\begin{aligned}
U_o &= A[(R_1 + \Delta R_{1t})R_4 - (R_B + \Delta R_{Bt})R_3] \\
&= A[(R + \Delta R_{1t})R' - (R + \Delta R_{Bt})R'] \\
&= A(RR' + \Delta R_{1t}R' - RR' - \Delta R_{Bt}R') \\
&= AR'(\Delta R_{1t} - \Delta R_{Bt}) = 0
\end{aligned} \tag{4-33}$$

若此时有应变作用，只会引起电阻 R_1 发生变化，R_B 不承受应变，故式(4-32)可得输出电压为

$$U_o = A[(R_1 + \Delta R_{1t} + R_1 k\varepsilon)R_4 - (R_B + \Delta R_{Bt})R_3] = AR'Rk\varepsilon \tag{4-34}$$

由式(4-34)可知，电桥输出电压只与应变 ε 有关，与温度无关。最后应当指出，若要达到完全的补偿，须满足以下 3 个条件。

(1) R_1 和 R_B 是同一批号制造的，即它们的电阻温度系数 α、线膨胀系数 β、应变灵敏系数 k 都相同，两片的初始电阻值也要求一样。

(2) 粘贴补偿片的构件材料和粘贴工作片的材料必须一样，即要求两者的线膨胀系数一样。

(3) 两应变片处于同一温度场。

此方法简单易行，而且能在较大的温度范围内补偿，缺点是上述 3 个条件不易满足，尤其是第 3 个条件，温度梯度变化大，R_1 和 R_B 很难处于同一温度场。在应变测试的某些条件下，可以比较巧妙地安装应变片，无须补偿并兼得灵敏度的提高。如图 4-11(a)所示，测量梁的弯曲应变时，将两个应变片分贴于上下两面对称位置，R_1 和 R_B 特性相同，所示两电阻变化值相同而符号相反。将 R_1 和 R_B 按图 4-9 接入相邻桥臂，因而电桥输出电压比单片时增加一倍。当梁上下面温度一致时，可起温度补偿作用。电桥补偿法简易可行，使用普通应变片可对各种试件材料在较大温度范围内进行补偿，因而最为常用。图 4-11(b)是受单向应力的构件，应变片 R_B 的轴线顺着应变方向，应变片 R_1 的轴线和应变方向垂直，R_1 和 R_B 接入相邻桥臂，此时电桥的输出为

$$U_o = AR_1 R_B k(1+\mu)\varepsilon$$

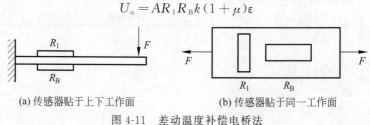

(a) 传感器贴于上下工作面　　(b) 传感器贴于同一工作面

图 4-11　差动温度补偿电桥法

4.5　应变式电阻传感器测量电路

电阻应变片工作时，通常其电阻变化是很小的，电桥相应输出电压也很小。要推动记录仪器工作，还必须将电桥输出电压进行放大，这种转换通常采用各种电桥电路。根据电源的

不同,可将电桥分为直流电桥和交流电桥。

4.5.1 直流电桥

直流电桥的基本形式如图 4-12(a)所示。电桥各臂的电阻值分别为 R_1、R_2、R_3 和 R_4, U 为直流电源电压,$U_\circ$ 为输出电压。当桥臂接入应变传感器时,即称为应变电桥。当一个臂,两个臂甚至 4 个臂接入应变计时,就相应构成了单臂、双臂和全臂工作电桥。实际应用时,一般采用平衡电桥,当被测应变量为零时,测量电路的输出电压也为零。

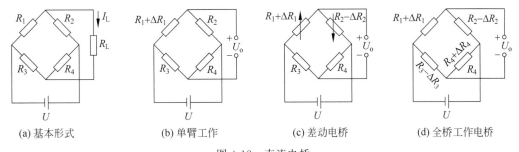

(a) 基本形式　　　　(b) 单臂工作　　　　(c) 差动电桥　　　　(d) 全桥工作电桥

图 4-12　直流电桥

1. 直流电桥平衡条件

电桥线路如图 4-12(a)所示,U 为直流电源,R_1、R_2、R_3 和 R_4 为电桥的桥臂,R_L 为负载电阻,可以求出 I_L 与 U 之间的关系为

$$I_L = \frac{(R_1 R_4 - R_2 R_3)}{R_L(R_1+R_2)(R_3+R_4)+R_1 R_2(R_3+R_4)+R_3 R_4(R_1+R_2)} U \tag{4-35}$$

当 $I_L = 0$ 时,称为电桥平衡,平衡条件为

$$R_1/R_2 = R_3/R_4$$

或

$$R_1 R_4 = R_2 R_3 \tag{4-36}$$

上述平衡条件可表述为电桥相邻两臂电阻的比值相等,或相对两臂电阻的乘积相等。若电桥的负载电阻 R_L 无穷大,则负载两端可视为开路,式(4-36)可简化为

$$U_\circ = \frac{R_1 R_4 - R_2 R_3}{(R_1+R_2)(R_3+R_4)} U \tag{4-37}$$

2. 直流电桥电压灵敏度

若 R_1 为工作应变片,R_2、R_3 和 R_4 为固定电阻(单臂工作),并设负载电阻 R_L 为无穷大,$U_\circ$ 为电桥输出电压,电桥电路如图 4-12(b)所示。初始状态下,电桥是平衡的 $U_\circ = 0$,当应变片感受到应变时,由于应变而产生相应的电阻变化 ΔR_1,这时电桥输出电压为

$$U_\circ = \frac{(R_1+\Delta R_1)R_4 - R_2 R_3}{(R_1+\Delta R_1 + R_2)(R_3+R_4)} U = \frac{\dfrac{R_4}{R_3} \cdot \dfrac{\Delta R_1}{R_1}}{\left(1+\dfrac{R_2}{R_1}+\dfrac{\Delta R_1}{R_1}\right)\left(1+\dfrac{R_4}{R_3}\right)} U \tag{4-38}$$

设桥臂比 $n = R_2/R_1$,由于电桥初始平衡时有 $R_2/R_1 = R_4/R_3$,由式(4-38),略去分母中的 $\Delta R_1/R_1$,可得

$$U_o = \frac{n}{(1+n)^2} \cdot \frac{\Delta R_1}{R_1} U \tag{4-39}$$

电桥电压灵敏度定义为

$$k_u = \frac{U_o}{\Delta R_1 / R_1} \tag{4-40}$$

可得单臂工作应变片的电桥电压灵敏度为

$$k_u = \frac{n}{(1+n)^2} U \tag{4-41}$$

显然可以看出，k_u 与电桥电源电压成正比，同时与桥臂比 n 有关。

由式(4-41)可知，当 $n=1$ 时，$R_1 = R_2$，$R_3 = R_4$，即此时 k_u 为最大值。这时的电桥称为等臂电桥。

对于单臂工作的等臂电桥，由式(4-39)可得

$$U_o = \frac{U}{4} \cdot \frac{\Delta R_1}{R_1} \tag{4-42}$$

由式(4-41)可得

$$k_u = \frac{U}{4} \tag{4-43}$$

U 值的选择受应变片功耗的限制。

以上的输出电压与应变电阻的变化率之间的关系实际上是近似的线性关系，因为推导过程中忽略了分母中的 $\frac{\Delta R_1}{R_1}$，所以实际上是存在非线性误差的。

3. 电桥输出电压非线性误差

电桥电路实际输出电压为

$$U_o' = \frac{n \cdot \frac{\Delta R_1}{R_1}}{\left(1+n+\frac{\Delta R_1}{R_1}\right)(1+n)} U$$

$$= \frac{\frac{\Delta R_1}{R_1}}{2\left(2+\frac{\Delta R_1}{R_1}\right)} U \quad （等臂电桥，n=1）$$

理想输出电压为

$$U_o = \frac{U}{4} \cdot \frac{\Delta R_1}{R_1}$$

设电桥为四等臂电桥，即 $R_1 = R_2 = R_3 = R_4$，非线性误差为

$$\delta_L = \frac{U_o - U_o'}{U_o'} = \frac{U_o}{U_o'} - 1 = \frac{1}{2} \cdot \frac{\Delta R_1}{R_1} \tag{4-44}$$

可见 δ_L 与 $\Delta R_1 / R_1$ 成正比，有时能够达到可观的程度。

4. 差动电桥（双臂工作）

为了减少和克服非线性误差，常用的方法是采用差动电桥，如图 4-12(c)所示，在试件上

安装两个相同的电阻应变片(R_1 和 R_2),一片受拉,另一片受压,然后接入电桥相邻臂,跨接在电源两端,R_3 和 R_4 为固定电阻。

未承受应变时,$R_1=R_2=R_3=R_4$,电桥处于平衡状态,电桥输出电压为 0。

当承受应变时,应变片 R_1 的电阻增大 ΔR_1,应变片 R_2 的电阻减小 ΔR_2,且 $\Delta R_1 = \Delta R_2$,这时电桥不再平衡,电桥输出电压 U_o 为

$$U_o = U \cdot \frac{(R_1+\Delta R_1)R_4 - (R_2-\Delta R_2)R_3}{(R_1+\Delta R_1+R_2-\Delta R_2)(R_3+R_4)}$$

$$= \frac{U}{2} \cdot \frac{\Delta R_1}{R_1} \qquad (4\text{-}45)$$

可见,这时输出电压 U_o 与 $\Delta R_1/R_1$ 呈严格的线性关系,没有非线性误差,与式(4-42)相比,电桥输出电压灵敏度比单臂工作时提高一倍,还具有温度补偿作用。

5. 差动电桥(四臂工作)

若 4 个桥臂上全为电阻应变片,则构成全桥工作电桥,如图 4-12(d)所示。R_1、R_2、R_3 和 R_4 全为电阻应变片。未承受应变时,电桥处于平衡状态,即满足 $R_1R_3=R_2R_4$。

当承受应变时,应变计 R_1 的电阻增大 ΔR_1,应变计 R_2 的电阻减小 ΔR_2,R_3 的电阻增大 ΔR_3,R_4 的电阻减小 ΔR_4,且有 $\Delta R_1=\Delta R_2=\Delta R_3=\Delta R_4$。这时电桥输出电压为

$$U_o = U \cdot \frac{(R_1+\Delta R_1)(R_4+\Delta R_4)-(R_2-\Delta R_2)(R_3-\Delta R_3)}{(R_1+\Delta R_1+R_2-\Delta R_2)(R_3+\Delta R_3+R_4-\Delta R_4)}$$

$$= U \cdot \frac{\Delta R_1}{R_1} \qquad (R_1=R_2=R_3=R_4) \qquad (4\text{-}46)$$

由式(4-46)可见,差动全桥的电压输出是线性的,没有非线性误差问题。与式(4-25)和式(4-31)相比,差动全桥的灵敏度是单臂电桥的 4 倍,是双臂差动电桥的 2 倍。

直流电桥的优点有高稳定度直流电源易获得、电桥调节平衡电路简单、传感器至测量仪表的连接导线分布参数影响小等。但是,后续要采用直流放大器,容易产生零点漂移,线路也较复杂。因此,一些场合也采用交流电桥,交流电桥载波放大器具有灵敏度高、稳定性好、外界干扰和电源影响小及造价低等优点,但也存在工作频率低、长导线分布电容大等缺点。

4.5.2 交流电桥

根据直流电桥分析可知,由于应变电桥输出电压很小,一般都要加放大器,而直流放大器易于产生零漂,因此应变电桥多采用交流电桥。图 4-13(a)为交流电桥的一般形式。交流电桥很适合电容式、电感式传感器的测量需要,应用场合较多。交流电桥常采用正弦电压供电,在频率较高的情况下需要考虑分布电感和分布电容的影响。

交流电桥的 4 个桥臂分别用阻抗 Z_1、Z_2、Z_3 和 Z_4 表示,它们可以为电阻值、电容值或电感值,其输出电压也是交流。设交流电桥的电源电压为

$$u = U_m \sin\omega t \qquad (4\text{-}47)$$

其中,U_m 为电源电压的幅值;ω 为电源电压的角频率。此时交流电桥的输出电压为

$$\dot{U}_o = \frac{Z_1Z_3 - Z_2Z_4}{(Z_1+Z_2)(Z_3+Z_4)}\dot{U} \qquad (4\text{-}48)$$

当电桥平衡时,有 $Z_1Z_3=Z_2Z_4$,$\dot{U}_o=0$。

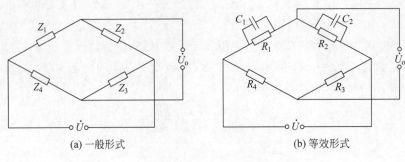

(a) 一般形式　　　　　　　　　(b) 等效形式

图 4-13　交流应变电桥

对于图 4-13 所示的应变电桥,由于采用交流电源供电,引线分布电容等使桥臂应变片呈现复阻抗特性,相当于两只应变片各并联了一只电容,如图 4-13(b)所示,每个桥臂上的复阻抗分别为

$$Z_1 = \frac{R_1}{1+j\omega R_1 C_1}, \quad Z_2 = \frac{R_2}{1+j\omega R_2 C_2}, \quad Z_3 = R_3, \quad Z_4 = R_4 \tag{4-49}$$

其中,C_1 和 C_2 表示应变片引线分布电容。由式(4-36)可知电桥平衡时有

$$\frac{R_1}{1+j\omega R_1 C_1} R_3 = \frac{R_2}{1+j\omega R_2 C_2} R_4 \tag{4-50}$$

进而可知交流应变电桥平衡的条件为

$$\frac{R_1}{R_2} = \frac{R_4}{R_3} = \frac{C_2}{C_1} \tag{4-51}$$

可见,对于交流电桥,除要满足电阻平衡条件外,还必须满足电容平衡条件。因此,在桥路上除设有电阻平衡调节外,还设有电容平衡调节。针对电阻调平,常见的有串联电阻调平法[见图 4-14(a)]、并联电阻调平法[见图 4-14(b)];对于电容调平,常见的有差动电容调平法[见图 4-14(c)]、阻容调平法[见图 4-14(d)]等方法。

对于图 4-13 和图 4-14,如果供电电源为交流电压,就构成了交流电阻电桥。参照以上分析,可以得到单臂交流电阻应变电桥的输出电压为

$$\dot{U}_o = \frac{\dot{U}}{4} \cdot \frac{\Delta Z_1}{Z_1} \tag{4-52}$$

同样,差动双臂交流电阻电桥的输出电压为

$$\dot{U}_o = \frac{\dot{U}}{2} \cdot \frac{\Delta Z_1}{Z_1} \tag{4-53}$$

4.5.3　应变式电阻传感器的应用

电阻应变片、应变丝除直接用于测量的机械、仪器及工程结构等的应变片外,还可以与某种形式的弹性敏感元件配合,组成其他物理量的测试传感器,如力、压力、扭矩、位移、加速度等,如图 4-15 所示。下面介绍一些常用的应变式传感器的工作原理、结构特点和设计要点。

1. 应变式测力传感器

荷重、拉压力传感器的弹性元件可以做成柱形、筒形、环形及梁形等。

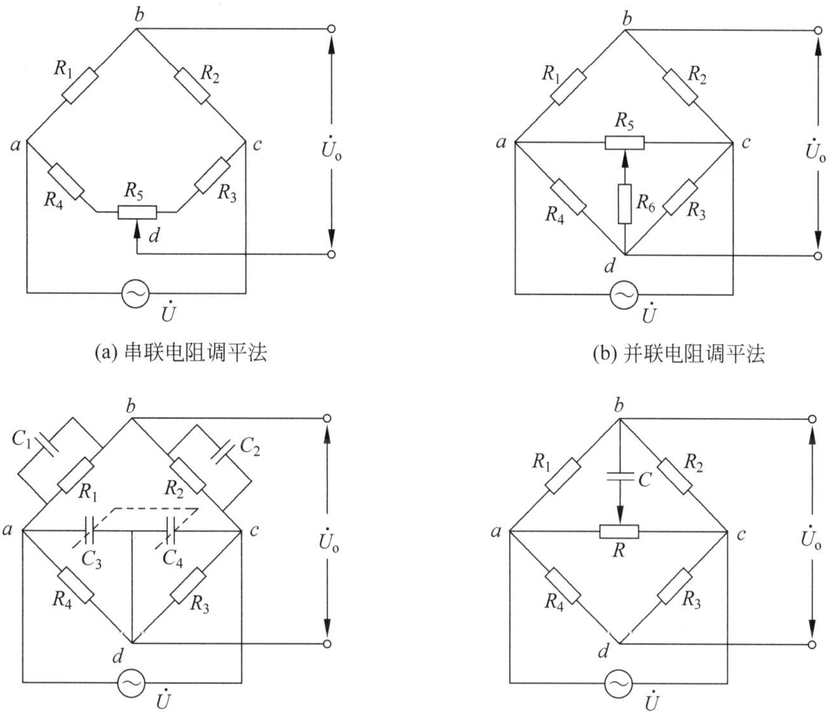

(a) 串联电阻调平法

(b) 并联电阻调平法

(c) 差动电容调平法

(d) 阻容调平法

图 4-14 交流电桥平衡调节电路

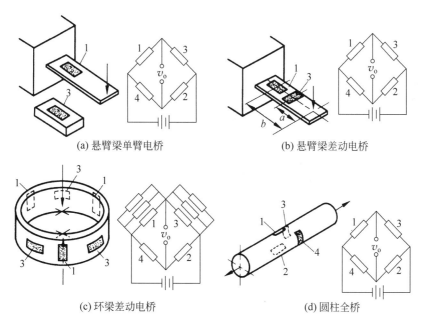

(a) 悬臂梁单臂电桥

(b) 悬臂梁差动电桥

(c) 环梁差动电桥

(d) 圆柱全桥

图 4-15 应变式电阻传感器在力学测量中的各种应用

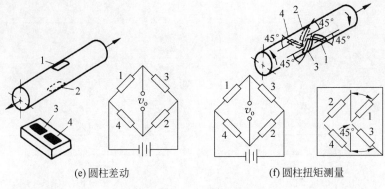

(e) 圆柱差动   (f) 圆柱扭矩测量

图 4-15 （续）

1) 圆柱式力传感器

如图 4-16 所示，在轴向布置一个或多个应变片，在圆周方向布置同样数目的应变片，后者取相反的横向应变，从而构成了差动对。由于应变片沿圆周方向分布，所以非轴向载荷分量被补偿，在与轴线任意夹角的 α 方向，其应变为

$$\varepsilon_\alpha = \frac{\varepsilon_1}{2}[(1-\mu)+(1+\mu)\cos2\alpha] \tag{4-54}$$

其中，ε_1 为沿轴向的应变；μ 为弹性元件的泊松比。

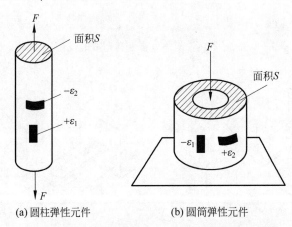

(a) 圆柱弹性元件   (b) 圆筒弹性元件

图 4-16 荷重传感器弹性元件上应变片安装示意图

轴向应变片感受的应变为

$$\varepsilon_\alpha = \varepsilon_1 = \frac{F}{SE} \quad (\alpha=0) \tag{4-55}$$

圆周方向的应变为

$$\varepsilon_\alpha = \varepsilon_2 = -\mu\varepsilon_1 = -\mu\frac{F}{SE} \quad (\alpha=90°) \tag{4-56}$$

其中，F 为载荷；E 为弹性元件的杨氏模量；S 为弹性元件的截面积。

2) 梁式力传感器

梁式力传感器可采用悬臂梁，悬臂梁有多种结构形式，如图 4-17 所示。图 4-17(a) 是等截面梁，适合于 5000N 以下的载荷测量。传感器结构简单，灵敏度高，也可用于小压力测量。

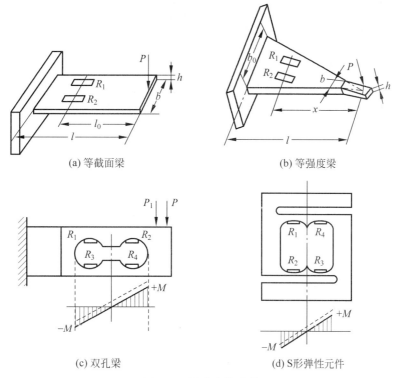

(a) 等截面梁　　　　　　　　(b) 等强度梁

(c) 双孔梁　　　　　　　　(d) S形弹性元件

图 4-17　梁式力传感器

图 4-17(b)是等强度梁，等强度梁弹性元件是一种特殊形式的悬臂梁，集中力作用于梁端三角形顶点上，梁内各断面产生的应力是相等的，表面上的应变也是相等的，与 x 方向的贴片位置无关。设梁的固定端宽度为 b_0，自由端宽度为 b，梁长为 L，梁的厚度为 h。当集中力 F 作用在自由端时，距作用力任何距离的截面应力相等。因此，沿着这种梁的长度方向上的截面抗弯模量 W 的变化与弯矩 M 的变化成正比，即

$$\sigma = \frac{M}{W} = \frac{6FL}{b_0 h^2} = 常数 \tag{4-57}$$

在等强度梁的设计中，往往采用矩形截面，保持厚度 h 不变，只改变梁的宽度 b，设沿梁长度方向上某一截面到力的作用点的距离为 x，则

$$\frac{6Fx}{b_x h^2} \leqslant [\sigma] \tag{4-58}$$

即

$$b_x \geqslant \frac{6Fx}{h^2 [\sigma]}$$

其中，b_x 为与 x 值相应的梁宽；$[\sigma]$ 为材料允许的应力。

在设计等强度梁弹性元件时，需要确定最大载荷 F，假设厚度为 h，长度为 L，按照所选材料的允许应力 $[\sigma]$，即可求等强度梁固定端宽度 b_0，以及沿梁长度方向宽度的变化值。

等强度梁各点的应变值为

$$\varepsilon = \frac{6FL}{b_0 h^2 E} \tag{4-59}$$

其中，E 为悬臂梁材料的杨氏模量。

图 4-17(c)为双孔梁，多用于小量程工业电子秤和商业电子秤；图 4-17(d)为 S 形弹性元件，适用于较小载荷。

2. 应变式压力传感器

测量流体压力的应变式压力传感器有膜片式、筒式、结合式等结构。下面以膜片式结构为例进行说明。如图 4-18(a)所示，应变片贴在膜片内壁，在外压力 p 的作用下，膜片产生径向应变和切向应变，其应力分布如图 4-18(b)所示。根据应变分布安排贴片，一般在中心贴片，并在边缘沿径向贴片，接成半桥或全桥。现已制出适应膜片应变分布的专用箔式应变花，如图 4-18(c)所示。

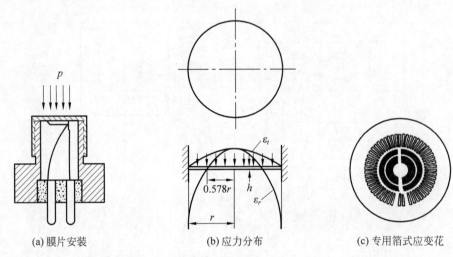

(a) 膜片安装　　　(b) 应力分布　　　(c) 专用箔式应变花

图 4-18　膜片形状、安装方式及应力分布

3. 应变式扭矩传感器

测量扭矩可以直接将应变片粘贴在被测轴上或采用专门设计的扭矩传感，其原理如图 4-19 所示。当被测轴受到纯扭力时，其最大剪应力不便于直接测量，但轴表面主应力方向与母线成 45°，而且在数值上等于最大剪应力。因而应变片沿与母线成 45°方向粘贴，变换成桥路，如图 4-19(b)所示。

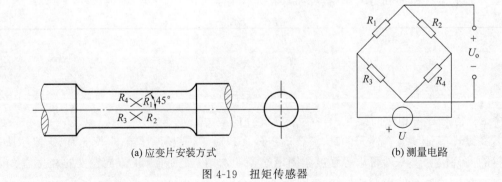

(a) 应变片安装方式　　　(b) 测量电路

图 4-19　扭矩传感器

4. 应变式加速度传感器

应变式加速度传感器的基本原理如图 4-20 所示。通常由惯性质量、弹性元件、壳体和

基座、应变片等组成。当物体和加速度计一起以加速度 a 沿箭头方向运动时,质量 m 感受惯性力 $F=-ma$,引起悬梁的弯曲,其上粘贴的应变片则可测出受力的大小和方向,从而确定物体运动的加速度大小和方向。

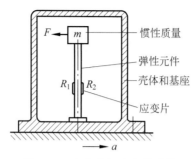

图 4-20 应变式加速度传感器

习题 4

4-1 线绕电位器式传感器的负载特性在什么情况下才呈现线性特性?为什么?

4-2 金属电阻应变片测量外力的原理是什么?其灵敏系数及其物理意义是什么?受哪两个因素影响?

4-3 如果将 100Ω 电阻应变片贴在弹性试件上,时间受力横截面积 $S=0.25\times 10^{-4}\text{m}^2$,弹性模量 $E=2\times 10^{11}\text{N/m}^2$,若有 $F=1\times 10^5\text{N}$ 的拉力引起应变电阻变化为 1Ω,试求该应变片的灵敏系数。

4-4 一台用等强度梁作为弹性元件的电子秤,在梁的上、下面各贴两片相同的电阻应变片($K=2$),如 4-4 题图(a)所示。已知 $l=200\text{mm}$, $b=22\text{mm}$, $t=6\text{mm}$,弹性模量 $E=2\times 10^4\text{N/mm}^2$。现将 4 个应变片接入 4-4 题图(b)直流电桥中,电桥电压 $U=10\text{V}$。当力 $F=10\text{N}$ 时,求电桥输出电压 U_o。

4-5 采用 4 片相同的金属丝应变片($K=2$),将其贴在实心圆柱形测力弹性元件上。如 4-5 题图所示,力 $F=800\text{kg}$。圆柱断面半径 $r=1\text{cm}$,杨氏模量 $E=2\times 10^7\text{N/cm}^2$,泊松比 $\mu=0.28$。

(1) 画出应变片在圆柱上的粘贴位置及相应测量桥路原理图。

(2) 各应变片的应变 ε 为多少?

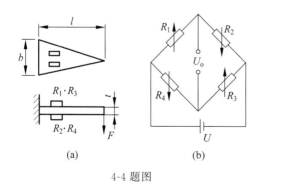

4-4 题图

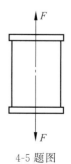

4-5 题图

(3) 电阻相对变化量 $\Delta R/R$ 为多少?

(4) 若电桥电压 $U=10\text{V}$,求桥路输出电压 U_o。

(5) 此种方法能否补偿环境温度对测量的影响? 说明原因。

4-6 直流电桥是如何分类的? 各类桥路输出电压与电桥灵敏度的关系如何?

4-7 采用应变片进行测量时为什么要进行温度补偿? 常用的温度补偿的方法有哪些?

4-8 当电位器负载系数 $M<0.1$ 时,求 R_L 与 R_max 的关系。当负载误差 $\delta_\text{L}<0.1$,且电阻相对变化 $\gamma=1/2$ 时,求 R_L 与 R_max 的关系。

4-9 4-9 题图所示为一直流应变电桥,图中 $E=5\text{V}, R_1=R_2=R_3=R_4=100\Omega$。

(1) R_1 为金属应变片,其余为外接电阻,当 R_1 的增量为 $\Delta R_1=1.0\Omega$ 时,电桥输出电压 U_o 为多少?

(2) R_1、R_2 都是应变片,且批号相同,感受应变的极性和大小都相同,其余为外接电阻,电桥的输出电压 U_o 为多少?

(3) 题(2)中,如果 R_2 与 R_1 感受应变的极性相反,且 $|\Delta R_1|=|\Delta R_2|=1\Omega$,电桥输出电压 U_o 为多少?

4-10 4-10 题图所示为等强度梁测力系统,R_1 为电阻应变片,应变片灵敏度 $K=2.1$,未受应变时,$R_1=150\Omega$,试件受力 F 时,应变片承受平均应变 $\varepsilon=800\mu\text{m/m}$。

(1) 求应变片电阻变化量 ΔR_1 和电阻相对变化量 $\Delta R_1/R_1$;

(2) 将电阻应变片 R_1 置于单臂测量电桥,电桥电源电压为直流 3V,求电桥输出电压和电桥非线性误差。

(3) 若要减少非线性误差,应采取何种措施? 分析其电桥输出电压和非线性误差大小。

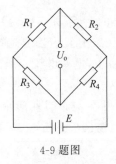

4-9 题图

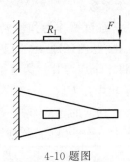

4-10 题图

4-11 在 4-10 题条件下,试件材料为合金钢,线膨胀系数 $\beta_\text{g}=11\times10^{-6}/℃$,电阻应变片敏感栅材质为康铜,其电阻温度系数 $\alpha=15\times10^{-6}/℃$,线膨胀系数 $\beta_\text{s}=14.9\times10^{-6}/℃$,当传感器的环境温度从 $10℃$ 变化到 $50℃$ 时,引起附加电阻相对变化量 $(\Delta R/R)_t$ 为多少? 折合成附件应变 ε_t 为多少?

第 5 章 电感式传感器

CHAPTER 5

电感式传感器是利用电磁感应把被测物理量(如位移、压力、流量、振动等)转换为线圈的自感系数 L 或互感系数 M 的变化,再由测量电路转换为电压或电流的变化量输出,实现非电量到电量的转换。

电感式传感器的优点是结构简单可靠,输出功率大,抗干扰能力强,对工作环境要求不高,分辨力较高(如在测量长度时一般可达 $0.1\mu m$),示值误差一般为示值范围的 $0.1\%\sim0.5\%$,稳定性好,重复性好,线性度优良,在一定位移范围内,输出的线性度较好。

它的缺点是频率响应低,不宜用于快速动态测量。一般来说,电感式传感器的分辨力和示值误差与示值范围有关。示值范围大时,分辨力和示值将相应降低。

电感式传感器的种类很多。有利用自感原理的电感式传感器(通常称为自感式传感器)以及利用互感原理做成的差动变压器式传感器。此外,还有利用涡流原理的涡流式传感器、利用压磁原理的压磁式传感器、利用互感原理的感应同步器等。

5.1 自感式传感器

5.1.1 工作原理

自感式传感器的原理结构如图 5-1 所示,其中 B 为动铁芯(通称衔铁),A 为固定铁芯。这两个部件一般为硅钢片和坡莫合金叠片。动铁芯 B 用拉簧定位,使 AB 间保持距离 l_0,铁芯截面积在 A 上绕有 N 匝线圈。工作时衔铁与被测体接触。被测体的位移引起气隙磁阻发生变化,从而使线圈电感发生变化。当传感器线圈与测量电路连接后,可将电感的变化转换为电压、电流或频率的变化,从而完成非电量到电量的转换。具体实现过程如下。

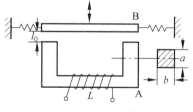

图 5-1 自感式传感器原理

可由电感的定义写出电感值表达式为

$$L = \frac{\psi}{I} = \frac{N\Phi}{I} \tag{5-1}$$

其中,ψ 为穿过线圈的总磁链;Φ 为穿过线圈的磁通;I 为线圈中流过的电流。

又知

$$\Phi = \frac{NI}{R_m} \tag{5-2}$$

其中，NI 为磁动势；R_m 为磁阻，其值为

$$R_m = \sum_{i=1}^{n} \frac{l_i}{\mu_i S_i} + 2\frac{l_0}{\mu_0 S_0} \tag{5-3}$$

其中，l_i、S_i 和 μ_i 分别为铁芯中磁通路上第 i 段的长度、截面积和磁导率；l_0、S_0、μ_0 分别为空气隙的长度、等效截面积和磁导率（$\mu_0 = 4\pi \times 10^{-7}$ H/m）。

当铁芯工作在非饱和状态时，铁芯的磁导率远大于空气磁导率 μ_0，因此，式(5-3)中以第 2 项为主，第 1 项可略去不计，且将式(5-1)和式(5-2)代入式(5-3)中，则有

$$L = \frac{N^2 \mu_0 S_0}{2 l_0} \tag{5-4}$$

如图 5-2 所示，电感值与以下几个参数有关：电感 L 是气隙截面积 S 和气隙长度 l_δ 的函数，即 $L = f(S, l_\delta)$。当被测量（位移）发生变化时，S 保持不变，仅衔铁与铁芯之间的气隙长度发生改变，L 为 l_δ 的单值函数，这种结构的传感器称为气隙型电感传感器，如图 5-3(a)所示。若保持 l_δ 不变，使 S 随位移变化，这种结构的传感器称为截面型电感传感器，如图 5-3(b)所示。

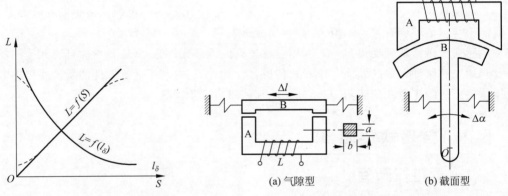

图 5-2 气隙型电感传感器特性曲线　　图 5-3 气隙型和截面型电感传感器

5.1.2 灵敏度及非线性

由式(5-4)可知，改变空气隙等效截面积 S_0 类型的传感器的转换关系为线性关系；改变空气隙长度 l_0 类型的传感器的转换关系为非线性关系。设 Δl 为气隙改变量，则

$$L_0 = \frac{N^2 \mu_0 S_0}{2 l_0} \tag{5-5}$$

$$\Delta L = L - L_0 = \frac{N^2 \mu_0 S_0}{2(l_0 + \Delta l)} - \frac{N^2 \mu_0 S_0}{2 l_0} = \frac{N^2 \mu_0 S_0}{2 l_0}\left(\frac{l_0}{l_0 + \Delta l} - 1\right) \tag{5-6}$$

电感的相对变化为

$$\frac{\Delta L}{L_0} = \left(\frac{l_0}{l_0 + \Delta l} - 1\right) = -\frac{\Delta l}{l_0 + \Delta l} = \left(\frac{-\Delta l}{l_0}\right)\left(\frac{1}{1 + \frac{\Delta l}{l_0}}\right) \tag{5-7}$$

当 $\dfrac{\Delta l}{l_0} \ll 1$ 时,可将式(5-7)展开为级数形式

$$\frac{\Delta L}{L_0} = \left(\frac{-\Delta l}{l_0}\right)\left(\frac{1}{1+\dfrac{\Delta l}{l_0}}\right) = \left(\frac{-\Delta l}{l_0}\right)\left[1+\left(\frac{-\Delta l}{l_0}\right)+\left(\frac{-\Delta l}{l_0}\right)^2+\left(\frac{-\Delta l}{l_0}\right)^3+\cdots\right]$$

$$= -\frac{\Delta l}{l_0} + \left(\frac{\Delta l}{l_0}\right)^2 - \left(\frac{\Delta l}{l_0}\right)^3 + \cdots \tag{5-8}$$

当衔铁上移 Δl 时,传感器气隙增大 Δl,电感量减小,此时取 $\Delta l > 0$;当衔铁下移 Δl 时,传感器气隙减少 Δl,电感量增加,此时取 $\Delta l < 0$。

气隙型灵敏度为

$$K_L = \frac{\Delta L}{\Delta l} = -\frac{L_0}{l_0}\left[1 - \frac{\Delta l}{l_0} + \left(\frac{\Delta l}{l_0}\right)^2 + \cdots\right] \tag{5-9}$$

以上结论在满足 $\Delta l/l_0 \ll 1$ 时成立。忽略二次以上的高次项而进行线性处理时,ΔL 与 Δl 呈线性关系,即

$$\frac{\Delta L}{L_0} \doteq -\frac{\Delta l}{l_0}$$

由此可见,高次项是造成非线性的主要原因。$\Delta l/l_0$ 越小,这种线性化处理带来的非线性误差越小。从提高灵敏度的角度看,初始空气隙距离 l_0 应尽量小。其结果是被测量的范围也变小,同时,灵敏度的非线性也将增加。这说明了输出非线性与灵敏度之间存在矛盾。

如采用增大空气隙等效截面积和增加线圈匝数的方法提高灵敏度,则必将增大传感器的几何尺寸和重量。这些矛盾在设计传感器时应适当考虑。与截面型自感式传感器相比,气隙型传感器的灵敏度较高。但其非线性严重,自由行程小,制造装配困难。因此,近年来这种类型的使用逐渐减少。

为了减少非线性误差,实际测量中广泛采用差动式电感传感器,即利用两只完全对称的单个电感传感器合用一个活动衔铁,这样就构成了差动式电感,如图 5-4 所示。在这里,固定铁芯上有两组线圈,调整可动铁芯 B,使之在没有被测量输入时两组线圈的电感值相等;当有被测量输入时,一组自感增大,而另一组将减小。

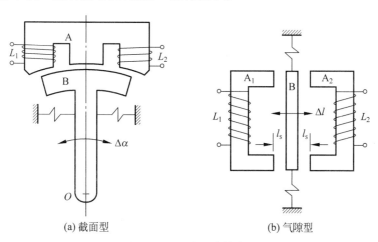

图 5-4 差动式电感传感器

初始状态时，衔铁位于中间位置，两边气隙相等。因此，两只电感线圈的电感量相等。当衔铁偏离中间位置，向上或向下移动时，造成两边气隙不一样，使两只电感线圈的电感量一增一减，衔铁带动机构就可以测量多种非电量，如位移、液面高度、速度等。

当构成差动式电感传感器，且形成电桥形式后，电桥输出电压将与 ΔL 有关，即

$$L_1 = \frac{\mu_0 S_0 N^2}{2(l_0 + \Delta l)} \tag{5-10}$$

$$L_2 = \frac{\mu_0 S_0 N^2}{2(l_0 - \Delta l)} \tag{5-11}$$

此处假设 $\Delta l > 0$，则

$$\Delta L = L_2 - L_1 = \frac{\mu_0 S_0 N^2}{2(l_0 - \Delta l)} - \frac{\mu_0 S_0 N^2}{2(l_0 + \Delta l)} = 2L_0 \left[\frac{\Delta l}{l_0} + \left(\frac{\Delta l}{l_0}\right)^3 + \left(\frac{\Delta l}{l_0}\right)^5 + \cdots \right] \tag{5-12}$$

其中，L_0 为衔铁在中间位置时，单个线圈的电感量。

从式(5-12)可知，不存在偶次项，显然，差动式电感传感器的非线性在 $\pm \Delta l$ 工作范围内要比单个电感线圈小很多。对差动式传感器，其灵敏度为

$$K'_L = \frac{\Delta L}{\Delta l} = -\frac{2L_0}{l_0} \left[1 + \left(\frac{\Delta l}{l_0}\right)^2 + \cdots \right] \tag{5-13}$$

与单极式比较，其灵敏度提高一倍，非线性大大降低。

5.1.3 等效电路

前面分析电感式传感器工作原理时，假设电感线圈为一个理想电感，但在实际传感器中，自感式传感器从电路角度来看并非纯电感，它既有线圈的铜耗，又有铁芯的涡流和磁滞损耗，这可用折合的有功电阻抗 R_q 表示。此外，无功阻抗除电感之外还包括绕组间分布电容。这部分电容用参数 C 表示，一个电感线圈的完整等效电路可用图 5-5 表示。

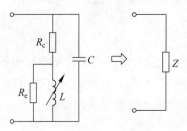

图 5-5 电感线圈等效电路

1. 铜耗电阻

导线直径为 d，电阻率为 ρ_c，匝数为 N 的线圈，当忽略导线集肤效应时，线圈电阻为

$$R_c = \frac{4\rho_c N l_{cp}}{\pi d^2} \tag{5-14}$$

其中，l_{cp} 为线圈的平均匝长。

2. 涡流损耗电阻 R_e

如果铁芯由某种磁材料片叠压制成，且每片叠片厚度为 t(单位为 m)，则等效电路中代表铁芯磁体中涡流损耗的并联电阻 R_e 为

$$R_e = \frac{2h}{t} \frac{\cosh\left(\frac{t}{h}\right) - \cos\left(\frac{t}{h}\right)}{\sinh\left(\frac{t}{h}\right) - \sin\left(\frac{t}{h}\right)} \omega L \tag{5-15}$$

其中，h 为涡流的穿透深度，可用式(5-16)表示。

$$h = \sqrt{\frac{\rho_i}{\pi\mu f}} \tag{5-16}$$

其中，ρ_i 为导磁体材料的电阻率。

当涡流穿透深度小于薄片厚度的一半，即 $t/h < 2$ 时，式(5-15)可以简化为

$$R_e = \frac{6}{(t/h)^2}\omega L \tag{5-17}$$

将式(5-16)和 $L = \frac{\mu S N^2}{l}$ 代入式(5-17)得

$$R_e = \frac{12\rho_i S N^2}{l t^2} \tag{5-18}$$

由此可见，铁芯叠片的并联涡流损耗电阻 R_e 在铁芯材料的使用频率范围内，不仅与频率无关，而且与铁芯材料的磁导率无关。

3. 并联寄生电容

并联寄生电容主要由线圈的固有电容及电缆分布电容组成。设 $R_s = R_c + R_e$ 为总等效损耗电阻，在不考虑电容 C 时，其串联等效阻抗为

$$Z = R_s + j\omega L \tag{5-19}$$

考虑并联电容 C 时，等效阻抗 Z_P 为

$$Z_P = \frac{(R_s + j\omega L)\frac{1}{j\omega C}}{(R_s + j\omega L) + \frac{1}{j\omega C}}$$

$$= \frac{R_s}{(1-\omega^2 LC)^2 + (\omega^2 LC/Q)^2} + j\frac{\omega L[(1-\omega^2 LC) - \omega^2 LC/Q^2]}{(1-\omega^2 LC)^2 + (\omega^2 LC/Q)^2} \tag{5-20}$$

其中，$Q = \omega L/R_s$，当 $Q \gg 1$ 时，式(5-20)可简化为

$$Z_P = \frac{R_s}{(1-\omega^2 LC)^2} + j\frac{\omega L}{(1-\omega^2 LC)} = R_P + j\omega L_P \tag{5-21}$$

由式(5-21)可知，并联电容 C 的存在使等效损耗电阻和等效电感都增大了，等效 Q_P 值较之前减少，为

$$Q_P = \frac{\omega L_P}{R_P} = (1-\omega^2 LC)Q \tag{5-22}$$

其电感的相对变化为

$$\frac{dL_P}{L_P} = \frac{1}{1-\omega^2 LC}\frac{dL}{L}$$

式(5-22)表明，并联电容后，传感器的灵敏度提高了。因此，在测量中若需要改变电缆长度，则应对传感器的灵敏度重新校准。

5.1.4 信号调理电路

自感式传感器实现了将被测量的变化转变为电感量的变化。为了测出电感量的变化，同时也为了送入下级电路进行放大和处理，就要用转换电路将电感变化转换为电压(或电流)变化。把传感器电感接入不同的转换电路后，原则上可将电感变化转换成电压(或电流)

的幅值、频率、相位的变化,它们分别称为调幅、调频、调相电路。在自感式传感器中,调幅电路用得较多,调频和调相电路用得较少。

1. 调幅电路

1) 交流电桥

调幅电路的一种主要形式是交流电桥。图 5-6(a)所示为交流电桥的一般形式。桥臂 Z_i 可以是电阻、电抗或阻抗元件。当空载时,其输出称为开路输出电压,表达式为

$$\dot{U}_\circ = \left(\frac{Z_1}{Z_1+Z_2} - \frac{Z_3}{Z_3+Z_4}\right)\dot{U} = \frac{Z_1 Z_4 - Z_2 Z_3}{(Z_1+Z_2)(Z_3+Z_4)}\dot{U} \tag{5-23}$$

其中,$\dot{U}$ 为电源电压。

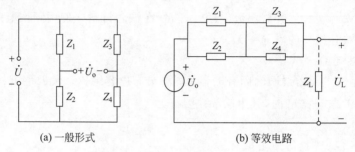

(a) 一般形式　　　　　(b) 等效电路

图 5-6　交流电桥的一般形式和等效电路

图 5-6(a)的等效电路如图 5-6(b)所示,即等效为一个具有内阻 $[Z_1 Z_2/(Z_1+Z_2) + Z_3 Z_4/(Z_3+Z_4)]$ 的电压源 $\dot{U}_\circ$。当接入负载 Z_L 时,桥路输出电压为

$$\dot{U}_L = \frac{Z_L(Z_1 Z_4 - Z_2 Z_3)\dot{U}}{Z_L(Z_1+Z_2)(Z_3+Z_4) + Z_1 Z_2(Z_1+Z_2) + Z_3 Z_4(Z_1+Z_2)} \tag{5-24}$$

其中,Z_L 为负载阻抗。

当电桥平衡时,即 $Z_1 Z_4 = Z_2 Z_3$,电桥的空载输出电压和负载输出电压均为零。若电桥臂阻抗的相对变化分别为 $\Delta Z_1/Z_1$、$\Delta Z_2/Z_2$、$\Delta Z_3/Z_3$ 和 $\Delta Z_4/Z_4$,则由式(5-23)和式(5-24)可得出电桥的输出电压为

$$\dot{U}_\circ = \left[\frac{\Delta Z_1/Z_1 + \Delta Z_4/Z_4}{(1+Z_2/Z_1)(1+Z_3/Z_4)} - \frac{\Delta Z_2/Z_2 + \Delta Z_3/Z_3}{(1+Z_1/Z_2)(1+Z_4/Z_3)}\right]\dot{U} \tag{5-25}$$

$$\dot{U}_L = \left[\frac{\Delta Z_1/Z_1 + \Delta Z_4/Z_4}{Z_L(1+Z_2/Z_1)(1+Z_3/Z_4) + (Z_2/Z_4)}\right]\dot{U} \tag{5-26}$$

式中忽略了分母中较小的 $\Delta Z/Z$ 的二次项。

实际应用中,交流电桥常和差动式电感传感器配用,传感器的两个电感线圈作为电桥的两个工作臂,电桥的平衡臂可以是纯电阻,或者是变压器的两个二次侧线圈,如图 5-7 所示。

在图 5-7(a)中,R_1 和 R_2 为平衡电阻,Z_1 和 Z_2 为工作臂,即传感器的阻抗。其值可写成

$$Z_1 = r_1 + j\omega L_1, \quad Z_2 = r_2 + j\omega L_2$$

其中,r_1 和 r_2 为串联损耗电阻;L_1 和 L_2 为线圈电感;ω 为电源角频率。

一般情况下,取 $R_1 = R_2 = R$。当使电桥处于初始平衡状态时,$Z_1 = Z_2 = Z$。工作时传感器的衔铁由初始平衡零点产生位移,则

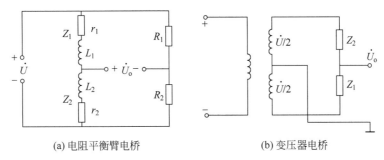

图 5-7 交流电桥的两种实用形式

$$Z_1 = Z + \Delta Z, \quad Z_2 = Z - \Delta Z$$

代入式(5-25)和式(5-26)可得

$$\dot{U}_\text{o} = \frac{\Delta Z}{2Z}\dot{U} = \frac{\dot{U}}{2} \cdot \frac{\Delta r + \mathrm{j}\omega \Delta L}{r + \mathrm{j}\omega L} \tag{5-27}$$

$$\dot{U}_\text{L} = \frac{R_\text{L}}{2R_\text{L} + R + Z} \cdot \frac{\Delta Z}{Z}\dot{U} \tag{5-28}$$

其中,R_L 为负载电阻。

式(5-27)经变换和整理后可写成

$$\dot{U}_\text{o} = \frac{\dot{U}}{2} \cdot \frac{1}{\left(1 + \frac{1}{Q^2}\right)} \left[\left(\frac{1}{Q^2} \cdot \frac{\Delta r}{r} + \frac{\Delta L}{L}\right) + \mathrm{j}\frac{1}{Q}\left(\frac{\Delta L}{L} - \frac{\Delta r}{r}\right)\right] \tag{5-29}$$

其中,$Q = \dfrac{\omega L}{r}$ 为电感线圈的品质因素。

由式(5-29)可以得出以下结论。

(1) 桥路输出电压 $\dot{U}_\text{o}$ 包含与电源 $\dot{U}$ 同相和正交的两个分量。在实际测量系统中,只希望有同相分量。从式(5-29)可以看出,如果能使 $\dfrac{\Delta L}{L} = \dfrac{\Delta r}{r}$,或者 Q 值比较大,均能达到此目的。但在实际工作时,$\dfrac{\Delta r}{r}$ 一般很小,所以就要求有很高的品质因素 Q。当 Q 值很高时,有

$$\dot{U}_\text{o} = \frac{\dot{U}}{2} \cdot \frac{\Delta L}{L} \tag{5-30}$$

(2) 当 Q 值很低时,电感线圈的电感远小于电阻,电感线圈相当于纯电阻的情况,即 $\Delta Z = \Delta r$,交流电桥即为电阻电桥。例如,应变电阻测量仪就是如此,此时输出电压为

$$\dot{U}_\text{o} = \frac{\dot{U}}{2} \cdot \frac{\Delta r}{r} \tag{5-31}$$

2) 变压器电桥

图 5-7(b) 所示为变压器电桥,Z_1 和 Z_2 为传感器两个线圈的阻抗,另两臂为电源变压器次级线圈的两半,每半的电压为 $\dot{U}/2$。输出空载电压为

$$\dot{U}_\text{o} = \frac{\dot{U}}{Z_1 + Z_2} \cdot Z_1 - \frac{\dot{U}}{2} = \frac{\dot{U}}{2} \cdot \frac{Z_1 - Z_2}{Z_1 + Z_2} \tag{5-32}$$

在初始平衡状态，$Z_1 = Z_2 = Z$，$\dot{U}_\circ = 0$。当衔铁偏离中心零点时，$Z_1 = Z + \Delta Z$，将 $Z_2 = Z - \Delta Z$ 代入式(5-32)可得

$$\dot{U}_\circ = \frac{\dot{U}}{2} \cdot \frac{\Delta Z}{Z} \tag{5-33}$$

可见，这种桥路的空载输出电压表达式与上一种完全一样。但这种桥路与上一种相比，使用元件少，输出阻抗小，因此获得广泛应用。

3) 谐振式调幅电路

图 5-8(a)所示为另一种调幅电路。这里，传感器 L 与固定电容 C、变压器 T 串联在一起，接入外接电源 u 后，变压器的次级将有电压 $u_\circ$ 输出，输出电压的频率与电源频率相同，幅值随 L 变化。图 5-8(b)所示为输出电压 $u_\circ$ 与电感 L 的关系曲线，其中 L_1 为谐振点的电感值。实际应用时，可以使用特性曲线一侧接近线性的一段。这种电路的灵敏度很高，但线性差，适用于线性度要求不高的场合。

2. 调频电路

调频电路的基本原理是传感器电感 L 变化将引起输出电压频率 f 的变化。一般是把传感器电感 L 和一个固定电容 C 接入一个振荡回路中，如图 5-9(a)所示，其振荡频率 $f = 1/(2\pi\sqrt{LC})$。当 L 变化时，振荡频率随之变化，根据 f 的大小即可测出被测量值。

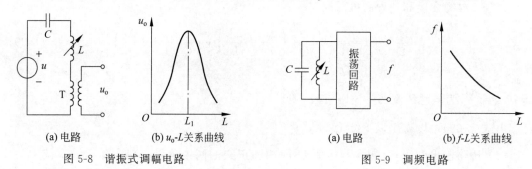

(a) 电路　　(b) $u_\circ$-L关系曲线　　　　(a) 电路　　(b) f-L关系曲线

图 5-8　谐振式调幅电路　　　　图 5-9　调频电路

当 L 有了微小变化 ΔL 后，频率变化 Δf 为

$$\Delta f = -\frac{1}{4\pi}(LC)^{-3/2}C\Delta L = -\frac{f}{2} \cdot \frac{\Delta L}{L} \tag{5-34}$$

图 5-9(b)所示为 f 与 L 的关系曲线，它具有严重的非线性关系，要求后续电路作适当处理。调频电路只在 f 较大的情况下才能达到较高的精度。例如，若测量频率的精度为 1Hz，那么当 $f = 1\text{MHz}$ 时，相对误差为 10^{-6}。

3. 调相电路

调相电路的基本原理是传感器电感 L 变化将引起输出电压相位 φ 的变化。图 5-10(a)所示为一个相位电桥，一臂为传感器 L，另一臂为固定电阻 R。设计时使电感线圈具有高品质因数。忽略其损耗电阻，则电感线圈与固定电阻上压降 $\dot{U}_L$ 与 $\dot{U}_R$ 互相垂直，如图 5-10(b)所示。当电感 L 变化时，输出电压 $\dot{U}_\circ$ 的幅值不变，相位角 φ 随之变化。如图 5-10(c)所示，φ 与 L 的关系为

$$\varphi = -2\arctan\frac{\omega L}{R} \tag{5-35}$$

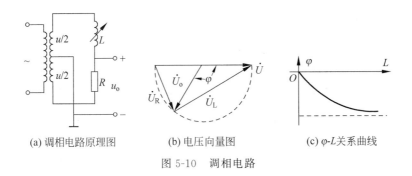

(a) 调相电路原理图　　(b) 电压向量图　　(c) φ-L关系曲线

图 5-10　调相电路

其中，ω 为电源角频率。

在这种情况下，当 L 有微小变化 ΔL 后，输出电压相位变化 $\Delta\varphi$ 为

$$\Delta\varphi = -\frac{2(\omega L/R)}{1+(\omega L/R)^2}\cdot\frac{\Delta L}{L} \tag{5-36}$$

图 5-10(c) 给出了 $\Delta\varphi$ 与 ΔL 的特性关系。

5.1.5　零点残余电压

当差动变压器的衔铁处于中间位置时，理想条件下其输出电压为零。但实际上，当使用桥式电路时，在零点有一个微小的电压值（从零到数十毫伏）存在。它表现在电桥预平衡时，无法实现平衡，最后总要存在着某个输出值 $\Delta U_\circ$，这称为零点残余电压，如图 5-11 所示。

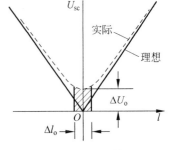

图 5-11　$U_\circ$-l 特性

由于 $\Delta U_\circ$ 的存在，将造成测量系统存在不灵敏区 $\Delta l_\circ$，这限制了系统的最小灵敏度，同时也影响 ΔU 与 l 之间转换的线性度。造成零点残余电压的主要原因如下。

(1) 一组两个传感器不完全对称，如几何尺寸不对称、电气参数不对称和磁路参数不对称。

(2) 存在寄生参数。

(3) 供电电源中有高次谐波，而电桥只能对基波较好地预平衡。

(4) 供电电源很好，但磁路本身存在非线性。

(5) 工频干扰。

克服方法要针对产生的原因而定。对于原因(1)，若在设计及加工时要求严格些，则必然增加成本；对于原因(2)和原因(5)，可加屏蔽保护；对于原因(3)，对供电电源有一定质量要求，最好不同工频；对于原因(4)，除选择磁路材料要正确之外，不要片面为追求灵敏度而过高地提高供电电压。以上措施只能取得一些效果，因为这些措施都要较多地增加成本。

还可以在线路上采取措施，如在臂桥上增加调节元件，这可在电桥的某个臂上并联大电阻减少电容，也可两者皆用。至于要在哪个臂上并联调节元件，要并联多大值的元件，可通过调试来定。为滤掉不平衡电压中的高次谐波，也可在电桥之后加带通滤波器，此带通的中心频率可取为桥电源频率，而带宽由被测信号频率决定。

5.2 互感式传感器

互感式传感器是把被测量的变化转换为变压器的互感变化。变压器初级线圈输入交流电压,次级线圈则互感应出电势。由于变压器的次级用差动形式,故又称为差动变压器。

5.2.1 结构和工作原理

互感式传感器是将非电量转换为线圈间互感 M 的一种磁电结构,其工作原理很像变压器,因此常称为变压器式传感器。这种传感器多采用差动形式。

图 5-12 所示为典型的变压器式传感器结构原理。其中,A 和 B 为两个山字形固定铁芯,在其中各绕有两个线圈;W_{1a} 和 W_{1b} 为一次绕组,W_{2a} 和 W_{2b} 为二次绕组;C 为衔铁。在没有非电量输入时,衔铁 C 与铁芯 A、B 的间隔相同,即 $\delta_{a0} = \delta_{b0}$。则绕组 W_{1a} 和 W_{1b} 间的互感 M_a 与绕组 W_{2a} 和 W_{2b} 间的互感 M_b 相等。

当衔铁的位置改变($\delta_{a0} \neq \delta_{b0}$)时,则 $M_a \neq M_b$,此互感的差值即可反映被测量的大小。

图 5-13 所示为截面积型差动变压器式传感器。输入被测量为角位移,它是一个山字形铁芯上绕有 3 个绕组,W_1 为一次绕组,N_{2a} 和 N_{2b} 为两个二次绕组;衔铁 B 以 O 为轴转动,衔铁转动时由于改变了铁芯与衔铁间磁路上的垂直有效面积 S,也就改变了绕组间的互感,使其中一个增大,另一个减小,因此两个二次绕组中的感应电动势也随之改变。将绕组 N_{2a} 和 N_{2b} 反向串联并测量合成电动势 E_2,就可以判断出非电量的大小和方向。

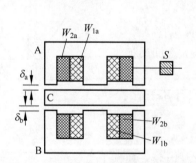

图 5-12 气隙型差动变压器式传感器

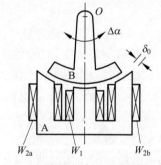

图 5-13 截面积型差动变压器式传感器

5.2.2 等效电路及其特性

1. 等效电路

在忽略线圈寄生电容、铁芯损耗、漏磁以及变压器次级开路(或负载阻抗足够大)的情况下,差动变压器的等效电路如图 5-14 所示。r_1 与 L_1、r_{2a} 与 L_{2a}、r_{2b} 与 L_{2b} 分别为初级绕组、两个次级绕组的铜电阻与电感。

根据变压器原理,传感器开路输出电压为两次级线圈感应电势之差,即

$$\dot{U}_o = \dot{E}_{2a} - \dot{E}_{2b} = -j\omega(M_a - M_b)\dot{I} \tag{5-37}$$

当衔铁在中间位置时,若两次级线圈参数、磁路尺寸相等,则 $M_a = M_b = M$,于是 $\dot{U}_o = 0$。

当衔铁偏离中间位置时，$M_a \neq M_b$，由于差动工作，有 $M_a = M + \Delta M_a$，$M_b = M - \Delta M_b$。在一定范围内，$\Delta M_a = \Delta M_b = \Delta M$，差值 $(M_a - M_b)$ 与衔铁位移成比例。于是，输出电压及其有效值分别为

$$\dot{U}_o = -j\omega(M_a - M_b)\dot{I} = -j\omega \frac{2\dot{U}}{r_1 + j\omega L_1}\Delta M \tag{5-38}$$

$$U_o = \frac{2\omega \Delta M U}{\sqrt{r_1^2 + (\omega L_1)^2}} = 2E_{20}\frac{\Delta M}{M} \tag{5-39}$$

其中，E_{20} 为衔铁在中间位置时单个次级线圈的感应电势。

$$E_{20} = \omega M U / \sqrt{r_1^2 + (\omega L_1)^2} \tag{5-40}$$

由式(5-39)可知，差动变压器的输出特性与初级线圈对两个次级线圈的互感之差 ΔM 有关。结构形式不同，互感的计算方法也不同。下面以图5-12所示的Ⅱ型差动变压器为例分析其输入-输出特性。

2. 输入-输出特性

在忽略线圈铁损(即涡流与磁滞损耗忽略不计)、漏磁以及变压器开路(或负载阻抗足够大)的条件下，图5-12的等效电路如图5-15所示。

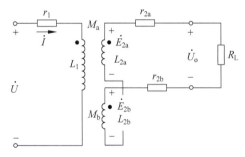

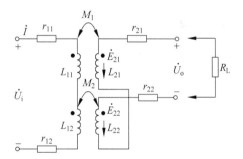

图 5-14 差动变压器的等效电路　　　　图 5-15 气隙型差动变压器等效电路

设Ⅱ型铁芯的截面 S 是均匀的，初始气隙为 δ_0；两初级线圈顺向串接，匝数均为 W_1；两次级线圈反向串接，匝数各为 W_2；电源电压为 $\dot{U}_i$。当衔铁上移 $\Delta \delta$，上气隙变为 $\delta_1 = \delta_0 - \Delta \delta$，下气隙变为 $\delta_2 = \delta_0 + \Delta \delta$，上磁路磁阻减小，下磁路磁阻增加。上、下两个磁回路的磁通相比，$\phi_1 > \phi_2$；两个线圈的感应电势相比，$E_{21} > E_{22}$。输出电压为

$$\dot{U}_o = \dot{E}_{21} - \dot{E}_{22} = -j\omega \dot{I}(M_1 - M_2) \tag{5-41}$$

两个初-次级间的互感为

$$M_1 = \frac{\psi_1}{\dot{I}} = \frac{W_2 \dot{\phi}_{1m}}{\dot{I}\sqrt{2}}, \quad M_2 = \frac{\psi_2}{\dot{I}} = \frac{W_2 \dot{\phi}_{2m}}{\dot{I}\sqrt{2}}$$

其中，ψ_1 和 ψ_2 分别为上、下铁芯次级线圈中的磁链；$\dot{\phi}_{1m}$ 和 $\dot{\phi}_{2m}$ 分别为上、下铁芯中由激励电流 $\dot{I}$ 产生的幅值磁通。因此可得

$$\dot{U}_o = \frac{j\omega W_2}{\sqrt{2}}(\dot{\phi}_{1m} - \dot{\phi}_{2m}) \tag{5-42}$$

在忽略铁芯磁阻与漏磁通的情况下,有

$$\begin{cases} \dot{\phi}_{1m} = \sqrt{2}\dot{I}W_1/R_{\delta 1} \\ \dot{\phi}_{2m} = \sqrt{2}\dot{I}W_1/R_{\delta 2} \end{cases} \quad (5\text{-}43)$$

其中,$R_{\delta 1}$、$R_{\delta 2}$ 分别为上下磁回路中总的气隙磁阻。另外,初级线圈电流为

$$\dot{I} = \frac{\dot{U}_i}{Z_{11} + Z_{12}} = \frac{\dot{U}_i}{r_{11} + j\omega L_{11} + r_{12} + j\omega L_{12}} \quad (5\text{-}44)$$

其中,r_{11}、L_{11} 和 Z_{11} 分别为上初级线圈的电阻、电感和复阻抗,$L_{11}=W_1^2\mu_0 S/(2\delta_1)$;$r_{12}$、$L_{12}$ 和 Z_{12} 分别为下初级线圈的电阻、电感和复阻抗,$L_{12}=W_1^2\mu_0 S/(2\delta_2)$。进一步分析得

$$\dot{I} = \frac{\dot{U}_i}{r_{11} + r_{12} + j\omega W_1^2 \dfrac{\mu_0 S}{2}\left(\dfrac{2\delta_0}{\delta_0^2 - \Delta\delta^2}\right)} \quad (5\text{-}45)$$

将式(5-43)和式(5-44)代入式(5-42),得

$$\dot{U} = -j\omega W_1 W_2 \frac{\mu_0 S}{2} \frac{2\Delta\delta}{\delta_0^2 - \Delta\delta^2} \frac{\dot{U}_i}{r_{11} + r_{12} + j\omega W_1^2 \dfrac{\mu_0 S}{2}\left(\dfrac{2\delta_0}{\delta_0^2 - \Delta\delta^2}\right)} \quad (5\text{-}46)$$

其中,分母中存在 $\Delta\delta^2$ 项,这是造成非线性的因素。如果忽略 $\Delta\delta^2$ 项,并设 $r_{11}=r_{12}=r_1$,$L_0=W_1^2\mu_0 S/(2\delta_0)$,式(5-46)可改写并整理为

$$\dot{U}_\circ = -\dot{U}_i \frac{W_2}{W_1} \frac{j\dfrac{1}{Q}+1}{\dfrac{1}{Q^2}+1} \frac{\Delta\delta}{\delta_0} \quad (5\text{-}47)$$

其中,Q 为线圈的品质因数,$Q=\omega L_0/r_1$。

由式(5-47)可知,输出电压包含两个分量,即与电源电压 $\dot{U}_i$ 同相的基波分量和正交分量,两分量均与气隙的相对变化 $\Delta\delta/\delta_0$ 有关。Q 值增大,正交分量减小。因此,希望差动变压器的品质因数足够高。当 $Q\gg 1$ 时,则有

$$\dot{U}_\circ = -\dot{U}_i \frac{W_2}{W_1} \frac{\Delta\delta}{\delta_0} \quad (5\text{-}48)$$

式(5-48)表明,输出电压 $\dot{U}_\circ$ 与衔铁位移 $\Delta\delta$ 成比例。式中负号表明当衔铁向上移动时,$\Delta\delta$ 为正,输出电压 $\dot{U}_\circ$ 与电源电压 $\dot{U}_i$ 反相;当衔铁向下移动时,$\Delta\delta$ 为负,输出电压 $\dot{U}_\circ$ 与电源电压 $\dot{U}_i$ 同相。输出特性曲线如图 5-16 所示。

由以上分析结果,对这种传感器有以下结论。

(1) 供电电源必须是稳幅和稳频的。此外,输出的 $\dot{U}_\circ$ 为交流输出信号,其输出的交流电压只能反映位移 $\Delta\delta$ 的大小,不能反映移动方向,所以一般输出特性为 V 形曲线。为反映铁芯移动方向,需要采用相敏检波电路。

(2) 线圈匝数比 W_2/W_1 增大,可以提高灵敏度,使输出 $\dot{U}_\circ$ 增大。保持其他值不变,增加次级线圈的匝数时,灵敏度 K_E 增大,呈线性关系。但是次级线圈不能无限增加,因为随

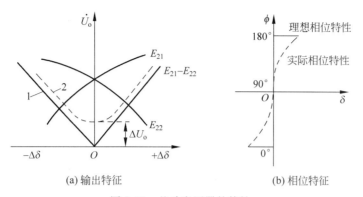

(a) 输出特征 (b) 相位特征

图 5-16 差动变压器的特性

着次级线圈匝数的增加,差动变压器的零点残余电压也增大了。

(3) 初始空气隙 δ_0 不宜过大,否则灵敏度会下降。

(4) 电源的幅值应适当提高,但 U_i 过大,易造成发热而影响稳定性,还可能出现磁饱和,因此应以变压器铁芯不饱和以及允许温升为条件,通常取输入激励电压为 0.5～8V,功率限制在 1VA 以下。

(5) 供电电源频率的选取。在低频的情况下,即 $r_1 \gg \omega L_1$,即由式(5-47)可知输出电压 $\dot{U}_o$ 与 ω(即电源频率 f)呈线性关系,即与灵敏度 S_u 也呈线性关系,如图 5-17(a)所示。随着频率增高,当频率高于某个值时,由于 $\omega L_1 \gg r_1$ 时,此时可实现灵敏度和相位 θ 与频率无关。一般材料(硅钢片)的传感器在频率 $f > 2000$Hz 时,可实现灵敏度和相位 θ 与频率无关,如图 5-17(b)所示。当频率 f 过高时,铁芯中损耗将增大,因此灵敏度 S_u 及 Q 值都要下降。一般材料做的传感器一次线圈的供电频率不宜高于 8kHz。

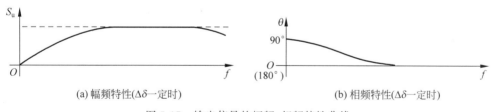

(a) 幅频特性($\Delta\delta$ 一定时) (b) 相频特性($\Delta\delta$ 一定时)

图 5-17 输出信号的幅频、相频特性曲线

(6) 前面的讨论是在略去铁损及线圈中分布电容的情况下进行的。当供电频率较高时,或者虽然供电频率并不高,但采用实心整体铁芯时,必须考虑铁损造成的影响,这时灵敏度特性中也将有非线性。

上述推导时假定副端开路,这等于要求二次测量线路有足够大的输入阻抗。使用电子线路时如要求有几十千欧的输入阻抗是完全可以办得到的。但是直接配用输入阻抗不十分高的电压表作为指标器时,就必须考虑副端电流的影响,否则若直接用上述结构会有较大出入。

5.2.3 差动变压器的信号调理电路

差动变压器随衔铁的位移输出一个调幅波,若用交流模拟数字电压表测量,只能反映铁芯位移的大小,不能反映移动方向。另外,其测量值中必定含有零点残余电压。为了能辨别位移方向和消除零点残余电压,实际测量时,常常采用两种测量电路:差动整流电路和相敏检波电路。

1. 差动整流电路

差动整流是常用的电路形式,它对二次绕组线圈的感生电动势分别整流,然后再把两个整流后的电流或电压串成通路合成输出,几种典型的电路如图 5-18 所示。图 5-18(a)和图 5-18(b)用于连接低阻抗负载的场合,是电流输出型;图 5-18(c)和图 5-18(d)用于连接高阻抗负载的场合,是电压输出型。图中可调电阻是用于调整零点输出电压的。

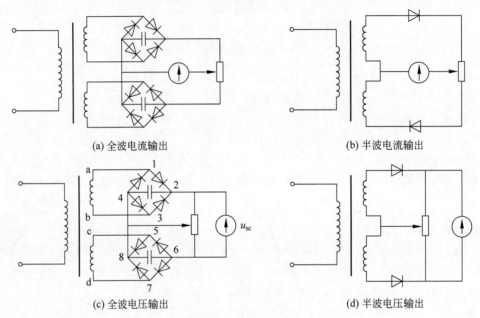

图 5-18 差动整流电路

下面结合图 5-18(c),分析电路工作原理。

假定某瞬间载波为上半周时,上线圈 a 端为正,b 端为负;下线圈 c 端为正,d 端为负。

在上线圈中,电流自 a 点出发,路径为 a→1→2→4→3→b,流过电容的电流是由 2 到 4,电容上的电压为 u_{24}。

在下线圈中,电流自 c 点出发,路径为 c→5→6→8→7→d,流过电容的电流是由 6 到 8,电容上的电压为 u_{68}。

总的输出电压为上述两电压的代数和,即

$$u_{sc} = u_{24} - u_{68} \tag{5-49}$$

当载波为下半周时,上线圈 a 端为负,b 端为正;下线圈 c 端为负,d 端为正。

在上线圈中,电流自 b 点出发,路径为 b→3→2→4→1→a,流过电容的电流也是由 2 到 4,电容上的电压为 u_{24}。

在下线圈中,电流自 d 点出发,路径为 d→7→6→8→5→c,流过电容的电流仍是由 6 到 8。电容上的电压为 u_{68}。

可见不论载波为上半周还是下半周,通过上下线圈所在回路中电容上的电流始终为 $u_{sc} = u_{24} - u_{68}$。

当衔铁在零位时，$u_{24}=u_{68}$，所以 $u_{sc}=0$；当衔铁在零位以上时，$u_{24}>u_{68}$，所以 $u_{sc}>0$；当衔铁在零位以下时，$u_{24}<u_{68}$，所以 $u_{sc}<0$。各节点电压波形图如图 5-19 所示。

差分整流电路结构简单，一般不需要调整相位，不需要考虑零位输出的影响。在远距离传输时，将此电路的整流部分放在差分变压器一端，整流后的输出线延长，就可避免感应和引出线分布电容的影响。

2. 相敏检波电路

在动态测量时，假定位移是正弦波，即

$$x = x_m \sin\omega t \tag{5-50}$$

动态测量的波形如图 5-20 所示。可以看出，衔铁在零位以上和零位以下移动时，二次绕组输出电压的相位角发生 180°的变化，因此判别相位的变化就可以判别位移的极性。下面介绍的相敏检波电路正是通过鉴别相位辨别位移的方向，即差动变压器输出的调幅波经相敏检波后，便能输出既反映位移大小又反映位移极性的测量信号。

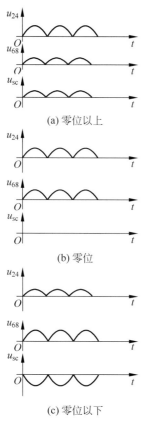

图 5-19　节点电压波形图

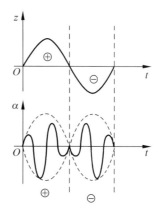

图 5-20　差动变压器动态测量时的波形

下面结合图 5-21 讨论相敏检波的工作原理。图中，D_1、D_2、D_3、D_4 为 4 个性能相同的二极管，以同一方向串联成一个闭合回路，形成环形电桥。输入信号 u_2 为差动变压器式传感器输出的调幅波电压，其通过变压器 T_1 加到环形电桥的一条对角线。参考信号 u_0 通过变压器 T_2 加入环形电桥的另一个对角线。输出信号 u_L 从变压器 T_1 与 T_2 中心抽头引出。平衡电阻 R 起限流作用，避免二极管导通时变压器 T_2 的次级电流过大。R_L 为负载电阻。

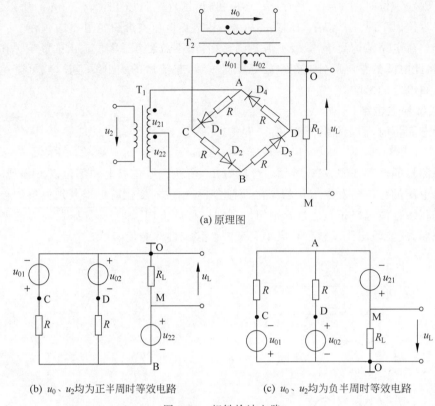

图 5-21 相敏检波电路

u_0 的幅值要远大于输入信号 u_2 的幅值,以便有效控制 4 个二极管的导通状态,且 u_0 和差动变压器式传感器激磁电压 u_1 由同一振荡器供电,保证两者同频、同相(或反相)。

由图 5-21 可知,当位移 $\Delta x > 0$ 时,u_2 与 u_0 同频同相;当位移 $\Delta x < 0$ 时,u_2 与 u_0 同频反相。

当 $\Delta x > 0$ 时,u_2 与 u_0 同频同相,当 u_2 与 u_0 均为正半周时,如图 5-21(a)所示,环形电桥中二极管 D_1、D_4 截止,D_2、D_3 导通,则可以得到如图 5-21(b)所示的等效电路。

根据变压器的工作原理,考虑 O、M 分别为变压器 T_1、T_2 的中心抽头,则有

$$u_{01} = u_{02} = \frac{u_0}{2n_2}, \quad u_{21} = u_{22} = \frac{u_2}{2n_1}$$

其中,n_1、n_2 为变压器 T_1、T_2 的变比。采用电路分析的基本方法,可求得图 5-21(b)所示电路的输出电压 u_L 的表达式为

$$u_L = \frac{R_L u_2}{n_1 (R_1 + 2R_L)} \tag{5-51}$$

同理,u_2 与 u_0 均为负半周时,二极管 D_2、D_3 截止,D_1、D_4 导通,其等效电路如图 5-21(c)所示,输出电压 u_L 表达式与式(5-51)相同,说明只要位移 $\Delta x > 0$,不论 u_2 与 u_0 是正半周期还是负半周,负载 R_L 两端得到的电压 u_L 始终为正。

当 $\Delta x < 0$ 时,u_2 与 u_0 同频反相。采用上述相同的分析方法不难得到当 $\Delta x < 0$ 时,不论 u_2 与 u_0 是正半周期还是负半周期,负载电阻 R_L 两端得到的输出电压 u_L 的表达式总是为

$$u_L = -\frac{R_L u_2}{n_1(R_1 + 2R_L)} \tag{5-52}$$

所以，上述相敏检波电路输出电压 u_L 的变化规律充分反映了被测位移量的变化规律，即 u_L 的值反映位移 Δx 的大小，而 u_L 的极性则反映了位移 Δx 的方向。综上所述，经过相敏检波电路，正位移输出正电压，负位移输出负电压，电压值的大小表明位移的大小，电压的正负表明位移的方向。因此，原来的 V 形输出特性曲线变成过零点的一条直线，如图 5-22 所示，同时消除了零点残余电压。

动态测量信号经相敏检波后，输出波形中仍含有高频分量，因此必须通过低通滤波器滤除高频分量取出被测信息。这样相敏检波和低通滤波电路相互配合，才能取出被测信号，即起到相敏解调的作用。

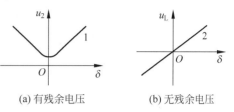

图 5-22　相敏检波前后的输出特性曲线

5.2.4　零点残余电压的补偿

与自感式传感器相似，差动变压器也存在残余电压问题。零点残余电压的存在使传感器的特性曲线不通过原点，并使实际特性不同于理想特性。

1. 零点残余电压影响

零点残余电压的存在使传感器输出特性在零点附近的范围内不灵敏，限制了分辨力的提高。

零点残余电压太大，将使线性度变差，灵敏度下降，甚至会使放大器饱和，堵塞有用信号通过，致使仪器不再反映被测量的变化。因此，零点残余电压是评定传感器性能的主要指标之一，同时说明对零点残余电压进行认真分析，找出减小的办法是很重要的。

2. 零点残余电压消除方法

1) 在设计和工艺上保证结构对称性

为保证线圈和磁路的对称性，首先，要求提高加工精度，线圈选配成对，采用磁路可调节结构；其次，应选择高磁导率、低矫顽磁力、低剩磁感应的导磁材料，并应经过热处理，消除残余应力，以提高磁性能的均匀性和稳定性。由高次谐波产生的因素可知，磁路工作点应选在磁化曲线的线性段。

2) 选用何值的测量线路

采用相敏检波电路不仅可以鉴别衔铁移动方向，而且可以把衔铁在中间位置时因高次谐波引起的零点残余电压消除掉。

3) 采用补偿电路

采用对称度很高的磁路线圈减小零点残余电压在设计和工艺上是有困难的，也会提高成本。因此，除在工艺上提出一定要求外，可在电路上采取补偿措施。在电路上进行补偿，是既简单又有效的办法。线路的形式很多，但是归纳起来，不外乎以下几种方法：加串联电阻、加并联电阻、加并联电容、加反馈绕组或反馈电容等。图 5-23 所示为几个补偿零点残余电压的实例。

图 5-23(a) 中，输出端接入电位器 R_P，电位器的动点接二次侧线圈的公共点。调节电位

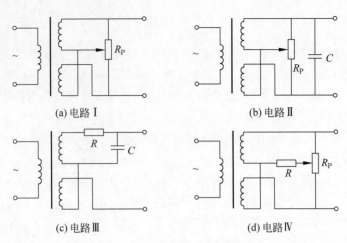

图 5-23 零点电压补偿电路

器,可使二次侧线圈输出电压的大小和相位发生变化,从而使零点残余电压达到最小值。R_P 一般在 10kΩ 左右。这种方法对基波正交分量有明显的补偿效果,但对高次谐波无补偿作用。

如果并联一个电容 C,就可有效地补偿高次谐波分量,如图 5-23(b)所示,电容 C 的大小要适当,常为 $0.1\mu F$ 以下,要通过实验确定。

图 5-23(c)中,串联电阻 R 调整二次侧线圈的电阻值不平衡,并联电容 C 改变某一电动势的相位,也能达到良好的零点残余电压补偿作用。

图 5-23(d)中,接入 R(几百千欧)减轻了二次侧线圈的负载,可以避免外接负载不是纯电阻而引起较大的零点残余电压。

5.3 电涡流式传感器

根据法拉第电磁感应定律,块状金属导体置于变化的磁场中或在磁场中作切割磁力线运动时,导体内将产生漩涡状的感应电流,此电流叫作电涡流,以上现象称为电涡流效应。涡流大小与导体电阻率 ρ、磁导率 μ 以及产生交变磁场的线圈与被测体之间距离 x、线圈激励频率 f 有关。显然,磁场变化频率越高,涡流的集肤效应越明显,即涡流穿透深度越小,其穿透深度 h(单位为 cm)为

$$h = 5030\sqrt{\frac{\rho}{\mu_r f}} \tag{5-53}$$

其中,ρ 为导体的电阻率(单位为 Ω·cm);μ_r 为导体相对磁导率;f 为交变磁场频率(单位为 Hz)。

根据电涡流效应制成的传感器称为电涡流式传感器,由式(5-53)可知,涡流穿透深度 h 和激励电流频率 f 有关,按照电涡流在导体内的贯穿情况,可以分为高频反射式和低频透射式两类,但从基本工作原理来说,二者是相似的。

5.3.1 结构和工作原理

金属导体置于变化着的磁场中,导体内就会产生感应电流,称为电涡流或涡流,这种现

象称为涡流效应。电涡流式传感器就是在这种涡流效应的基础上建立起来的。如图 5-24(a) 所示,一个通有高频交变电流 $\dot{I}_1$ 的传感器线圈,由于电流的变化,在线圈周围就产生一个交变磁场 $\dot{H}_1$,当被测金属置于该磁场范围内,金属导体内便产生涡流 $\dot{I}_2$,涡流也将产生一个新磁场 $\dot{H}_2$,$\dot{H}_2$ 与 $\dot{H}_1$ 方向相反,因而抵消部分原磁场。当被测物体与传感器间的距离 x 改变时,导致线圈的电感量、阻抗、品质因数、电感发生变化,于是将位移量变为电量。

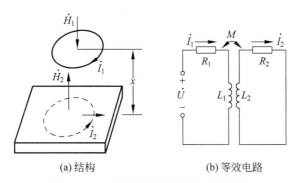

(a) 结构　　(b) 等效电路

图 5-24　电涡流式传感器的基本原理图

可以看出,线圈与金属导体之间存在磁性联系。若把导体形象地看作一个短路线圈,它与传感器线圈有磁耦合,那么其间的关系可用图 5-24(b)所示的等效电路表示。根据基尔霍夫定律,可列出电路方程为

$$\begin{cases} R_1 \dot{I}_1 + j\omega L_1 \dot{I}_1 - j\omega M \dot{I}_2 = \dot{U} \\ R_2 \dot{I}_2 + j\omega L_2 \dot{I}_2 - j\omega M \dot{I}_1 = 0 \end{cases} \tag{5-54}$$

其中,R_1 和 L_1 为线圈的电阻和电感;R_2 和 L_2 为金属导体的电阻和电感;U 为线圈激励电压。

解方程组,可知传感器工作时的等效阻抗为

$$Z = \frac{\dot{U}}{\dot{I}_1} = R_1 + R_2 \frac{\omega^2 M^2}{R_2^2 + \omega^2 L_2^2} + j\omega \left[L_1 - L_2 \frac{\omega^2 M^2}{R_2^2 + \omega^2 L_2^2} \right] = 0 \tag{5-55}$$

等效电阻和等效电感分别为

$$R = R_1 + R_2 \omega^2 M^2 / (R_2^2 + \omega^2 L_2^2) \tag{5-56}$$

$$L = L_1 - L_2 \omega^2 M^2 / (R_2^2 + \omega^2 L_2^2) \tag{5-57}$$

线圈的品质因数为

$$Q = \frac{\omega L}{R} = Q_0 \cdot \frac{1 - \frac{L_2}{L_1} \cdot \frac{\omega^2 M^2}{Z_2^2}}{1 + \frac{R_2}{R_1} \cdot \frac{\omega^2 M^2}{Z_2^2}} \tag{5-58}$$

其中,$Q_0 = \frac{\omega L_1}{R_1}$ 为无涡流影响下的线圈的品质因数;$Z_2^2 = R_2^2 + \omega^2 L_2^2$ 为金属导体中产生电涡流部分的阻抗。

由上可知,被测参数变化,既能引起线圈阻抗 Z 变化,也能引起线圈电感 L 和线圈品质因数 Q 值变化,所以电涡流传感器所用的转换电路可以选用 Z、L、Q 中的任何一个参数,并

将其转化成电量,即可达到测量的目的。这样金属导体的电阻率 ρ、磁导率 μ、线圈与金属导体的距离 x 以及线圈激励电流的角频率 ω 等参数,都将通过涡流效应和磁效应与线圈阻抗发生联系。或者说,线圈阻抗是这些参数的函数,可写成

$$Z = f(\rho, \mu, x, \omega) \tag{5-59}$$

若能控制大部分参数恒定不变,只改变其中一个参数,这样阻抗就能成为这个参数的单值函数。例如,被测材料的情况不变,激励电流的角频率不变,则阻抗 Z 就成为距离 x 的单值函数,便可制成电涡流位移传感器。

电涡流传感器的结构如图 5-25 所示,由一个扁平线圈固定在框架上构成。线圈外径大时,线圈磁场的轴向分布范围大,但磁感应强度变化梯度小;线圈外径小时则相反。即线圈外径大,线性范围就大,但灵敏度低;线圈外径小,灵敏度高,但线性范围小。另外,被测导体的电阻率、磁导率对传感器的灵敏度也有影响。一般来说,被测体的电阻率越高,磁导率越低,则灵敏度越高。

1. 电涡流的径向形成范围

线圈在被测导体中产生的电涡流密度既是线圈与导体距离 x 的函数,又是沿线圈半径方向 r 的函数,当 x 一定时,电涡流密度 J 与半径 r 的关系如图 5-26 所示。J_0 为金属导体表面电涡流密度,即电涡流密度最大值;J_r 为半径 r 处的金属导体表面电涡流密度。由图 5-26 可知:

(1) 电涡流径向形成的范围大约在传感器线圈外径 r_{as} 的 1.8~2.5 倍范围内,且分布不均匀;

(2) 电涡流密度在短路环半径 $r=0$ 处为零;

(3) 电涡流的最大值在 $r=r_{as}$ 附近的一个狭窄区域内;

(4) 可以用一个平均半径为 $r_{as}\left(r_{as} = \dfrac{r_1 + r_2}{2}\right)$ 的短路环集中表示分散的电涡流(图中阴影部分)。

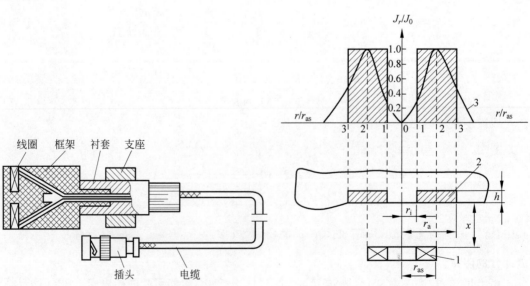

图 5-25 电涡流式传感器的结构   图 5-26 电涡流密度 J 与半径 r 的关系曲线

理论分析和实验都已经证明,当 x 发生改变时,电涡流密度发生变化,即电涡流强度随着距离 x 的变化而变化。根据线圈-导线系统的电磁作用,可以得到金属导体表面的电涡流强度为

$$I_2 = I_1 \left(\frac{1-x}{\sqrt{x^2 + r_{as}^2}} \right) \tag{5-60}$$

其中,I_1 为线圈激励电流;I_2 为金属导体中等效电流;x 为线圈到金属导体表面距离;r_{as} 为线圈外径。

根据式(5-60)作出规一化曲线,如图 5-27 所示。

以上分析说明:

(1) 电涡流强度与距离 x 呈线性关系,且随着 x/r_{as} 的增加而迅速减少;

(2) 当利用电涡流式传感器测量位移时,只有在 $x/r_{as} \ll 1$ 的范围内才能得到较好的线性和较高的灵敏度。

2. 电涡流的轴向贯穿深度

由于趋肤效应,电涡流沿金属导体纵向 H_1 分布是不均匀的,其分布按指数规律衰减,可表示为

$$J_d = J_0 e^{-d/h} \tag{5-61}$$

其中,d 为金属导体中某一点与表面距离;h 为电涡流轴向贯穿深度(趋肤深度);J_0 为金属导体表面电涡流密度,即电涡流密度最大值;J_d 为沿 H_1 轴向 d 处的电涡流密度。

图 5-28 所示为电涡流密度轴向分布曲线,可知电涡流密度主要分布在表面附近。

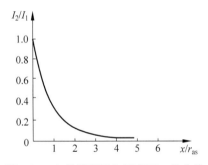
图 5-27 电涡流强度与距离归一化曲线

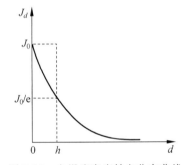
图 5-28 电涡流密度轴向分布曲线

由前面的分析可知,被测体电阻率越大,相对磁导率越大,传感器线圈的激磁电流频率越低,则电涡流贯穿深度 h 越大。

5.3.2 信号调理电路

由电涡流式传感器的工作原理可知,被测量值变化可以转化成传感器的品质因数 Q、等效阻抗 Z 和等效电感 L 的变化。转换电路的任务是把这种参数转换为电压或电流输出。总的来说,利用 Q 值的转换电路使用较少,这里不进行讨论;利用 Z 的转换电路一般用桥路,它属于调幅电路;利用 L 的转换电路一般用谐振电路,根据输出是电压调幅还是电压频率,谐振电路又分为调幅和调频两种。

1. 交流桥路

如图 5-29 所示,Z_1 和 Z_2 为线圈阻抗,它们可以是差动式传感器的两个线圈阻抗,也可

以一个是传感器线圈,另一个是平衡用的固定线圈,它们与电容 C_1、C_2 和电阻 R_1、R_2 组成电桥的 4 个臂,电源 u 由振荡器供给,振荡频率根据电涡流式传感器的需要选择,电桥将反映线圈阻抗的变化,把线圈阻抗变化转化成电压幅值的变化。

2. 谐振调幅电路

该电路的主要特征是由传感器线圈的等效电感和一个固定电容组成并联谐振回路,由频率稳定的振荡器(如石英振荡器)提供高频激励信号,如图 5-30 所示。

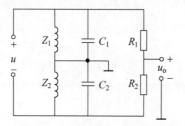

图 5-29 电涡流式传感器电桥

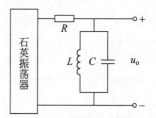

图 5-30 谐振调幅电路

在没有金属导体的情况下,供电路的 LC 谐振回路的谐振频率 $f_0=1/2\pi\sqrt{LC}$ 等于激励振荡器的振荡频率(如 1MHz),这时 LC 回路呈现阻抗最大,输出电压的幅值也是最大。当传感器线圈接近被测金属时,线圈的等效电感发生变化,谐振回路的谐振频率和等效阻抗也跟着发生变化,致使回路失谐而偏离激励频率,谐振峰将向左或向右移动,如图 5-31(a)所示。若被测体为非磁性材料,线圈的等效电感减小,回路的谐振频率提高,谐振峰向右偏离激励频率,如图中 f_1 和 f_2 所示;若被测材料为软磁材料,线圈的等效电感增大,回路的谐振频率降低,谐振峰向左偏离激励频率,如图中 f_3 和 f_4 所示。

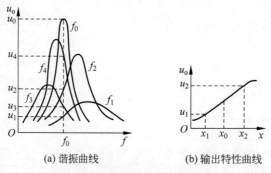

(a) 谐振曲线   (b) 输出特性曲线

图 5-31 谐振调幅电路特性

以非磁性材料为例,可得输出电压幅值与位移 x 的关系,如图 5-31(b)所示。这个特性曲线是非线性的,在一定范围($x_1 \sim x_2$)内是线性的。实用时传感器应安装在线性段中间 x_0 表示的间距处,这是比较理想的安装位置。

图 5-30 中的电阻 R 称为耦合电阻,它既可用来降低传感器对振荡器工作的影响,又作为恒温源的内阻,其大小将影响转换电路的灵敏度。R 大,灵敏度低;R 小,灵敏度高。但如果 R 太小,由于振荡器的旁路使用,反而使灵敏度降低,耦合电阻的选择应考虑振荡器的输出阻抗和传感器线圈的品质因数。

3. 谐振调频电路

传感器线圈接入 LC 振荡回路。当传感器与被测导体距离 x 改变时，在涡流影响下，传感器的电感变化，将导致振荡频率的变化。如图 5-32(a) 所示，该变化的频率是距离 x 的函数 $f = L(x)$，该频率可由数字频率计直接测量，或者通过频率-电压变换，用数字电压表测量对应的电压。振荡器电路如图 5-32(b) 所示，它由克拉拨电容三点式振荡器（C_2、C_3、L、C 和 BG_1）以及射极跟随器两部分组成；振荡器的频率为 $f = \dfrac{1}{2\pi\sqrt{L(x)C}}$，为了避免输出电缆的分布电容的影响，通常将 L 和 C 装在传感器内部，此时电缆分布电容并联在大电容 C_2 和 C_3 上，因而对振荡频率 f 的影响大大减少。

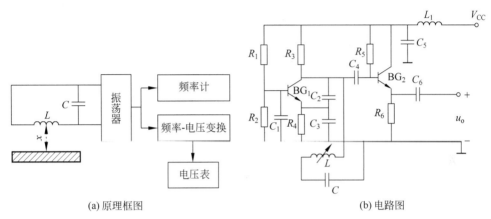

(a) 原理框图　　　　　　　　(b) 电路图

图 5-32　谐振调频电路

5.3.3　电涡流式传感器的特点及应用

电涡流式传感器的特点是结构简单，易于进行非接触的连续测量，灵敏度较高，适用性强，因此得到了广泛的应用。其应用大致有以下 4 个方面：利用位移作为变换量，可以做成测量位移、厚度、振幅、振摆、转速等的传感器，也可做成接近开关、计算器等；利用材料电阻率 ρ 作为变换量，可以做成测量温度、材料判别等的传感器；利用磁导率 μ 作为变换量，可以做成测量应力、硬度等的传感器；利用被测量 ρ、μ 等的综合影响，可以做成探伤装置等。

1. 透射式涡流厚度传感器

图 5-33 所示为透射式涡流厚度传感器结构原理图。在被测金属板上方设有发射传感器线圈 L_1，在被测金属板下方设有接收传感器线圈 L_2。当在 L_1 上加低频电压 $\dot{U}_1$ 时，L_1 上产生交变磁场 ϕ_1，若两个线圈间无金属板，则交变磁场直接耦合至 L_2 中，L_2 产生感应电压 $\dot{U}_2$。如果将被测金属放入两线圈之间，L_1 线圈产生的磁场将导致在金属板中产生电涡流。此时磁场能量受到损耗，到达 L_2 的磁场将减弱为 ϕ'_1，从而

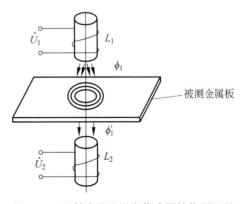

图 5-33　透射式涡流厚度传感器结构原理图

使 L_2 产生的感应电压 $\dot{U}_2$ 下降。金属板越厚,涡流损耗越大,$\dot{U}_2$ 电压越小。因此,可根据 $\dot{U}_2$ 电压的大小得知被测金属板的厚度。透射式涡流厚度检测范围可达到 1~100mm,分辨率为 0.1μm,线性度为 1%。

为了克服带材不够平整或运行过程中上下波动的影响,在带材的上、下两侧对称地设置了两个特性完全相同的涡流传感器 S_1、S_2。S_1、S_2 与被测带材表面之间的距离分别为 x_1、x_2。若带材厚度不变,则被测带材上、下表面之间的距离总有 $x_1+x_2=$ 常数的关系存在。两传感器的输出电压之和为 $2U_0$,数值不变;如果被测带材厚度改变量为 $\Delta\delta$,则两传感器与带材之间的距离也改变了 $\Delta\delta$,两传感器输出电压此时为 $2U_0+\Delta U$。ΔU 经放大器放大后,通过指示仪表电路即可指示出带材的厚度变比值,带材厚度给定值与偏差指示值的代数和就是被测带材的厚度。

2. 电涡流式转速传感器

图 5-34 所示为电涡流式转速传感器工作原理图。在软磁材料制成的输入轴上加工一键槽,在距输入表面 d_0 处设置电涡流传感器,输入轴与被测旋转轴相连。

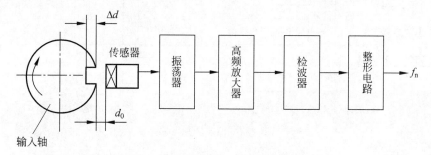

图 5-34 电涡流式转速传感器工作原理图

当被测旋转轴转动时,输出轴的距离发生 $d_0+\Delta d$ 的变化。由于电涡流效应,这种变化将导致振荡谐振回路的品质因素变化,使传感器线圈电感随 Δd 的变化也发生变化,它们将直接影响振荡器的电压幅值和振荡频率。因此,随着输入轴的旋转,从振荡器输出的信号中包含与转数成正比的脉冲频率信号。该信号由检波器检出电压幅值的变化量。然后经整形电路输出脉冲频率信号 f_n。该信号经电路处理便可得到被测转速。

$$n=\frac{f}{z}\times 60$$

其中,f 为频率值(单位为 Hz);z 为旋转体的槽数;n 为被测轴的转速(单位为 r/min)。

这种转速传感器可实现非接触式测量,抗污染能力很强,可安装在旋转轴近旁长期对被测转速进行监视,最高测量转速可达 600 000r/min。

3. 位移测量

如图 5-35 所示,电涡流式传感器可以测量各种形式的位移量,如汽轮机主轴的轴向位移、磨床换向阀、先导阀的位移,以及金属试件的热膨胀系数。

4. 振幅测量

电涡流式传感器可无接触地测量各种振动的幅值,如图 5-36 所示。在汽轮机、空气压缩机中常用电涡流式传感器监控主轴的径向振动,也可以测量发动机涡轮叶片的振幅。在研究轴的振动时,常需要了解轴的振动形状,作出轴振图。为此,可用数个传感器探头并排安置在轴附近,用多通道指示仪输出至记录仪。在轴振动时,可以获得各个传感器所在位置轴的瞬时振幅,从而画出轴振图形。

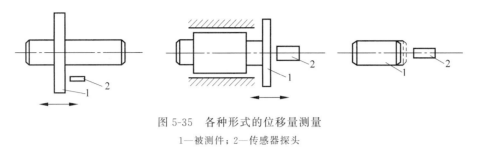

图 5-35　各种形式的位移量测量
1—被测件;2—传感器探头

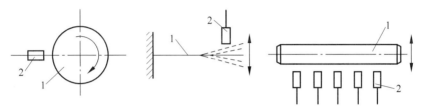

图 5-36　无接触地测量各种振动的幅值
1—被测件;2—传感器探头

习题 5

5-1　说明差动式自感传感器与差动变压器工作原理的区别。

5-2　说明差动变压器零点残余电压产生的原因及其消除方法。

5-3　简述相敏检波电路的工作原理,保证其可靠工作的条件是什么?

5-4　已知气隙型自感传感器的铁芯截面积 $S=1.5\text{cm}^2$,磁路长度 $L=20\text{cm}$,相对磁导率 $\mu_i=5000$,气隙 $\delta_0=0.5\text{cm}$,$\Delta\delta=\pm 0.1\text{mm}$,真空磁导率 $\mu_0=4\pi\times10^{-7}\text{H/m}$,线圈匝数 $W=3000$,求单端式传感器的灵敏度 $\Delta L/\Delta\delta$,若做成差动式,其灵敏度将如何变化?

5-5　电涡流的形成范围包括哪些内容?它们的主要特点是什么?

5-6　如 5-6 题图所示,气隙型电感传感器的衔铁断面积 $S=2\times2\text{mm}^2$,气隙总长度 $l_\delta=0.8\text{mm}$,衔铁最大位移 $\Delta\delta=\pm 0.08\text{mm}$,激励线圈匝数 $N=2500$ 匝,导线直径 $d=0.06\text{mm}$,电阻率 $\rho=1.75\times10^{-6}\Omega\cdot\text{cm}$。当激励电源频率 $f=4000\text{Hz}$ 时,忽略漏磁及铁损,试求:

(1) 线圈电感值;

(2) 电感的最大变化量;

(3) 当线圈外断面积为 $11\times11\text{mm}^2$ 时的直流电阻值;

(4) 线圈的品质因数;

(5) 当线圈存在 200pF 分布电容与之并联后,其等效电感值变化量。

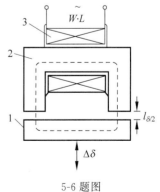

5-6 题图

5-7　利用电涡法测板材的厚度,已知激励电源频率 $f=1\text{MHz}$,被测材料相对磁导率 $\mu_r=1$,电阻率 $\rho=2.9\times$

$10^{-6}\,\Omega\cdot\text{cm}$，被测板厚为 $(1+0.2)\,\text{mm}$。试求：

(1) 采用高频反射法测量时，涡流穿透深度 h 为多少？

(2) 能否采用低频透射法测板厚？若可以，需要采用什么措施？画出检测示意图。

5-8　差动电感式压力传感器原理如 5-8 题图所示，其中，上、下两电感线圈对称置于感压膜片两侧，当 $p_1=p_2$ 时，线圈与膜片初始距离均为 D，当 $p_1\neq p_2$ 时，膜片离开中心位置产生小位移 d，则每个线圈磁阻 $R_{m1}=R_{m0}+K(D+d)$ 或 $R_{m2}=R_{m0}+K(D-d)$，R_{m0} 为初始磁阻，K 为常系数。当差动线圈接入电桥时，试证明该桥路在无负载情况下其输出电压 U_o 与膜片位移 d 成正比。

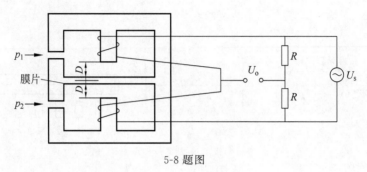

5-8 题图

5-9　5-9 题图所示为差动电感传感器电路。L_1、L_2 是差动电感，$D_1 \sim D_4$ 是检波二极管（设其正向电阻为零，反向电阻为无穷大），C_1 是滤波电容，其阻抗很大，输出段电阻 $R_1=R_2=R$，输出端电压由 C、D 端引出为 e_{CD}，U_P 为正弦波信号源。

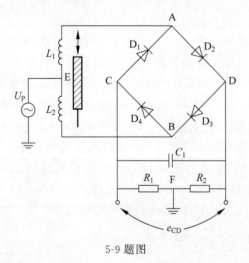

5-9 题图

(1) 分析电路工作原理（即指出铁芯移动方向与输出电压 e_{CD} 极性的关系）；

(2) 分别画出铁芯上移及下移时流经电阻 R_1 和 R_2 的电流 i_1 和 i_2 及输出电压 e_{CD} 的波形图。

第6章 电容式传感器

CHAPTER 6

电容器是电子技术的三大类无源元件（电阻、电感和电容）之一，利用电容器的原理，将非电量转化为电容量，进而实现非电量到电量的转化器件称为电容式传感器。电容式传感器已在位移、压力、厚度、物位、湿度、振动、转速、流量及成分分析的测量等方面得到了广泛的应用。电容式传感器作为频响宽、应用广、非接触测量的一种传感器，是很有发展前途的。

6.1 工作原理和类型

6.1.1 工作原理

由绝缘介质分开的两个平行金属极板组成的电容器，如果不考虑其边缘效应，其电容为

$$C = \frac{\varepsilon S}{d} = \frac{\varepsilon_0 \varepsilon_r S}{d} \tag{6-1}$$

其中，ε 为两个极板间介质的介电常数，$\varepsilon = \varepsilon_0 \varepsilon_r$，$\varepsilon_0$ 为真空介电常数，$\varepsilon_0 = 8.854 \times 10^{-12} \mathrm{F/m}$，$\varepsilon_r$ 为极板间介质相对介电常数；S 为两个极板相对有效面积；d 为两个极板间的距离。

由式(6-1)可知，当被测参数变化使 S、d 或 ε 发生变化时，电容量 C 也随之变化，如果保持其中两个参数不变，而仅改变其中一个参数，就可把该参数的变化转换为电容量的变化，通过测量电路就可转换为电量输出。因此，电容式传感器可分为变极距型、变面积型和变介电常数型3种类型，而它们的电极形状又有平板形、圆柱形和球平面形3种。

6.1.2 类型

1. 变极距型电容传感器

图 6-1 所示为变极距型电容传感器结构原理图。其位移是由被测量变化引起的，当可动极板向上移动 Δd，图 6-1 结构的电容增量为

$$\begin{aligned}\Delta C &= C - C_0 = \frac{\varepsilon S}{d_0 - \Delta d} - \frac{\varepsilon S}{d_0} = \frac{\varepsilon S}{d_0} \cdot \frac{\Delta d}{d_0 - \Delta d} \\ &= C_0 \cdot \frac{\Delta d}{d_0 - \Delta d}\end{aligned} \tag{6-2}$$

其中，C_0 为极距 d_0 时的初始电容值。

式(6-2)说明 ΔC 与 Δd 不是线性关系，而是如图 6-2 所示的双曲线关系。但当 $\Delta d \ll d_0$

(即量程远小于极板间初始距离)时,可以认为 $\Delta C\text{-}\Delta d$ 是线性的。因此,这种类型的传感器一般用来测量微小位移。在 d_0 较小时,对于同样的 Δd 变化引起的 ΔC 可以增大,从而使传感器灵敏度提高。但是 d_0 过小,容易引起电容器击穿或短路。为此,极板间可采用高介电常数的材料(云母、塑料膜等)作为介质(见图 6-3),此时 C 变为

$$C = \frac{S}{\dfrac{d_g}{\varepsilon_0 \varepsilon_g} + \dfrac{d_0}{\varepsilon_0}} \tag{6-3}$$

其中,ε_g 为云母片的相对介电常数,$\varepsilon_g = 7$;ε_0 为空气的介电常数,$\varepsilon_0 = 1$;d_0 为空气隙厚度;d_g 为云母片的厚度。

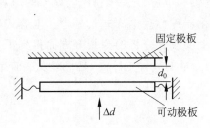

图 6-1 变极距型电容传感器结构原理图

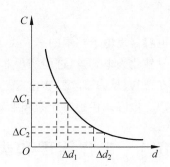

图 6-2 电容量与极板间距离的关系

云母片的相对介电常数是空气的 7 倍,其击穿电压不小于 1000kV/mm,而空气仅为 3kV/mm。因此,有了云母片,极板间起始距离可大大减小。同时,式(6-3)中的 $(d_g/\varepsilon_0\varepsilon_g)$ 项是恒定值,它能使传感器的输出特性的线性度得到改善。

在实际应用中,为了改善非线性、提高灵敏度和减少外界因素(如电源电压、环境温度等)的影响,电容传感器也和电感传感器一样常常做成差分形式,如图 6-4 所示。当可动极板 2 向上移动 Δd 时,上电容量增加,下电容量减小。

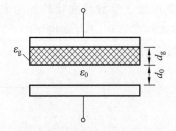

图 6-3 放置云母片的电容器

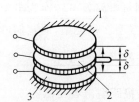

图 6-4 变极距型电容传感器的差分结构

2. 变面积型电容传感器

图 6-5 所示为变面积型电容传感器原理结构示意图。如图 6-5(a)所示,被测量通过移动动极板引起两极板有效覆盖面积 S 改变,从而得到电容的变化量。设动极板相对定极板沿长度方向的平移为 Δx,则电容为

$$C = C_0 - \Delta C = \varepsilon(a - \Delta x)\frac{b}{d} \tag{6-4}$$

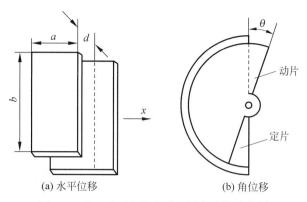

图 6-5 变面积型电容传感器原理结构示意图

其中，$C_0 = \varepsilon a \dfrac{b}{d}$ 为初始电容。电容相对变化量为

$$\frac{\Delta C}{C_0} = \frac{\Delta x}{a} \tag{6-5}$$

很明显，这种形式的传感器，其电容量 C 与水平位移 Δx 是线性关系。

图 6-5(b)所示为电容式角位移传感器原理图。当动极板有一个角位移 θ 时，与定极板间的有效覆盖面积就改变，从而改变了两极板间的电容量。当 $\theta = 0$ 时，有

$$C = \frac{\varepsilon S_0}{d} \tag{6-6}$$

当 $\theta \neq 0$ 时，有

$$C = \frac{\varepsilon S_0}{d}\left(1 - \frac{\theta}{\pi}\right) = C_0 - \frac{C_0 \theta}{\pi} \tag{6-7}$$

从式(6-7)可以看出，传感器的电容量 C 与角位移 θ 呈线性关系。变面积型电容传感器的极板安装方式多样，如图 6-6(a)所示，其差分结构如图 6-6(b)所示。

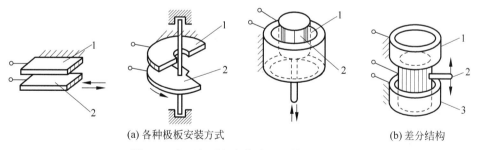

图 6-6 变面积型电容传感器及其差分结构

3. 变介电常数型电容传感器

变介电常数型电容传感器结构原理如图 6-7 所示。这种传感器大多用来测量电介质的厚度、位移、液位，还可以根据极间介质的介电常数随温度、湿度、容量改变而改变测量温度、湿度、容量等。

图 6-8 所示为一种变极板间介质的电容式传感器用于测量液位高低的电容液面计的结构原理图。设被测介质的介电常数为 ε_1，液面高度为 h，变换器总高度为 H，内筒外径为 d，

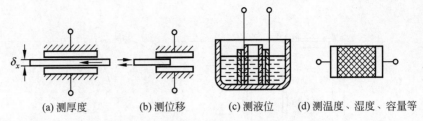

(a) 测厚度　　(b) 测位移　　(c) 测液位　　(d) 测温度、湿度、容量等

图 6-7　变介电常数型电容传感器结构原理

外筒内径为 D，则此时变换器电容值为

$$C = \frac{2\pi\varepsilon_1 h}{\ln(D/d)} + \frac{2\pi\varepsilon(H-h)}{\ln(D/d)} = \frac{2\pi\varepsilon H}{\ln(D/d)} + \frac{2\pi h(\varepsilon_1-\varepsilon)}{\ln(D/d)}$$

$$= C_0 + \frac{2\pi(\varepsilon_1-1)h}{\ln(D/d)} \tag{6-8}$$

其中，ε 为空气介电常数；C_0 为由变换器的基本尺寸决定的初始电容值，$C_0 = \dfrac{2\pi\varepsilon H}{\ln(D/d)}$。

由式(6-8)可见，此变换器的电容增量正比于被测液位高度 h。

变介电常数型电容传感器有较多的结构形式，可以用来测量纸张、绝缘薄膜等的厚度，也可用来测量粮食、纺织品、木材或煤等非导电固体介质的湿度。图 6-9 所示为一种常用的结构形式，两平行电极固定不动，极距为 d_0，相对介电常数为 ε_{r2} 的电介质以不同深度插入电容器中，从而改变两种介质的极板覆盖面积。传感器总电容量 C 为

$$C = C_1 + C_2 = \varepsilon_0 b_0 \frac{\varepsilon_{r1}(L_0-L) + \varepsilon_{r2}L}{\delta_0} \tag{6-9}$$

其中，L_0 和 b_0 为极板长度和宽度；L 为第 2 种介质进入极板间的长度。

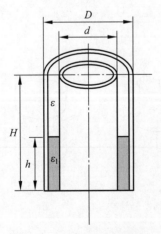

图 6-8　电容液面计结构原理图

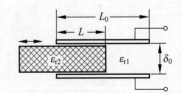

图 6-9　变介电常数型电容式传感器

若电介质 $\varepsilon_{r1}=1$，当 $L=0$ 时，传感器初始电容 $C=\varepsilon_0\varepsilon_{r1}L_0 b_0/\delta_0$。当介质 ε_{r2} 进入极间 L 后，引起电容的相对变化为

$$\frac{\Delta C}{C_0} = \frac{C-C_0}{C_0} = \frac{(\varepsilon_{r2}-1)L}{L_0} \tag{6-10}$$

可见电容的变化与电介质 ε_{r2} 的位移量 L 呈线性关系。

图 6-10 所示为另一种变介电常数 ε 的电容传感器。极板间两种介质厚度分别为 d_0 和 d_1，则此传感器的电容量等于两个电容 C_0 和 C_1 相串联，即

$$C = \frac{C_0 C_1}{C_0 + C_1} = \frac{\frac{\varepsilon_0 S}{d_0} \cdot \frac{\varepsilon_1 S}{d_1}}{\frac{\varepsilon_0 S}{d_0} + \frac{\varepsilon_1 S}{d_1}} = \frac{S}{\frac{d_1}{\varepsilon_1} + \frac{d_0}{\varepsilon_0}} \tag{6-11}$$

由式(6-11)可知，若介电常数 ε_0 或 ε_1 发生变化，则电容 C 随之改变。如果 ε_0 为空气介电常数，ε_1 为待测体的介电常数，则当待测体厚度 d_1 不变时，此电容传感器可作为介电常数测量仪；若待测体介电常数 ε_1 不变，则可作为测厚仪使用。

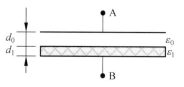

图 6-10　变介电常数 ε 的电容传感器

6.2　灵敏度和非线性

由以上分析可知，除变极距型电容传感器外，其他几种形式的电容传感器的输入量与输出电容之间的关系均为线性的，其灵敏度很容易得到，下面只讨论变极距型的平板电容传感器的灵敏度。假设极板间只有一种介质，如图 6-11 所示情况，对单极式电容表达式为

$$C = \frac{\varepsilon S}{d}$$

其初始电容值为 $C_0 = \frac{\varepsilon S}{d_0}$，当极板距离有一个增量 Δd 时，则传感器电容为

$$C' = \frac{\varepsilon S}{d_0 + \Delta d} \tag{6-12}$$

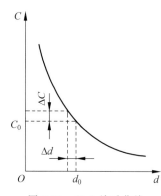

图 6-11　C-d 关系曲线

可求得

$$\Delta C = \frac{\varepsilon S}{d_0 + \Delta d} - \frac{\varepsilon S}{d_0} = \frac{\varepsilon S(-\Delta d)}{d_0(d_0 + \Delta d)} = -\frac{\varepsilon S \cdot \Delta d}{d_0^2}\left(1 + \frac{\Delta d}{d_0}\right)^{-1}$$

$$= C_0\left(-\frac{\Delta d}{d_0}\right)\left[1 - \frac{\Delta d}{d_0} + \left(\frac{\Delta d}{d_0}\right)^2 - \left(\frac{\Delta d}{d_0}\right)^3 + \cdots\right] \tag{6-13}$$

式(6-13)的条件为 $\Delta d/d_0 \ll 1$，于是可得灵敏度 k 为

$$k = \frac{\Delta C}{\Delta d} = -\frac{C_0}{d_0}\left[1 - \frac{\Delta d}{d_0} + \left(\frac{\Delta d}{d_0}\right)^2 - \left(\frac{\Delta d}{d_0}\right)^3 + \cdots\right] \tag{6-14}$$

如果只考虑式中线性项与二次项，则可得出传感器的非线性误差 δ 为

$$\delta = \frac{\left|\left(\frac{\Delta d}{d}\right)^2\right|}{\left|\frac{\Delta d}{d}\right|} \times 100\% = \left|\frac{\Delta d}{d}\right| \times 100\% \tag{6-15}$$

可见传感器的灵敏度并非常数。只有比值 $\Delta d/d_0 \ll 1$ 时才可认为是接近线性关系。这就意味着使用这种传感器时,被测量范围不应太大,为在比较大的范围内使用这种传感器,可适当增大极板间的初始距离 d_0,以保证比值 $\Delta d/d_0$ 不致过大,但增大极板间的初始距离 d_0 会导致灵敏度下降,同时也使电容传感器的初始值减小,寄生电容的干扰作用将增加。

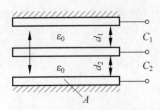

图 6-12 变极距型差动平板式电容传感器结构示意图

在实际应用中,为了提高灵敏度,减小非线性误差,大都采用差动式结构。图 6-12 所示为变极距型差动平板式电容传感器结构示意图。在差动式平板电容器中,若动极板位移 Δd,电容器 C_1 的间隙 d_1 变为 $d_0 - \Delta d$,电容器 C_2 的间隙 d_2 变为 $d_0 + \Delta d$,则

$$C_1 = C_0 \frac{1}{1 - \frac{\Delta d}{d_0}} \tag{6-16}$$

$$C_2 = C_0 \frac{1}{1 + \frac{\Delta d}{d_0}} \tag{6-17}$$

$\Delta d/d_0 \ll 1$ 时,按级数展开为

$$C_1 = C_0 \left[1 + \frac{\Delta d}{d_0} + \left(\frac{\Delta d}{d_0}\right)^2 + \left(\frac{\Delta d}{d_0}\right)^3 + \cdots \right] \tag{6-18}$$

$$C_2 = C_0 \left[1 - \frac{\Delta d}{d_0} + \left(\frac{\Delta d}{d_0}\right)^2 - \left(\frac{\Delta d}{d_0}\right)^3 + \cdots \right] \tag{6-19}$$

电容值总的变化量为

$$\Delta C = C_1 - C_2 = C_0 \left[2\frac{\Delta d}{d_0} + 2\left(\frac{\Delta d}{d_0}\right)^3 + 2\left(\frac{\Delta d}{d_0}\right)^5 + \cdots \right] \tag{6-20}$$

电容值的相对变化量为

$$\frac{\Delta C}{C_0} = 2\frac{\Delta d}{d_0} \left[1 + \left(\frac{\Delta d}{d_0}\right)^2 + \left(\frac{\Delta d}{d_0}\right)^4 + \cdots \right] \tag{6-21}$$

略去高次项,则 $\Delta C/C_0$ 与 $\Delta d/d_0$ 近似呈线性关系,即

$$\frac{\Delta C}{C_0} \approx 2\frac{\Delta d}{d_0} \tag{6-22}$$

如果只考虑式(6-21)中的线性项和三次项,则电容式传感器的相对非线性误差 δ 近似为

$$\delta = \frac{2\left|\left(\frac{\Delta d}{d}\right)^2\right|}{2\left|\frac{\Delta d}{d}\right|} \times 100\% = \left(\frac{\Delta d}{d}\right)^2 \times 100\% \tag{6-23}$$

可见灵敏度比单极式提高一倍,而且非线性也大为减小,这就是常采用差动电容传感器的原因所在。值得提及的是,差动传感器在配合一定形式的二次仪表时,完全可以改善为线性关系。

变面积型和变介电常数型电容式传感器具有很好的线性特征。但它们的结论都是忽略了边缘效应得到的。实际上,由于边缘效应引起漏电力线,导致极板(或极筒)间电场分布不均匀等,仍存在非线性问题,且灵敏度下降,但比变极距型好得多。

6.3 电容式传感器等效电路

1. 等效电路

以上对各种电容式传感器的特性分析,都是在纯电容的条件下进行的。若电容式传感器工作在高温、高湿及高频激励条件下,则电容的附加损耗等影响不可忽视,这时电容式传感器的等效电路如图 6-13 所示。

图 6-13 中考虑了电容器的损耗和电感效应。C 为传感器电容;R_p 为低频损耗并联电阻,它包含极板间漏电和介质损耗等影响;R_s 为高湿、高温、高频激励工作时的串联损耗电阻,它包含导线、极板间和金属支座等损耗电阻;L 为电容器和引线电感;C_p 为寄生电容。在实际应用中,特别在高频激励时,需要考虑 L 的存在,传感器的有效电容为 $C_e = \dfrac{C}{1-\omega^2 LC}$,传感器的有效灵敏度为 $K_e = \dfrac{C}{(1-\omega^2 LC)^2}$。可见,每次改变激励频率或更换传输电缆时,都必须对测量系统重新进行标定。

2. 边缘效应

通常在分析各种电容式传感器时忽略了边缘效应的影响。实际上当极板厚度 h 与极距 d 之比相对较大时,边缘效应的影响就不能忽略。边缘效应不仅使电容式传感器的灵敏度降低,而且产生非线性。为了消除边缘效应的影响,可以采用带有保护环的结构,如图 6-14 所示。

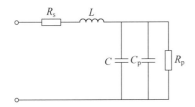

图 6-13 电容式传感器的等效电路

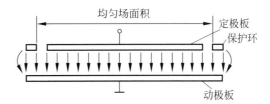

图 6-14 带有保护环的电容式传感器结构

保护环与定极板同心、电气上绝缘且间隙越小越好,同时始终保持等电位,以保证中间工作区得到均匀的场强分布,从而克服边缘效应的影响。为减小极板厚度,往往不用整块金属板作为极板,而用石英或陶瓷等非金属材料,蒸涂一薄层金属作为极板。

3. 静电引力

电容式传感器两极板间因存在静电场,而作用有静电引力或力矩。静电引力的大小与极板间的工作电压、介电常数、极间距离有关。通常这种静电引力很小,但在采用推动力很小的弹性敏感元件的情况下,须考虑因静电引力造成的测量误差。

4. 寄生电容

电容式传感器由于其电容量都很小(几皮法到几十皮法),属于小功率、高阻抗器件,因此极易受外界干扰,尤其是电缆的寄生电容,它与传感器电容相并联,严重影响传感器的输出特性。消除寄生电容影响是提高电容式传感器性能的关键。

1)驱动电缆法

驱动电缆法实际上是一种等电位屏蔽法,如图 6-15 所示。在电容式传感器与测量电路的前置级之间采用双层屏蔽电缆,并接入增益为1的驱动放大器。这种接线法使内屏蔽层与芯线等电位,消除了芯线对内屏蔽层的容性漏电,克服了寄生电容的影响;而内、外层屏蔽之间的电容变成了驱动放大器的负载。因此,驱动放大器是一个输入阻抗很高、具有容性负载、放大倍数为1的同相放大器。该方法的难处是:要在很宽的频带上严格实现放大倍数等于1,且输出与输入的相移为零。

2) 整体屏蔽法

以差动电容传感器 C_{x1}、C_{x2} 配用电桥测量电路为例,如图 6-16 所示,u 为电源电压,K 为不平衡电桥的指示放大器。所谓整体屏蔽,就是将整个电桥(包括电源、电缆等)全部屏蔽起来。整体屏蔽的关键在于正确选取接地点,本例中接地点选在两平衡电阻 R_3、R_4 桥臂中间,与整体屏蔽共地。这样传感器公用极板与屏蔽之间的寄生电容 C_1 同测量放大器的输入阻抗相并联,从而可将 C_1 归算到放大器的输入电容中。由于测量放大器的输入阻抗很大,因此 C_1 的并联也只是会影响灵敏度而已。另两个寄生电容 C_3、C_4 并联在桥臂 R_3、R_4 上,这会影响电桥的初始平衡和总体灵敏度,但并不妨碍电桥的正确工作。因此,寄生参数对传感器电容的影响基本上被消除。整体屏蔽法是一种较好的方法,但将使总体结构复杂化。

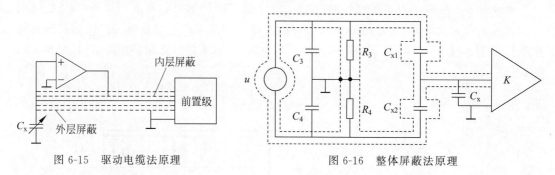

图 6-15 驱动电缆法原理   图 6-16 整体屏蔽法原理

3) 采用组合式与集成技术

该方法是将测量电路的前置级或全部装在紧靠传感器处,缩短电缆。另一种方法是采用超小型大规模集成电路,将全部测量电路组合在传感器壳体内。更进一步就是利用集成工艺技术,将传感器与调理电路等集成于同一芯片,构成集成电容式传感器。

5. 温度影响

1) 温度对结构尺寸的影响

电容式传感器由于极板间隙很小而对结构尺寸的变化特别敏感。在传感器各零件材料线膨胀系数不匹配的情况下,温度变化将导致极板间隙发生较大的相对变化,从而产生很大的温度误差。在设计电容式传感器时,适当选择材料和有关结构参数,从而实现温度误差的补偿。

2) 温度对介电常数的影响

温度对介电常数的影响随介质不同而变化,空气和云母的介电常数的温度系数近似为零,而某些液体介质,如硅油、蓖麻油、煤油等,其介电常数的温度系数较大。例如,煤油的介电常数的温度系数可达 $0.07\%/℃$,若环境温度变化为 $\pm 50℃$,则将带来 7% 的温度误差,故采用此类介质时必须注意温度变化造成的误差。

6.4 电容式传感器测量电路

电容式传感器中电容值以及电容变化值都十分微小。这样微小的电容量还不能直接为目前的显示仪表所显示,也很难为记录仪所接受,不便于传输、放大、运算、处理、指示、记录、控制。这就必须借助于测量电路检出这一微小电容增量,并将其转换成与其成单值函数关系的电压、电流或频率,电容转换电路有调频测量电路、运算放大器电路、二极管 T 型交流电桥、脉冲宽度调制电路等。

6.4.1 调制型电路

1. 调频测量电路

调频测量电路把电容式传感器作为振荡器谐振回路的一部分,在这类电路中,电容式传感器接在振荡器槽路中,当传感器电容 C_x 发生改变时,其振荡频率 f 也发生相应变化,实现由电容到频率的转换。由于振荡器的频率受电容式传感器的电容调制,这样就实现了电容-频率的转换,故称为调频测量电路。

但伴随频率的变化,振荡器输出幅值也往往要改变,为克服后者,在振荡器之后再加入限幅环节。虽然可将此频率作为测量系统的输出量,用以判断被测量的大小,但这时系统是非线性的,而且不易校正。因此,在系统之后可再加入鉴频器,用此鉴频器可调整的非线性特征去补偿其他部分的非线性,使整个系统获得线性特征,这时整个系统的输出将为电压或电流等模拟量,如图 6-17 所示。

图 6-17 调频测量电路

图 6-17 中的调频振荡器的频率可由式(6-24)决定。

$$f = \frac{1}{2\pi\sqrt{LC_x}} \tag{6-24}$$

其中,L 为振荡回路的电感;C_x 为电容式传感器总电容。

假如电容式传感器尚未工作,则 $C_x = C_0$,即为传感器的初始电容值,此时振荡器频率为一个常数 f_0,即

$$f_0 = \frac{1}{2\pi\sqrt{LC_0}} \tag{6-25}$$

f_0 常选在 1MHz 以上。

当传感器工作时,$C_x = C_0 \pm \Delta C$,ΔC 为电容变化量,则谐振频率相应的改变量为 Δf,即

$$f_0 \mp \Delta f = \frac{1}{2\pi\sqrt{L(C_0 + \Delta C)}} \tag{6-26}$$

振荡输出器的高频电压将是一个受被测信号调制的调频波,其频率由式(6-26)决定。在调频测量电路中,Δf_{max} 值实际上是决定整个测试系统灵敏度的。

2. 运算放大器电路

运算放大器的放大倍数 K 非常大,而且输入阻抗 Z_i 很高。运算放大器的这一特点可以使其作为电容式传感器的比较理想的测量电路。图 6-18 所示为运算放大器电路原理图。C_x 为电容式传感器,$\dot{U}_i$ 为交流电源电压,$\dot{U}_o$ 为输出信号电压,$\sum$ 为虚地点。由运算放大器工作原理可知

$$\dot{U}_o = -\frac{C}{C_x}\dot{U}_i \tag{6-27}$$

如果传感器是一只平板电容,则 $C_x = \varepsilon S/d$,代入式(6-27),有

$$\dot{U}_o = -\frac{Cd}{\varepsilon S}\dot{U}_i \tag{6-28}$$

其中,负号表示输出电压 $\dot{U}_o$ 的相位与电源电压 $\dot{U}_i$ 反相。式(6-28)说明运算放大器的输出电压与极板间距离 d 呈线性关系。运算放大器电路解决了单个变极距电容式传感器的非线性问题,但要求 Z_i 和 K 足够大。为保证仪器精度,还要求电源电压 $\dot{U}_i$ 的幅值和固定电容 C 值稳定。

3. 调幅电路

配有这种电路的系统,在其电路输出端取得的是具有调幅波的电压信号,其幅值近似正比于被测信号。实现调幅的方法也较多,这里只介绍常用的两种——交流激励法和交流电桥法。

1)交流激励法

用该方法测出电容变化量的基本原理如图 6-19(a)所示,一般采用松耦合。次端等效电路如图 6-19(b)所示,其中 $\dot{E}_2$ 为二次侧感应电动势,其值为

$$\dot{E}_2 = -j\omega M\dot{I} \tag{6-29}$$

其中,M 为耦合电路的互感系数;ω 为振荡器的频率。

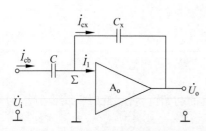

图 6-18 运算放大器电路原理图

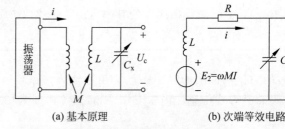

图 6-19 交流激励法基本原理

图 6-19 中 L 为变压器二次线圈的电感值;R 为变压器二次线圈的直流电阻值;C_x 为电容传感器的电容值,于是有

$$L\frac{di}{dt} + Ri + \frac{1}{C_x}\int i\,dt = e_2 \tag{6-30}$$

即

$$LC_x\frac{d^2 u_c}{dt^2} + RC_x\frac{du_c}{dt} + u_c = e_2$$

可得电容传感器上的电压 $\dot{U}_c$ 值,而幅值向量的模 U_c 为

$$U_c = \frac{E_2}{\sqrt{(1-LC_x\omega^2)^2 + R^2C_x^2\omega^2}} \tag{6-31}$$

若传感器的初始电容值为 C_0,电感电容回路的初始谐振频率为 $\omega_0 = 2\pi f_0 = 1/\sqrt{LC_0}$ 且取 $Q = \omega_0 L/R$,则

$$K = \frac{1}{Q} \cdot \frac{1}{\sqrt{\left[1 - \frac{\omega^2}{\omega_0^2}\right]^2 + \frac{1}{Q^2} \cdot \frac{\omega^2}{\omega_0^2}}} \tag{6-32}$$

将 ω_0、Q 和 K 值代入式(6-31)中,则有

$$U_c = KQE_2 \tag{6-33}$$

现将图 6-20 中的曲线 1 作为此回路的谐振曲线。若激励源的频率为 f,则可确定其工作在 A 点上。当传感器工作时,引起电容值改变,从而将使谐振曲线左右移动,工作点也在同一频率 f 的纵坐标直线上下移动(如 B 点、C 点),可见最终在电容传感器上的电压降将发生变化。因此,电路输出的电信号是与激励源同频率的、幅值随被测量的大小而改变的调幅波。

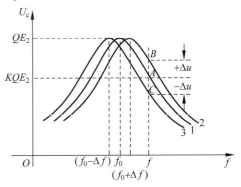

图 6-20 谐振曲线

为调整从被测量的输入到电压幅值的线性转换关系,正确选择工作点 A 很重要。为调整方便,常在传感器电容 C_x 上并联一个可微调的小电容。

2) 交流电桥法

直流电桥的优点是:高稳定度直流电源易于获得、电桥调节平衡电路简单、传感器至测量仪表的连接导线分布参数影响小等。但是后续要采用直流放大器,容易产生零点漂移,线路也较复杂。因此,应变电桥现在多采用交流电桥。用交流供电时,其平衡条件、引线分布参数影响、平衡调节、后续信号放大线路等许多方面与直流电桥有明显的差异。

(1) 交流电桥的平衡条件

图 6-21 所示为交流电桥电路。Z 为复阻抗,U 为交流电压源,开路输出电压为 $\dot{U}_o$。根

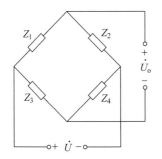 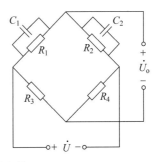

图 6-21 交流电桥

据交流电路分析求出

$$\dot{U}_o = \frac{Z_1 Z_4 - Z_2 Z_3}{(Z_1 + Z_2)(Z_3 + Z_4)} \dot{U} \tag{6-34}$$

要满足电桥平衡条件,即 $\dot{U}_o = 0$,则应有

$$Z_1 Z_4 - Z_2 Z_3 = 0 \quad \text{或} \quad Z_1/Z_2 = Z_3/Z_4 \tag{6-35}$$

设四臂阻抗为

$$\begin{cases} Z_1 = R_1 + jX_1 = |Z_1| e^{j\phi_1} \\ Z_2 = R_2 + jX_2 = |Z_2| e^{j\phi_2} \\ Z_3 = R_3 + jX_3 = |Z_3| e^{j\phi_3} \\ Z_4 = R_4 + jX_4 = |Z_4| e^{j\phi_4} \end{cases}$$

其中,R_1、R_2、R_3、R_4 为各桥臂的电阻;X_1、X_2、X_3、X_4 为各桥臂的电抗;$|Z_1|$、$|Z_2|$、$|Z_3|$、$|Z_4|$ 和 ϕ_1、ϕ_2、ϕ_3、ϕ_4 分别为各桥臂复阻抗的模和幅角。代入式(6-34)中,得到交流电桥平衡条件为

$$|Z_1||Z_4| = |Z_2||Z_3|, \quad \phi_1 + \phi_4 = \phi_2 + \phi_3 \tag{6-36}$$

式(6-36)说明交流电桥平衡要满足两个条件,即相对两臂复阻抗的模之积相等,并且其幅角之和相等。

(2) 交流应变电桥的输出特性及平衡调节

其中一个臂 Z_1 为电容传感器阻抗,设交流电桥的初始状态是平衡的,当被测参数变化引起传感器阻抗变化为 ΔZ,于是桥路失去平衡。

$$\dot{U}_o = \left(\frac{Z_1 + \Delta Z}{Z_1 + \Delta Z + Z_2} - \frac{Z_3}{Z_3 + Z_4} \right) \dot{U} = \frac{\Delta Z \cdot Z_4}{(Z_1 + \Delta Z + Z_2)(Z_3 + Z_4)} \dot{U}$$

分子和分母同除以 $Z_1 Z_3$,且 $\frac{Z_1}{Z_2} = \frac{Z_3}{Z_4}$,因此有

$$\dot{U}_o = \frac{\dfrac{Z_2}{Z_1} \cdot \dfrac{\Delta Z}{Z_1}}{\left(1 + \dfrac{Z_2}{Z_1} + \dfrac{\Delta Z}{Z_1}\right)\left(1 + \dfrac{Z_2}{Z_1}\right)} \dot{U} \approx \frac{\dfrac{Z_2}{Z_1} \cdot \dfrac{\Delta Z}{Z_1}}{\left(1 + \dfrac{Z_2}{Z_1}\right)^2} \dot{U} \tag{6-37}$$

令 $\beta = \dfrac{\Delta Z}{Z}$ 为传感器阻抗相对变化值,$A = \dfrac{Z_2}{Z_1}$ 为桥臂比,$K = \dfrac{\dfrac{Z_2}{Z_1}}{\left(1 + \dfrac{Z_2}{Z_1}\right)^2} = \dfrac{A}{(1+A)^2}$ 为桥臂系数,则式(6-37)可改写为

$$\dot{U}_o = \frac{\beta A}{(1+A)^2} \dot{U} = \beta K \dot{U} \tag{6-38}$$

在式(6-38)中,右边 3 个因子均为复数。对于电容式传感器,β 可以认为是一个实数,因为有如下关系

$$\beta = \frac{\Delta Z}{Z_1} = \frac{\Delta C}{C} \tag{6-39}$$

桥臂比 A 用指数形式表示为

$$A = \frac{Z_2}{Z_1} = \frac{|Z_2| \mathrm{e}^{\mathrm{j}\phi_2}}{|Z_1| \mathrm{e}^{\mathrm{j}\phi_1}} = \alpha \mathrm{e}^{\mathrm{j}\theta} \tag{6-40}$$

其中，$\alpha = \frac{|Z_2|}{|Z_1|}$ 和 $\theta = \phi_2 - \phi_1$ 分别为 A 的模和相角。桥臂系数 K 是桥臂比 A 的函数，故也是复数，其表达式为

$$K = \frac{A}{(1+A)^2} = k\mathrm{e}^{\mathrm{j}\gamma} = f(\alpha, \theta) \tag{6-41}$$

k 和 γ 分别为桥臂比的模和相角，将 $A = \alpha \mathrm{e}^{\mathrm{j}\theta}$ 代入式(6-41)可得

$$k = |K| = \frac{\alpha}{1 + 2\alpha\cos\theta + \alpha^2} = f_1(\alpha, \theta) \tag{6-42}$$

$$\gamma = \arctan\frac{(1-\alpha^2)\sin\theta}{2\alpha + (1+\alpha^2)\cos\theta} = f_2(\alpha, \theta) \tag{6-43}$$

k 和 γ 均是 α 和 θ 的函数，由式(6-42)和式(6-43)可知，在电源电压 U 和阻抗相对变化量 β 一定的条件下，要使输出电压 U_o 增大，必须设法提高桥臂系数 k。根据式(6-42)和式(6-43)，以 θ 为参变量，可分别画出桥臂系数的模、相角与 α 的关系曲线。

如图 6-22 所示，因为每条曲线 $f(\alpha) = f(1/\alpha)$，所以图中只给出 $\alpha > 1$ 的情况。

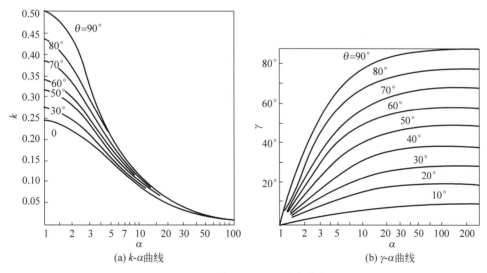

图 6-22 电桥的电压灵敏度曲线

由图 6-22(a)中可以看出：

① 当 $\alpha = 1$ 时，k 为最大值 k_m，k_m 随着 θ 而改变；

② 当 $\theta = 0$ 时，$k_\mathrm{m} = 0.25$；当 $\theta = \pm 90°$ 时，$k_\mathrm{m} = 0.5$；当 $\theta = 180°$ 时，$k_\mathrm{m} \to \infty$，这时电桥为谐振电桥，但桥臂必须是纯电容和纯电感。实际上不可能做到，因此 k_m 不可能无限大。

总之，在桥路中电源电压 U 和传感元件相对变化量 β 一定时，要使电桥电压灵敏度最高，应满足两桥臂初始阻抗的模相等，即 $|Z_1| = |Z_2|$，并使两桥臂阻抗幅角差 θ 尽量增大的条件。

由图 6-22(b)可知，对于不同的 θ 值，γ 随 α 变化。

① 当 $\alpha = 1$ 时，$\gamma = 0$；当 $\alpha \to \infty$ 时，γ 趋于最大值 γ_m，并且 $\gamma_\mathrm{m} = \theta$；

② 只有 $\theta=0$ 时，γ 值均为零；

③ 因此，在一般情况下电桥输出电压 $\dot{U}_\circ$ 与电源 $\dot{U}$ 之间有相移，即 $\gamma\neq 0$；只有在当桥臂阻抗模相等 $|Z_1|=|Z_2|$ 或两个桥臂阻抗幅角 $\theta=0$ 时，无论 α 为何值，γ 均为零，即输出电压 $\dot{U}_\circ$ 与电源 $\dot{U}$ 同相位。

由以上分析可以求出常用的各种电桥电压的灵敏度，从而粗略估计出电桥输出电压的大小。

从电桥灵敏度考虑，在图 6-23(a)～图 6-23(f)中，图 6-23(f)形式的电桥的灵敏度最高，图 6-23(d)次之。在设计和选择电桥形式时，除了考虑其灵敏度外，还应考虑输出电压是否稳定（即受外界干扰影响大小）、输出电压与电源电压间的相移大小、电源与元件所允许的功率以及结构上是否容易实现等。在实际电桥电路中，还附加有零点平衡调节、灵敏度调节等环节。

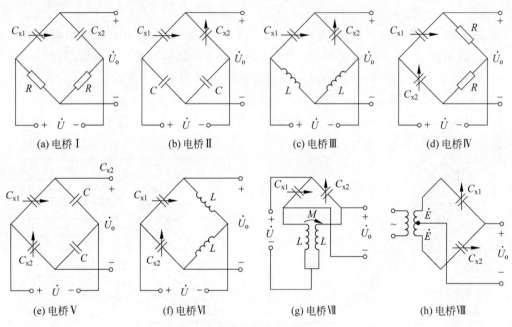

图 6-23 电容式传感器构成交流电桥的一些形式

图 6-23(g)形式的电桥（紧耦合电感臂电桥）具有较高的灵敏度和稳定性，且寄生电容影响极小，大大简化了电桥的屏蔽和接地，非常适合高频工作，目前已开始广泛应用。

图 6-23(h)形式的电桥（变压器式电桥）使用元件最少，桥路内阻小，因此目前较多采用。该电桥两臂是电源变压器二次线圈。设感应电动势为 E，另两臂为传感器的两个电容，假设电桥所接的放大器的输入阻抗即本电桥的负载为 R_L，则电桥输出为

$$\dot{U}_\circ = \frac{(C_{x1}-C_{x2})\mathrm{j}\omega}{1+R_L(C_{x1}+C_{x2})\mathrm{j}\omega}\dot{E}R_2 \tag{6-44}$$

当 $R_L\to\infty$ 时，有

$$\dot{U}_\circ = \frac{C_{x1}-C_{x2}}{C_{x1}+C_{x2}}\dot{E} \tag{6-45}$$

由式(6-45)可知，差分式电容式传感器接入变压器式电桥中，当放大器输入阻抗极大

时,对任何类型的电容式传感器(包括变极距型等),电桥的输出电压与输入量均呈线性关系。

应该指出,由于电桥输出电压与电源电压成比例,因此要求电源电压波动极小,须采用稳幅、稳频等措施;传感器必须工作在平衡位置附近,否则电桥非线性将增大;接有电容式传感器的交流电桥输出阻抗很高(一般达几兆欧至几十兆欧),输出电压幅值又小,所以必须后接高输入阻抗放大器将信号放大后才能测量。同时,采用相敏检波电路和低通滤波器,最后才能得到反映输入信号极性的输出信号,如图 6-24 所示。

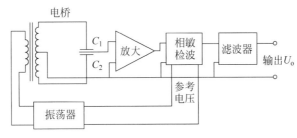

图 6-24　电桥电路图

6.4.2 脉冲型电路

脉冲型电路的基本原理是利用电容的充放电特性。下面分析几种性能较好的电路。

1. 双 T 型充放电网络

图 6-25 所示为双 T 型充放电网络的原理图。U 为一对称方波的高频电源电压,C_1 和 C_2 为差分式电容式传感器的电容。对于单极式电容传感器,其中一个为固定电容,另一个为传感器电容。R_L 为负载电阻,D_1、D_2 为两个理想二极管(即正向导通时电阻为零,反向截止时电阻为无穷大),R_1、R_2 为固定电阻。

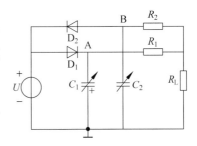

图 6-25　双 T 型充放电网络

电路的工作原理可简述如下:当电源电压 U 为正半周时,D_1 导通,D_2 截止,电路可以等效为如图 6-26(a)所示的电路。

此时电容 C_1 很快被充电至电压 U,电源 U 经 R_1 以电流 I_1 向负载 R_L 供电。与此同时,电容 C_2 经 R_2 和 R_L 放电电流为 I_2,流经 R_L 的电流 I_L 为 I_1 与 I_2 之和,它们的极性如图 6-26(a)所示。

当电源电压 U 为负半周时,D_1 截止,D_2 导通,如图 6-26(b)所示。此时 C_2 很快被充电至电压 U,而流经 R_L 的电流 I'_L 为由 U 产生的电流 I'_2 与 C_1 的放电电流 I'_1 之和。

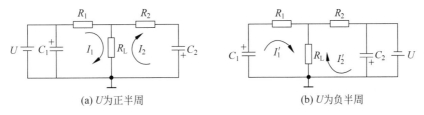

(a) U 为正半周　　　　　　　　　(b) U 为负半周

图 6-26　双 T 型充放电网络等效电路

若 D_1、D_2 的特性相同,并且 $C_1=C_2$,$R_1=R_2$,则流过 R_L 的电流 I_L 与 I'_L 的平均值大小相等,方向相反,在一个周期内流过 R_L 的平均电流为零,R_L 上无电压输出。若在 C_1 或 C_2 变化时,在 R_L 上产生的平均电流不为零,因此有信号输出,其输出在一个周期内的平均值为

$$U_\circ = I_L R_L = \frac{1}{T}\left\{\int_0^T [I_1(t)-I_2(t)]\mathrm{d}t\right\}R_L$$

$$\approx \frac{R(R+2R_L)}{(R+R_L)^2} R_L U f (C_1 - C_2) \tag{6-46}$$

当固定电阻 $R_1=R_2=R$,R_L 已知时,则

$$K = \frac{R(R+2R_L)}{(R+R_L)^2} R_L = 常数 \tag{6-47}$$

所以式(6-46)可写为

$$U_\circ \approx K U f (C_1 - C_2) \tag{6-48}$$

其中,f 为电源频率。

从式(6-48)可以看出,这种电路的灵敏度与高频方波电源的电压 U 和频率 f 有关。为保证工作的稳定性,需严格控制高频电源的电压和频率的稳定度。

2. 脉冲调宽型电路

脉冲调宽型电路原理如图 6-27 所示。其中,A_1 和 A_2 为电压比较器,在两个比较器的同相输入端接入幅值稳定的比较电压 $+E$。若 U_C 略高于 E,则 A_1 输出为负电平;或 U_D 略高于 E,则 A_2 输出为负电平,A_1 和 A_2 比较器可以是放大倍数足够大的放大器。

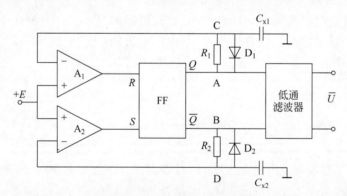

图 6-27 脉冲调宽型电路原理

FF 为双稳态触发器,采用负电平输入。若 A_1 输出为负电平,则 Q 端为低电平(零电平),而 $\bar{Q}$ 为高电平;若 A_2 输出为负电平,则 $\bar{Q}$ 为低电平,而 Q 为高电平。

工作原理可简述如下。

假设传感器处于初始状态,即 $C_{x1}=C_{x2}=C_0$,且 A 点为高电平,即 $U_A=U$;而 B 点为低电平,即 $U_B=0$。

此时 U_A 经过 R_1 对 C_{x1} 充电,使电容 C_{x1} 上的电压按指数规律上升,时间常数为 $\tau_1 = R_1 C_{x1}$。当 $U_C > E$ 时,比较器 A_1 翻转,输出端为负电平,触发器也跟着翻转,Q 端(即 A 点)由高电平降为低电平,同时 $\bar{Q}$ 端(即 B 点)由低电平升为高电平;此时,C_{x1} 上充有电荷,将

经二极管 D_1 迅速放电。由于放电时间常数极小，U_C 迅速降为零，这又导致比较器 A_1 再翻转成输出为正。从触发器 $\overline{Q}$ 输出端升为高电平开始，U_B 即经过 R_2 按指数规律，以时间常数 $\tau_2 = R_2 C_{x2}$ 的速率对 C_{x2} 充电，D 点电位开始上升。当 $U_D > E$ 时，比较器 A_2 翻转，其输出端由正变为负，这一负跳变促使触发器 FF 又一次翻转，使 $\overline{Q}$ 端为低电平，Q 端为高电平，于是充在 C_{x2} 上的电荷经 D_2 放电，使 U_D 迅速降为零，A_2 复原，同时 A 点的高电位开始经 D_1 对 C_{x1} 充电，又重复前述过程。

各点电压波形如图 6-28 所示。由于 $R_1 = R_2$，$C_{x1} = C_{x2} = C_0$，所以 $\tau_1 = \tau_2$，$T_1 = T_2$，即 U_{AB} 呈对称方波。假设在 t_4 时刻，有一被测量输入给电容传感器，造成 $C_{x1} = C_0 + \Delta C_1$；$C_{x2} = C_0 + \Delta C_2$，则有

$$\tau_1 = R(C_0 + \Delta C_1) \tag{6-49}$$
$$\tau_2 = R(C_0 + \Delta C_2) \tag{6-50}$$

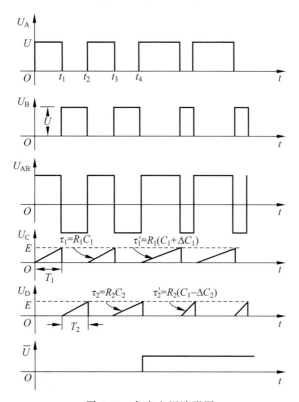

图 6-28 各点电压波形图

显然，$\tau_1 \neq \tau_2$，$T_1 \neq T_2$，这时 U_{AB} 不再是宽度相等的对称方波，而是正半周宽度大于负半周宽度。使 U_{AB} 通过低通滤波器后，其输出平均电平 $\overline{U}$ 将正比于输入传感器的被测量的大小。

$$\overline{U} = \frac{T_1 - T_2}{T_1 + T_2} U = \frac{C_{x1} - C_{x2}}{C_{x1} + C_{x2}} U \tag{6-51}$$

其中，U 为触发器输出高电平；T_1、T_2 为 C_{x1}、C_{x2} 充放电至 E 所需时间。

由电路知识可知

$$T_1 = R_1 C_{x1} \ln \frac{U}{U-E} \qquad (6\text{-}52)$$

$$T_2 = R_2 C_{x2} \ln \frac{U}{U-E} \qquad (6\text{-}53)$$

将 T_1、T_2 代入式(6-51),可得

$$\bar{U} = \frac{T_1 - T_2}{T_1 + T_2} U = \frac{C_{x1} - C_{x2}}{C_{x1} + C_{x2}} U \qquad (6\text{-}54)$$

利用式(6-54)可分析几种形式电容式传感器的工作情况。

对于变极距型差分电容式传感器,设极板间初始距离 d_0,变化量为 Δd 时,滤波器输出量为

$$\bar{U} = \frac{\Delta d}{d_0} U \qquad (6\text{-}55)$$

对于变面积型差分电容式传感器,设初始有效面积为 S_0,变化量为 ΔS,则滤波器输出量为

$$\bar{U} = \frac{\Delta S}{S_0} U \qquad (6\text{-}56)$$

式(6-55)和式(6-56)表明,差分脉冲调宽型电路的重要优点就在于它的线性变换特性。由此可见,差分脉冲调宽电路能适用于变极距型以及变面积型差分电容式传感器,并具有线性特性,且转换效率高,经过低通放大器就有较大的直流输出,且调宽频率的变化对输出没有影响。

图 6-29 是这种电路的实例。该电路配用的传感器电容初始值为 $2 \times 40 \text{pF}$,调宽频率约为 400kHz。要求两比较器 BG307 的性能相同,且温度漂移小。联动电子开关采用双稳态触发器,可用双与非门构成,也可用 JK 触发器或维阻触发器,但是 Q 端的高电位、低电位必须与 $\bar{Q}$ 端对应相等。

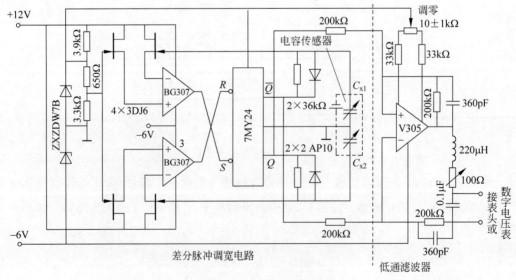

图 6-29 差分脉冲调宽电路

3. 二极管环形检波电路

图 6-30 所示为目前国内外采用较为广泛的二极管环形检波电路,其中,C_L、C_H 为差分电容式传感器。该电路可分为以下几个主要部分。

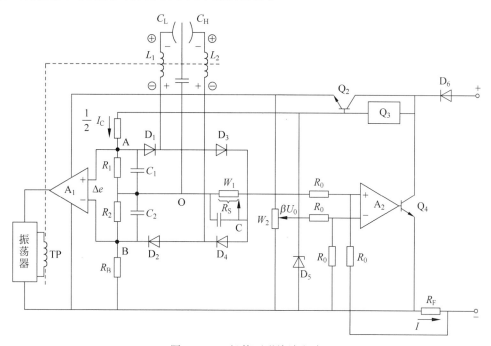

图 6-30 二极管环形检波电路

(1) 振荡器,产生激励电压通过变压器 TP 加到副边 L_1、L_2 处;
(2) 由 $D_1 \sim D_4$ 组成的二极管环形检波电路;
(3) 稳幅放大器 A_1;
(4) 比例放大器 A_2 和电流转换器 Q_4;
(5) 恒压恒流源 Q_2、Q_3。

设振荡器激励电压经变压器 TP 加在副边 L_1 和 L_2 的正弦电压为 e,在检测回路中一般电容 C_L 和 C_H 的阻抗大于回路其他阻抗,于是通过 C_L 和 C_H 的电流分别为

$$i_L = \omega C_L e$$
$$i_H = \omega C_H e$$

其中,ω 为激励电压的角频率。

由于二极管的检波作用,当 e 为正半周时(图中 ⊕、⊖),二极管 D_1、D_4 导通,D_2、D_3 截止;当 e 为负半周时(图中 +、-),二极管 D_2、D_3 导通,D_1、D_4 截止。于是检波回路电流在 AB 端产生的电压有效值为

$$U_{AB1} = -R(i_L + i_H)$$

其中,$R = R_1 = R_2$。另外,恒流源电流 I_C 在 AB 端产生的电压降为

$$U_{AB2} = I_C R$$

因此,加在 AB 端的总电压 $U_{AB} = U_{AB1} + U_{AB2}$,即运算放大器 A_1 的输入电压 Δe 为

$$\Delta e = I_C R - (i_L + i_H) R \tag{6-57}$$

运算放大器 A_1 的作用是使振荡器输出信号 e 的幅值保持稳定。若 e 增加,则 i_L 和 i_H 都随着增加,由式(6-57)可知,其运算放大器 A_1 输入电压 Δe 将减小,经 A_1 放大后则振荡输出电压 e 相应减小;反之,当 e 减小,则 i_L 和 i_H 也减小,则 Δe 增加,经 A_1 放大后使振荡器输出电压 e 增大,这一稳幅过程直至 Δe 为止。由式(6-57)可得到振荡器稳幅条件为

$$I_C = i_L + i_H = \omega e (C_L + C_H)$$

于是有

$$\omega e = \frac{I_C}{C_L + C_H} \tag{6-58}$$

此外,由于二极管检波作用,CO 两点间电压为 $U_{CO}=(i_L-i_H)R_S$,而 $i_L-i_H=\omega e(C_L-C_H)$,将式(6-57)代入得

$$i_L - i_H = \frac{C_L - C_H}{C_L + C_H} I_C \tag{6-59}$$

运算放大器 A_2 的输入电压有信号电压 $(i_L-i_H)R_S$、调零电压 βU_0、I_C 在同相端产生的固定电压 U_B、反馈电压 IR_F。由于运算放大器 A_2 放大倍数很高,根据图 6-30 列出输入端平衡方程式为

$$(i_L - i_H)R_S + U_B - \beta U_0 - IR_F = 0 \tag{6-60}$$

其中,I 为检测电路的输出电流。

将式(6-59)代入式(6-60),经整理可得输出电流表达式为

$$I = \frac{I_C R_S}{R_F} \cdot \frac{C_L - C_H}{C_L + C_H} + \frac{U_B}{R_F} - \beta \frac{U_0}{R_F} \tag{6-61}$$

设 C_L 和 C_H 为变间隙型差动式平板电容,当可动电极向 C_L 侧移动 Δd 时,则 C_L 增加,C_H 减小,即

$$C_L = \frac{\varepsilon_0 S}{d_0 - \Delta d} \tag{6-62}$$

$$C_H = \frac{\varepsilon_0 S}{d_0 + \Delta d} \tag{6-63}$$

将式(6-62)和式(6-63)代入式(6-61),得

$$I = \frac{I_C R_S}{R_F} \cdot \frac{\Delta d}{d_0} + \frac{U_B}{R_F} - \beta \frac{U_0}{R_F} \tag{6-64}$$

由式(6-64)可以看出该电路有以下特点:采用变面积型或变间隙型差分电容式传感器,均能得到线性输出特性;用电位器 W_1、W_2 可实现量程和零点的调整,而且二者互不干扰;改变反馈电阻 R_F,可以改变输出起始电流 I_0。

6.4.3 电容式传感器应用

1. 差分式电容压力传感器

图 6-31 所示为一种典型的差分式电容压力传感器结构图。差分式电容压力传感器由两个相同的可变电容组成。在被测压力的作用下,一个电容的电容量增大而另一个相应减小。差分式电容传感器比单极式电容传感器灵敏度高、线性好。但差分式电容压力传感器

加工较困难,不易实现对被测气体或液体的密封,因此这种结构的传感器不宜工作在含腐蚀或其他杂质的流体中。该传感器的金属动膜片 2 与电镀金属表面层 5 的固定极板形成电容。在压差作用下,膜片凹向压力小的一面,从而使电容量发生变化,当过载时,膜片受到凹面的玻璃 3 表面的保护不致发生破裂。

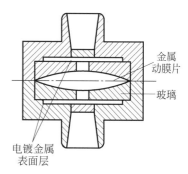

图 6-31　一种用于风洞试验中测量压力的差分式电容压力传感器

这种球-平面型电容量的变化值可用单元积分法和等效电容法求得,差分电容结构及其等效电路图 6-32 所示,C_0 为传感器初始电容,C_A 为感压膜片受压后挠曲变形位置与感压膜片初始位置所形成的电容。

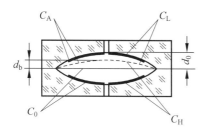 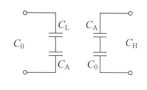

图 6-32　差分电容结构及其等效电路图

由等效原理可得

$$C_L = \frac{C_0 C_A}{C_A - C_0} \tag{6-65}$$

$$C_H = \frac{C_0 C_A}{C_A + C_0} \tag{6-66}$$

因此,求出 C_0 和 C_A 便可由式(6-65)和式(6-66)求得传感器差动电容 C_L 和 C_H。

在图 6-33 中,由球面形固定电极 B 和平膜片电极 A 形成一个球-平面型电容器。在忽略边缘效应的情况下,可使用单元积分法求 C_0 和 C_A。

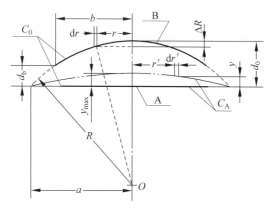

图 6-33　球-平面型电容器

由图 6-33 可知

$$r^2 = R^2 - (R - \Delta R)^2 = \Delta R(2R - \Delta R)$$

因为 $R \gg \Delta R$，所以

$$\Delta R = \frac{r^2}{2R} \tag{6-67}$$

于是球面电极上宽度为 $\mathrm{d}r$，长度为 $2\pi r$ 的环形窄带与可动电极初始位置的电容量为

$$\mathrm{d}C_0 = \frac{\varepsilon_0 \varepsilon_r 2\pi r \mathrm{d}r}{d_0 - \Delta R} \tag{6-68}$$

将式(6-67)代入式(6-68)，积分可得 C_0 值为

$$C_0 = \varepsilon_0 \varepsilon_r \int_0^b \frac{2\pi r \mathrm{d}r}{d_0 - r^2/2R} = -2\pi \varepsilon_0 \varepsilon_r R \ln\left(d_0 - \frac{r^2}{2R}\right)\Big|_0^b$$

$$= 2\pi \varepsilon_0 \varepsilon_r R \ln \frac{d_0}{d_b} \tag{6-69}$$

其中，d_0 为球平面电容极板间的最大间隙；d_b 为球平面电容极板间最小间隙；R 为球面电极的曲率半径。

若将 $\varepsilon_0 = \frac{1}{3.6\pi}$(pF/cm)和长度单位(cm)代入式(6-69)，则有

$$C_0(\mathrm{pF}) = \frac{\varepsilon_r R}{1.8} \ln \frac{d_0}{d_b}$$

在被测差压$(P_\mathrm{H} - P_\mathrm{L})$的作用下，感压膜片的挠度可近似写为

$$y = \frac{P_\mathrm{H} - P_\mathrm{L}}{4T}(a^2 - r'^2)$$

其中，T 为膜片周边受的张紧力。

如图 6-33 中虚线所示，在挠曲球面上，宽度为 $\mathrm{d}r'$，长度为 $2\pi r'$ 的环形窄带与动膜片初始位置间电容量为

$$\mathrm{d}C_\mathrm{A} = \frac{\varepsilon_0 \varepsilon_r 2\pi r' \mathrm{d}r'}{y}$$

其中，y 为膜片挠度。

将 y 式代入并积分，得

$$C_\mathrm{A} = \varepsilon_0 \varepsilon_r \int_0^b \frac{2\pi r' \mathrm{d}r'}{\frac{P_\mathrm{H} - P_\mathrm{L}}{4T}(a^2 - r'^2)} = \frac{4\pi \varepsilon_0 \varepsilon_r T}{P_\mathrm{H} - P_\mathrm{L}} \ln \frac{a^2}{a^2 - b^2} \tag{6-70}$$

求出 C_0 和 C_A，因此可以求出差分电容 C_L 和 C_H。该差分式电容传感器如配置成图 6-30 所示的二极管环形检波电路，即可输出 4～20mA 的标准电流信号。

若将式(6-69)和式(6-70)代入式(6-61)中，则二极管环形检波电路输出的电流为

$$I = \frac{I_\mathrm{C} R_\mathrm{S}}{R_\mathrm{F}} \cdot \frac{C_0}{C_\mathrm{A}} + \frac{U_\mathrm{B}}{R_\mathrm{F}} - \beta \frac{U_0}{R_\mathrm{F}}$$

将式(6-69)和式(6-70)代入上式，则

$$I = \frac{R\ln(d_0/d_b)}{2T\ln[a^2/(a^2-b^2)]} I_\mathrm{C} \frac{R_\mathrm{S}}{R_\mathrm{F}}(P_\mathrm{H} - P_\mathrm{L}) + \frac{U_\mathrm{B}}{R_\mathrm{F}} - \beta \frac{U_0}{R_\mathrm{F}}$$

令 $K = \dfrac{R\ln(d_0/d_b)}{2T\ln[a^2/(a^2-b^2)]}$，这是一个与结构有关的系数，于是

$$I = KI_C \frac{R_S}{R_F}(P_H - P_L) + \frac{U_B}{R_F} - \beta \frac{U_0}{R_F}$$

可以看出输出电流与差压$(P_H - P_L)$呈线性关系。

2. 电容式加速度传感器

电容式加速度传感器结构如图 6-34 所示。质量块由两个弹簧片支撑于充满空气的壳体内,弹簧较硬,使系统的固有频率较高,因此构成质量块惯性式加速度计的工作状态。当测量垂直方向的直线加速度时,传感器壳体固定在被测振动体上,振动体的振动使壳体相对于重量块运动,因而与壳体固定在一起的两固定极板相对质量块运动,致使固定极板 5 与质量块的 A 面(磨平抛光)组成的电容 C_{x1} 值以及下面的固定极板 1 与质量块 4 的 B 面组成的电容 C_{x2} 值随之改变,一个增大,一个减小,且 C_{x1}、C_{x2} 大小相等,符号相反。它们的差值正比于被测加速度。由于采用空气阻尼,气体黏度的温度系数比液体小得多。因此,这种加速度传感器的精度较高,频率响应范围宽,量程大。

3. 电容式液位计

电容式液位计可以连续测量水池、水塔、水井和江河湖海的水位以及各种导电液体(如酒、醋、酱油等)的液位。

图 6-35 所示为电容式液位计的结构。当其浸入水或其他被测导电液体时,导线心以绝缘层为介质与周围的水(或其他导电液体)形成圆柱形电容器。

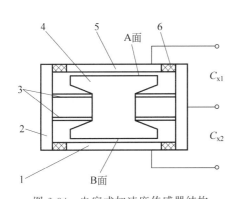

图 6-34 电容式加速度传感器结构

1、5—固定极板;2—壳体;3—弹簧片;4—质量块;6—绝缘体

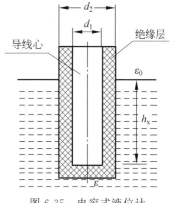

图 6-35 电容式液位计

由图 6-35 可知其电容量为

$$C_x = \frac{2\pi\varepsilon h_x}{\ln(d_2/d_1)}$$

其中,ε 为导线心绝缘层的介电常数;h_x 为待测液位高度;d_1 和 d_2 为导线心的直径和绝缘层外径。

被测电容 C_x 与二极管环形测量桥路之间的连接如图 6-36 所示,可以得到正比于液位 h_x 的直流信号。环形测量桥路由 4 支开关二极管 $D_1 \sim D_4$、电感线圈 L_1 和 L_2、电容 C_1、C_e、被测电容 C_x、调零电容 C_d 以及电流表 M 等组成。

输入脉冲方波加在 A 点与地之间,电流表串接在 L_2 支路内,C_2 是高频旁路电容。由于电感线圈对直流信号呈低阻抗,因而直流电流很容易从 B 点流经 L_2、电流表至地(公共端

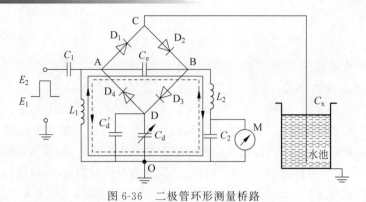

图 6-36 二极管环形测量桥路

O 点),再由地经 L_1 流回 A 点。由于 L_1 和 L_2 对高频信号($f>100\text{kHz}$)呈高阻抗,所以高频方波和电流高频分量均不能通过电感,这样电流表 M 可以得到比较平稳的直流信号。

当输入高频方波由低电平 E_1 跃到高电平 E_2 时,电容 C_x 和 C_d 两端电压均由 E_1 充电到 E_2。充电电荷一路由 A 点经 D_1 到 C 点,再经 C_x 到地;另一路由 A 点经 C_e 到 B 点,再经 D_3 至 D 点对 C_d 充电,此时 D_2 和 D_4 由于反偏而截止。在 T_1 充电时间内,由 A 点向 B 点流动的电荷量为

$$q_1 = C_d(E_2 - E_1) \tag{6-71}$$

当输入高频脉冲方波由 E_2 返回 E_1 时,电容 C_x 和 C_d 均放电。在放电过程中,D_1 与 D_3 反偏截止,C_x 经 D_2、C_e 和 L_1 至 O 点放电;C_d 经 D_4、L_1 至 O 点放电。因而在 T_2 放电时间内由 B 点流向 A 点的电荷量为

$$q_2 = C_x(E_2 - E_1) \tag{6-72}$$

应当指出,式(6-71)和式(6-72)是在 C_e 电容值远大于 C_x 和 C_d 的前提下得到的结果。电容 C_e 的充放电回路如图 6-36 中细实线和虚线箭头所示。由上述充/放电过程可知,充电电流和放电电流经过电容 C_e 时方向相反,所以当充电与放电的电流不相等时,电容 C_e 端产生电位差,在桥路 AB 两点间有电流产生,可由电流表 M 指示出来。

当液位在电容传感器零位时,调整 $C_d = C_{x0}$,使流经 C_e 的充放电电流相等,C_e 两端无电位差,AB 两端无直流信号输出,电流表 M 指零。当被测电容 C_x 随液位变化时,在 $C_x > C_d$ 情况下,流经 C_e 的放电电流大于充电电流,电容 C_e 两端产生电位差并经电流表 M 放电,设此时电流方向为正;当 $C_x < C_d$ 时流经电流表的电流方向则为负。

当 $C_x > C_d$ 时,由上述分析可知,在一个充放电周期内(即 $T = T_1 + T_2$),由 B 点流向 A 点的电荷为

$$\begin{aligned} q &= q_2 - q_1 = C_x(E_2 - E_1) - C_d(E_2 - E_1) \\ &= (C_x - C_d)(E_2 - E_1) \\ &= \Delta C_x(E_2 - E_1) \end{aligned} \tag{6-73}$$

设方波频率 $f = 1/T$,则流经 AB 端和电流表 M 支路的瞬间电流平均值 $\bar{I}$ 为

$$\bar{I} = fq = f\Delta C_x \Delta E \tag{6-74}$$

其中,ΔE 为输入方波幅值;ΔC_x 为传感器的电容变化量。

由式(6-74)可以看出,此电路中如果高频方波信号频率 f 和幅值 ΔE 一定,流经电流表 M 的平均电流 $\bar{I}$ 与 ΔC_x 成正比,即电流表的电流变化量与待测液位 Δh_x 呈线性关系。

4. 电容式测微仪

高灵敏度电容式测微仪采用非接触方式精确测量微位移和振动振幅。最大量程为 $(100\pm5)\mu m$ 时,最小检测量为 $0.01\mu m$,这样就解决了动压轴承陀螺仪的动态参数测试问题。图 6-37 所示为电容式测微仪原理。电容探头与待测表面间形成的电容为

$$C_x = \frac{\varepsilon_0 S}{h}$$

其中,C_x 为待测电容;S 为探头端面积;h 为待测距离。

将待测电容 C_x 接在高增益运放反馈回路中,如图 6-18 所示。可得

$$\dot{U}_o = -\frac{C}{C_x}\dot{U}_i$$

$$\dot{U}_o = -\frac{C}{C_x}\dot{U}_i = \frac{C_0 h}{\varepsilon_0 S}\dot{U}_i = K_1 h$$

其中,$K_1 = \frac{C_0 \dot{U}_i}{\varepsilon_0 S}$ 为常数。

可以看出输出电压与待测距离 h 呈线性关系。

为了减少圆柱形探头的边缘效应,一般在探头外面加一个与电极绝缘的等位环(即电保护套)。在等位环外设有套筒,二者电气绝缘。该套筒使用时接地,如图 6-38 所示。

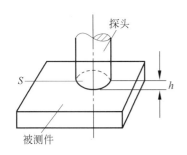

图 6-37 电容式测微仪原理

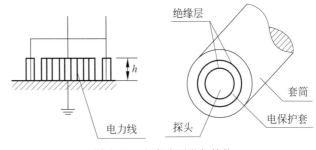

图 6-38 电容式测微仪结构

5. 电容式位移传感器

图 6-39 所示为一种单电极的电容式振动位移传感器。它的平面测端是电容器的一极,通过电极座由引线接入电路,另一极是被测物表面。金属壳体与平面测端电极间有绝缘衬塞,使彼此绝缘。使用时壳体为夹持部分,被夹持在标准台架或其他支承上。壳体接地可起屏蔽作用。

图 6-40 所示为电容式振动位移传感器的应用。这种传感器可测 $0.05\mu m$ 的振动位移,还可测量转轴的回转精度和轴心动态偏摆等。

6. 电容式测厚仪

电容式测厚仪的关键部件之一就是电容式测厚传感器。在板材轧制过程中由它监测金属板材的厚度变化情况,该厚度量的变化现阶段常采用独立双电容式测厚传感器检测。

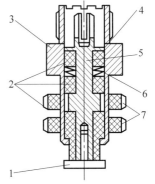

图 6-39 一种单电极的电容式振动位移传感器

1—平面测端(电极);2—绝缘衬塞;3—壳体;4—弹簧卡圈;5—电极座;6—盘形弹簧;7—螺母

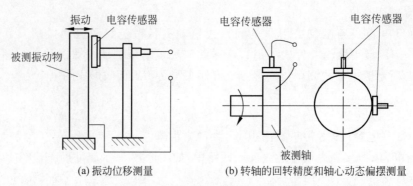

(a) 振动位移测量　　(b) 转轴的回转精度和轴心动态偏摆测量

图 6-40　电容式振动位移传感器的应用

它能克服两电容并联或串联式传感器的缺点。应用独立双电容式传感器,通过对被测板材在同一位置、同一时刻实时取样,能使其测量精度大大提高。独立双电容式测厚传感器一般分为运算型电容式传感器和频率变换型电容式传感器两种。前者对 $0.5\sim1.0$ mm 厚度的薄钢板进行测量,其测量误差小于 $20\mu m$;后者测量误差小于 $0.3\mu m$。

1) 运算型电容式测厚传感器

由运算型电容式传感器组成的测厚仪的工作原理如图 6-41 所示。在被测板材的上下两侧各放置一块面积相等、与板材距离相等的极板,这样极板与板材就构成了两个电容器 C_1 和 C_2。把两块极板用导线连成一个电极,而板材就是电容的另一个电极,其总电容 $C_x = C_1 + C_2$,电容 C_x 与固定电容 C_0、变压器的次级 L_1 和 L_2 构成电桥。信号发生器提供变压器初级信号,经耦合作为交流电桥的供桥电源。

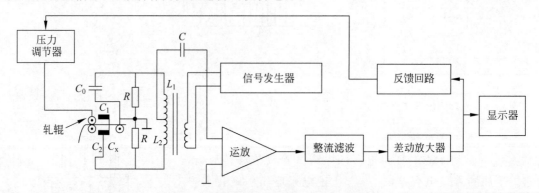

图 6-41　运算型电容式测厚传感器工作原理

当被轧制板材的厚度相对于要求值发生变化时,C_x 也发生变化。C_x 增大,表示板材变厚;反之,板材变薄。此时电桥输出信号也将发生变化,变化量经耦合电容 C 输出给运算放大器进行放大整流和滤波;再经差动放大器放大后,一方面由显示仪表读出板材厚度,另一方面通过反馈回路将偏差信号传送给压力调节装置,调节轧辊与板材间的距离,经过不断调节,将板材厚度控制在一定误差范围内。

2) 频率变换型电容式测厚传感器

如图 6-42(a)所示,将被测电容 C_1 和 C_2 作为各变换振荡器的回路电容,振荡器的其他参数为固定值,其等效电路如图 6-42(b)所示。C_0 为耦合和寄生电容,振荡频率 f 为

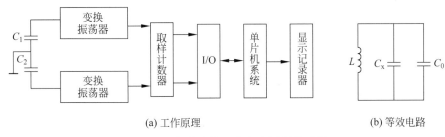

(a) 工作原理　　　　　　　　(b) 等效电路

图 6-42　频率变换型电容式测厚传感器

$$f = \frac{1}{2\pi\sqrt{L(C_x + C_0)}}$$

$$C_x = \varepsilon_r \frac{A}{3.6\pi d_x}$$

则有

$$d_x = \frac{\varepsilon_r A}{3.6\pi C_x} = \frac{\varepsilon_r A}{3.6\pi} \times 4\pi^2 L \times \frac{f^2}{1 - 4\pi^2 L C_0 f^2}$$

其中，ε_r 为极板间的介质的相对介电常数；A 为极板面积；d_x 为极板间的距离；C_x 为待测电容器的电容量。

$$d_{x1} = \frac{\varepsilon_r A}{3.6\pi C_1} = \frac{\varepsilon_r A}{3.6\pi} \times 4\pi^2 L \times \frac{f_1^2}{1 - 4\pi^2 L C_0 f_1^2}$$

$$d_{x2} = \frac{\varepsilon_r A}{3.6\pi C_2} = \frac{\varepsilon_r A}{3.6\pi} \times 4\pi^2 L \times \frac{f_2^2}{1 - 4\pi^2 L C_0 f_2^2}$$

设两传感器极板距离固定为 d_0，若在同一时刻分别测得上下极板与金属板材上下表面距离为 d_{x1} 和 d_{x2}，被测金属板材的厚度 $\delta = d_0 - (d_{x1} - d_{x2})$。由此可见，振荡频率包含了电容传感器的间距 d_x 的信息。各频率值通过自取样计数器（可采用 16 位快速同步计数器取样）获得数字量，然后由微机进行函数处理，消除非线性频率变换产生的误差，无需 A/D 转换，也无需先进的非线性变换，就可获得误差极小的板材厚度。因此，频率变换型电容式测厚系统得到广泛使用。

习题 6

6-1　根据电容式传感器的工作原理，可将其分为几种类型？每种类型各有什么特点？各适用于什么场合？

6-2　如何改善单极式变极距型电容式传感器的非线性？

6-3　简述电容式传感器用差动脉冲调宽电路的工作原理和特点。

6-4　有一个直径为 3m，高为 5.8m 的铁桶，往桶内连续注水，当注水量达到桶容量的 85% 时就应当停止，试分析用应变片或电容式传感器系统解决该问题的方法。

6-5　分布电容和寄生电容的存在对电容式传感器有什么影响？一般采取哪些措施可以减少其影响？

6-6　已知变面积型电容式传感器的两极板间距离为 10mm，$\varepsilon = 50\mu F/m$，两极板几何尺寸相同,为 30mm×20mm×5mm。在外力作用下,其中动极板在原位置上向外移动了 10mm,试求 ΔC 和 K。

6-7　6-7 题图所示为电容式传感器的双 T 电桥测量电路,已知 $R_1 = R_2 = R = 40\text{k}\Omega$, $R_L = 20\text{k}\Omega$, $E = 10\text{V}$, $f = 1\text{MHz}$, $C_0 = C_1 = 10\text{pF}$, $\Delta C_1 = 1\text{pF}$。求 U_L 的表达式和对应上述已知参数的 U_L 值。

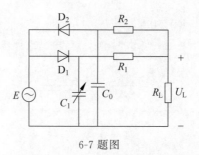

6-7 题图

6-8　6-8 题图已知平板电容式传感器极板间介质为空气,极板面积 $S = a \times a = 2 \times 2\text{cm}^2$,间隙 $d_0 = 0.1\text{mm}$,试求传感器初始电容值。若由于装配关系,两极板间不平行,一侧间隙为 d_0,而另一侧间隙为 $d_0 + b (b = 0.02\text{mm})$,求此时传感器的电容值。

6-9　6-9 题图所示为二极管环形检波电路。C_1 和 C_2 为差动式电容式传感器,C_3 为滤波电容,R_L 为负载电阻,R_0 为限流电阻,$\dot{U}_P$ 是正弦信号源。设 R_L 很大,并且 $C_3 \gg C_1$,$C_3 \gg C_2$。

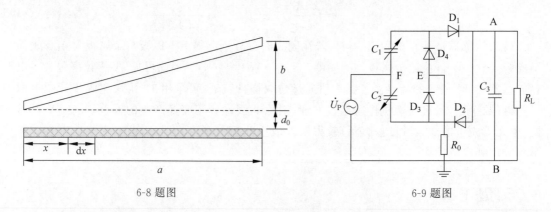

6-8 题图　　　　　　　　　6-9 题图

(1) 试分析此电路工作原理;
(2) 画出输出端电压 U_{AB} 在 $C_1 = C_2$、$C_1 > C_2$、$C_1 < C_2$ 3 种情况下的波形图;
(3) 推导 $\overline{U}_{AB} = f(C_1, C_2)$ 的数学表达式。

6-10　已知差动式电容式传感器的初始电容 $C_1 = C_2 = 200\text{pF}$,交流信号源电压有效值 $U = 6\text{V}$,频率 $f = 100\text{kHz}$。试求:

(1) 在满足有最高输出电压灵敏度条件下设计交流不平衡电桥电路,并画出电路原理图;
(2) 计算另外两个桥臂的匹配阻抗值;
(3) 当传感器电容变化量为 ±10pF 时,求桥路输出电压。

6-11　6-11题图所示为平板式电容式位移传感器。已知 $a=b=5\text{mm}$，间隙 $d_0=0.4\text{mm}$，极板间介质为空气，求该传感器静态灵敏度。若极板沿 x 方向移动 2.5mm，求此时的电容量。

6-12　6-12题图所示为差动式同心圆筒电容式传感器，其可动极筒外径为 9mm，定极筒内径为 9.3mm，上下遮盖长度各为 1mm 时，试求电容值 C_1 和 C_2。当供电电源频率为 60kHz 时，求它们的容抗值。

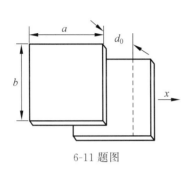

6-11 题图

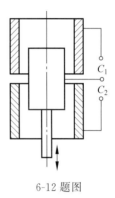

6-12 题图

第 7 章 压电式传感器

CHAPTER 7

压电式传感器是一种典型的有源传感器(即有源双向机电传感器),它以某些电介质的压电效应为基础,在外力作用下,在电介质的表面产生电荷,从而实现非电量测量的目的。压电传感元件是力敏感元件,所以它能测量最终能转换为力的那些物理量,如压力、加速度等。

压电式传感器具有相应频带宽、灵敏度高、信噪比大、结构简单、工作可靠、质量轻等优点。近年来,由于电子技术的飞速发展,随着与之配套的二次仪表和低噪声、小电容、高绝缘电阻电缆的出现,压电式传感器的使用更加方便。因此,在工程力学、生物医学、电声学等多技术领域,压电式传感器获得了广泛的应用。

7.1 压电效应和材料

7.1.1 压电效应

某些晶体或多晶体陶瓷,当沿着一定方向受到外力作用时,内部就产生极化现象,同时在某两个表面产生符号相反的电荷;当去掉外力后,又恢复到不带电状态;当作用力方向改变时,电荷的极性也随着改变;晶体受力所产生的电荷量与外力的大小成正比。上述现象称为正压电效应;反之,对晶体施加一定变电场,晶体本身将产生机械变形,外电场撤离,变形也随之消失,称为逆压电效应。具有压电效应的材料称为压电材料,压电材料能实现机-电能量的相互转换,如图 7-1 所示。

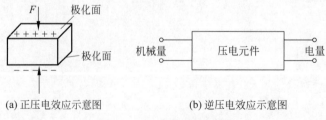

(a) 正压电效应示意图 (b) 逆压电效应示意图

图 7-1 压电效应示意图

压电式传感器大都是利用压电材料的正压电效应制成的,电声和超声工程中也有利用逆压电效应制作的传感器。

压电转换元件受力变形的状态可分为如图 7-2 所示的几种基本形式。但由于压电晶体的各向异性,并不是所有的压电晶体都能在这几种变形状态下产生压电效应。例如,石英晶体就没有体积变形压电效应,但它具有良好的厚度变形和长度变形压电效应。

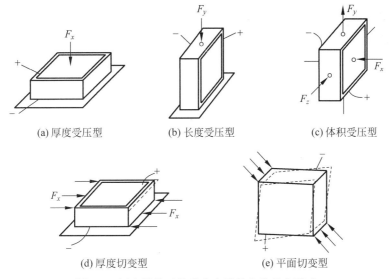

(a) 厚度受压型　　(b) 长度受压型　　(c) 体积受压型

(d) 厚度切变型　　(e) 平面切变型

图 7-2　压电转换元件受力变形的几种基本形式

1. 石英晶体的压电特性

石英的化学式为 SiO_2,为单晶体结构。图 7-3(a)所示为天然石英晶体的结构外形,它是一个六面体,各个方向的特性不同。在晶体学中用 3 根互相垂直的轴(Z、X、Y)表示它们的坐标,如图 7-3(b)所示,Z 轴为光轴(中性轴),它是晶体的对称轴,光线沿 Z 轴通过晶体不产生双折射现象,因而以它作为基准轴;X 轴为电轴,该轴压电效应最为显著,它通过六棱柱相对的两个棱线且垂直于光轴 Z,显然 X 轴共有 3 个;Y 轴为机械轴(力轴),显然它垂直于两个相对的表面,在此轴上加力产生的变形最大。

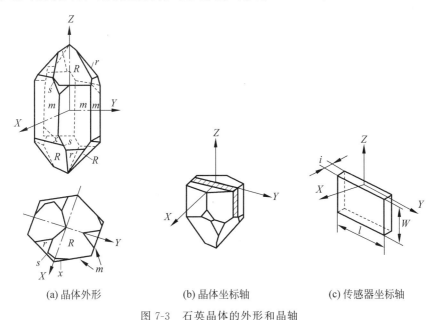

(a) 晶体外形　　(b) 晶体坐标轴　　(c) 传感器坐标轴

图 7-3　石英晶体的外形和晶轴

每一个晶体单元中有 3 个硅离子和 6 个氧离子,在 Z 平面上的投影等效为正六边形排列,如图 7-4 所示。

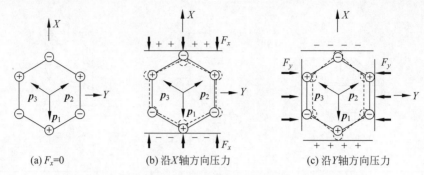

(a) $F_x=0$ (b) 沿 X 轴方向压力   (c) 沿 Y 轴方向压力

图 7-4 石英晶体电偶极矩分布

下面讨论石英晶体受外力作用时晶格的变化情况。

(1) 当作用力 $F_x=0$ 时,如图 7-4(a)所示,正、负离子(即 Si^{4+} 和 $2O^{2-}$)分布在正六边形顶点上,形成 3 个互成 120°夹角的电偶极矩 p_1、p_2 和 p_3。此时正负电荷相互平衡,电偶极矩的矢量和等于零,即

$$p_1 + p_2 + p_3 = 0 \tag{7-1}$$

此时晶体表面没有带电现象,整个晶体是中性的。

(2) 当受到沿 X 方向的压力($F_x < 0$)作用时,如图 7-4(b)所示,晶体受压缩而产生变形,正负离子相对位置发生变化,此时键角也随之改变,电偶极矩在 X 方向上的分量由于 p_1 的减少和 p_2、p_3 的增加而大于零,即 $p_1 + p_2 + p_3 > 0$。合偶极矩方向向上,并与 X 轴正向一致,在 X 轴正向的晶体表面出现正电荷,反向表面出现负电荷;电偶极矩在 Y、Z 轴反向上的分量都为零,因此无电荷出现。即

$$(p_1 + p_2 + p_3)_x > 0 \tag{7-2}$$
$$(p_1 + p_2 + p_3)_y = 0 \tag{7-3}$$
$$(p_1 + p_2 + p_3)_z = 0 \tag{7-4}$$

(3) 当受到 Y 轴正向施加压力时,如图 7-4(c)所示,p_1 增大,p_2、p_3 减小,$(p_1 + p_2 + p_3)_x < 0$,合偶极矩向下,因此上表面电荷为负电荷,下表面电荷为正电荷,同理,Y 和 Z 轴方向不出现电荷。即

$$(p_1 + p_2 + p_3)_x < 0 \tag{7-5}$$
$$(p_1 + p_2 + p_3)_y = 0 \tag{7-6}$$
$$(p_1 + p_2 + p_3)_z = 0 \tag{7-7}$$

(4) 如果沿 Z 轴方向施加作用力,因为晶体中硅离子和氧离子是沿 Z 轴平移,因此电偶极矩矢量和等于零,这就表明 Z 轴(光轴)方向受力时,并无压电效应。同样可以分析出,在各个方向作用大小相等的力,使之变形时,也无压电效应。

(5) 当晶体沿 X 轴方向或 Y 轴方向受到拉力作用时,按上述方法分析,可知产生电荷的极性正好相反。

对于压电晶体,当沿 X 轴方向施加正应力时,将在垂直于 X 轴的表面产生电荷,这种现象称为纵向压电效应;当沿 Y 轴方向施加正应力时,将在垂直于 X 轴的表面产生电荷,

这种现象称为横向压电效应；当沿 X 轴方向施加切应力时,将在垂直于 Y 轴的表面产生电荷,这种现象称为切向压电效应。通常在石英晶体上可以看到上述 3 种压电效应,其受力方向与产生电荷极性的关系如图 7-5 所示。

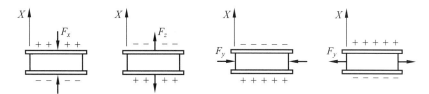

图 7-5 石英晶体受力方向与电荷极性的关系

假设从石英晶体上切下一片平行六面体的晶体切片,使它的晶面分别平行于 X、Y、Z 轴,如图 7-5 所示,并在垂直 X 轴方向两面用真空镀膜或沉银法得到电极面。

当晶片受到沿 X 轴方向的压缩应力 σ_{xx} 作用时,晶片将产生厚度变形,并发生极化现象。在晶体线性弹性范围内,极化强度与 σ_{xx} 成正比,即

$$P_{xx}=d_{11}\sigma_{xx}=d_{11}\frac{F_x}{lw} \tag{7-8}$$

其中,F_x 为沿晶轴 X 方向施加的压缩应力；d_{11} 为压电系数,受力方向和变形不同时,压电系数不同；l 和 w 为石英晶片的长度和宽度。

极化强度 P_{xx} 在数值上等于晶面上的电荷密度,即

$$P_{xx}=\frac{q_x}{lw} \tag{7-9}$$

其中,q_x 为垂直于 X 轴晶面上的电荷。

因此

$$q_x=d_{11}F_x \tag{7-10}$$

其极间电压为

$$U_x=\frac{q_x}{C_x}=d_{11}\frac{F_x}{C_x} \tag{7-11}$$

其中,C_x 为电极面间电容。

由上可知：

(1) 不论是正压电效应还是逆压电效应,其作用力(或应变)与电荷(或电场强度)呈线性关系；

(2) 晶体在哪个方向上有正压电效应,则在此方向上一定存在逆压电效应；

(3) 石英晶体不是在任何方向都存在压电效应。

2. 压电陶瓷的压电效应

压电陶瓷属于铁电体一类的物质,是人工制造的多晶压电材料。它具有类似铁磁材料磁畴结构的电畴结构。电畴是分子自发形成的区域,它有一定的极化方向,从而存在一定的电场。在无外电场作用时,各个电畴在晶体上杂乱分布,它们的极化效应被相互抵消,因此原始的压电陶瓷内极化强度为零,如图 7-6(a) 所示。

在外电场作用下,电畴的极化方向发生转动,趋向于按外电场的方向排列,从而使材料得到极化,如图 7-6(b) 所示。极化处理后陶瓷内部仍然存在很强的剩余极化强度,如图 7-6(c) 所

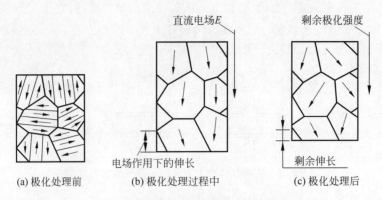

(a) 极化处理前　　(b) 极化处理过程中　　(c) 极化处理后

图 7-6　压电陶瓷中的电畴变化示意图

示。为了简单起见,把极化后的晶粒画成单畴(实际上极化后晶粒往往不是单畴)。但是,当我们把电压表接到陶瓷片的两个电极上进行测量时,却无法测出陶瓷片内部存在的极化强度。这是因为陶瓷片内的极化强度总是以电偶极矩的形式表现出来,即在陶瓷的一端出现正束缚电荷,另一端出现负束缚电荷,如图 7-7 所示。由于束缚电荷的作用,在陶瓷片的电极面上吸附了一层来自外界的自由电荷。这些自由电荷与陶瓷片内的束缚电荷符号相反而数量相等,它起着屏蔽和抵消陶瓷片内极化强度的作用。所以,电压表不能测出陶瓷片内的极化程度。

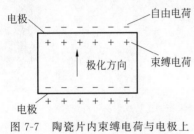

图 7-7　陶瓷片内束缚电荷与电极上吸附的自由电荷示意图

如果在陶瓷片上加一个与极化方向平行的压力 F,如图 7-8 所示①,陶瓷片将产生压缩形变,片内的正负束缚电荷之间的距离变小,极化强度也变小。因此,原来吸附在电极上的自由电荷有一部分被释放,从而出现放电现象。当压力撤销后,陶瓷片恢复原状(这是一个膨胀过程),片内正负电荷之间的距离变大,极化强度也变大。因此,电极上又吸附一部分自由电荷,从而出现充电现象。这种由机械效应转变为电效应或由机械能转变为电能的现象,就是正压电效应。

同样,若在陶瓷片上加一个与极化方向相同的电场,如图 7-9 所示①,由于电场的方向与极化强度的方向相同,所以电场的作用使极化强度增大。这时,陶瓷片内的正负束缚电荷之

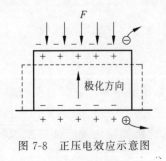

图 7-8　正压电效应示意图

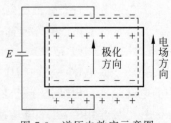

图 7-9　逆压电效应示意图

---

① 实线代表形变前的情况,虚线代表形变后的情况。

间距离也增大,也就是说陶瓷片极化方向产生伸长形变。同理,如果外加电场的方向与极化方向相反,则陶瓷片沿极化方向产生缩短形变。这种由于电效应转变为机械效应或由电能转变为机械能的现象,就是逆压电效应。

由此可见,压电陶瓷之所以具有压电效应,是由于陶瓷内部存在自发极化。这些自发极化经过极化处理而被迫取向排列后,陶瓷内即存在剩余极化强度。如果外界作用(如压力或电常作用)能使此极化强度发生变化,陶瓷就产生压电效应。此外,还可以看出,陶瓷内的极化电荷是束缚电荷,而不是自由电荷,这些束缚电荷不能自由移动。所以,在陶瓷中产生的放电或充电现象,是由于陶瓷内部极化强度的变化导致电极面上自由电荷释放或补充的结果。

3. 高分子材料的压电效应

高分子材料属于有机分子半结晶或结晶聚合物,其压电效应比较复杂,不仅要考虑晶格中均匀的内应变,还要考虑高分子材料中均匀内应变所产生的各种高次数效应以及与整个体系平均变形无关的电荷位移而产生的压电性。对于压电系数最高,目前已进行应用开发的聚偏氟乙烯,压电效应可采用类似铁电体的机理加以解释,如图 7-10 所示。这种碳原子为奇数的聚合物,经过机械滚压和拉伸成为薄膜之后,链轴上带负电的氟离子和带正电的氢离子分别被排列在薄膜表面对应的上下两边,形成了尺寸为 10～40nm 的微晶偶极矩结构,即 β 形晶体,再经过一定时间的外电场和温度联合作用之后,晶体内部的偶极矩进一步旋转定向,形成了垂直于薄膜平面的碳-氟偶极矩固定结构。正是由于这种固定取向后的极化,以及外力作用时的剩余极化,才引起压电效应。此外,极化过程中引起的空间电荷也会产生压电效应。

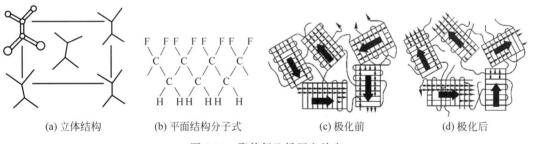

图 7-10 聚偏氟乙烯压电效应

7.1.2 压电材料

选用合适的压电材料是设计高性能传感器的关键,一般应考虑以下几个方面。

(1) 转换性能:具有较高的耦合系数或具有较大的压电常数。

(2) 机械性能:压电元件作为受力元件,希望它的机械强度高且机械刚度大,以期获得宽的线性范围和高的固有振动频率。

(3) 电性能:希望具有高的电阻率和大的介电常数,以期减弱外部分电容的影响并获得良好的低频特性。

(4) 温度稳定性:具有较高的居里点以期获得宽的工作温度范围。

(5) 时间稳定性:压电特性不随时间蜕变。

1. 石英晶体

从上述几方面来看，石英是较好的压电材料。除了其压电常数不大外，其他特性都具有显著的优越性，石英的居里点为 573℃；而在 20~200℃ 范围内，压电常数的温度系数在 $10^{-6}/℃$ 数量级；弹性系数较大；机械强度较高，若研磨质量好时，可以承受 700~1000kg/cm² 的压力，在冲击力作用下漂移也比较小。鉴于以上特性，石英晶体元件主要用来测量大量值的力和加速度或作为标准传感器使用。常用压电材料的部分特性参数如表 7-1 所示。

表 7-1 常用压电材料参数

材料	形状	压电常数 /($\times 10^{-12}$C/N)	相对介电常数	居里点/℃	密度 /($\times 10^3$kg/m³)	机械品质因素
石英 α-SiO₂	单晶	$d_{11}=2.31$ $d_{14}=0.727$	4.6	573	2.65	10^5
钛酸钡 BaTiO₃	陶瓷	$d_{33}=190$ $d_{31}=-78$	1700	~120	5.7	300
锆钛酸铅 PZT	陶瓷	$d_{33}=71$~590 $d_{31}=-100$~-230	460~3400	180~350	7.5~7.6	65~1300
硫化铬 CdS	单晶	$d_{33}=10.3$ $d_{31}=-5.2$ $d_{15}=-14$	10.3 9.35		4.82	
氧化锌	单晶	$d_{33}=12.4$ $d_{31}=-5.0$ $d_{15}=-8.3$	11 9.26	~120	5.68	
聚二氟乙烯 PVF₂	延伸薄膜	$d_{31}=6.7$	5		1.8	
复合材料 PVF₂-PZT	薄膜	$d_{31}=15$~25	100~120		5.5~6	

因为石英是一种各向异性晶体，因此，按不同方向切割的晶片，其物理性质（如弹性、压电效应、温度特性等）相差很大。为了在设计石英传感器时，根据不同使用要求正确地选择石英片的切型，下面对石英切型进行介绍。

石英晶片的切型符号有两种表示方法：一种是 IRE 标准规定的切型符号表示法；另一种是习惯符号表示法。

IRE 标准规定的切型符号包括一组字母（X、Y、Z、t、l、b）和角度。用 X、Y、Z 中任意两个字母的先后排列顺序，表示石英镜片厚度和长度的原始方向；用字母 t（厚度）、l（长度）、b（宽度）表示旋转轴的位置。当角度为正时，表示逆时针旋转；当角度为负时，表示顺时针旋转。例如，图 7-11 所示的 $(YXl)35°$ 切型，其中第 1 个字母 Y 表示石英镜片在原始位置（即旋转前的位置）时的厚度沿 Y 轴方向，第 2 个字母 X 表示石英晶片在原始位置时的长度沿 X 轴方向，第 3 个字母 l 和角度 35° 表示石英晶片绕长度逆时针旋转 35°。又如图 7-12 所示的 $(XYtl)5°/-50°$ 切型，它表示石英晶体原始位置的厚度沿 X 方向，长度沿 Y 轴方向，先绕厚度 t 逆时针旋转 5°，再绕长度 l 顺时针旋转 50°。

习惯符号表示法是石英晶体的特有表示方法，它由两个大写字母组成，如 AT、BT、CT 和 FC 等。

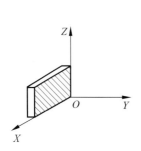
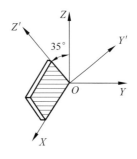

(a) 石英晶片的原始位置　　(b) 石英晶片的切割方位

图 7-11　$(YXl)35°$ 切型

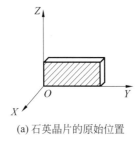

(a) 石英晶片的原始位置　　(b) 石英晶片的切割方位

图 7-12　$(YXtl)5°/-50°$ 切型

2. 压电陶瓷

除石英外，钛酸钡陶瓷也是较好的压电材料。其压电常数 d_{33} 几乎比石英的 d_{11} 大几十倍，居里点为 120℃，相对介电常数和电阻率都比较高，特别是制造特殊形状元件（如圆环形元件）要比石英要容易。与其他压电陶瓷（如锆钛酸铅等）相比，钛酸钡极化也比较容易。

除钛酸钡外，目前广泛使用的是锆铁酸铅系压电陶瓷，即 PZT 系压电陶瓷，它是以 $PbTiO_3$ 和 $PbZrO_3$ 组成的共熔体 $Pb(ZrTi)O_3$ 为基础，再添加一种或两种其他微量元素，如铌(Nb)、锑(Sb)、锡(Sn)、锰(Mn)或钨(W)等，以获得不同性能的压电材料。PZT 系的压电陶瓷的居里点均在 300℃ 以上，性能也比较稳定，压电常数 $d_{33}=(200\sim500)\times10^{-12}$ C/N，但极化较钛酸钡难。近年来又出现了铌镁酸铅压电陶瓷(PMN)，它是在 $Pb(ZrTi)O_3$ 的基础上加入一定量的 $Pb(Mg1/3,Nb2/3)O_3$，具有较高的压电常数，居里点为 260℃，可承受 $700kg/cm^2$ 的压力。

此外，还有一类钙钛矿型的铌酸盐和钽酸盐系压电陶瓷，如铌酸钾钠 $(K\cdot Na)NbO_3$ 固溶体、$(Na\cdot Cd)NbO_3$、$(Na\cdot Pb)NbO_3$ 等。还有非钙钛矿型氧化物压电体，发现最早的是 $PbNbO_3$，其突出优点是居里点可达 570℃。

还有一类水溶性压电晶体，如酒石酸钾钠、罗谢尔盐（四水磷酸铵）等。它们的压电常数都比较大，但易受温度和湿度变化影响，常用于晶体扬声器等电声设备中。

7.1.3　压电方程和压电常数

压电元件受力 F 作用时，在元件相应表面产生电荷 Q，F 与 Q 的关系为

$$Q = d \cdot F \tag{7-12}$$

其中，d 为压电常数。

由于 Q 与力的大小和元件的尺寸有关，还与力在元件上的作用方向有关，因此式(7-12)没有普遍意义，常采用

$$q = d_{ij} \cdot \sigma \tag{7-13}$$

其中，q 为电荷的表面密度，单位为 C/cm²；σ 为单位面积上的作用力，单位为 N/cm²；d_{ij} 为压电常数，单位为 C/N。

压电常数的两个下标的含义如下。

i 表示晶体的极化方向，即产生电荷的表面垂直于 x、y 或 z 轴，分别记为 $i=1,2,3$；$j=1\sim6$ 分别表示在沿 x、y、z 轴方向作用的单向应力和在垂直于 x、y、z 轴平面内(即 yOz 平面、xOz 平面、xOy 平面)作用的剪切力，如图 7-13 所示。即 d_{ij} 反映了方向 i 的电场与方向 j 的形变之间的关系。

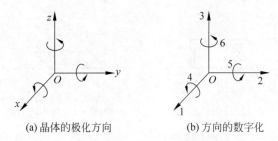

(a) 晶体的极化方向　　　　(b) 方向的数字化

图 7-13　剪切力的作用方向

d_{ij} 的符号由晶体内部产生的电场的方向决定，当电场方向为晶轴正向时为正，与晶轴方向相反时为负。晶体内部产生的电场方向为由产生负电荷的表面指向产生正电荷的表面。

按上述规定，压电常数 d_{31} 表示沿 x 轴作用单向应力，而在垂直于 z 轴的表面产生电荷；d_{16} 表示在垂直于 z 轴的平面(即 xOy 平面)内作用剪切力，而在垂直于 x 轴的表面产生电荷。

单位应力的符号规定为：拉应力为正，压应力为负。剪切力的正方向规定为与旋转轴成右手螺旋关系。

这样，当晶体在任意受力状态下所产生的表面电荷密度可由方程组(7-14)决定。

$$\begin{cases} q_{xx} = d_{11}\sigma_{xx} + d_{12}\sigma_{yy} + d_{13}\sigma_{zz} + d_{14}\sigma_{yz} + d_{15}\sigma_{zx} + d_{16}\sigma_{xy} \\ q_{yy} = d_{21}\sigma_{xx} + d_{22}\sigma_{yy} + d_{23}\sigma_{zz} + d_{24}\sigma_{yz} + d_{25}\sigma_{zx} + d_{26}\sigma_{xy} \\ q_{zz} = d_{31}\sigma_{xx} + d_{32}\sigma_{yy} + d_{33}\sigma_{zz} + d_{34}\sigma_{yz} + d_{35}\sigma_{zx} + d_{36}\sigma_{xy} \end{cases} \tag{7-14}$$

其中，q_{xx}、q_{yy} 和 q_{zz} 分别表示在垂直于 x 轴、y 轴和 z 轴的表面上产生的电荷密度；σ_{xx}、σ_{yy} 和 σ_{zz} 分别表示沿 x 轴、y 轴和 z 轴方向作用的拉力或压应力；σ_{yz}、σ_{zx}、σ_{xy} 分别表示在 yOz 平面、zOx 平面和 xOy 平面内作用的剪应力。

方程组(7-14)可写为

$$\boldsymbol{Q} = \boldsymbol{D} \cdot \boldsymbol{\sigma}$$

其中，$\boldsymbol{D}$ 为压电材料的压电常数矩阵，它反映了压电材料的压电特性，表示如下。

$$\boldsymbol{D} = \begin{bmatrix} d_{11} & d_{12} & d_{13} & d_{14} & d_{15} & d_{16} \\ d_{21} & d_{22} & d_{23} & d_{24} & d_{25} & d_{26} \\ d_{31} & d_{32} & d_{33} & d_{34} & d_{35} & d_{36} \end{bmatrix} \tag{7-15}$$

压电常数矩阵的物理意义如下。

(1) 矩阵的每行表示压电元件分别受到沿 x、y、z 轴方向作用的正向应力和 yOz、xOz、xOy 平面内剪切力作用时,相应地在垂直于 x、y、z 轴表面产生电荷的大小。

(2) 若矩阵中某个 $d_{ij}=0$,则表示在该方向上没有压电效应,这说明压电元件不是任何方向都存在压电效应的。相对于空间一定的几何切型,只有在某些方向、某些力的作用下,才能产生压电效应。

(3) 当压电元件承受机械应力作用时,可通过 d_{ij} 将 6 种不同的机械效应转化为电效应;也可通过 d_{ij} 将电效应转化为 6 种不同模式的振动。

(4) 根据压电常数绝对值的大小,可以判断在哪几个方向应力作用时,压电效应最显著。

压电常数矩阵是正确选择力电转换元件、转换类型、转换效率以及晶片几何切型的重要依据,因此,合理而灵活地运用压电常数矩阵是保证压电传感器正确设计的关键。

对于石英晶体,其压电常数矩阵为

$$\mathbf{D} = \begin{bmatrix} d_{11} & d_{12} & 0 & d_{14} & 0 & 0 \\ 0 & 0 & 0 & 0 & d_{25} & d_{26} \\ 0 & 0 & 0 & 0 & 0 & 0 \end{bmatrix} \quad (7\text{-}16)$$

矩阵中第 3 行全部元素为零,且 $d_{13}=d_{23}=d_{33}=0$,说明石英晶体在沿 z 轴方向受力时,并不产生压电效应。同时,由于晶格的对称性,有

$$\begin{cases} d_{12}=-d_{11} \\ d_{25}=-d_{14} \\ d_{26}=-2d_{11} \end{cases}$$

所以,实际上只有 d_{11} 和 d_{14} 这两个常数才是有意义的。对于右旋石英,$d_{11}=-2.31\times 10^{-12}$ C/N,$d_{14}=-0.67\times 10^{-12}$ C/N;对于左旋石英,d_{11} 和 d_{14} 都大于零,其数值大小不变。

7.2 等效电路

压电式传感器是通过其压电元件产生的电荷量的大小反映被测量的变化的,因此,它相当于一个电荷源。如图 7-14 所示,压电元件电极表面聚集电荷时,它又相当于一个以压电材料为电介质的电容器,其电容量为

$$C_a = \frac{\varepsilon_r \varepsilon_0 S}{\delta} \quad (7\text{-}17)$$

其中,S 为极板面积;ε_r 为压电材料相对介电常数;ε_0 为真空介电常数;δ 为压电元件厚度。

当压电元件受外力作用时,两表面产生等量的正、负电荷 Q,压电元件的开路电压(认为其负载电阻为无穷大)U 为

$$U = \frac{Q}{C_a} \quad (7\text{-}18)$$

这样,可以将压电元件等效为一个电荷源 Q

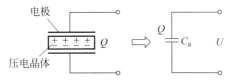

图 7-14 压电晶体的等效电容

和一个电容器 C_a 的等效电路,如图 7-15(a)中的虚线方框所示;同时也等效为一个电压源 U 和一个电容器 C_a 串联的等效电路,如图 7-15(b)中的虚线方框所示。由等效电路可知,只有传感器内部信号电荷无"泄漏",外电路负载无穷大时,压电式传感器受力后产生的电压和电荷才能长期保存下来,否则电路将以某时间常数按指数规律放电。这对于静态标定以及低频准静态标定极为不利,必然带来误差。事实上,传感器内部不可能没有泄漏,外电路负载也不可能无穷大,只有外力以较高频率不断地作用,传感器的电荷才能得以补充,从这个意义上,压电晶体不适合用于静态测量。图 7-15 中 R_a 为压电元件的漏电阻。

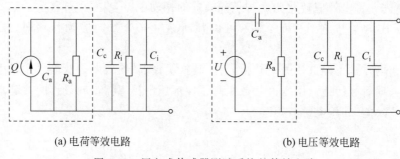

(a) 电荷等效电路 (b) 电压等效电路

图 7-15　压电式传感器测试系统的等效电路

工作时,压电元件与二次仪表配套使用,必定与测量电路相连接,这就要考虑连接电缆电容 C_c、放大器的输入电阻 R_i 和输入电容 C_i。图 7-15 所示为压电式传感器测试系统完整的等效电路,图 7-15(a)和图 7-15(b)的工作原理是相同的。

压电式传感器的灵敏度有电压灵敏度 k_u 和电荷灵敏度 k_q 两种,它们分别表示单位力产生的电压和单位力产生的电荷。它们之间的关系为

$$k_u = \frac{k_q}{C_a} \tag{7-19}$$

7.3　测量电路

根据压电元件的工作原理和 7.2 节所述的两种等效电路,与压电元件配套的测量电路的前置放大器也有两种形式:一种是电压放大器,其输出电压与输入电压(压电元件的输出电压)成正比;另一种是电荷放大器,其输出电压与输入电荷成正比。

1. 电压放大器

电压放大器的作用是将压电式传感器的高输出阻抗经放大器变换为低阻抗输出,并将微弱的电压信号进行适当放大,因此也把这种测量电路称为阻抗变换器。图 7-16 所示为电压放大器的简化电路图。

把图 7-15(a)所示的电荷等效电路接到放大倍数为 A 的放大器中,如图 7-16 所示,其中等效电阻为

$$R = \frac{R_a R_i}{R_a + R_i} \tag{7-20}$$

等效电容为

$$C = C_i + C_c + C_a \tag{7-21}$$

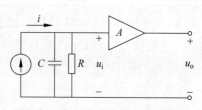

图 7-16　电压放大器的简化电路图

其中，R_a 为压电式传感器的漏电阻；R_i 为放大器的输入电阻；C_i 和 C_c 为输入电容和电缆电容。而

$$U_a = \frac{Q}{C_a}$$

如果沿压电陶瓷电轴作用一个交变力 $\dot{F} = F_m \sin\omega t$，则所产生的电荷和电压均按正弦规律变化，即

$$\dot{Q} = d_{33} \dot{F} \tag{7-22}$$

而

$$i = \frac{\mathrm{d}q}{\mathrm{d}t} = \frac{\mathrm{d}(d_{33} F_m \sin\omega t)}{\mathrm{d}t} = \omega d_{33} F_m \cos\omega t \tag{7-23}$$

以复数形式表示，则得到放大器输入电压 $\dot{U}_i$ 为

$$\dot{U}_i = d_{33} \dot{F} \cdot \frac{\mathrm{j}\omega R}{1 + \mathrm{j}\omega RC} \tag{7-24}$$

可以看出，电压 $\dot{U}_i$ 的幅值 U_{im} 以及它与作用力之间的相位差 ϕ 可表示为

$$U_{im} = \frac{d_{33} F_m \omega R}{\sqrt{1 + (\omega RC)^2}} \tag{7-25}$$

$$\phi = \frac{\pi}{2} - \arctan(\omega RC) \tag{7-26}$$

令测量回路的时间常数 $\tau = R(C_a + C_c + C_i)$，并令 $\omega_0 = 1/\tau$，当 R 为无穷大时，显然有

$$U_{im} = \frac{d_{33} F_m \omega R}{\sqrt{1 + \omega^2 R^2 C^2}} = \frac{d_{33} F_m \omega R}{\sqrt{1 + (\omega/\omega_0)^2}} \approx \frac{d_{33} F_m}{C} \tag{7-27}$$

可知，如果 $\omega/\omega_0 \gg 1$，即 $\omega\tau \gg 1$，也就是作用力的变化率与测量回路时间常数的乘积远大于 1 时，前置放大器的输入电压与频率无关。如果 $\omega/\omega_0 \geq 3$，可近似认为输入电压与作用力的频率无关。这说明在测量回路时间常数一定的条件下，压电式传感器的高频响应很好，这是压电式传感器的优点之一。

但是，当被测量变化缓慢，测量回路时间常数也不大时，就会造成传感器灵敏度下降。因此，为了扩大工作频带的低频端，就必须提高测量回路时间常数。如果要通过增大测量回路的电容达到提高 τ 的目的，就会影响到传感器的灵敏度。根据电压灵敏度的 k_u 定义

$$k_u = \frac{U_{im}}{F_m} = \frac{d_{33}}{\sqrt{\frac{1}{\omega^2 R^2} + (C_a + C_c + C_i)^2}} \tag{7-28}$$

因为 $\omega R \gg 1$，所以传感器电压灵敏度 k_u 近似为

$$k_u \approx \frac{d_{33}}{C_a + C_c + C_i} \tag{7-29}$$

可见，传感器的电压灵敏度 k_u 与电容成反比。若增加回路的电容，必然导致传感器的灵敏度下降。为此，常常做成 R_i 很大的前置放大器，放大器输入内阻越大，测量回路时间常数越大，传感器的低频响应也就越好。

同时,当改变连接传感器与前置放大器的电缆长度时,C_c 将改变,U_{im} 也随之变化,从而使前置放大器的输出电压 $U_o = AU_i$ 也随之变化（A 为前置放大器增益）。因此,传感器与前置放大器的组合系统输出电压与电缆电容有关。在设计时,常常把电缆长度定为一常数,因而使用时如果要改变电缆长度,必须重新校正灵敏度,否则电缆电容 C_c 的改变会引入测量误差。

2. 电荷放大器

由于电压放大器使所配接的压电式传感器的电压灵敏度随电缆分布电容和传感器自身电容的变化而变化,而且电缆的更换会带来重新标定的麻烦,为此发展出便于远距离测量的电荷放大器,目前它已是一种公认较好的冲击测量放大器。这种放大器实际上是一种具有深度电容负反馈的高增益运算放大器,其电路如图 7-17 所示。图 7-17 中,已把 R_i 看作是无限大,并加以忽视,因放大器的开环增益 K 足够大,且放大器的输入阻抗很高,所以放大器输入端几乎没有分流,运算电流仅流入反馈回路 C_F 和 R_F。由图 7-17 可知

$$\dot{I} = (\dot{U}_i - \dot{U}_o)\left(j\omega C_F + \frac{1}{R_F}\right) = [\dot{U}_i - (-K\dot{U}_i)]\left(j\omega C_F + \frac{1}{R_F}\right)$$

$$= \dot{U}_i\left[j\omega(K+1)C_F + (K+1)\frac{1}{R_F}\right] \tag{7-30}$$

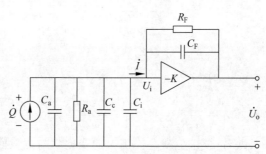

图 7-17 电荷放大器电路图

可见,C_F、R_F 等效到 $-K$ 的输入端时,反馈电容 C_F 将增大 $(1+K)$ 倍,电导 $1/R_F$ 也增大了 $(1+K)$ 倍,所以在图 7-18 中,$C' = (K+1)C_F$,$1/R' = (K+1)/R$,这就是所谓的密勒效应的结果。由图 7-18 等效电路可方便地求得 $\dot{U}_i$ 和 $\dot{U}_o$,分别为

$$\dot{U}_i = \frac{j\omega \dot{Q}}{\left[\frac{1}{R_a} + (1+K)\frac{1}{R_F}\right] + j\omega[C_a + C_c + C_i + (1+K)C_F]}$$

$$\dot{U}_o = -K\dot{U}_i = \frac{-j\omega \dot{Q} K}{\left[\frac{1}{R_a} + (1+K)\frac{1}{R_F}\right] + j\omega[C_a + C_c + C_i + (1+K)C_F]} \tag{7-31}$$

当 K 足够大时,传感器本身的电容和电缆长度将不影响电荷放大器的输出。因此,输出电压 $\dot{U}_o$ 只取决于输入电荷 $\dot{Q}$ 和反馈回路参数 C_F 和 R_F,由于 $1/R_F \ll \omega C_F$,则

$$\dot{U}_o \approx \frac{-K\dot{Q}}{C_c + C_a + C_i + (1+K)C_F} \tag{7-32}$$

当 K 足够大时,$(1+K)C_F \gg (C_c + C_a + C_i)$,因此有

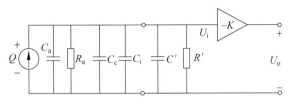

图 7-18 电荷放大器等效电路

$$\dot{U}_o \approx -\frac{\dot{Q}}{C_F} \tag{7-33}$$

式(7-33)表明,当 K 足够大时,输出电压仅取决于输入电荷和反馈电容,输出电压正比于输入电荷,输出与输入反相,而且输出灵敏度不受电缆分布电容的影响。

下面讨论运算放大器的开环放大倍数 K 对精度的影响。下面我们利用式(7-32)和式(7-33),以式(7-33)替代式(7-32)所产生的误差为

$$\delta = \frac{U'_o - U_o}{U'_o} \approx \frac{C_a + C_c + C_i + C_F}{(1+K)C_F}$$

若 $C_a = 1000\text{pF}, C_F = 100\text{pF}, C_c = 100\text{pF/m} \times 100\text{m} = 10\,000\text{pF}, C_i$ 很小,可以忽略,要求 $\delta \leqslant 1\%$,则有

$$\delta = 0.01 \geqslant \frac{1000 + 10\,000 + 100}{(1+K) \times 100}$$

由此可得 $K \geqslant 10^4$,对于集成运算放大器,这一要求很容易达到。

由式(7-31)可知,当工作频率 ω 很低时,分母中的电导 $\left[\frac{1}{R_a} + (1+K)\frac{1}{R_F}\right]$ 与电纳 $j\omega[C_c + C_a + C_i + (1+K)C_F]$ 相比不可忽略。此时,电荷放大器的输出电压 $\dot{U}_o$ 就是一个复数,其幅值和相位都与工作频率 ω 有关,即

$$\dot{U}_o = \frac{-j\omega \dot{Q} K}{(1+K)\frac{1}{R_F} + j\omega[(1+K)C_F]} \approx -\frac{\dot{Q}}{C_F} \cdot \frac{1}{1 + \frac{1}{j\omega C_F R_F}} \tag{7-34}$$

由式(7-34)可知,-3dB 截止频率为

$$f_L = \frac{1}{2\pi R_F C_F} \tag{7-35}$$

相位误差为

$$\phi = \frac{\pi}{2} - \arctan\frac{1}{\omega R_F C_F} \tag{7-36}$$

可见,压电式传感器配用电荷放大器时,其低频幅值误差和截止频率只决定于反馈回路的参数 R_F 和 C_F,其中 C_F 的大小可以由所需要的电压输出幅值决定。所以,给定工作频带下限截止频率 f_L 时,反馈电阻值 R_F 可以由(7-37)式确定。例如,当 $C_F = 1000\text{pF}, f_L = 0.16\text{Hz}$ 时,则要求 $R_F \geqslant 10^9 \Omega$。

频率上限主要取决于运算放大器的频率响应。若电缆太长,杂散电容和电缆电容增加,电缆的导线电阻 R_c 也增加,影响放大器的高频特性,它们决定的电路的上限频率为

$$f_H = \frac{1}{2\pi R_C(C_a + C_c + C_i)} \tag{7-37}$$

这会影响电荷放大器的高频特性,但影响不大。例如,100m 电缆的电阻仅为几欧到数十欧,所以对频率上限的影响可以忽略。

图 7-19 所示为电荷放大器原理框图,它主要由 6 部分组成,其中主电荷放大级是整个仪器的核心,它又包括高阻输入级、运算放大器、互补输出 3 部分。互补输出使电路提供给 C_F 必要的反馈电流。适调放大级的作用是当被测量(加速度或压力)一定时,用不同灵敏度的压电元件测量而有相同的输出,实现综合灵敏度的归一化,便于记录和数据处理。滤波器备有不同截止频率的分档,依据实际情况选择。

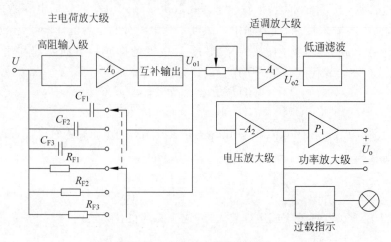

图 7-19 电荷放大器原理框图

需要指出,电荷放大器虽然允许使用很长的电缆,并且电容 C_c 变化不影响灵敏度,但它比电压放大器的价格高,电路更复杂,调整也更困难。

图 7-20 所示为一种实用的电荷放大器电路。

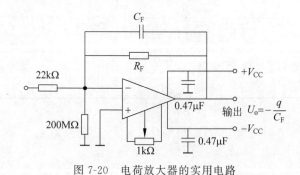

图 7-20 电荷放大器的实用电路

7.4 影响压电式传感器性能的主要因素

1. 压电式传感器的应用

压式电传感器可以广泛应用于力以及可以转换为力的物理量的测量,如可以制成测力传感器、加速度传感器、金属切削力测量传感器等,也可制成玻璃破碎报警器,广泛用于文物保管、贵重商品保管等。下面以加速度测量为例,说明压电式传感器的应用。

图 7-21 所示为一种压电式加速度传感器结构图。它主要由压电元件、质量块、预压弹簧、基座以及外壳等组成。整个部件装在外壳内,并由螺栓加以固定。

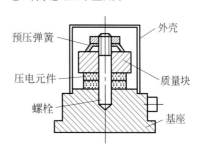

图 7-21　压电式加速度传感器结构图

当加速度传感器和被测物一起受到冲击振动时,压电元件受质量块惯性力的作用,根据牛顿第二定律,此惯性力是加速度的函数,即 $F=ma$,此惯性力与物体质量 m 和加速度 a 成正比,此时力 F 作用在压电元件上,因而产生电荷 Q,即

$$Q = d_{11}ma = K_a a \tag{7-38}$$

其中,$K_a = d_{11}m$ 为常数。

传感器一旦确定,则电荷与加速度成正比。因此,通过测量电路测得电荷的大小,即可知道加速度的大小。

2. 影响压电式传感器工作性能的主要因素

基于压电效应的压电式传感器,灵敏度、频响特性等是衡量其工作性能的主要指标。影响压电式传感器工作性能的因素很多,如横向灵敏度、安装差异、环境温度和湿度的变化,以及传感器重量的负载影响、电磁场、基座应变带来的影响等。下面从几个方面进行分析讨论。

1) 横向灵敏度

横向灵敏度是衡量横向干扰效应的指标。以压电式加速度传感器为例,横向灵敏度是指当加速度传感器感受到与其主轴方向(轴向灵敏度方向)垂直的单位加速度振动时的灵敏度,一般用它与轴向灵敏度的百分比表示,称为横向灵敏度比。

一只较好的压电式传感器,其横向灵敏度不大于 5%。理想压电式传感器的横向灵敏度应该为零。但实际应用中由于设计、制造、工艺及元件等方面的原因,横向灵敏度总是存在的。产生横向灵敏度的条件是:伴随轴向作用力的同时,存在横向力;压电元件本身具有横向压电效应。所以,消除横向灵敏度的技术途径也相应有两方面:一是从设计、工艺和使用等方面确保力与电轴的一致;二是尽量采用剪切型力-电转换方式。

2) 环境温度和湿度的影响

环境温度对压电式传感器工作性能的影响主要通过 3 个因素:压电材料的特性参数、某些压电材料的热释电效应、传感器结构。

环境温度变化,将使压电材料的压电常数、介电常数、电阻率、弹性系数等机电特性参数发生变化,从而使传感器的灵敏度、低频响应等发生变化。在必须考虑温度对传感器低频特性影响的情况下,采用电荷放大器将得到满意的低频响应。

某些压电材料的热释电效应会影响准静态测量。在测量动态参数时,有效的办法是采用下限频率大于或等于 3Hz 的放大器。

环境湿度主要影响压电元件的绝缘电阻,使其绝缘性能明显下降,造成传感器低频响应变差。因此,在高湿度环境中工作的压电式传感器,必须选用高绝缘材料,并采取防潮密封措施。

3）安装差异和基座应变

压电式传感器是通过一定的方式紧密安装在被测试件上进行接触测量的。由于传感器和试件都是"质量-弹簧"系统，通过安装连接后，两者将相互影响原来固有的机械特性（固有频率等）。安装方式的不同和安装质量的差异对传感器频响特性影响很大。因此，在应用中，安装接触面要求有高的平行度、平直度和低的粗糙度；根据承载能为和频响特性所要求的安装谐振频率，选择合适的安装方式；对刚度、质量和接触面小的试件，只能用微小型压电式传感器测量。此外，试件表面的任何受力应变都将通过传感器基座直接传给压电元件，从而产生与被测信号无关的假信号输出。

4）噪声

压电元件是高阻抗、小功率元件，极易受外界机/电振动引起的噪声干扰，主要有声场、电缆和接地回路噪声等。

压电式传感器在强声场中工作时将受到声波振动而产生电信号输出，此即声噪声。为此，大多数压电式传感器设计成隔离基座或独立外壳结构，声噪声影响极小。

电缆噪声是同轴电缆在振动或弯曲变形时，电缆屏蔽层、绝缘层和芯线间产生局部相对滑移摩擦和分离，而在分离层之间产生的静电感应电荷干扰，它将混入主信号中被放大。减小电缆噪声的方法主要是在使用中固定好传感器的引出电缆和使用低噪声同轴电缆。

接地回路噪声是由于在测试系统中采用了不同电位处的多点接地，形成了接地回路和回路电流所致。解决的根本途径是消除接地回路，常用的消除方法是在安装传感器时，使其与接地的被测试件绝缘连接，并在测试系统的末端一点接地，这样就大大消除了接地回路噪声。

习题 7

7-1 什么是正压电效应和逆压电效应？什么是纵向压电效应和横向压电效应？

7-2 石英晶体 x、y、z 轴的名称及其特点是什么？

7-3 简述压电陶瓷的结构及其特性。

7-4 画出压电元件的两种等效电路。

7-5 电荷放大器所要解决的核心问题是什么？试推导其输入-输出关系。

7-6 为什么压电式传感器通常用来测量动态或瞬态参量？

7-7 有一压电晶体，其面积 $S=2\text{cm}^2$，厚度 $t=0.2\text{mm}$，为 $0°$、x 切型纵向石英晶体，压电常数 $d_{11}=2.3\times10^{-12}\text{C/N}$。求当受到压力 $p=12\text{MPa}$ 作用时产生的电荷 Q 和输出电压 U_a。

7-8 某压电式压力传感器的两片石英晶片并联，每片厚度 $t=0.25\text{mm}$，圆片半径 $r=1\text{cm}$，$\varepsilon=4.5$，x 切型，$d_{11}=2.3\times10^{-12}\text{C/N}$。当 0.6MPa 压力垂直作用于 p_x 平面时，求传感器输出电荷 Q 和电极间电压 U_a。

7-9 如 7-9 题图所示的电荷前置放大器电路，已知 $C_a=120\text{pF}$，$R_a=\infty$，$C_F=9\text{pF}$。若考虑电缆 C_c 的影响，则当 $A_0=10^4$ 时，要求输出信号衰减小于 1%。求使用 88pF/m 的电缆，其最大允许长度为多少？

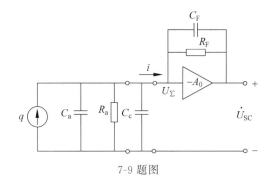

7-9 题图

7-10 如 7-9 题图所示的压电式传感器的测量电路。其中压电片固有电容 $C_a=1000\text{pF}$,固有电阻 $R_a=10^{14}\Omega$,连接电缆电容 $C_c=300\text{pF}$,反馈回路 $C_F=100\text{pF}$,$R_F=1\text{M}\Omega$。

(1) 推导输出电压 U_o 的表达式;

(2) 当 $A_0=10^4$ 时,求系统测量误差;

(3) 该测量系统下限截止频率是多少?

7-11 某石英晶体压电元件 x 切型,$d_{11}=2.3\times10^{-12}\text{C/N}$,$\varepsilon_r=4.5$,截面积 $S=5\text{cm}^2$,厚度 $t=0.5\text{cm}$。

(1) 纵向受压力 $F_x=9.8\text{N}$ 时压电片两级片间输出电压是多少?

(2) 若此元件与高阻运放间连接电缆电容 $C_c=3\text{pF}$,该压电元件的输出电压是多少?

7-12 某压电晶体的电容为 900pF,$K_q=2.5\text{C/cm}$,$C_c=2900\text{pF}$,示波器的输入阻抗为 1.2MΩ,并联电容为 60pF。

(1) 求压电晶体的电压灵敏度;

(2) 求测量系统的高频响应;

(3) 若系统允许的测量幅值误差为 4%,可测最低频率为多少?

(4) 若频率为 10Hz,允许误差为 4%,用并联连接方式,电容值为多大?

第 8 章 光电式传感器

CHAPTER 8

光电式传感器是将光通量转换为电量的一种传感器。光电式传感器的基础是光电转换元件的光电效应。由于光电测量方法灵活多样,可测参数众多,一般情况下具有非接触、高精度、高分辨率、高可靠性和反应快等优点,加之激光光源、光栅、光学码盘、电荷耦合器件、光导纤维等的相继出现和成功应用,光电式传感器在检测和控制领域得到了广泛的应用。

8.1 光电效应

由光的粒子学说可知,光可以认为是由具有一定能量的粒子(光子)组成,而每个光子所具有的能量 E 与其频率成正比。光照射在物体上就可看作一连串的具有能量 E 的光子轰击在物体上。光电效应可分为外光电效应、内光电效应和光生伏特效应。

1. 外光电效应

在光的照射下,物体中的电子逸出表面向外发射的现象称为外光电效应。光电管和光电倍增管均属这一类,它们的光电发射极(即光明极)就是用这种特殊材料制造的。

光子是具有能量的粒子,每个光子具有的能量为

$$E = hf \tag{8-1}$$

其中,$h = 6.626 \times 10^{-34}$ J·s,为普朗克常数;f 为光的频率(单位为 s^{-1})。

若物体中电子吸收的入射光子能量足以克服逸出功 A_0,电子就逸出物体表面,产生光电子发射。所以,要使一个电子逸出,则光子能量 hf 必须超过逸出功 A_0,超过部分的能量,表现出逸出电子的动能,即

$$E_k = \frac{1}{2}mv^2 + A_0 \tag{8-2}$$

其中,m 为电子质量;v 为电子逸出初速度。

式(8-2)称为光电效应方程,由该方式可得出以下结论。

(1) 光电子能否产生,取决于光子的能量是否大于该物体的电子表面逸出功。这意味着每种物体都有一个相应的光频阈值,称为红限频率。入射光频率小于红限频率,光子的能量不足以使物体内的电子逸出。因而小于红限频率的入射光,光强再大也不会产生光电子发射;反之,入射光频率高于红限频率,即使光线微弱也会有光电子发射出来。

(2) 在入射光的频谱成分不变时,产生的光电流与光强成正比,光强越强,意味着入射的光子数目越多,逸出的电子数目也就越多。

(3) 光电子逸出物体表面具有初始动能。因此,光电管即使没加阳极电压,也会有光电流产生,为使光电流为零,必须加负的截止电压,而截止电压与入射光的频率成正比。

2. 内光电效应

在光的照射下,材料的电阻率发生改变的现象称为内光电效应。光敏电阻即属此类。

内光电效应产生的物理过程是:光照射到半导体材料上时,电子吸收光子能量从键合状态过渡到自由状态,即价带中的电子受到能量大于或等于禁带宽的光子轰击,并使其由价带越过禁带跃入导带,使材料中导带内的电子和价带内的空浓度增大,从而使电导率增大。由以上分析可知,材料的光导性能取决于禁带能量 E_g。光子能量 hf 应大于禁带能量 E_g,即 $hf = hc/\lambda \geqslant E_g$,其中 λ 为波长,c 为光速。

3. 光生伏特效应

光生伏特效应利用光势垒效应。光势垒效应指在光的照射下,物体内部产生一定方向的电势。

图 8-1(a)所示为 PN 结处于热平衡状态时的势垒。当有光照射到 PN 结上时,若能量达到禁带宽度,价带中的电子跃升入导带,便产生电子空穴对,被光激发的电子在势垒附近电场梯度的作用下向 N 侧迁移而空穴向 P 侧迁移。如果外电路处于开路,则结的两边由于光激发而附加的多数载流子,促使固有结压降降低,于是 P 侧的电极对于 N 侧的电极为 U 电位,如图 8-1(b)所示。

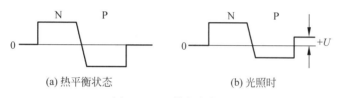

图 8-1 PN 结的光势垒

8.2 光电器件及其特性

1. 光电管和光电倍增管

1) 光电管构造

光电管和光电倍增管的工作原理是基于外光电效应,其具体理论推导在前面已经叙述过。光电管种类很多,图 8-2 所示为典型结构,它是一个装有光阴极和阳极的真空玻璃管。

光阴极可以做成多种形式,最简单的是在玻璃泡内涂以阴极涂料,即可作为阴极;或者在玻璃泡内装入柱面形金属板,在此金属板内壁涂上阴极涂料组成阴极。阳极为置于光电管中心的环形金属丝或置于柱面中心轴位置上的金属丝柱。如图 8-3 所示,光电管的阴极受到适当的光照射后便发射电子,这些电子被具有一定电位的阳极吸引,在光电管内形成空间电子流。如果在外电路中串联一适当阻值的电阻,则在此电阻上将有正比于光电管中空间电流的电压降,其值与照射在光电管阴极上的光亮度有函数关系。除真空光电管

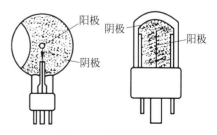

图 8-2 光电管结构

外,还有充气光电管,二者结构相同,只是前者泡内为真空,后者泡内充入惰性气体,如氩、氖等。电子在被吸向阳极的过程中,运动着的电子对惰性气体进行轰击,并使其产生电离,于是会有更多的自由电子产生,从而提高了光电转换灵敏度。可见,充气光电管比真空光电管的灵敏度要高。

光电倍增管的结构如图 8-4 所示,在一个玻璃泡内除了光电阴极和阳极外,还装有若干个光电管倍增极,且在光电管倍增极上涂以在电子轰击下可发射多次电子的材料,倍增极的形状和位置正好能使轰击进行下去,在每个倍增极间均依次增大加速电压,设每级的倍增率为 δ,若有 n 级,则光电倍增管的光电流增率为 δ^n。光电倍增极一般采用 S_b-C_s 涂料或合金涂料,倍增极数可为 4~14,δ 值为 3~6。

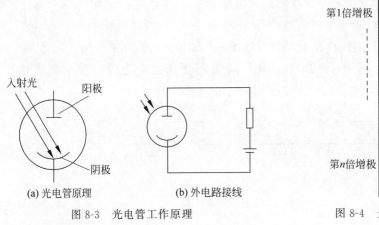

图 8-3　光电管工作原理　　　　图 8-4　光电倍增管的结构

2) 光电管特性

光电管的基本特性可由以下几方面来描述。

光电特性表示当光电管的阳极电压一定时,阳极电流 I 与入射到阴极上光通量 ϕ 之间的关系。图 8-5(a)所示为真空光电管的光电特性,图 8-5(b)所示为充气光电管的光电特性。可见,在电压一定时,光通量 ϕ 与光电流 I 之间为线性关系,转换灵敏度为常数。转换灵敏度随极间的电压的提高而增大。真空光电管与充气光电管相比,后者灵敏度可高出一个数量级,但惰性较大,参数随极间电压变化而变化,在变光通量下使用时灵敏度出现非线性,许多参数与温度有密切关系且易老化。因此,目前真空光电管比充气光电管受用户欢迎,因为灵敏度低可用其他办法补偿。

当入射光的频谱和光通量一定时,阳极与阴极之间的电压与光电流的关系叫作伏安特性,如图 8-5(c)所示。当阳极电压比较低时,阴极所发射的电子只有一部分到达阳极,其余部分受到光电子在真空中运动时所形成的负电场作用,回到阴极。随着阳极电压的增高,光电流增大。当阴极发射的电子全部到达阳极时,阳极电流便很稳定,称为饱和状态。

由于光阴极对光谱有选择性,因此光电管对光谱也有选择性。保持光通量和阳极电压不变,阳极电流与光波长之间的关系叫作光电管的光谱特性。图 8-5(d)中的曲线 Ⅰ、Ⅱ 为

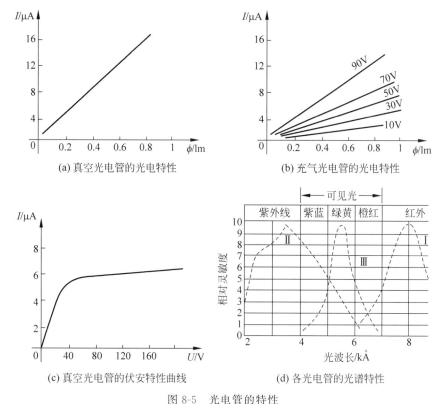

图 8-5 光电管的特性

铯氧银和锑化铯阴极对应不同波长光线的灵敏系数,曲线Ⅲ为人眼视觉特性。

此外,光电管特性还有温度特性、疲劳特性、惯性特性、暗电流和衰老特性等,使用时应根据产品说明书和有关手册合理选用。

光电倍增管的主要特性参数有以下几个。

(1) 倍增系数 M。$M = c\delta^n$,其中 c 为收集系数,它反映倍增极收集电子的效率,一般光电倍增管的值为 $10^5 \sim 10^7$,稳定性为 1% 左右,加速电压稳定性要求在 0.1% 以内。

(2) 光电阴极的灵敏度,即光电倍增管的灵敏度。光电阴极的灵敏度是指一个光子射在阴极上所能激发的电子数。而总的光电倍增管的灵敏度是指一个光子入射之后,在阳极上所得到的总电子数,此值与加速电压有关。

(3) 光电倍增管的暗电流和本底电流。管子不受光照,但极间电压在阳极上会收集到电子,这时的电流称为暗电流,这是由热发射或场致反射造成的。如果光电倍增管与闪烁体放在一处,在完全避光的情况下,出现的电流称为本底电流,其值大于暗电流。宇宙射线对闪烁体照射而使其激发,被激发的闪烁体照射在光电倍增管上造成增加的部分。本底电流具有脉冲形式。

(4) 飞行时间及其涨落。飞行时间是指从光电阴极发射出电子开始,到收集阳极接收到电子为止所经过的时间,一般在 10^{-8} s 数量级。飞行时间不恒定,其波动值用时间涨落表示,此时间涨落约在 $10^{-8} \sim 10^{-10}$ s 数量级。

2. 光敏电阻

光敏电阻是由具有内光电效应的光导材料制成的,为纯电阻元件,其阻值随光照增强而减小。光敏电阻具有很多优点：灵敏度高，体积小，重量轻，光谱响应范围宽，机械强度高，耐冲击和振动，寿命长。但是，使用时需要有外部电源，同时当有电流通过它时，会产生热的问题。

光敏电阻除用硅、锗制造外，还可用硫化镉、硫化铅、锑化铟、硒化镉、碲化铅和硒化铅等材料制造。光敏电阻的典型结构如图 8-6(a)所示，常称为光导管。光敏电阻做成如图 8-6(b)所示的梳齿型，装在外壳中。两极间既可加直流电压，也可加交流电压。图 8-6(c)所示为光敏电阻的表示符号。

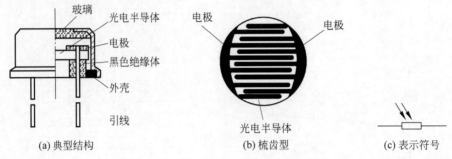

图 8-6 光敏电阻的结构及表示符号

3. 光敏二极管和光敏三极管

大多数半导体二极管和三极管都是对光敏感的。也就是说，当二极管和三极管的 PN 结受到光照射时，通过 PN 结的电流将增大，因此，常规的二极管和三极管都用金属管或其他壳体密封起来，以防光照。而光敏二极管和三极管则必须使 PN 结能受到最大光照射。

图 8-7 所示为光敏二极管的结构、表示符号和基本电路图。为了便于接受光照，光敏二极管的 PN 结装在顶部，上面有一个用透镜制成的窗口，以便使入射光集中在 PN 结上。

图 8-7 光敏二极管

光敏三极管的结构与光敏二极管相似，不过它具有两个 PN 结，大多数光敏三极管的基极无引出线，如图 8-8 所示。

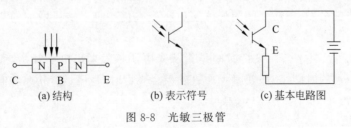

图 8-8 光敏三极管

光敏二极管和光敏三极管体积小,所需偏置电压为几十伏。光敏二极管有很高的带宽,在光耦合隔离器、光学数据传输装置和测试技术中得到广泛应用。光敏三极管的带宽较窄,但作为一种高电流响应器件,应用十分广泛。

4. 光电池

光电池是基于光生伏特效应制成的,是自发电式有源器件。它具有较大面积的PN结,当光照射在PN结上时,在结的两端出现电动势。

硒和硅是光电池最常用的材料,也可使用锗。图8-9(a)所示为硅光电池的构造原理。硅光电池也称为硅太阳能电池,它是用单晶硅制成的,在一块P型硅片上用扩散的方法掺入一些P型杂质而形成一个大面积的PN结,P层做得很薄,从而使光线能穿透照射到PN结上。图8-9(b)所示为硒光电池的构造原理。它是在金属基板上沉积一层硒薄膜,然后加热使硒结晶,再把氧化镉沉积在硒层上形成PN结,硒层为P区,氧化镉为N区。图8-9(c)所示为光电池的表示符号。

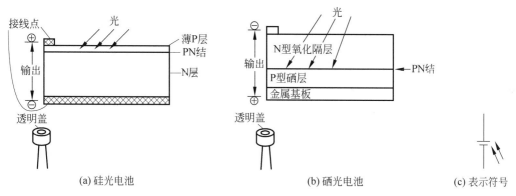

图8-9 光电池的构造和表示符号

5. 半导体光电元件的特性

1) 光电特性

光电特性是指半导体光电元件产生的光电流与光照之间的关系。光敏电阻的光电流I与其端电压U和入射光通量ϕ之间的关系为

$$I = kU^\alpha \phi^\beta \tag{8-3}$$

其中,电压指数α接近1;而光通量指数β随着光通量的增强而减少,在强光时为1/2左右,所以I-ϕ关系曲线呈非线性;k为光电导灵敏度,是光敏电阻在单元光能量照射下其光电导率的增量,与工作电压无关,对一定材料是一个常数。图8-10(a)所示为硒光敏电阻的I-ϕ关系曲线,可见这种光电元件用作光电导开关元件比较合适,而不宜作检测元件。

图8-10(b)所示为光敏晶体管的光照特性曲线,基本上是线性关系。但当光照足够大时会出现饱和,光电流值的大小与材料、掺杂浓度和外加电压有关。

图8-10(c)所示为硅光电池的开路电压与短路电流和光照度的关系曲线。可见短路电流与光照度呈良好的线性关系;而开路电压与光照度却呈非线性关系。因此,光电池作检测元件使用时,应把它当作电流源使用,使其接近短路工作状态。应该指出,随着负载的增加,硒光电池的负载电流与光照度的线性关系变差了。

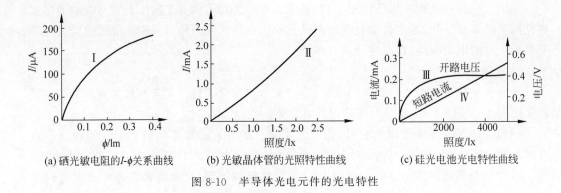

图 8-10 半导体光电元件的光电特性

2) 伏安特性

伏安特性是指光照一定时,光电元件的端电压 U 与电流 I 之间的关系。

图 8-11(a) 所示为光敏电阻的伏安特性,它具有良好的线性关系。图中虚线为允许功耗限,使用时不要超过该允许功耗限。

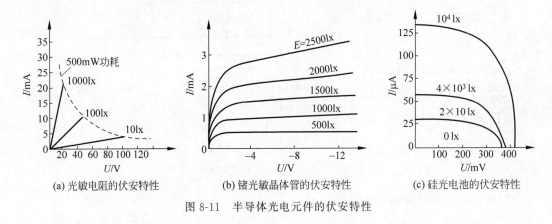

图 8-11 半导体光电元件的伏安特性

图 8-11(b) 所示为锗光敏晶体管的伏安特性,它与一般三极管的伏安特性相似,其光电流相当于反向饱和电流,其值取决于光照强度,只要把 PN 结所产生的光电流看作一般的基极电流即可。

图 8-11(c) 为硅光电池的伏安特性。由伏安特性曲线可以作出光电元件的负载线,并可确定最大功率时的负载。

3) 光谱特性

半导体光电元件对不同波长的光的灵敏度是不同的,因为只有能量大于半导体材料禁带宽度的那些光子才能激发出光电子-空穴对。光子能量的大小与光的波长有关。

图 8-12(a) 所示为不同材料制成的光敏电阻的相对光谱特性。其中只有硫化镉的光谱响应峰值处于可见光区;而硫化铅的峰值在红外区域。

图 8-12(b) 所示为硅和锗光敏晶体管的光谱特性。锗光敏晶体管的响应频段约在 0.5~1.7μm 波长范围内,最灵敏峰在 1.4μm 附近。硅光敏晶体管的响应频段在 0.4~1.0μm 波长范围内,最灵敏峰出现在 0.8μm 附近。这是因为波长很大时光子能量太小;但波长太短,光子在半导体表面激发的电子-空穴对不能达到 PN 结,使相对灵敏度下降。

图8-12(c)所示为光电池的光谱特性。硒光电池的响应频段在 $0.3\sim0.7\mu m$ 波长范围，其最灵敏峰出现在 $0.5\mu m$ 附近。硅光电池的响应频段在 $0.4\sim1.2\mu m$ 波长范围内，最灵敏峰在 $0.8\mu m$ 附近。可见在使用光电池时对光源应有所选择。

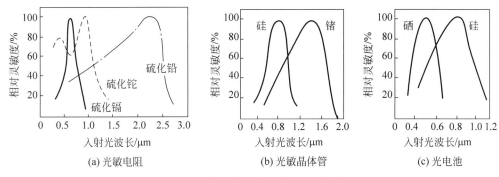

图 8-12　半导体光电元件的光谱特性

4）频率特性

半导体光电元件的频率特性是指输出电信号与调制频率变化的关系。

图 8-13(a)所示为硫化铅和硫化铊光敏电阻的频率特性。当光敏电阻受到脉冲光照射时，光电流要经过一段时间才能达到稳态值；当光突然消失时，光电流也会不立刻为零。这说明光敏电阻具有时延特性，它与光照强度有关。

硅光敏三极管的频率特性如图 8-13(b)所示。减小负载电阻能提高响应频率，但输出降低。一般来说，光敏三极管的频率响应要比二极管要小得多。锗光敏三极管的频响要比硅管小一个数量级。

图 8-13(c)所示为两种光电池的频率特性，可见硅光电池的频率响应较好，光电池作为检测、计算和接收元件时常用调制光输入。

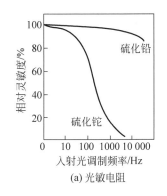 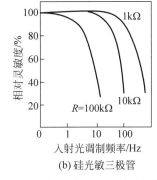 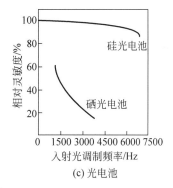

(a) 光敏电阻　　　　　(b) 硅光敏三极管　　　　　(c) 光电池

图 8-13　半导体光电元件的频率特性

5）温度特性

半导体材料易受温度影响，它直接影响光电流的值。因此，需要讨论这些元件的温度特性，以便选择合适的工作温度。

随着温度的升高，光敏电阻的暗电阻值和灵敏度都下降，而频谱特性向短波方向移动，这是它的一大缺点。所以有时用温控的方法调节其灵敏度。

光敏电阻的温度特性用电阻温度系数 α 表示，α 的计算式为

$$\alpha = \frac{R_1 - R_2}{(T_1 - T_2)R_2} \times 100\% \tag{8-4}$$

其中，R_1 和 R_2 为相对于温度 T_1 和 T_2 时光敏电阻的阻值，且 $T_2 > T_1$。温度系数 α 越小越好。

图 8-14(a) 所示为锗光敏晶体管的温度特性。可见温度变化对输出电流的影响很小，而暗电流的变化却很大。由于暗电流在电路中是一种噪声电流，特别是在低照度下工作时，光电流小，噪声比就小。因此，使用时应采取温度补偿措施。

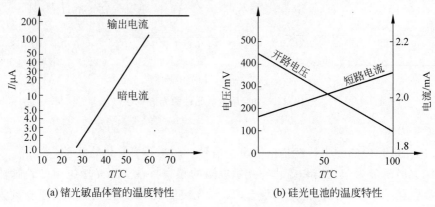

(a) 锗光敏晶体管的温度特性　　(b) 硅光电池的温度特性

图 8-14　半导体光电元件的温度特性

光电池的温度特性是指开路电压和短路电流与温度的关系。由于它影响光电池仪器的温度漂移、测量精度等重要指标，因此尤其重要。图 8-14(b) 所示为硅光电池在 1000lx 光照下的温度特性。可见开路电压随温度升高很快下降，而短路电流却升高，它们都与温度呈线性关系。由于温度对光电池的影响很大，因此用它作检测元件时也要采取温度措施。

8.3　光电式传感器及其应用

光电式传感器按其接收状态可分为模拟式和脉冲式光电传感器两大类。

8.3.1　模拟式光电传感器

模拟式光电传感器的工作原理是基于光电元件的光电特性，其光通量是随被测量改变，光电流就成为被测量的函数，故称为光电传感器的函数运用状态。这种形式通常有如图 8-15 所示的几种情况。

1. 吸收式

如图 8-15(a) 所示，被测物置于光学通路中，光源的部分光通量被被测物吸收，剩余的投射到光电元件上，被吸收的光通量与被测物的透明度有关。利用此原理可制成混浊度计等。

2. 反射式

如图 8-15(b) 所示，光源发出的光投射到被测物上，被测物把部分光通量反射到光电元件上，反射光通量取决于反射表面的性质、状态和与光源之间的距离。利用此原理可制成表面粗糙度测试仪等。

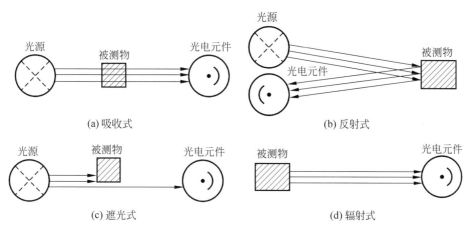

图 8-15 光电元件的测量方式

3. 遮光式

如图 8-15(c)所示,光源发出的光通量经被测物遮去一部分,使作用在光电元件上的光通量减弱,减弱的程度与被测物在光学通路中的位置有关。利用这个原理可以制成测量位移的位移计,也可以制成光电测微计。

图 8-16 所示为光电测微装置示意图,它主要用于零件尺寸的测量。工作原理:从光源发出的光束,经过一个间隙达到光电元件上,间隙的大小是由被测尺寸大小所决定的,当被检测尺寸改变时,间隙发生变化,从而使到达光电元件的光通量改变,因而输出的光电信号的大小就反映了被测尺寸的变化。为使零件尺寸与光电输出之间有良好的线性关系,光电元件的光电特性应有良好的线性。调制盘是以恒定转速转动的,调制盘的旋转可对入射光速进行调制,以简化光电管输出的放大电路。

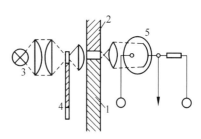

图 8-16 光电测微计装置示意图
1—被测零件;2—样板环;3—光源;
4—调制盘;5—光电环

4. 辐射式

如图 8-15(d)所示,被测物体就是光源,它可以直接照射在光电元件上,也可以经过一定光路后作用到光电元件上。利用这种原理制成的 WDS 型光电比色高温计如图 8-17 所示。

WDS 型光电比色高温计是非接触式高温测量仪表。目前它可测量的温度范围为 800~2000℃,其精度可达 0.5%。它是通过辐射体在两个不同波长的辐射能量之比测量温度的。辐射体的温度不同,光波长和颜色就不同,光电比色高温计用滤光片和光电元件的频谱特性来保证辐射线的不同波长。它的独特优点是:反应速度快,测量范围宽,测量温度较接近真实温度,测量环境(如粉尘、水气、烟雾等)对测量结果影响较小。

如图 8-17 所示,被测对象经物镜成像于光栏,通过光导混合均匀后,投射在分光镜上,分光镜使长波(红外)部分透射,短波(可见光)部分反射,透过分光镜的辐射线再经滤光片将短波部分滤掉,被作为红外接收元件的硅光电池接收,转换成电信号输出;反射出来的短波部分经滤光片将长波部分滤掉,被作为可见光接收元件的硅光电池接收,同样转换成电信号

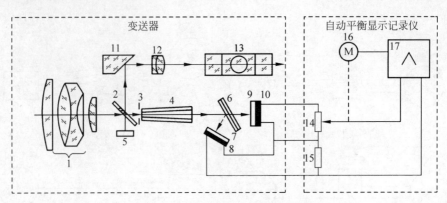

图 8-17　WDS 型光电比色高温计

输出。同时记录下两个光电信号,进行比较得出两个光电信号比,从而求出相应的辐射温度。在该传感器的光栏前置一平行平面玻璃,将一部分光线反射到瞄准反射镜上,再至圆柱反射镜、目镜和棱镜,以便清晰地观察到被瞄准的测量对象。

8.3.2　脉冲式光电传感器

脉冲式光电传感器的作用方式是光电元件的输出仅有两种稳定状态,即"通"和"断"的开关状态,所以也称为光电元件的开关运动状态。

1. 光电式转速计

光电式转速计示意图如图 8-18 所示。图 8-18(a)表示在转轴上涂黑白两种颜色,当电机转动时,黑白两种颜色分别发生不反光与反光现象,两种情况交替出现,光电元件间断地接收反射光信号,输出电脉冲,经放大整形电路转换成方波信号,由数字频率计测得电机的转速。图 8-18(b)为在电机轴上固装一个齿数为 z 的调制盘,相当于图 8-18(a)中黑白相间的涂色,其工作原理与图 8-18(a)相同。若频率计的计数频率为 f,则电机转速 n 为

$$n = 60f/z \tag{8-5}$$

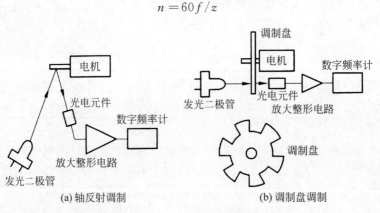

图 8-18　光电式转速计

2. 天幕靶

天幕靶主要用于对飞行器(如弹丸)飞行速度的测定。天幕靶利用天空自然光,通过光学镜头和光学狭缝给出一个限定的光幕,天幕以外的天空自然光无法入射到光电元件上,其结构如图 8-19(a)所示。天幕靶由两个靶组成,因而在弹道上两点 P_1、P_2 处形成两个楔形天

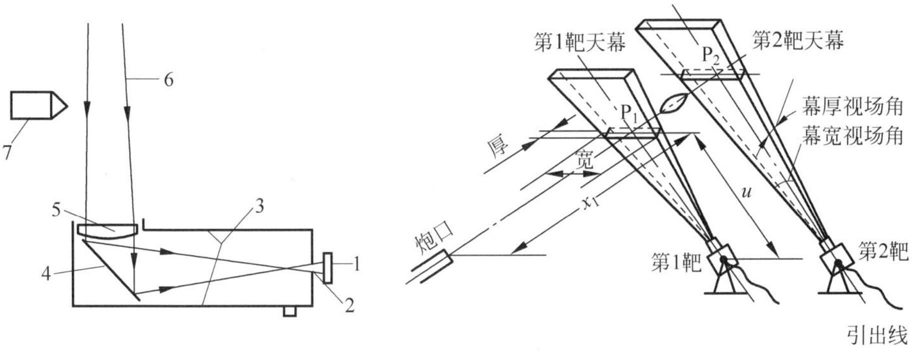

(a) 天幕靶结构示意图　　(b) 天幕靶工作原理图

图 8-19　天幕靶

1—光敏二极管；2—光学狭缝；3—不反射的表面；4—前表面反射镜；5—柱面透镜；6—光屏界限；7—弹丸

幕，如图 8-19(b)所示。

光学镜头把天幕入射光聚集后，投射到光电元件上。平时天空背景亮度变化不大，光电管上接收的光通量变化也不大，光电管无突变信号输出。当弹丸通过天幕时，天幕入射光通量产生突变，经过光学镜头聚焦在光电管上的光照也发生突变，使光电管有一脉冲信号输出，经过放大整形通过引出线给计时器一个启停信号，即可测出弹丸通过 P_1、P_2 间所需的时间 Δt。由于 P_1、P_2 间距是给定的，因而可算出这段距离内弹丸的平均速度。天幕靶特别适用于高角测速，但不能在夜间使用，若加防护，可在雨天和雪天使用。

8.4　电荷耦合器件

电荷耦合器件(Charge Coupled Device，CCD)是典型的固体图像传感器，它是 1970 年由贝尔实验室的 W. S. Boyle 和 G. E. Smith 发明的。CCD 与光敏二极管阵列集成为一体，构成具有自扫描功能的 CCD 图像传感器，不仅作为高质量固体化的摄像器件成功地应用于广播电视、可视电话和无线传真，而且在生产过程自动检测和控制等领域已显示出广阔的前景和巨大的潜力。

8.4.1　电荷耦合器件的工作原理

1. MOS 电容器件

图 8-20 所示的规则排列的 MOS 电容阵列再加上两端的输入和输出二极管，就构成了 CCD 芯片。CCD 可以把光信号转换成电脉冲信号。每个脉冲只反映一个光敏元件的受光情况。脉冲幅度的高低反映该光敏元件的受光强弱，输出脉冲的顺序可以反映光敏元件的位置，这就起到了图像传感器的作用。

当极板上没有外加电压时，半导体从内到表面处是电中性的，代表电子能量的能带从表面到内部是平的，这就是平带条件，这里的理想状况主要是忽略氧化层中的电荷和界面态电荷(一般为正电荷)，且 3 层之间没有电荷交换，如图 8-21(a)所示。

若在金属电极上相对于半导体加上正电压 U_G，当 U_G 较小时，P 型半导体表面的多数载流子空穴受到金属中正电荷的排斥，会离开表面而留下电离的受主杂质离子，在半导体表面

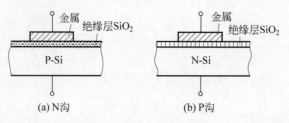

图 8-20 MOS 电容的结构

层中形成带负电荷的耗尽层。这时 MOS 电容处于耗尽层状态,由于半导体内电位相对于半导体为负,在半导体内的电子能量高,因此在耗尽层中电子的能量从体内到表面是从高向低变化的,能带呈弯曲形状,如图 8-21(b) 所示。由于半导体表面处的电势(表面势或界面势)比内部高,若附近有电子存在,将移向表面处。栅压 U_G 增加时,表面势也增加,表面集聚的电子浓度也增大。但在耗尽状态,耗尽区中电子浓度与体内空穴浓度相比是可以忽略不计的。耗尽层电子空穴都很稀少,层中载流子少,其特征类似于电容。

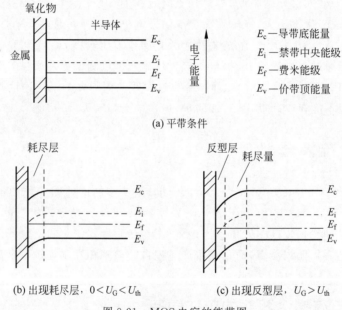

图 8-21 MOS 电容的能带图

当栅压 U_G 增大到超过某个特定值,即电压 U_{th} 时,表面势进一步增加,能带进一步向下弯曲,使半导体表面的费米能级高于禁带中央能级,如图 8-21(c) 所示。此时半导体表面上的电子层称为反型层,特定电压 U_{th} 是指半导体表面积累的电子浓度等于体内空穴浓度时的栅压,通常把 U_{th} 称为 MOS 管的开启电压。

由上面分析可知,当 MOS 电容栅压 U_G 大于开启电压 U_{th} 时,表面势升高,如果周围存在电子,并迅速地聚集到电极下的半导体表面处,电子在此处的势能较低。形象地说,半导体表面形成了对于电子的势阱。习惯上,可以把势阱想象成一个容器,把聚集在里面的电子想象成容器中的液体,如图 8-22 所示。势阱积累电子的容量取决于势阱的"深度",而表面势的大小近似与外加栅压 U_G 成正比。

如果在形成势阱时,没有外来的信号电荷,则势阱中或势阱附近由于热效应产生的电子

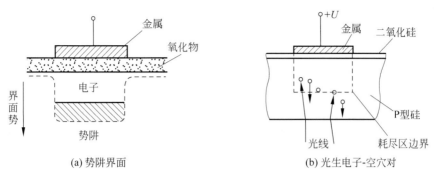

(a) 势阱界面　　　　　　　(b) 光生电子-空穴对

图 8-22　MOS 光敏元

将积聚到势阱口,逐渐填满势阱,通常这个过程是非常缓慢的。因此,若 $U_G > U_{th}$,则在短时间内,如果没有外来的电子填充,半导体就处于非平衡状态,此时称为深耗尽。上面提到的势阱就是指深耗尽条件下的表面势。所谓势阱填满,是指电子在半导体表面堆积后使表面势下降。

金属电极上所加的偏压越大,电极下面的势阱就越深,捕获少数载流子的能力就越强。

这种元件是如何成为图像传感器的呢?在制作图像传感器时,MOS 电容中的半导体采用光敏半导体,如果此时有光线射到半导体硅片上,在光子的作用下,半导体硅片上就产生电子-空穴对,光生电子被附近的势阱所俘获,同时产生的空穴则被电场排斥出耗尽区。此时,势阱所俘获的电子数量与入射到势阱附近的光强成正比。这样,一个 MOS 结构元称为 MOS 光敏元或一个像素,把一个势阱所俘获的若干光生电荷称为电荷包。通常在半导体硅片上制成几千个或几百万个相互独立、排列规则的 MOS 光敏元,称为光敏阵列,如图 8-23 所示。

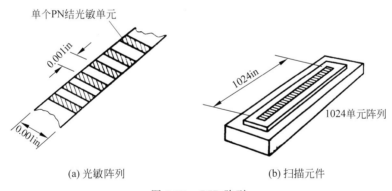

(a) 光敏阵列　　　　　　　(b) 扫描元件

图 8-23　CCD 阵列

若在金属电极上施加正偏压,在这个半导体硅片上就形成了几百万个相互独立的势阱,如果照射在这些光敏元件上是一幅明暗起伏的图像,那么这些光敏元就产生出一幅与光照强度相对应的光生电荷图像,这就是电荷耦合摄像器件的基本原理,由 CCD 组成的线阵和面阵摄像机能实现图像信息传输,因此在电视、传真、摄影、图像传输与处理等众多领域得到广泛应用。更由于 CCD 器件具有小型、高速、高灵敏度、高稳定性和非接触等众多特点,在测试与检测技术领域中也被广泛应用于测量物体的形貌、尺寸、位置以及事件的计数等,同时也被用于图像识别、自动监测和自动控制等方面。

2. 电荷的定向转移

CCD 的基本功能是具有存储与位移信息电荷的能力,故又称为动态移位寄存器。为了实现信号电荷的转换,首先,必须使 MOS 电容阵列的配列足够紧密,以致相邻 MOS 电容的势阱相互沟通,即相互耦合。通常相邻 MOS 电容电极间隙必须小于 $3\mu m$,甚至小至 $0.2\mu m$ 以下。其次,根据加在 MOS 电容上的电压越高,产生势阱越深的原理,通过控制相邻 MOS 电容栅极电压的高低调节势阱深浅,使信号电荷由势阱浅的地方流向势阱深的地方。还必须指出,在 CCD 中电荷的转移必须按照确定的方向。为此,在 MOS 阵列上所加的各路电压脉冲,即时钟脉冲,必须严格满足相位要求,使任何时刻势阱的变化总是朝着一个方向。例如,电荷为向右转移,则在任何时刻,当存在信号的势阱抬起时,在它右边的势阱总比左边的深,这样,就保证了电荷始终向右转移。

为了实现这种定向转移,将 CCD 的 MOS 阵列划分成以几个相邻 MOS 电荷为一单元的无限循环结构。每个电源称为一位,将每位中对应位置上的电容栅极分别连到各自的共同电极上,此共同电极称为相线。例如,把 MOS 线列电容划分为相邻 3 个为一单元,其中第 1,4,7,…电容的栅极连接在同一根相线上,第 2,5,8,…电容连接在第 2 根共同相线上,第 3,6,9,…电容则连接到第 3 根共同相线上。显然一位 CCD 中包含的电容个数即为 CCD 的相数。每相电极联机的电容个数一般来说即为 CCD 的位数。通常 CCD 有两相、三相、四相等几种结构,它们所施加的时钟脉冲也分别为二相、三相、四相,二相脉冲的两种脉冲相位相差 $180°$,三相脉冲和四相脉冲的相位差分别为 $120°$ 和 $90°$。当这种时序脉冲加到 CCD 的无限循环结构上时,将实现信号的定向转移。

图 8-24 所示为三相 CCD 中的两位。如果在每位的 3 个电极上都加上图 8-24(a)所示的脉冲电压,则可实现电荷的转移。具体工作过程如图 8-24(b)所示。图中取表面势增加的方向向下,虚线表示表面势的大小,斜线部分表示电荷包。

(1) 当 $t=t_1$ 时,ϕ_1 处于高电平,ϕ_2 和 ϕ_3 处于低电平。由于 ϕ_1 电极上的栅压大于开启电压,故在 ϕ_1 电极上形成势阱,假如此时有外来的电荷注入,则电荷将集聚到 ϕ_1 电极下。

(2) 当 $t=t_2$ 时,ϕ_1 和 ϕ_2 同时处于高电平,ϕ_3 处于低电平,故 ϕ_1 和 ϕ_2 电极下都形成势阱,由于两个电极靠得很近,电荷就从 ϕ_1 电极下耦合到 ϕ_2 电极下。

(3) 当 $t=t_3$ 时,ϕ_1 上的栅压小于 ϕ_2 上的栅压,故 ϕ_1 电极下的势阱变浅,电荷更多地流向 ϕ_2 电极下。

(4) 当 $t=t_4$ 时,ϕ_1 和 ϕ_3 都处于低电平,只有 ϕ_2 处于高电平,故电荷全部聚集到 ϕ_2 电极下,实现了电荷从电极 ϕ_1 到 ϕ_2 的转移。

(5) 同样的过程,当 $t=t_5$ 时,电荷包又耦合到 ϕ_3 电极下。

(6) 当 $t=t_6$ 时,电荷包就转移到下一位的 ϕ_1 电极下。

因此,CCD 在时钟脉冲的控制下,势阱的位置可以定向移动,信号电荷也就随之转移,CCD 就是这样工作的。

在 CCD 中电荷的转移,除了有上述确定的方向外,还必须沿着确定的路线。电荷转移的通道称为沟道,分为 N 沟道和 P 沟道。N 沟道的信号电荷为电子;P 沟道的信号电荷为空穴。前者的时钟脉冲为正极性,后者为负极性。由于空穴的迁移率低,所以 P 沟道 CCD 不大被采用。

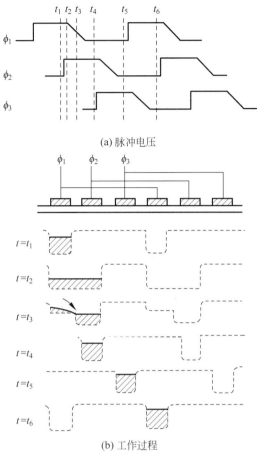

图 8-24 三相 CCD 工作过程

3. 电荷的注入

CCD 中的信号电荷可以通过光注入和电注入两种方式得到。CCD 在用作图像传感器时,信号电荷由光生载流子得到,即光注入。当光照射半导体时,如果光子的能量大于半导体的禁带宽度,则光子被吸收后会产生电子-空穴对。当 CCD 的电极加有栅压时,由于光照产生的电子被收集在电极下的势阱中,而空穴被赶到衬底。电极收集的电荷大小取决于照射光的强度和照射时间。CCD 在用作信号处理和存储器件时,电荷输入采用电注入。所谓电注入,就是 CCD 通过输入结构对信号电压或电流进行采样,将信号电压或电流转换为信号电荷。常用的输入结构是采用一个输入二极管、一个或多个控制输入栅实现电输入。

4. 电荷的检测输出结构

CCD 输出结构的作用是将 CCD 中的信号电荷转换为电流或电压输出,以检测信号电荷的大小。图 8-25 所示为一种简单的输出结构,它由输出栅 G_o、输出反偏二极管、复位管 VT_1 和输出跟随器 VT_2 组成,这些元器件均集成在 CCD 芯片上。VT_1 和 VT_2 为 MOS 场效应晶体管,其中 MOS 管的栅电容起到对电荷积分的作用。该电路的工作原理为:当在复位管栅极加上一正脉冲时,VT_1 导通,其漏极直流偏压 U_{RD} 预置到 A 点;当 VT_1 截止后,ϕ_3 变为低电平,信号电荷被送到 A 点的电容上,使 A 点电位降低。输出 G_o 上可以加上直流偏压,以使电荷通过。

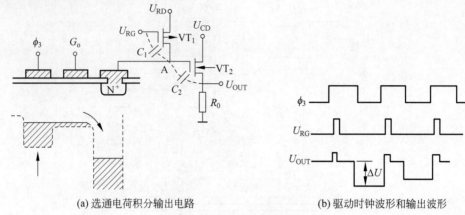

(a) 选通电荷积分输出电路　　　　　(b) 驱动时钟波形和输出波形

图 8-25　电荷的检测输出电路

A 点的电压变化可从跟随器 VT_2 的源极测出。A 点的电压变化量 ΔU_A 与 CCD 输出电荷量的关系为

$$\Delta U_A = \frac{Q}{C_A} \tag{8-6}$$

其中，C_A 为 A 点的等效电容，为 MOS 管电容和输出二极管电容之和；Q 为输出电荷量。

由于 MOS 管 VT_2 为源极跟随器，其电压增益为

$$A_U = \frac{g_m R_0}{1 + g_m R_0} \tag{8-7}$$

其中，g_m 为 MOS 场效应晶体管 VT_2 的跨导。

所以输出信号与电荷量的关系为

$$\Delta U = \frac{Q}{C_A} \cdot \frac{g_m R_0}{1 + g_m R_0} \tag{8-8}$$

若要检测下一个电荷包，则必须在复位管 VT_1 的栅极再加一个正脉冲，使 A 点电位恢复。因此，再测一下电荷包，在输出端就得到一个负脉冲，该脉冲的幅度正比于电荷包的大小，这相当于信号电荷对输出脉冲幅度进行调制。所以，在连续检测从 CCD 中转移出来的信号电荷包时，输出为脉冲调幅信号。

图 8-25(b) 给出的输出波形中还包含有与复位脉冲同步的正脉冲，这是由于复位脉冲通过寄生电容 C_1 和 C_2 耦合到输出端的结果。为了消除复位脉冲引入的干扰，可以采用如图 8-26 所示的相关双取样检测方法。其中，Q_1 为钳位开关，Q_2 为采样开关，控制 Q_1 和 Q_2 分别在 $t_1, t_3, t_5, \cdots$ 和 $t_2, t_4, t_6, \cdots$ 时刻接通，则可以得到与电荷成正比的输出波形，而滤去了复位脉冲的噪声。

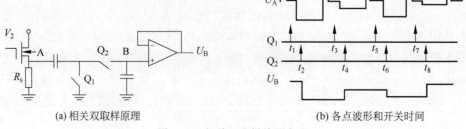

(a) 相关双取样原理　　　　　(b) 各点波形和开关时间

图 8-26　相关双取样检测方法

8.4.2 电荷耦合器件应用举例

CCD 图像传感器发展很快,应用日益广泛,下面为两个检测方面的应用示例。

1. 尺寸自动检测

通常,快速自动检测工件尺寸系统有一个测量台,其上装有光学系统、图像传感器和微处理机等。如图 8-27 所示,被测工件成像在 CCD 图像传感器的光敏列阵上,产生工件轮廓的光学边缘。时钟和扫描脉冲电路对每个光敏元顺序询问,视频输出馈送到脉冲计数器,并把时钟选送入脉冲计数器,启动阵列扫描的扫描脉冲也用来把计数器复位到零。复位之后,计数器计数和显示由视频脉冲选通的总时钟脉冲数。显示数 N 就是工件成像覆盖的光敏元数目,根据该数目计算工件尺寸。

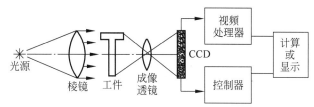

图 8-27 工件尺寸测量系统

例如,在光学系统放大率为 $1:M$ 的装置中,便有

$$L = (Nd \pm 2d)M \tag{8-9}$$

其中,L 为工件尺寸;N 为覆盖的光敏单元数;d 为相邻光敏元中心距离。

所以,式(8-9)中 $\pm d$ 为图像末端两个光敏单元之间可能的最大误差。

应当指出,由于被测工件往往是不平的,所以必须自动调焦,这由计算机控制。它通过分析图像输出的信号,使之有最大的边缘对比度。另外,在测量系统中,照明是重要因素,要求有恒定的亮度,如用白炽灯作为光源时,可用直流稳压电源供电加上光敏元件的电流反馈回路来获得恒定的亮度。

2. 缺陷检测

光照物体时,使不透明物体的表面缺陷或透明物体的体内缺陷(杂质)与其材料背景相比有足够的反差,只要缺陷面积大于两个光敏元,CCD 图像传感器就能够发现它们。这种检测方法适用于多种情况,如检查磁带,能发现磁带上的小孔;也可以检查透射光,检查玻璃中的针孔、气泡和夹杂物等。

图 8-28 所示为钞票检查系统原理。使两列被检钞票分别通过两个图像传感器的视场

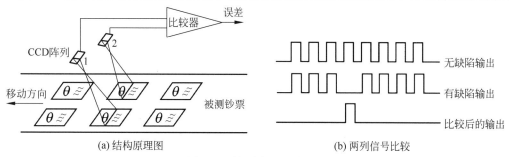

图 8-28 钞票检查系统原理

并成像,输出两列视频信号,把这两列视频信号送到比较器进行处理。如果其中一张有缺陷,则两列视频信号将有显著不同的特征,经过比较器就会发现这一特征,从而证实缺陷的存在。

8.5 光纤传感器

光纤传感器是20世纪70年代中期发展起来的一门新技术,它是伴随着光纤和光通信技术的发展而逐步形成的。

光纤传感器与传统的各类传感器相比有一系列优点,如不受电磁干扰、体积小、重量轻、可挠曲、灵敏度高、耐腐蚀、电绝缘、防爆性好、易与微机连接、便于遥测等。它能用于温度、压力、应变、位移、速度、加速度、磁、电、声和pH等各种物理量的测量,具有极其广泛的应用前景。

8.5.1 光导纤维

1. 光纤的结构

光导纤维简称为光纤,目前基本上还是采用石英玻璃,其结构如图8-29所示,中心的圆柱体叫作纤芯,围绕着纤芯的圆形外层叫作包层,纤芯和包层主要由不同掺杂的石英玻璃制成,纤芯的折射率略大于包层的折射率,在包层外面还常有一层保护套,多为尼龙材料。光纤的导光能力取决于纤芯和包层的性质,而光纤的机械强度由保护套维持。纤芯的折射率n_1略大于包层的折射率n_2,它们的相对折射率差用Δ表示,即

$$\Delta = 1 - n_2/n_1 \tag{8-10}$$

通常Δ值为0.005~0.14。

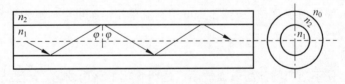

图8-29 光纤结构

2. 传输原理

众所周知,光在空间是直线传播的。在光纤中,光的传输限制在光纤中,并随光纤能够传送到很远的距离。光纤的传输是基于光的全反射。

当光纤的直径比光的波长大很多时,可以用几何光学的方法说明光在光纤内的传播。

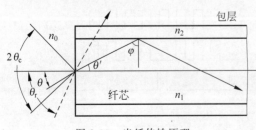

图8-30 光纤传输原理

设有一段圆柱形光纤,如图8-30所示,它的两个端面均为光滑的平面。当光线射入一个端面并与圆柱的轴线成θ角时,根据斯乃尔光的折射定律,在光纤内折射成θ'角,然后以φ角入射至纤芯与包层的界面。若要在界面上发生全反射,则纤芯与界面的光线入射角φ应大于临界角φ_c,并在光纤

内部以同样的角度反复逐次反射,直至传播到另一端面。

$$\varphi \geqslant \varphi_c = \arcsin \frac{n_2}{n_1} \quad (8\text{-}11)$$

为满足光在光纤内的全反射,光入射到光纤端面的临界入射角 θ_c 应满足

$$n_0 \sin\theta_c = n_1 \sin\theta \quad (8\text{-}12)$$

而 $n_1 \sin\theta' = n_1 \sin\left(\dfrac{\pi}{2} - \varphi_c\right) = n_1 \cos\varphi_c = n_1(1 - \sin^2\varphi_c)^{1/2}$,由式(8-11)可得

$$n_0 \sin\theta_c = (n_1^2 - n_2^2)^{1/2} \quad (8\text{-}13)$$

实际工作时需要光纤弯曲,但只要满足全反射条件,光线仍继续前进,可见这里的光线"转弯"实际上是由光的全反射形成的。

式(8-12)和式(8-13)中,n_0 为光纤所处环境的折射率,一般为空气,则 $n_0 = 1$。所以

$$\sin\theta_c = (n_1^2 - n_2^2)^{1/2} \quad (8\text{-}14)$$

$\sin\theta_c$ 定义为光导纤维的数值孔径,用 NA 表示。

$$\text{NA} = \sin\theta_c = (n_1^2 - n_2^2)^{1/2} \quad (8\text{-}15)$$

数值孔径反映纤芯接收光量的多少,是衡量光纤接收性能的一个重要参数。其意义是无论光源发射功率有多大,只有 $2\theta_c$ 角之内的光功率能被光纤接收传播。一般希望有较大的数值孔径,这有利于耦合效率的提高。在满足全反射条件时,界面的损耗很小,反射率可达 0.9995。但若数值孔径太大,光信号畸变也更严重,所以要适当选择。

3. 光纤的分类

光导纤维按其折射变化情况可分为阶跃型和渐变型。

阶跃型光纤的纤芯与包层的折射率是突变的,如图 8-31(a)和图 8-31(b)所示。

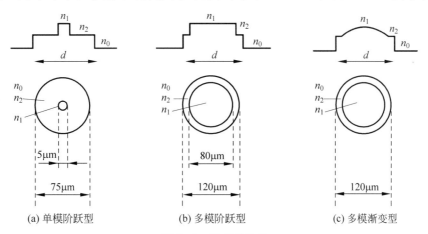

(a) 单模阶跃型　　(b) 多模阶跃型　　(c) 多模渐变型

图 8-31　光纤的种类

渐变型光纤在横截面中心处折射率最大,其值由中心向外逐渐变小,到纤芯边界时变为色层折射率。通常折射率变化呈抛物线形式,即在中心轴附近有更陡的折射率梯度,而在接近边缘处折射率减少得非常缓慢,保证传递的光束集中在光纤轴线附近前进。因为这类光纤有聚焦作用,所以也称为自聚焦光纤,如图 8-31(c)所示。

光导纤维按其传输模式多少可分为单模和多模两种。

在纤芯内传输的光波,可以分解为沿纵向传播和沿横向传播的两种平面波成分。后者

在纤芯和包层的界面上会产生全反射。当它在横切向往返一次的相位变化为 2π 的整数倍时,将形成驻波。只有能形成驻波的那些以特定角度射入光纤的光才能在光纤内传播,这些光波就称为模。在光纤内只能传输一定数量的模。

单模光纤通常是指光纤中纤芯尺寸很小(通常仅几微米),光纤传输的模式很少,原则上只能传送一种模式的光纤。这类光纤传输性能好,频带很宽,制成的单模传感器比多模传感器有更好的线性、灵敏度和动态测量范围。但单模光纤由于芯径太小,制造、连接和耦合都很困难。

多模光纤通常是指光纤中纤芯尺寸较大(通常为 $50\sim100\mu m$)、传输模式很多的光纤。通常纤芯直径较粗时,能传播几百个以上的模,这类光纤性能较差,带宽较窄,但由于纤芯的截面积大,容易制造,连接耦合也比较方便。

8.5.2 光纤传感器的分类

1. 光纤传感器结构原理

我们知道,以电为基础的传统传感器是一种把测量的状态转换为可测的电信号的装置。电源、敏感元件、信号接收和处理系统以及传输信息均由金属导线组成。光纤传感器则是一种把被测量的状态转换为可测的光信号的装置,由发光器、敏感元件(光纤或非光纤的)、光接收器、信号处理系统以及光纤构成。由发光器发出的光经源光纤引导至敏感元件。在这里,光的某一性质受到被测量的调制,已调光经接收光纤耦合到光接收器,使光信号转换为电信号,最后经信号处理系统得到我们所期待的被测量。

光纤传感器与以电为基础的传统传感器相比较,在测量原理上有本质的差别。传统传感器是以机-电测量为基础,而光纤传感器则以光学测量为基础,下面简单分析光纤传感器光学测量的基本原理。

从本质上分析,光就是一种电磁波,其波长范围从极远红外线的 1mm 到极远紫外线的 10nm。电磁波的物理作用和生物化学作用主要因其中的电场而引起。因此,在讨论光的敏感测量时,必须考虑光的电矢量 $\boldsymbol{E}$ 的振动,通常表示为

$$\boldsymbol{E} = \boldsymbol{A}\sin(\omega t + \varphi) \tag{8-16}$$

其中,$\boldsymbol{A}$ 为电场 $\boldsymbol{E}$ 的振幅矢量;ω 为光波的振动频率;φ 为光相位;t 为光的传播时间。

只要使光的强度、偏振态(矢量 $\boldsymbol{A}$ 的方向)、频率和相位等参量之一随被测量状态的变化而变化,或者说受被测量调制,那么就有可能通过对光的强度调制、偏振调制、频率调制或相位调制等进行解调,获得所需要的被测量的信息。

2. 光纤传感器分类

光纤传感器按其工作原理可分为功能型(或称为物性型、传感型)和非功能型(或称为结构型、传光型)两大类。功能型光纤传感器的光纤不仅作为光传播的波导,而且具有测量的功能,它可以利用外界物理因素改变光纤中光的强度、相位、偏振态或波长,从而对外界因素进行测量和数据传输。非功能型光纤传感器的光纤只是作为光的媒介,还需加上其他敏感元件才能组成传感器。

1) 功能型光纤传感器

功能型光纤传感器可分为振幅调制型、相位调制型和偏振态调制型。利用光纤在外部物理量作用下光强的变化进行探测的传感器称为振幅调制型光纤传感器。利用多模光纤构

成振幅调制型光纤传感器的具体办法有：改变光纤对光波的吸收特性；改变光纤中的折射率分布，从而改变传输功率；改变光纤中微弯曲状态等。利用外界因素对于光纤中光波相位的影响探测各种物理量的传感器称为相位调制型光纤传感器。外界因素使光纤中横向偏振态发生变化，对其检测的传感器，称为偏振态调制型光纤传感器。

(1) 振幅调制型

振幅调制型光纤传感器利用被测物理量直接或间接对光纤中传输的光进行强度调制。微弯光纤传感器可构成声传感器或应变传感器。在这类传感器中，传感元件由可使光纤发生微弯曲的变形器件组成，如一对锯齿板。如图 8-32 所示，相邻齿之间的距离决定着变形器的空间频率。当锯齿板受到压力作用时，产生位移，使夹在其中的光纤微弯曲，从而引起光强调制。因为这时在纤芯内传输的光有部分耦合到包层中，如图 8-32(b) 所示，原来光束以大于临界角的角度在纤芯中传输为全内反射；但在微弯处，光束以小于临界角的角度入射到界面，便不满足入射条件，部分光逸出散射入包层。因此，通过检测纤芯或包层模的光功率，就能测得力、位移或声压等物理量。锯齿板位移小时，光强与位移的关系是线性的，否则是非线性的。这类传感器由于其光路是完全密封的，因此不受环境因素的影响，且成本低，精度高，可以达到每微米位移的光功率变化为 5%，检测位移分辨力为 0.01μm。

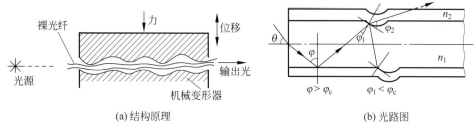

(a) 结构原理　　　　　　　(b) 光路图

图 8-32　微弯光纤传感器

(2) 相位调制型

相位调制型光纤传感器是利用一些被测量引起光纤中光相位变化的原理组成的传感器，具有灵敏、灵活、多样的特点。光纤测温传感器就是利用光纤内传输的相位随温度参数的改变而改变的原理制成的。光信号相位随温度的变化是由于光纤材料的尺寸和折射率随温度改变而引起的。相位变化 $\Delta \phi$ 与温度变化 ΔT 的关系为

$$\Delta \phi = -\frac{2\pi l}{\lambda_0}\left[\left(n + \frac{\alpha \lambda_0}{2\pi} \cdot \frac{\partial \beta}{\partial \alpha}\right)\alpha + \frac{\partial n}{\partial T}\right]\Delta T \tag{8-17}$$

其中，α 为线膨胀系数；l 为光纤长度；$\partial n/\partial T$ 为折射率温度系数；n 为纤芯平均折射率；λ_0 为自由空间光波长；$\partial \beta/\partial \alpha$ 为传播常数与纤芯半径的变化率。

由此可见，只要利用适当的仪器检出光纤中光信号相位的变化就可以测定温度。由于应变或压力也会改变光纤的传输特性，使光信号相位发生变化，同理也可以检测应变和压力。

对于单模光纤，检测相位变化的基本系统是马赫·琴特干涉仪。在仪器中，来自信号光纤的光与一稳定的参考光束混合，由于信号光纤受被测参数的影响，其传输的光信号相位发生变化，因而两束光产生干涉。用一适当的相位检测器可以检测微小的变化，用条纹计数器可以检测大的变化，其原理如图 8-33 所示。光纤测温计是一种极灵敏的仪器，当参考光路

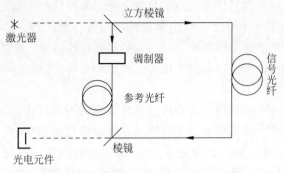

图 8-33 马赫·琴特干涉仪原理图

平稳时,则可测出 0.01℃的变化。

2)非功能型光纤传感器

非功能型光纤传感器结构比较简单,并能充分利用光电元件和光纤本身的特点,因此很受重视。

(1)光纤位移传感器

光纤位移传感器是利用光纤传输光信号的功能,根据探测到反射光的强度测量被测量与反射表面的距离,如图 8-34 所示。工作原理:当光纤探头端部紧贴被测件时,发射光纤中的光不能反射到接收光纤中,因而光电元件中不能产生电信号;当被测表面逐渐远离光纤探头时,发射光纤照亮被测表面的面积 A 越来越大,相应的发射光锥和接收光锥重合面积 B_1 越来越大,而接收光纤端面上被照亮的 B_2 区域面积也越来越大,有一个线性增长的输出信号;当整个接收光纤端面被全部照亮时,输出信号就达到位移-相对光强曲线上的"光

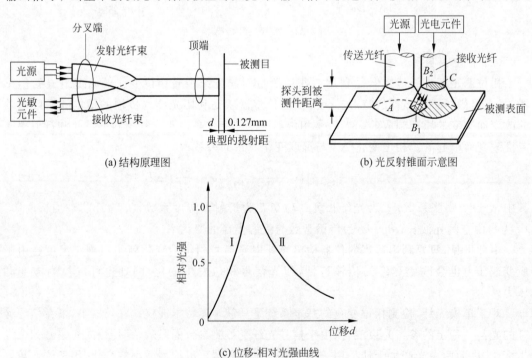

图 8-34 光纤位移传感器

峰点"；当被测表面继续远离时，由于被反射光照亮的 B_2 面积大于 C，即有部分反射光没有反射进接收光纤，但由于接收光纤更加远离被测表面，接收到的光强逐渐减小，光电元件的输出信号逐渐减弱。如图 8-34(c) 所示，曲线 I 段范围窄，但灵敏度高，线性好，适于测量微小位移和表面粗糙度等；曲线 II 段信号的减弱与探头和被测表面之间的距离的二次方成反比。

标准的光纤位移传感器中，由 600 根纤芯组成一个直径为 0.762mm 的光缆。发射和接收光纤的组合方式有混合式、半球形对半式、共轴内发射分布和共轴外发射分布 4 种。混合式的灵敏度最高，而半球形对半式的 I 区段范围最大。

(2) 光纤测温传感器

光纤测温技术除使用上述介绍的调制法外，还有很多方法。其中一种是利用被测表面辐射能量随温度变化而变化的特点，通过光纤将辐射能量传输到热敏元件上，经过转换，再变成可供记录和显示的电信号。例如，目前液体炸药爆炸温度测量采用的比色测温法，就是利用光导纤维传输爆炸辐射能的。该方法的特点是可以远距离测量。

(3) 光频率调制型光纤传感器

光频率调制型光纤传感器是基于被测物体的入射光频率与其光反射的多普勒效应，所以主要用来测量运动物体的速度。如式(8-18)所示，如果频率为 f_i 的光照射在相对速度为 v 的运动物体上，则从该运动体反射的光频率 f_s 发生变化，根据这一原理，可以制成光纤激光-多普勒测振仪，测量的灵敏度非常高。同时，光频率调制型光纤传感器还可应用于测血液流量，制成光纤多普勒血液流量计。

$$f_s = \frac{f_i}{1-(v/c)} \approx f_i(1+v/c) \tag{8-18}$$

其中，c 为真空中的光速。

8.5.3 光纤传感器应用

光纤传感器由于它的独特性能而受到广泛的重视，它的应用正在迅速发展。按测量对象的不同，可以将光纤传感器分为光纤温度传感器、光纤位移传感器、光纤流量传感器、光纤力传感器、光纤速度与加速度传感器、光纤磁场传感器、光纤电流传感器、光纤电压传感器、光纤振动传感器和光纤医用传感器等。下面以光纤温度传感器和光纤角速度传感器为例，介绍光纤传感器的应用。

1. 光纤温度传感器

图 8-35 所示为一种采用补偿检测法的半导体光纤温度传感器的结构框图。其中，LED_1 为信号光源，其中心波长与半导体的本征吸收波长 λ_g 相匹配；LED_2 为参考光源，其中心波长大于 λ_g。当温度变化时，LED_1 通过半导体的投射光强度随温度变化而变化，而 LED_2 的投射光强度保持不变。因此，对于 LED_1 发出的光，在两个探测器 PD_1 和 PD_2 上接收的光强度可分别表示为 I_{11} 和 I_{12}。

$$\begin{cases} I_{11} = \alpha_1 \gamma \alpha_3 M(t) I_1 \\ I_{12} = \alpha_1 (1-\gamma) \alpha_4 I_1 \end{cases} \tag{8-19}$$

对于 LED_2 发出的光，两个探测器上接收光强度分别表示为 I_{21} 和 I_{22}。

$$\begin{cases} I_{21} = \alpha_2 \gamma \alpha_3 I_2 \\ I_{22} = \alpha_2 (1-\gamma) \alpha_4 I_2 \end{cases} \tag{8-20}$$

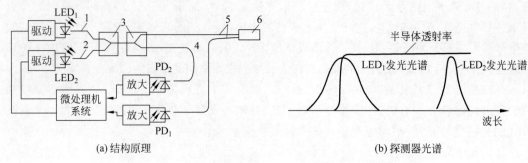

(a) 结构原理　　　　　　　　　(b) 探测器光谱

图 8-35　一种采用补偿检测法的半导体光纤温度传感器

式(8-19)和式(8-20)中，$\alpha_1 \sim \alpha_4$ 为与各段光纤有关的综合损耗系数；γ 为两个 Y 形光纤耦合器的联合分光比；$M(t)$ 为信号的调制函数，即 LED_1 的光通过半导体的透射系数；I_1 为光源 LED_1 的光强；I_2 为光源 LED_2 的光强。

将 I_{11}、I_{12}、I_{21}、I_{22} 分别检测出来并进行如下运算。

$$I_x(t) = \frac{I_{12}I_{21}}{I_{11}I_{22}} = \frac{\alpha_1(1-\gamma)\alpha_4 I_1 \alpha_2 \gamma \alpha_3 I_2}{\alpha_1(1-\gamma)\alpha_3 M(t) I_1 \alpha_2 \gamma \alpha_4 I_2} = \frac{1}{M(t)} \tag{8-21}$$

由式(8-21)可知，得到的处理结果只与温度信号有关，而与其他所有的损耗和光源强度无关。

采用了补偿检测法的光纤温度传感器的精度和稳定性都有很大的提高，检测精度可达 0.1℃。其中光源的开关控制和信号的检测、运算均可由微处理器系统方便实现。

2. 光纤角速度传感器

光纤角速度传感器又名光纤陀螺，它是一种由单模光纤作为光通路的萨格奈克 (Sagnac) 干涉仪。光纤陀螺的 Sagnac 效应可以用如图 8-36 所示的圆形环路说明。

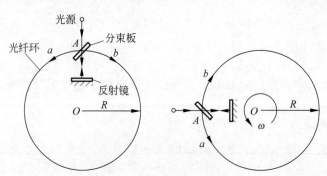

图 8-36　圆形环路 Sagnac 干涉仪

该干涉仪由光源、分束板、反射镜和光纤环组成。光在 A 点入射，并被分束板分成等强的两束。反射光 a 进入光纤环沿着圆形环路逆时针方向传播。透射光 b 被反射镜反射回来后又被分束板反射，进入光纤环沿着圆形环路顺时针方向传播。这两束光绕行一周后，又在分束板处汇合。

先不考虑光纤芯层折射率的影响，即认为光是在折射率为 1 的媒质中传播。当干涉仪相对惯性空间无旋转时，相反方向传播的两束光绕行一周的光程相等，都等于圆形环路的周长，即

$$L_a = L_b = L = 2\pi R \tag{8-22}$$

两束光绕行一周的时间也相等，都等于光程 L 除以真空中的光速 c，即

$$t_a = t_b = \frac{L}{c} = \frac{2\pi R}{c} \tag{8-23}$$

当干涉仪绕着与光路平面垂直的轴以角速度 ω（设为逆时针方向）相对惯性空间旋转时，如图 8-36(b) 所示，这时由于光纤环和分束板均随之转动，相反方向传播的两束光绕行一周的光程就不相等，时间也不相等。

逆时针方向传播的光束 a 绕行一周再次到达分束板时多走了 $R\omega t_a$ 的距离，其实际光程为

$$L_a = 2\pi R + R\omega t_a \tag{8-24}$$

而这束光绕行一周到达分束板的时间为

$$t_a = \frac{L_a}{c} = \frac{2\pi R + R\omega t_a}{c} \tag{8-25}$$

由此可解得

$$t_a = \frac{2\pi R}{c - R\omega} \tag{8-26}$$

顺时针方向传播的光束 b 绕行一周再次到达分束板时少走了 $R\omega t_b$ 距离，其实际光程为

$$L_b = 2\pi R - R\omega t_b \tag{8-27}$$

而这束光绕行一周到达分束板的时间为

$$t_b = \frac{L_b}{c} = \frac{2\pi R - R\omega t_b}{c} \tag{8-28}$$

可解得

$$t_b = \frac{2\pi R}{c + R\omega} \tag{8-29}$$

相反方向传播的两束光绕行一周到达分束板的时间差为

$$\Delta t = t_a - t_b = \frac{4\pi R^2}{c^2 - (R\omega)^2}\omega \tag{8-30}$$

显然，这里 $c^2 \gg (R\omega)^2$，所以式(8-30)可足够精确地近似为

$$\Delta t = \frac{4\pi R^2}{c^2}\omega \tag{8-31}$$

两束光绕行一周到达分束板的光程差则为

$$\Delta L = c\Delta t = \frac{4\pi R^2}{c}\omega \tag{8-32}$$

这表明两束光的光程差 ΔL 与输入角速度 ω 成正比。通过测量两束光之间的相位差即相移，即可获得被测角速度。两束光之间的相移 $\Delta \varphi$ 为

$$\Delta \varphi = \frac{2\pi}{\lambda}\Delta L = \frac{4\pi R l}{c\lambda}\omega \tag{8-33}$$

其中，$l = 2\pi R$ 表示光纤环的周长。相位差与干涉条纹的光强之间存在确定的函数关系，通过用光电检测器对干涉条纹光强进行检测，可以实现对旋转角速率 ω 的测量。

以上是单匝光纤的情况，光纤陀螺仪采用的是多匝光纤环的光纤线圈，从而有助于提高测量的灵敏度。由于光纤的直径很小，虽然长度很长，但整个仪表的体积仍然可以做得很小。

光纤陀螺仪诞生于 1976 年,发展至今已成为当今的主流陀螺仪表。由于其轻型的固态结构,使其具有可靠性高、寿命长、耐冲击和振动、动态范围宽、带宽大、瞬时启动、功耗低等一系列独特优点。光纤陀螺仪广泛应用于航空、航天、航海和兵器等军事领域,以及钻井测量、机器人和汽车导航等民用领域。

习题 8

8-1 光电器件有哪几种类型?各有何特点?

8-2 当光波长为 $0.8\sim0.9\mu m$ 时宜采用哪几种光敏元件作测量元件?为什么?

8-3 试述光敏电阻、光敏二极管、光敏三极管和光电池的工作原理,如何正确选用这些器件?试举例说明。

8-4 光在光纤中是怎样传输的?对光纤和入射光的入射角有什么要求?

8-5 光纤的数值孔径 NA 的物理意义是什么?NA 取值的大小有何意义?

8-6 已知光纤纤芯和包层的折射率分别为 $n_1=1.46, n_2=1.45$,如光纤外部介质的 $n_0=1$,求最大入射角 θ_c 的值。

8-7 已知在空气中行进的光线以与玻璃板表面成 33°入射于玻璃板,此光束一部分发生反射,另一部分发生折射,若折射光束与反射光束成 90°,求这种玻璃的折射率。这种玻璃的临界角是多少?

8-8 有一个折射率 $n=\sqrt{3}$ 的玻璃球,光线以 60°入射到球表面,求入射光与折射光间的夹角。

8-9 如何设计利用光纤进行角速度测量的传感器?

第 9 章 磁电式传感器

CHAPTER 9

磁电式传感器是通过磁电作用将被测量(如振动、位移、转速等)转换成电信号的一种传感器。磁电感应式传感器、霍尔式传感器都是磁电式传感器。磁电感应式传感器是利用导体和磁场发生相对运动产生感应电势的；霍尔式传感器是由于载流半导体在磁场中产生电磁效应(霍尔效应)而输出感应电势的。它们的原理并不完全相同，因此有各自的特点和应用范围。

9.1 磁电感应式传感器

磁电感应式传感器也称为电动式传感器或磁电式传感器。它是利用导体和磁场发生相对运动而在导体两端输出感应电势的。因此，它是一种机电能量转换型传感器，不需供电电源，直接从被测物体吸取机械能量并转换成电信号输出。它的电路简单，性能稳定，输出阻抗小，又具有一定的频率响应范围(一般为 10～1000Hz)，适用于振动、转速、扭矩等测量。特别是由于这种传感器的"双向"性质，使它可以作为"逆变器"应用于近年来发展起来的反馈式(也称为平衡式)传感器中。但这种传感器的尺寸和重量都比较大。

9.1.1 工作原理和结构类型

磁电感应式传感器是以电磁感应原理为基础的，根据电磁感应定律，线圈两端的感应电动势正比于线圈所包围的磁链对时间的变化率，即当 N 匝线圈在均衡磁场运动时，设穿过线圈的磁通为 Φ，则线圈内的感应电势 E 与磁通变化率 $\mathrm{d}\Phi/\mathrm{d}t$ 的关系为

$$E = -\frac{\mathrm{d}\varphi}{\mathrm{d}t} = -N\frac{\mathrm{d}\Phi}{\mathrm{d}t}$$

其中，N 为线圈匝数；Φ 为线圈所包围的磁通量。

若线圈相对磁场运动为速度 v 或角转度 ω，则感应电势可改写为

$$E = -NBlv \quad \text{或} \quad E = -NBS\omega$$

其中，l 为每匝线圈的平均长度；B 为线圈所在磁场的磁感应强度；S 为每匝线圈的平均截面积。

在传感器中，当结构参数确定后，即 B、l、W 和 S 均为定值，那么感应电势 E 与线圈相对磁场的运动速度(v 或 ω)成正比。

根据上述原理，人们设计了两种结构：一种是变磁通式；另一种是恒磁通式。变磁通

式结构(也称为变磁阻式或变气隙式)常用于旋转角速度的测量,如图 9-1 所示。

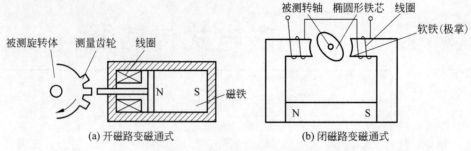

(a) 开磁路变磁通式　　(b) 闭磁路变磁通式

图 9-1　变磁通式磁电感应式传感器结构原理图

图 9-1(a)所示为开磁路变磁通式结构,线圈和磁铁静止不动,测量齿轮(导磁材料制成)安装在被测旋转体上,随之一起转动,每转过一个齿,传感器磁路磁阻变化一次,磁通也就变化一次。线圈中产生的感应电动势的变化频率等于齿轮的齿数和转速的乘积,这种传感器结构简单,但输出信号较小,且高速轴加装齿轮较危险而不宜测高转速。

图 9-1(b)所示为两极式闭磁路变磁通式结构,被测转轴带动椭圆形铁芯在磁场气隙中等速运动,使气隙平均长度周期性变化,因而磁路磁阻也周期性地变化,致使磁通同样周期性变化,在线圈中产生频率与铁芯转速成正比的感应电动势。在这种结构中,也可以用齿轮代表椭圆形铁芯,软铁(极掌)制成齿轮形式,两齿轮的齿数相等,当被测物体运动时,两齿轮相对运动,磁路的磁阻发生变化,因而在线圈中产生频率与转速成正比的感应电动势。

恒定磁通式结构有两种,图 9-2(a)所示为动圈式结构,图 9-2(b)所示为动铁式结构。磁路系统产生恒定的直流磁场,磁路中的工作气隙是固定不变的。在动圈式结构中,运动部件是线圈,永久磁铁与传感器壳体固定,线圈与金属骨架用柔软弹簧支撑。在动铁式结构中,运动部件是磁铁,线圈、金属骨架和壳体固定,永久磁铁用柔软弹簧支撑。两者的阻尼都是由金属骨架与磁场发生相对运动而产生的电磁阻尼。

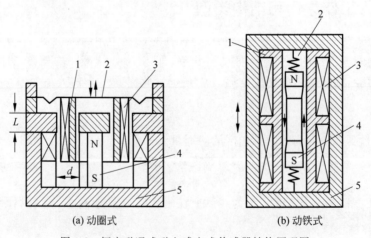

(a) 动圈式　　(b) 动铁式

图 9-2　恒定磁通式磁电感应式传感器结构原理图

1—阻尼器(金属骨架);2—弹簧;3—线圈;4—永久磁铁;5—壳体

动圈式和动铁式结构的工作原理相同,当壳体随被测振动体一起振动时,由于弹簧较软,运动部件质量相对较大,因此振动频率足够高(远高于传感器的固有频率)时,运动部件的惯性很大,来不及跟踪振动体一起振动,近于静止不动,振动能量几乎全被弹簧吸收,永久磁铁与线圈之间的相对运动速度接近于振动体振动速度。永久磁铁与线圈相对运动使线圈切割磁力线,产生与运动速度 v 成正比的感应电动势,计算式为

$$e = -B_0 l W_0 v \tag{9-1}$$

其中,B_0 为工作气隙磁感应强度;W_0 为线圈处于工作气隙磁场中的匝数,称为工作匝数;l 为每匝线圈的平均长度。

9.1.2 磁电感应式传感器的基本特性

当测量电路接入磁电传感器电路中时,磁电感应式传感器的输出电流 I_o 为

$$I_o = \frac{E}{R + R_i} = \frac{B_0 W L v}{R + R_i} \tag{9-2}$$

其中,R_i 为测量电路输入电阻;R 为线圈等效电阻。

传感器的电流灵敏度为

$$S_i = \frac{I}{v} = \frac{B_0 W L}{R + R_i} \tag{9-3}$$

传感器的输出电压和电压灵敏度分别为

$$U_o = I_o R_i = \frac{B_0 L W v R_i}{R + R_i} \tag{9-4}$$

$$S_u = \frac{U_o}{v} = \frac{B_0 L W R_i}{R + R_i} \tag{9-5}$$

当传感器的工作温度发生变化或受到外界磁场干扰、机械振动或冲击时,其灵敏度发生变化而产生测量误差,相对误差为

$$\gamma = \frac{dS_i}{S_i} = \frac{dB}{B} + \frac{dL}{L} - \frac{dR}{R} \tag{9-6}$$

1. 非线性误差

磁电式传感器产生非线性误差的主要原因是:传感器线圈内有电流 I 流过时,将产生一定的交变磁通 Φ_I,此交变磁通叠加在永久磁铁所产生的工作磁通上,使恒定的气隙磁场的运动速度增大时,将产生较大的感应电势 E 和较大的电流 I,由此而产生的附加磁场方向与原工作磁场方向相反,减弱了工作磁场的作用,从而使传感器的灵敏度随着被测速度的增大而降低。当线圈的运动速度与图 9-3 所示方向相反时,感应电势 E、线圈感应电流反向,所产生的附加磁场与工作磁场同向,从而增大了传感器的灵敏度。其结果与线圈运动速度方向不同时,传感器的灵敏度具有不同的数值,使传感器输出基波能量降低,谐波能量增加,即这种非线性特性同时伴随着传感器输出谐波失真。显然,传感器灵敏度越高,线圈中电流越大,这种非线性越严重。

为补偿上述附加磁场干扰,可在传感器中加入补偿线圈,

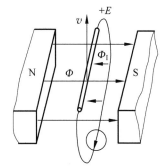

图 9-3 传感器电流磁场效应

如图 9-2(a)中的 6 所示。补偿线圈通以经放大 K 倍的电流,适当选择补偿线圈参数,可使其产生交变磁通与传感线圈本身所产生的交变磁通互相抵消,从而达到补偿的目的。

2. 温度误差

当温度变化时,式(9-6)中右边 3 项都不为零。对于铜缆,每摄氏度变化量 $dL/L \approx 0.167 \times 10^{-4}$,$dR/R \approx 0.43 \times 10^{-2}$。$dB/B$ 取决于永久磁铁的磁性材料。对于铝镍永久磁合金,$dB/B = -0.02 \times 10^{-2}$,可得温度误差近似值为

$$\gamma_t \approx (-4.5\%)/10℃$$

这一数值是很可观的,所以需要进行温度补偿。通常采用热磁分流器进行补偿。热磁分流器由具有很大负温度系数的特殊磁性材料制成。它在正常工作温度下已将空气隙磁通分流掉一小部分。当温度升高时,热磁分流器的磁导率显著下降,经它分流掉的磁通占总磁通的比例较正常工作温度下显著降低,从而保持空气隙的工作磁通随温度变化,维持传感器灵敏度为常数。

9.1.3 磁电感应式传感器的测量电路

磁电感应式传感器直接输出感应电势,且传感器通常具有较高的灵敏度,所以一般不需要高增益放大器。但磁电感应式传感器用于速度传感器,若要获取被测位移或加速度信号,则需要配有积分或微分电路。图 9-4 所示为一般测量电路。

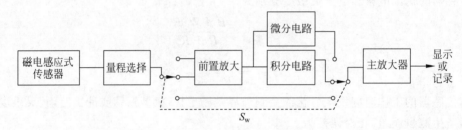

图 9-4 磁电感应式传感器测量电路

9.1.4 磁电感应式传感器应用

1. 磁电感应式振动速度传感器

图 9-5 所示为 CD-1 型磁电感应式振动速度传感器的结构原理图。它属于动圈式恒定磁通型结构。永久磁铁通过铝架和圆筒形导磁材料制成的壳体固定在一起,形成磁路系统,

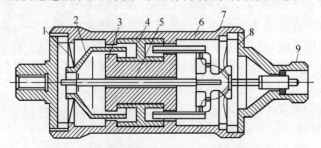

图 9-5 CD-1 型磁电感应式振动速度传感器

1—弹簧片;2—阻尼器;3—永久磁铁;4—铝架;5—芯轴;6—工作线圈;7—壳体;8—弹簧片;9—引线

壳体还起屏蔽作用。磁路中有两个环形气隙,右气隙中放有工作线圈,左气隙中有放有圆环形阻尼器。工作线圈和圆环形阻尼器用芯轴连在一起组成质量块,用圆形弹簧片支撑在壳体上。使用时,将传感器固定在被测振动体上,永久磁铁、铝架和架体一起随被测体振动。由于质量块有一定质量,产生惯性力,而弹簧片又非常柔软,因此当振动频率远大于传感器固有频率时,线圈在磁路系统的环形气隙中相对永久磁铁运动,以振动体的振动速度切割磁力线,产生感应电势,通过引线转到测量电路中。同时,良导体阻尼也在磁路系统气隙中运动,感应产生涡流,形成系统的阻尼力,起到衰减固有振动和扩展频率响应范围的作用。

2. 磁电感应式转速传感器

图 9-6 所示为一种磁电感应式转速传感器的结构原理图。

转子与转轴固定,转子、定子和永久磁铁组成磁路系统。转子和定子的环形端面上都均匀地铣了一些齿和槽,两者的齿、槽数对应相等。测量转速时,传感器的转轴与被测物转轴相连接,因而带动转子转动。当转子的齿与定子的齿相对时,气隙最小,磁路系统的磁通最大。而齿与槽相对时,气隙最大,磁通最小。因此,当定子不动而转子转动时,磁通就周期性地变化,从而在线圈中感应出近似正弦波的电压信号。转速越高,感应电动势的频率也就越高。频率 f 与转速 n 和齿数 z 关系为

$$f = z \cdot n / 60$$

其中,z 为齿数;n 为转速(单位为 r/min)。

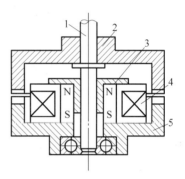

图 9-6 磁电感应式转速传感器
1—转轴;2—转子;3—永久磁铁;
4—线圈;5—定子

传感器的输出电势取决于线圈中磁场变速度,因而它是与被测速度成一定比例的。当转速太低时,输出电势很小,以致无法测量。所以这种传感器有一个下限工作频率,一般为 50Hz 左右,闭磁路转速传感器的下限频率可降低到 30Hz 左右,其上限工作频率可达 100kHz。

磁阻式转速传感器采用的转速-脉冲变换电路如图 9-7 所示。传感器的感应电压由 D_1 管削去负半周期,送到 BG_1 进行放大,再经过 BG_2 组成射极跟随器,然后送入 BG_3 和 BG_4 组成的射极耦合触发器进行整形,这样就得到方波输出信号。

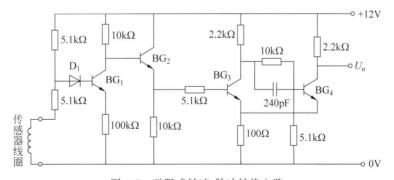

图 9-7 磁阻式转速-脉冲转换电路

3. 磁电式扭矩传感器

图 9-8 所示为磁电式扭矩传感器工作原理图。在驱动源和负载之间的扭矩轴的两侧安装有齿形圆盘,它们旁边装有相应的两个磁电式传感器。磁电式传感器结构如图 9-9 所示,传感器的检测元件部分由永久磁场、感应线圈和铁芯组成。永久磁铁产生的磁力线与齿形圆盘交链。当齿形圆盘旋转,圆盘齿凸凹引起磁路气隙的变化,于是磁通量也发生变化,在线圈中感应出交流电压,其频率等于圆盘上齿数与转数的乘积。

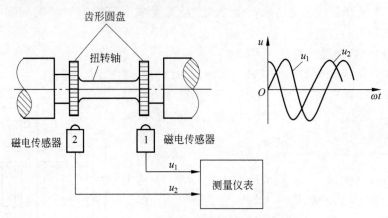

图 9-8 磁电式扭矩传感器工作原理图

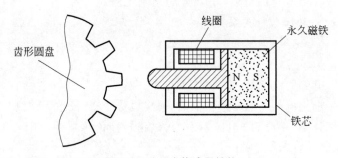

图 9-9 磁电式传感器结构

当扭矩作用在扭转轴上时,两个磁电式传感器输出的感应电压 u_1 和 u_2 存在相位差。这个相位差与扭转轴的轴转角成正比。这样传感器就可以把扭转角转换成有相位差的电信号。

9.2 霍尔式传感器

霍尔式传感器是基于霍尔效应的一种传感器。1879 年,美国物理学家霍尔首先在金属材料中发现了霍尔效应,但由于金属材料的霍尔效应太弱而没有得到应用。随着半导体技术的发展,开始用半导体材料制成霍尔元件,由于它的霍尔效应显著而得到应用和发展。霍尔式传感器广泛用于电磁测量、压力、加速度、振动等方面的测量。

9.2.1 霍尔效应与霍尔元件

1. 霍尔效应

一块长为 l,宽为 b,厚为 d 的半导体薄片置于磁感应强度为 B 的磁场(磁场方向垂直于薄片)中,如图 9-10 所示。当有电流 I 流过时,在垂直于电流和磁场的方向上将产生电动势 U_H。这种现象称为霍尔效应。

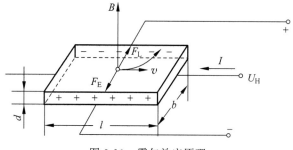

图 9-10　霍尔效应原理

假设薄片为 N 型半导体,在其左右两端通以电流 I(称为控制电流)。那么半导体中的载流子(电子)将沿着与电流 I 相反的方向运动。由于外磁场 B 的作用,使电子受到洛仑兹力 F_L 作用而发生偏转,结果在半导体的后端面上电子有所积累,而前端面缺少电子,因此后端面带负电,前端面带正电,在前后端面间形成电场。该电场产生的电场力 F_E 阻止电子继续偏转。当 F_E 与 F_L 相等时,电子积累达到动态平衡。这时,在半导体前后两端面之间(即垂直于电流和磁场方向)建立电场,称为霍尔电场 E_H,相应的电势就称为霍尔电势 U_H。

若电子以速度 v 按图 9-10 中所示方向运动,那么在 B 作用下所受的洛仑兹力可表示为

$$F_L = evB \tag{9-7}$$

其中,e 为电子电荷量,$e=1.602\times10^{-19}\mathrm{C}$。

同时,电场 E_H 作用于电子的力 $F_H=-eE_H$,式中负号表示电场方向与规定方向相反。假设薄片长、宽、厚尺寸已知。而 $E_H=U_H/b$,霍尔电场作用于电子的力为

$$F_E = -\frac{eU_H}{b} \tag{9-8}$$

当电子积累达到动态平衡时,即 $F_E+F_L=0$,于是得

$$vB = \frac{U_H}{b} \tag{9-9}$$

而电流密度 $j=-nev$,n 为 N 型半导体中的电子浓度,即单位体积中的电子数,负号表示电子运动速度方向与电流方向相反,所以有

$$I = jbd = -nevbd \tag{9-10}$$

$$v = -I/(nebd) \tag{9-11}$$

将(9-11)式代入式(9-9),可得

$$U_H = -\frac{IB}{ned} \tag{9-12}$$

若霍尔元件采用 P 型半导体材料,则可推导出

$$U_H = \frac{IB}{ned} \tag{9-13}$$

由式(9-12)和式(9-13)可知,根据霍尔电势的正负可以判断材料的类型。

2. 霍尔系数和灵敏度

设 $R_H=-1/ne$,则式(9-13)可写成

$$U_H = -R_H IB/d \tag{9-14}$$

R_H 称为霍尔系数,其大小反映霍尔效应的强弱,它由载流材料的物理性质所决定。

由电阻率公式 $\rho = 1/ne\mu$ 可得

$$R_H = \rho\mu \tag{9-15}$$

其中,ρ 为材料的电阻率;μ 为载流子的迁移率,即单位电场作用下载流子的运动速度。

一般电子的迁移率大于空穴的迁移率,因此制作霍尔元件时多采用 N 型半导体材料。若设

$$K_H = -R_H/d = -1/ned \tag{9-16}$$

将式(9-16)代入式(9-14),则有

$$U_H = K_H IB \tag{9-17}$$

K_H 称为元件的灵敏度,它表示霍尔元件在单位磁感应强度和单位控制电流作用下霍尔电势的大小,单位为 mV/(mA·T)。

式(9-16)说明:

(1) 由于金属的电子浓度很高,所以它的霍尔系数或灵敏度都很小,因此不适合制作霍尔元件;

(2) 元件的厚度 d 越小,灵敏度越高,因而制作霍尔片时可采取减少 d 的方法提高灵敏度。但是不能认为 d 越小越好,因为这会导致元件的输入和输出电阻增加,对于锗元件更是不希望如此。

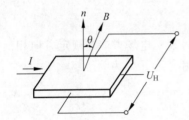

图 9-11 霍尔输出与磁场角度的关系

还应指出,当磁感应强度 B 和霍尔片平面法线 n 成角度 θ 时,如图 9-11 所示,此时实际作用于霍尔片的有效磁场是其法线方向的分量,即 $B\cos\theta$,则其霍尔电势为

$$U_H = K_H IB\cos\theta \tag{9-18}$$

由式(9-18)可知,当控制电流转向时,输出电势方向也随之变化;磁场方向改变时亦如此。但是,若电流和磁场同时转向,则霍尔电势方向不变。

霍尔式传感器转换效率较低,受温度影响大,但其具有结构简单、体积小、坚固、频率响应宽、动态范围(输出电势的变化)大、无触点、使用寿命长、可靠性高、易微型化和集成电路化的优点,因此在测量技术、自动控制、电磁测量、计算装置和现代军事技术等领域中得到广泛应用。

3. 霍尔元件材料

用于制造霍尔元件的材料主要有以下几种。

(1) 锗(Ge),N 型和 P 型均可。其电阻率约为 $10^{-2}(\Omega \cdot m)$,在室温下载流子迁移率为 $3.6 \times 10^3 (cm^2 \cdot V^{-1} \cdot s^{-1})$,霍尔系数可达 $4.25 \times 10^3 (cm^2 \cdot C^{-1})$,而且提纯和拉单晶都很容易,故常用于制造霍尔元件。

(2) 硅(Si),N 型和 P 型均可。其电阻率均为 $1.5 \times 10^{-2}(\Omega \cdot m)$,N 型硅的载流子迁移率高于 P 型硅,N 型硅霍尔系数可达 $2.25 \times 10^{-3}(cm^2 \cdot C^{-1})$。

(3) 砷化铟(InAs)和锑化铟(InSb)。这两种材料的特性很相似,纯砷化铟样品的载流子迁移率可达 $3 \times 10^4 (cm^2 \cdot V^{-1} \cdot s^{-1})$,电阻率较小,约为 $2.5 \times 10^{-3}(\Omega \cdot m)$。锑化铟的载流子迁移率可达 $6 \times 10^4 (cm^2 \cdot V^{-1} \cdot s^{-1})$,电阻率约为 $7 \times 10^{-3}(\Omega \cdot m)$。它们的霍尔系

数分别为 350 和 1000(cm² · C⁻¹)。由于两者迁移率都非常高,而且可以用化学腐蚀的方法将其厚度减薄到 10μm,因此用这两种材料制成的霍尔元件有较大的霍尔电势。

9.2.2 霍尔元件构造及测量电路

1. 霍尔元件构造

霍尔元件的外形结构和符号分别如图 9-12 和图 9-13 所示。霍尔元件的结构很简单,它由霍尔片、四极引线和壳体组成。霍尔片是一块矩形半导体单晶薄片(一般为 4×2×0.1mm³)。在它的长度方向两端面上焊有两根引线(见图 9-12 中的 1 线和 1′线),称为控制电流端引线,通常用红色导线,其焊接处称为控制电流极(或称激励电极),要求焊接处接触电阻很小,并呈纯电阻,即欧姆接触(无 PN 结特性)。在薄片的另两侧端面的中间以点的形式对称地焊有两根霍尔输出端引线(见图 9-12 中的 2 线和 2′线),通常用绿色导线,其焊接处称为霍尔电极,要求欧姆接触,且电极宽度与长度之比要小于 0.1,否则影响输出。霍尔元件用非导磁金属、陶瓷或环氧树脂壳体封装。霍尔元件在电路中可用图 9-13 所示的两种符号表示。

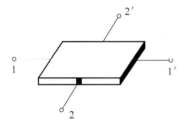

图 9-12 霍尔元件示意图

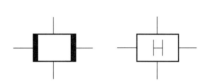

图 9-13 霍尔元件的符号

2. 测量电路

霍尔元件的基本测量电路如图 9-14 所示。激励电流由电源 E 供给,可变电阻 R_P 用来调节激励电流 I 的大小。R_L 为输出霍尔电势 U_H 的负载电阻,通常它是显示仪表、记录装置或放大器的输出阻抗。

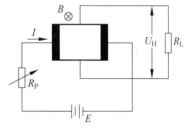

图 9-14 霍尔元件的基本测量电路

3. 霍尔元件的输出电路

霍尔器件是一种四端器件,本身不带放大器。霍尔电势一般为毫伏数量级,在实际使用时必须加差分放大器。霍尔元件大体分为线性测量和开关状态两种使用方式。因此,输出电路如图 9-15 所示。

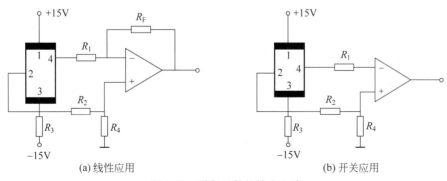

(a) 线性应用　　　　　　　　　　(b) 开关应用

图 9-15 霍尔元件的输出电路

当霍尔元件用于线性测量时,最好选用灵敏度稍低、不等位电势小、稳定性和线性度优良的霍尔元件。

例如,选用 $K_H = 5\text{mV/(mA·kGs)}$,控制电流为 5mA 的霍尔元件作为线性测量元件,若要测量 1~10kGs 的磁场,则霍尔元件最低输出电势 U_H 为

$$U_{H_{\min}} = 5\text{mV/(mA·kGs)} \times 5\text{mA} \times 10^{-3}\text{kGs} = 25\mu\text{V}$$

最大输出电势为

$$U_{H_{\max}} = 5\text{mV/(mA·kGs)} \times 5\text{mA} \times 10\text{kGs} = 250\text{mV}$$

所以要选择低噪声的放大器作为前级放大器。

当霍尔元件作为开关使用时,要选择灵敏度高的霍尔元件。

例如,$K_H = 20\text{mV/(mA·kGs)}$,如果采用 $2\times3\times5\text{mm}^3$ 的合金钢器件,控制电流为 2mA,施加一个距离为 5mm 的 300Gs 的磁场,则输出霍尔电势为

$$U_H = 20\text{mV/(mA·kGs)} \times 2\text{mA} \times 300\text{Gs} = 12\text{mV}$$

这时一般放大器即可满足要求。

9.2.3 霍尔元件的主要技术指标

1. 霍尔元件的电磁特性

1) U_H-I 特性

当磁场恒定时,在一定温度下测定控制电流 I 与霍尔电势 U_H,可以得到良好的线性关系,如图 9-16 所示。其直线斜率称为控制电流灵敏度,以符号 K_I 表示,可写成

$$K_I = (U_H/I)_{B=\text{const}} \tag{9-19}$$

由式(9-17)还可以得到

$$K_I = K_H B \tag{9-20}$$

由此可见,灵敏度 K_H 大的元件,其控制电流灵敏度一般也很大。但是灵敏度大的元件,其霍尔电势输出并不一定很大,这是因为霍尔电势的值与控制电流成正比。

由于建立霍尔电势所需要的时间很短,因此控制电流采用交流时频率可以很高,而且元件的噪声系数较小。

2) U_H-B 特性

当控制电流保持不变时,元件的开路霍尔输出随磁场的增加不完全呈线性关系,而有非线性偏离。图 9-17 给出了这种偏离程度,可以看出:锑化铟的霍尔输出对磁场的线性度不如锗。对于锗,沿着(100)晶面切割的晶体的线性度优于沿着(111)晶面切割的晶体。

通常霍尔元件工作在 0.5T 以下时线性度较好。在使用中,若对线性度要求很高,可以采用 HZ-4,它的线性偏离一般不大于 0.2%。

2. 霍尔元件技术指标

霍尔元件的主要技术指标有以下几项。

1) 额定激励电流 I_H

使霍尔元件升温 10℃ 所施加的控制电流值,称为额定激励电流,通常用 I_H 表示。通过电流 I_H 的载流体产生的焦耳热 W_H 为

$$W_H = I^2 R = I^2 \rho \cdot \frac{l}{bd} \tag{9-21}$$

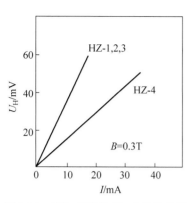

图 9-16 霍尔元件的 U_H-I 特性曲线

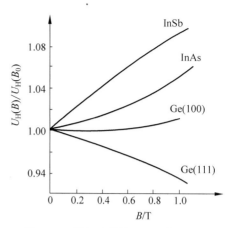

图 9-17 霍尔元件的 U_H-B 特性曲线

而霍尔元件的散热 W_H 主要由没有电极的两个侧面承担,即 $W_H=2lb$。当达到热平衡时可求得

$$I_H = b \cdot \sqrt{2d \cdot \Delta T \cdot A \cdot 1/\rho}$$

其中,ΔT 为限定的温升;A 为散热系数(W/cm^2·C)。

因此,当霍尔元件做好之后,限制额定电流的主要因素是散热条件。

2) 输入电阻 R_i

输入电阻为控制电流极间的电阻值,规定要求在(20±5)℃的环境温度中测量。

3) 输出电阻 R_s

输出电阻为霍尔电极间的电阻值,规定要求在(20±5)℃的环境温度中测量。

4) 不等位电势和零位电阻

当霍尔元件通以控制电流 I_H 而不加外磁场时,它的霍尔输出端之间仍有空载电势存在,该电势就称为不等位电势(或零位电势)。产生不等位电势的主要原因如下。

(1) 霍尔电极安装位置不正确(不对称或不在同一等位面上)。

(2) 半导体材料的不均匀造成了电阻率不均匀或几何尺寸不均匀。

(3) 因控制电极接触不良造成控制电流不均匀分布等,这主要是由工艺所决定的。

不等位电势也可用不等位电阻(或称为零位电阻)表示,二者实际上说明同一内容。

$$r_0 = \frac{U_0}{I_H} \tag{9-22}$$

其中,U_0 为不等位电势(或称零位电势);r_0 为不等位电阻(或称零位电阻)。

不等位电势及不等位电阻都是在直流下测得的。

5) 寄生直流电势

当不加外磁场,控制电流改用额定交流电流时,霍尔电极间的空载电势为直流与交流电势之和。其中的交流霍尔电势与前述零位电势相对应,而直流霍尔电势是一个寄生量,称为寄生直流电势。后者产生的原因如下。

(1) 控制电极及霍尔电极接触不良,形成非欧姆接触,造成整流效果。

(2) 两个霍尔电极大小不对称,则两个电极点的热容量不同,散热状态不同,于是形成极间温差电势,表现为直流寄生电势中的一部分。

寄生直流电势一般在 1mV 以下,它是影响霍尔元件的原因之一。

6) 热阻 R_Q

热阻表示在霍尔电极开路情况下,在霍尔元件上输入 1mW 的电功率时产生的温升,单位为 ℃/mW。之所以称它为热阻,是因为这个温升的大小在一定条件下与电阻 R 有关。

$$\Delta T = \frac{I^2 R}{2lbA} \tag{9-23}$$

可见当 R 增加时,温升也增加。

9.2.4 霍尔元件的补偿电路

在霍尔电势表达式中,我们将霍尔片的长度 L 看作无限大,实际上,霍尔片的长宽比 L/b 存在着霍尔电场被控制电流极短路的影响,因此应在霍尔电势的表达式中增加一项与元件几何尺寸有关的系数,这样式(9-17)可写成

$$U_H = K_H I B f_H(L/b) \tag{9-24}$$

其中,$f_H(L/b)$ 为元件的形状系数。

元件的形状系数与长宽比之间的关系如图 9-18 所示。由图 9-18 可知,当 $L/b>2$ 时,形状系数 $f_H(L/b)$ 接近于 1。因此,为了提高元件的灵敏度,可适当增大 L/b 的值,但是实际设计时取 $L/b=2$ 已经足够了。因为 L/b 过大,反而使输入功耗增加,以致降低元件的效率。

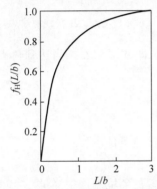

图 9-18 霍尔元件的形状系数曲线

霍尔电极的大小对霍尔电势的输出也存在一定的影响,如图 9-19 所示,按理想元件的要求,控制电流的电极应与霍尔元件是良好的面接触,霍尔电极与霍尔元件应为点接触。实际上霍尔电极有一定的宽度 l,它对元件的灵敏度和线性度有较大的影响。研究表明,当 $l/L<0.1$ 时,电极的影响可忽略不计。

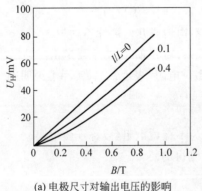
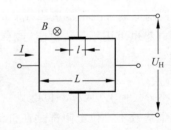

(a) 电极尺寸对输出电压的影响　　(b) 电极位置与长度

图 9-19 霍尔电极的大小对 U_H 的影响

1. 不等位电势的补偿

不等位电势是产生零位误差的主要原因。由于不等位电势与不等位电阻是一致的,因此可以用分析其电阻的方法进行补偿。如图 9-20 所示,A、B 为控制电极,C、D 为霍尔电极,在极间分布的电阻用 R_1、R_2、R_3 和 R_4 表示,理想情况是 $R_1=R_2=R_3=R_4$,即可取得零位电

势为零(零位电阻为零)。实际上,若存在零位电势,则说明此4个电阻不相等。将其视为电桥的4个臂,即电桥不平衡,为使其达到平衡,可在阻值较大的臂上并联电阻[见图9-20(a)]或在两个臂上同时并联电阻[见图9-20(b)和图9-20(c)]。显然图9-20(c)所示的调整比较方便。

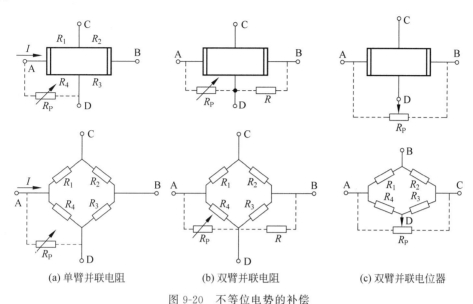

(a) 单臂并联电阻　　　(b) 双臂并联电阻　　　(c) 双臂并联电位器

图9-20　不等位电势的补偿

2. 温度补偿

一般半导体材料的电阻率、迁移率和载流子浓度等都随温度而变化。霍尔元件由半导体材料制成,因此它的性能参数(如灵敏度、输入电阻和输出电阻等)也随温度变化而变化,同时元件之间参数离散性也很大,不便于互换。因此,对其进行补偿是必要的。

1) 分流电阻法

分流电阻法适用于恒流源供给控制电流的情况,其原理结构如图9-21所示。假设初始温度为 T_0 时有如下参数:r_0 为霍尔元件的输入电阻;R_0 为选用的温度补偿电阻;I_{00} 为被分流的电流;I_{C0} 为控制电流;k_{H0} 为霍尔元件的灵敏系数。

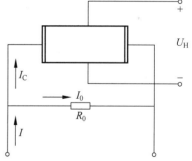

图9-21　分流电阻法的温度补偿电路

当温度由 T_0 ℃升至 T ℃时,上述各参数均改变:$r_0 \to r$;$R_0 \to R$;$I_{00} \to I_0$;$k_{H0} \to k_H$,且有

$$r = r_0(1 + \alpha \Delta T)$$
$$R = R_0(1 + \beta \Delta T)$$
$$k_H = k_{H0}(1 + \delta \Delta T)$$

其中,$\Delta T = T - T_0$;α、β 和 δ 分别为输入电阻、分流电阻和灵敏度的温度系数。根据电路有

$$I_{C0} = I \frac{R_0}{R_0 + r_0}$$

$$I_C = I \frac{R_0(1+\beta\Delta T)}{R_0(1+\beta\Delta T) + r_0(1+\alpha\Delta T)}$$

当温度改变 ΔT 时,为使霍尔电势不变,则必须满足如下关系。

$$U_{H0} = k_{H0}I_{C0}B = k_H I_C B = k_{H0}(1+\delta\Delta T)BI \frac{R_0(1+\beta\Delta T)}{R_0(1+\beta\Delta T) + r_0(1+\alpha\Delta T)}$$

整理上式可得

$$R_0 = r_0 \frac{\alpha - \beta - \delta}{\delta}$$

对于一个确定的霍尔元件,其参数 r_0、β 和 δ 是确定值,可求得分流电阻 R_0 和要求的温度系数。为满足 R_0 和 β 的条件,此分流电阻可取得温度系数不同的两种电阻实行串、并联组合。

2) 桥路补偿法

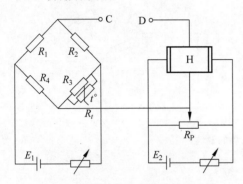

图 9-22 桥路补偿法的温度补偿电路

桥路补偿法的原理结构如图 9-22 所示,其工作原理如下:霍尔元件的不等位电势用调节 R_P 的方法进行补偿,在霍尔输出电极上串入一个温度补偿电桥,此电桥的 4 个臂中有一个是锰铜电阻并联的热敏电阻,以调整其温度系数,其他 3 个臂均为锰铜电阻。因此,补偿电桥可以给出一个随温度而改变的可调不平衡电压,该电压与温度为非线性关系,只要细心地调整这个不平衡的非线性电压,就可以补偿霍尔元件的温度漂移,在 ±40℃ 温度范围内效果是可以令人满意的。

9.2.5 霍尔式传感器应用

根据霍尔输出与控制电流和磁感应强度的乘积成正比的关系可知,霍尔元件的用途大致分为 3 类。保持元件的控制电流恒定,则元件的输出正比于磁感应强度,根据这种关系可用于测定恒定和交变磁场强度,如高斯计等。保持元件感受的磁感应强度不变时,则元件的输出与控制电流成正比,这方面的应用有测量交/直流的电流表、电压表等。当元件的控制电流和磁感应强度均变化时,元件输出与两者乘积成正比,这方面的应用有乘法器、功率计等。此外,在非电量测量技术领域中,利用霍尔元件可制成位移、压力、流量等传感器。

1. 霍尔式位移传感器

保持霍尔元件的控制电流恒定,而使霍尔元件在一个均匀的梯度磁场中沿 x 方向移动,如图 9-23 所示。霍尔电势与磁感应强度 B 成正比,由于磁场在一定范围内沿 x 方向的变化 db/dx 为常数,因此元件沿 x 方向移动时,霍尔电势的变化为

$$\frac{dU_H}{dx} = k_H I \frac{dB}{dx} = k \tag{9-25}$$

其中,k 为位移传感器灵敏度。将式(9-25)积分,则得

$$U_H = kx \tag{9-26}$$

式(9-26)表明霍尔电势与位移成正比,电势的极性表明了元件位移的方向。磁场变化

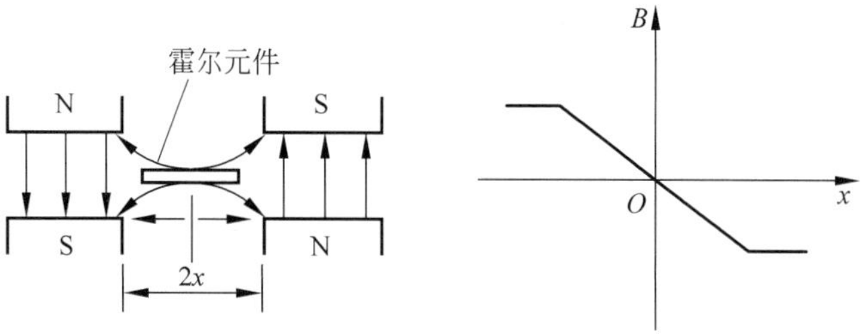

图 9-23 霍尔式位移传感器的磁路结构示意图

率越大,灵敏度越高;磁场变化率越小,输出线性度越好。式(9-28)还表示当霍尔元件位于磁钢中间位置时,即 $x=0$ 时,$U_H=0$,这是由于在此位置元件同时受到方向相反、大小相等的磁通作用的结果。为了得到变化率小的磁场,往往将磁钢的磁极片设计成特殊形状,如图 9-24(a)所示。这种位移传感器可用来测量 $\pm 0.5\mathrm{mm}$ 的小位移,特别适用于微位移、机械振动等测量。若霍尔元件在均匀磁场内移动,则产生与转角 θ 的正弦函数成比例的霍尔电压,因此可用来测量角位移。

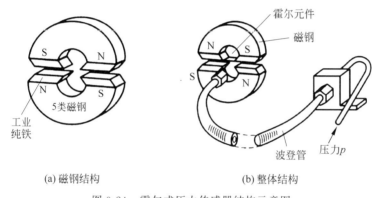

(a) 磁钢结构　　　　(b) 整体结构

图 9-24 霍尔式压力传感器结构示意图

2. 霍尔式压力传感器

任何非电量只要能转换成位移量的变化,均可利用霍尔式位移传感器的原理换成霍尔元件固定在弹性元件的自由端上,因此弹性元件产生位移时将带动霍尔元件,使它在线性变化的磁场中移动,从而输出霍尔电势。霍尔式压力传感器结构原理如图 9-24(b)所示。弹性元件可以是波登管或膜盒或弹簧管。图中弹性元件为波登管,其一端固定,另一自由端安装霍尔元件之中。当输出压力增加时,波登管伸长,使霍尔元件在恒定梯度磁场中产生相应的位移,输出与压力成正比的霍尔电势。

3. 霍尔式转速传感器

图 9-25 所示为几种不同结构的霍尔式转速传感器。磁性转盘的输入轴与被测转轴相连,当被测转轴转动时,磁性转盘随之转动,固定在磁性转盘附近的霍尔传感器便可在每个小磁铁通过将产生一个相应的脉冲,检测出单位时间的脉冲数,便可知被测转速。磁性转盘上小磁铁数目决定传感器测量转速的分辨率。

4. 霍尔计数装置

霍尔开关传感器 SL3501 是具有较高的灵敏度的集成霍尔元件,能感受到很小的磁场

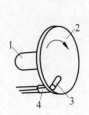 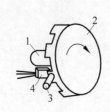  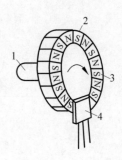

图 9-25 霍尔式转速传感器示意图
1—转轴；2—转盘；3—小磁铁；4—霍尔元件

变化，因而可对黑色金属零件进行计数检测。图 9-26 所示为对钢球进行计数的工作示意图和电路图。当钢球通过霍尔开关传感器时，传感器可输出峰值 20mV 的脉冲电压。该电压经放大器 A(μA741)放大后，驱动半导体三极管 V_T(2N5812)工作，V_T 输出端便可接计数器进行计数，并由显示器显示检测数值。

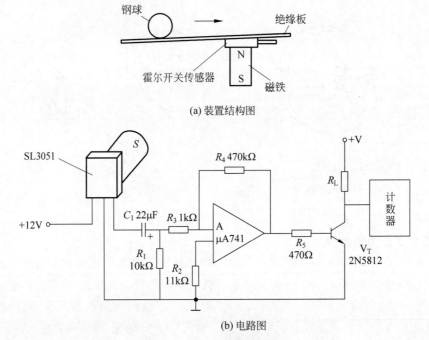

(a) 装置结构图

(b) 电路图

图 9-26 霍尔计数装置示意图

习题 9

9-1 简述变磁通式和恒磁通式磁电式传感器的工作原理。

9-2 什么是霍尔效应？霍尔电势与哪些因素有关？

9-3 温度变化对霍尔元件输出电势有什么影响？如何补偿？

9-4 要进行两个电压 U_1 和 U_2 的乘法运算，若采用霍尔元件作为运算器，请提出设计方案，画出测量系统的原理图。

9-5 已知霍尔元件尺寸为长 $l=10\text{mm}$,宽 $b=3.5\text{mm}$,厚 $d=1\text{mm}$。沿 l 方向通以电流 $I=1.0\text{mA}$,在垂直于 $b\times d$ 两方向上加均匀磁场 $B=0.3\text{T}$,输出霍尔电势 $U_\text{H}=6.55\text{mV}$。求霍尔元件的灵敏度系数 K_H 和载流子浓度 n。

9-6 某霍尔压力计弹簧管最大位移 $\pm 1.5\text{mm}$,控制电流 $I=10\text{mA}$,要求变送器输出电动势 $\pm 20\text{mV}$,选用 HZ-3 霍尔片,其灵敏度 $K_\text{H}=1.2\text{mV}/(\text{mA}\cdot\text{T})$。要求线性磁场梯度至少为多少?

9-7 一个霍尔元件在一定电流控制下,其霍尔电势与哪些因素有关?

9-8 若一个霍尔器件 $K_\text{H}=4\text{mV}/(\text{mA}\cdot\text{kGs})$,控制电流 $I=3\text{mA}$,将它置于 1Gs～5kGs 变化的磁场中,它输出的霍尔电势范围是多大?并设计一个 20 倍的比例放大器放大该霍尔电势。

第 10 章 热电式传感器

CHAPTER 10

热电式传感器是将温度变化转换为电量变化的装置,它利用敏感元件的电磁参数随温度的变化而变化的特性达到测量的目的。通过把被测温度变化转换为敏感元件的电阻变化、电势变化,再经过相应的测量电路输出电压或电流,然后由这些参数的变化来检测被测对象的温度变化。其中,将温度转换为电阻值的热电式传感器叫作热电阻,将温度转换为电势的热电式传感器叫作热电偶。

在实际工作中,除了用热电式传感器测温外,还可以利用物体的某些物理、化学性质与温度的一定关系进行测量,如利用物体的几何尺寸、颜色和压力的变化进行测量。

10.1 热电阻

虽然大多数金属的电阻随温度的变化而变化,但是并不是所有金属都能作为测量温度的热电阻。作为测量金属的材料应有如下特征:电阻温度系数大,电阻率大,热容量小;在整个温度范围内应有稳定的物理和化学性质;电阻与温度的关系最好近似于线性,或为平滑的曲线;并要求容易加工,复制性好,价格便宜。

但是,同时满足以上要求的热电阻材料实际上是很难获得的。目前应用最广泛的热电阻材料是铂和铜,也有用镍、铁、铟等材料制成的测量热电阻。

10.1.1 热电阻材料及工作原理

1. 铂电阻

铂电阻的特点是精度高,稳定性好,性能可靠。铂在氧化性环境中,甚至在高温下的物理、化学性质都非常稳定。因此,铂被公认为是目前制造热电阻的最好材料。铂电阻主要作为标准电阻温度计使用,也常被用在工业测量中。此外,还被广泛应用于温度计的基准、标准的传递。铂电温度计是目前温度复现性最好的一种,它的长时间稳定的复现性可达到 10^{-4} K,优于其他所有温度计。

铂电阻的阻值与温度之间的关系,在 0~850℃可表示为

$$R_t = R_0(1 + At + Bt^2) \tag{10-1}$$

在 −200~0℃范围内可表示为

$$R_t = R_0[1 + At + Bt^2 + C(t-100)^3] \tag{10-2}$$

其中，R_t 为 t℃ 时的铂电阻的阻值；R_0 为 0℃ 时的铂电阻的阻值；A、B、C 为常数，$A = 3.96847 \times 10^{-3}$/℃，$B = -5.847 \times 10^{-7}$/℃^{2}，$C = -4.22 \times 10^{-12}$/℃^{3}。

满足上述关系的热电阻，其温度系数约为 3.9×10^{-3}/℃。

图 10-1 所示为几种金属丝的电阻相对变化率与温度间的关系。

由图 10-1 中可知，铂的线性度最好，铜次之，铁和镍最差，但它们仍都是非线性。

由式(10-1)和式(10-2)可知，电阻值与 t 和 R_0 有关，当 R_0 值不同时，即使在同样的温度下，R_t 的值也不相同。因此，作为测量用热电阻，必须规定 R_0 值。根据 IEC 标准，工业用的标准铂电阻 R_0 有 1000Ω、100Ω 和 50Ω 几种，并将电阻值 R_t 与温度 t 的对应关系列成表格，称为铂电阻分度表，分度号分别为 Pt1000、Pt100 和 Pt50(详见附录 1 和附录 2)。

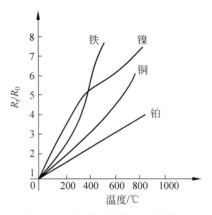

图 10-1 几种金属丝的电阻相对变化率与温度间的关系

铂电阻材料的纯度通常用百度电阻比 $W(100)$ 表示，即

$$W(100) = \frac{R_{100}}{R_0} \tag{10-3}$$

其中，R_{100} 为水沸点(100℃)时的铂电阻的电阻值；R_0 为水冰点(0℃)时的铂电阻的电阻值。

目前技术水平已达到 $W(100) = 1.3930$，与之相对应的铂纯度为 99.9995%，工业用铂电阻纯度 $W(100) = 1.387 \sim 1.390$。

2. 铜电阻

铂是贵金属，价格昂贵，因此在测温范围比较小(-50~+150℃)的情况下，可采用铜制成的测温电阻，称为铜电阻。铜在上述温度范围内有很好的稳定性，温度系数比较大，电阻值与温度之间近似为线性关系。而且材料容易提纯，价格便宜。不足之处是测量精度较铂电阻稍低，电阻率小。

温度为 -50~+150℃ 时，铜电阻的电阻值与温度之间的关系为

$$R_t = R_0(1 + At + Bt^2 + Ct^3) \tag{10-4}$$

其中，R_t 为 t℃ 时的铜电阻的阻值；R_0 为 0℃ 时的铜电阻的阻值；A、B、C 为常数。

按照国家标准，铜电阻的 R_0 值有 100Ω 和 50Ω 两种，其百度电阻比 $W(100)$ 不小于 1.428，分度号分别为 Cu100 和 Cu50。

3. 铁电阻和镍电阻

铁和镍这两种金属的电阻温度系数较高，电阻率较大，所以可做成体积小、灵敏度高的电阻温度计，其缺点是容易氧化、化学稳定性差、不易提纯，而且电阻值与温度的线性关系差，目前应用不多。

10.1.2 热电阻测量电路

工业用热电阻安装在生产现场，而其指示或记录仪表安装在控制室，其间的引线很长，

如果仅用两根导线接在热电阻的两端,导线本身的阻值必然和热电阻的阻值串联在一起,造成测量误差。如果每根导线的阻值为 r,则两结果中必然含有绝对误差 $2r$。实际上这种误差很难修正,因为导线阻值 r 是随所处的环境温度而变化的,而环境温度变化莫测,这就注定了两线制连接方式不宜在工业热电阻上应用。

现在一般采用两种接线方式消除这项误差。

1. 三线制测量

为了避免或减少导线电阻对测温的影响,工业热电阻多半采用三线制接法,即热电阻一端与一根导线相接,另一端同时接两根导线。当热电阻和电桥配合时,三线制的优越性可用图 10-2 说明。图中 G 为指示电表,R_1、R_2、R_3 为固定电阻,R_a 为零位电阻。热电阻都通过电阻分别为 r_2、r_3、R_g 的 3 根导线和电桥相连接,r_2、r_3 分别接在相邻的桥臂,当温度变化时,只要它们的长度和电阻温度系数相同,即 $r_2=r_3=r$,它们的电阻变化就不会影响电桥的状态,即不会产生温度误差。

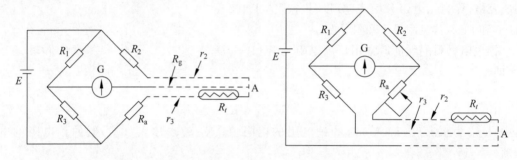

(a) 导线分别接于左右两个桥臂和桥路　　　　(b) 导线分别接于上下两个桥臂和电源支路

图 10-2　热电阻的三线制电桥测量电路

当电桥平衡时,有

$$(R_a + r_3 + R_t)R_1 = (R_2 + r_2)R_3 \tag{10-5}$$

由此可得

$$R_t = \frac{1}{R_1}(R_2 R_3 - R_a R_1) + \frac{1}{R_1}(r_2 R_3 - r_3 R_1) \tag{10-6}$$

设计电桥时,如果满足 $R_1 = R_3$,式(10-6)中右边含 r 的项足够小时,这种情况下连线电阻 r 对桥路平衡毫无影响,即可消除热电阻测量过程中 r 的影响。但是必须注意,只有在对称电桥 $R_1 = R_3$,且只有在平衡状态下才如此。

而 R_g 分别接在指示电表和电源的回路中,其电阻变化不会影响电桥的平衡状态。电桥在零位调整时,应使 $R_a = R_a + R_{t_0}$ 为电阻在参考温度(如 0℃)时的电阻值。三线连接法的缺点之一是可调电阻的接触电阻和电桥臂的电阻相连,可能导致电桥的零点不稳定。

2. 四线制测量

为了提高测量精度,可将电阻测量仪设计成如图 10-3 所示的四线式测量电路。I 为恒流源,$r_1 \sim r_4$ 为导线电阻,R_t 为热电阻,V 为电压表。因为电压表 V 内阻很大,$I_V \ll I_M$,$I_V \approx 0$,又因为 $E_M = E + I_V(r_2 + r_3)$,所以有

$$R_t = \frac{E}{I} = \frac{E_M - I_V(r_2 + r_3)}{I_M - I_V} \approx \frac{E_M}{I_M} \tag{10-7}$$

由此可见,引线电阻 $r_1 \sim r_4$ 不会引入测量误差。

电压表 V 的值将是热电阻 R_t 的电压降,根据此电压降可间接测出微小温度变化。

在设计电桥时,为了避免热电阻中流过电流的加热效应,要保证流过热电阻的电流尽量小,一般希望小于 10mA。尤其当测量环境中有不稳定气流时,工作电流的热效应有可能产生很大的误差。

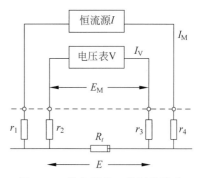

图 10-3 热电阻的四线制接线法

3. 温度-电流变送电路

采用电桥电路对热电阻进行温度测量时,存在以下问题。

(1) 热电阻传感器无法接成差动方式,当温度变化范围较大时,热电阻温度传感器阻值变化较大,不满足 $\dfrac{\Delta R}{R} \ll 1$ 条件,桥路输出电压非线性误差较大,校正困难。

(2) 即使采用三线制或四线制测量,在工业现场使用时,由于信号电缆必须通过接插件连接,考虑到安装、长期使用金属表面氧化等因素,4 根电缆连接电阻往往相差较大。测量时仍然会产生较大误差。

为了从根本上解决温度-电压信号传输过程中,线路电阻对传输信号的影响,目前最有效的方法是改电压信号为电流信号传送,如图 10-4 和图 10-5 所示。即在传感器一端加装一个温度-电流变送器,它相当于一个受 RTD 阻值控制的受控电流源。该电流的大小仅与温度有关,而与传输线的电阻 r 无关。电流信号通过电缆传送至仪器中的取样电阻 R,将电流值转换为电压值,采样并显示出来即可。这样就从根本上消除了线路电阻对测量精度的影响。

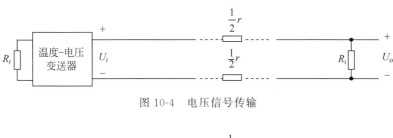

图 10-4 电压信号传输

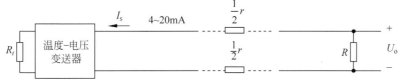

图 10-5 电流信号传输

在电缆上传输的电流信号相当于一个恒流源,电流大小由温度决定(一般为 4~20mA),由于取样电阻、电缆连接电阻与恒流源串联,因此电缆连接电阻的变化不会对电流值产生影响,即取样电压不受电缆连接电阻的影响。这种方式只需要两根电缆,变送器的电源线和信号线可以共用,与三线制和四线制相比,节约了电缆资源。

市场上已有成熟的温度-电流变送芯片可供使用,如采用 XTR105 芯片,可以制作成输出电流为 4~20mA 的温度-电流变送器,同时 XTR105 也具有良好的线性补偿功能,可以很

好地补偿掉二次项 bt^2，提高测量精度。芯片内部电路和外部基本连接如图 10-6 和图 10-7 所示。

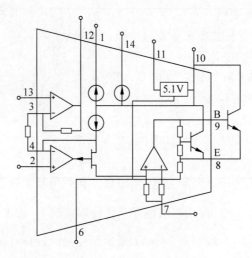

图 10-6　XTR105 内部电路

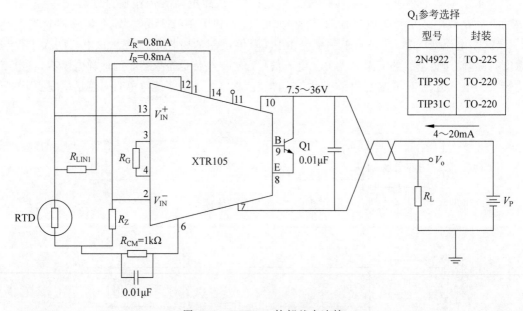

图 10-7　XTR105 外部基本连接

XTR105 中有两个 0.8mA 精密电流源对 RTD 进行激励，R_Z 为调零电阻，通过仪器放大器测量 RTD 与 R_Z 之间的电位差。R_Z 值为 RTD 的下限温度电阻值，通过调节 R_Z 可使 XTR105 在温度下限时输出 4mA 电流。R_{CM} 给 XTR105 提供一个共模电压，其两端并上一个 $0.01\mu F$ 电容以减小噪声。电阻 R_G 根据设计的测温范围而设定，它决定了放大器的放大倍数。电路的前级采用恒流源电桥，桥路输出电压 U_0 与温度成正比，再经过电压放大和电流转换。

图 10-7 所示为两线制 RTD 温度-电流变送器的基本电路，其中 4～20mA 输出电流与

RTD 温度之间的关系主要由元件 R_Z、R_G 和 R_{LIN1} 决定,这些参数的选择公式如下。

$$R_G = \frac{2R_1(R_2+R_Z)-4R_2R_Z}{R_2-R_1}, \quad R_{LIN1} = \frac{R_{LIN}(R_2-R_1)}{2(2R_1-R_2-R_Z)}$$

其中,R_Z 为温度为 T_{min} 时的 RTD 电阻值;R_1 为温度为 $(T_{min}+T_{max})/2$ 时的 RTD 电阻值;R_2 为温度为 T_{max} 时的 RTD 电阻值;R_{LIN} 为 1kΩ。

为了得到较高的温度-电流变送精度,R_Z 和 R_G 的精度至少要达到 1‰ 或更高,最好采用 1‰精度的电阻,而 R_{LIN1} 和 R_{CM} 的精度可略低一些。

10.2 热电偶

在温度测量中虽有许多不同测量方法,但利用热电偶作为敏感元件的应用最为广泛。热电偶是将温度转换为电势的热电式传感器。自 19 世纪发现热电效应以来,热电偶被越来越广泛地用于测量 100～1300℃ 范围内的温度;根据需要,还可以用来测量更高或更低的温度。

10.2.1 热电效应

热电偶是利用热电效应制成的温度传感器。两种不同材料的导体(或半导体)A 和 B 串接成一个闭合回路(见图 10-8),并使节点 1 和节点 2 分别处于不同温度 T 和 T_0,那么回路中就会存在热电势,因而就有电流产生,这一现象称为热电效应或塞贝克效应(1823 年塞贝克发现了这一现象)。相应的热电势称为温差或塞贝克电势,通称热电势。回路中产生的电流称为热电流,导体 A、B 称为热电极。测温时节点 1 置于被测的温度场 T 中,称为测量端(工作端或热端);节点 2 一般处在某一恒定温度 T_0,称为参考端(自由端或冷端)。由这两种导体组合并将温度转换成热电势的传感器称为热电偶。

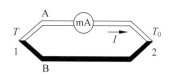

图 10-8 热电效应示意图

热电偶产生的热电势(温差电势)$E_{AB}(T,T_0)$ 是由两种导体的接触电势和单一导体的温差电势组成的。接触电势有时又称为珀尔帖电势;而单一导体的温差电势也称为汤姆逊电势。

1. 两种导体的接触电势

所有金属中有大量自由电子,而不同的金属材料的电子密度不同。当两种不同的金属 A、B 接触时,在接触处会发生电子扩散。电子扩散的速率与自由电子的密度和金属所处的温度成正比。设金属 A、B 中的自由电子密度分别为 n_A、n_B,并且 $n_A > n_B$,在单位时间内由金属 A 扩散到金属 B 的电子数要比从金属 B 扩散到金属 A 的电子数多,这样,金属 A 因失去电子而带正电,金属 B 因得到电子而带负电,于是在接触处便形成了电势差,即接触电势,如图 10-9 所示。这个电势将阻碍电子由金属 A 进一步向金属 B 扩散,一直到动态平衡为止。接触电势可表示为

$$e_{AB}(T) = \frac{kT}{e} \ln \frac{n_A}{n_B} \tag{10-8}$$

其中,k 为波尔兹曼常数,$k=1.38\times10^{-23}$ J/K;T 为接触处的绝对温度;e 为电子电荷,$e=1.6\times10^{-19}$ C;n_A 和 n_B 为金属 A 和 B 的自由电子密度。

同理可以计算出 A、B 两种金属构成回路在温度 T_0 端的接触电势为

$$e_{AB}(T_0)=\frac{kT_0}{e}\ln\frac{n_A}{n_B} \tag{10-9}$$

但 $e_{AB}(T)$ 与 $e_{AB}(T_0)$ 方向相反,所以回路的总接触电势为

$$e_{AB}(T)-e_{AB}(T_0)=\frac{k}{e}(T-T_0)\ln\frac{n_A}{n_B} \tag{10-10}$$

由式(10-10)可见,当两节点的温度相同,即 $T=T_0$ 时,回路中总电势将为零。

2. 单一导体的温差电势

在一根匀质的金属导体中,如果两端的温度不同,则在导体的内部会产生电势,这种电势称为温差电势(或汤姆逊电势),如图 10-10 所示。温差电势的形成是由于导体内高温端自由电子的动能比低温端自由电子的动能大,这样高温端电子的扩散速率比低温端自由电子的扩散速率要大。因此,对于导体的某一薄层,温度较高的一边因失去电子而带正电,温度较低的一边因得到电子而带负电,从而形成了电位差。当导体两端的温度分别为 T 和 T_0 时,温差电势可表示为

$$e_A(T,T_0)=\int_{T_0}^{T}\sigma_A dT \tag{10-11}$$

其中,σ_A 为导体 A 的汤姆逊系数。

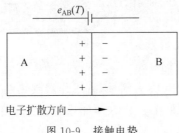

图 10-9 接触电势

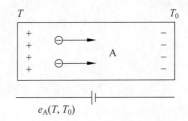

图 10-10 单一导体的温差电势

对于两种金属 A、B 组成的热电偶回路,汤姆逊电势等于它们的代数和,即

$$e_{AB}(T,T_0)=\int_{T_0}^{T}(\sigma_A-\sigma_B)dT \tag{10-12}$$

式(10-12)表明,热电偶回路的汤姆逊电势只与热电极 A、B 和两节点的温度 T、T_0 有关,而与热电极的几何尺寸无关,如果两节点的温度相同,那么汤姆逊电势的代数和将等于零。

综上所述,对于匀质导体 A、B 组成的热电偶,其总电势为接触电势与温差电势之和,如图 10-11 所示,可表示为

$$E_{AB}(T,T_0)=e_{AB}(T)-e_{AB}(T_0)+\int_{T_0}^{T}(\sigma_A-\sigma_B)dT \tag{10-13}$$

由式(10-13)可得出以下结论。

(1) 如果热电偶两电极材料相同,则虽两端温度不同($T\neq T_0$),但总输出电势仍为零。因此,必须是两种不同的材料才能构成热电偶。

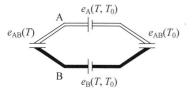

图 10-11 回路总电动势

(2) 如果热电偶两节点温度相同,则回路中的总电势必然等于零。

由上述分析可知,热电势的大小只与材料和节点温度有关,与热电偶的尺寸、形状和沿电极温度分布无关。应注意,如果热电极本身是非均质的,由于温度梯度存在,将会有附加电势产生。

应当指出的是,在金属导体中自由电子数目很多,以致温度不能显著改变它的自由电子的浓度,所以,在同一种金属导体内,温差电势极小,可以忽略。因此在一个热电偶回路中起决定作用的是两个接触点处产生的与材料性质和该点所处温度有关的接触电势。故式(10-13)可近似为

$$E_{AB}(T, T_0) = e_{AB}(T) - e_{AB}(T_0) = e_{AB}(T) + e_{BA}(T_0) \tag{10-14}$$

工程中常用式(10-14)计算热电偶回路的总热电势。可以看出,回路总电势是随着 T_0 和 T 变化的函数差。这在实际使用中很不方便。为此,在标定热电偶时,使 T_0 为常数,即

$$e_{AB}(T_0) = f(T_0) = C \quad (C \text{ 为常数})$$

则式(10-14)可以改写成

$$E_{AB}(T, T_0) = e_{AB}(T) - f(T_0) = f(T) - C \tag{10-15}$$

式(10-15)表示,当热电偶回路的一个端点保持温度不变,则热电势 $E_{AB}(T, T_0)$ 只随着另一个端点的温度变化而变化。两个端点温差越大,回路总热电势 $E_{AB}(T, T_0)$ 也越大,这样回路总热电势就可以说是温度 T 的单值函数,这给工程中用热电偶测量温度带来了极大的方便。

10.2.2 热电偶基本定律

1. 中间导体定律

在实际应用热电偶测量温度时,必须在热电偶回路中引入连接导线和显示仪表,而导线的材料一般与电极的材料不同,如图 10-12 所示。那么,其他金属材料作为中间导体引入,是否对测温有影响,这可由中间导体定律得到解决。中间导体定律是指,在热电偶回路中,只要中间导体两端的温度相同,那么接入中间导体后,对热电偶回路的总热电势无影响。该叙述可表示为

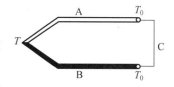

图 10-12 中间导体定律

$$E_{ABC}(T, T_0) = E_{AB}(T, T_0) \tag{10-16}$$

证明:

$$\begin{aligned} E_{ABC}(T, T_0) &= e_{AB}(T) + e_{BC}(T_0) + e_{CA}(T_0) - \int_{T_0}^{T} \sigma_A dT + \int_{T_0}^{T} \sigma_B dT \\ &= e_{AB}(T) + e_{BC}(T_0) + e_{CA}(T_0) + \int_{T_0}^{T} (\sigma_B - \sigma_A) dT \end{aligned} \tag{10-17}$$

如果设 3 个节点温度相等,均为 T_0,则有

$$E_{ABC}(T_0, T_0) = e_{AB}(T_0) + e_{BC}(T_0) + e_{CA}(T_0) + \int_{T_0}^{T_0} (\sigma_B - \sigma_A) dT = 0$$

而 $\int_{T_0}^{T_0} (\sigma_B - \sigma_A) dT = 0$,所以

$$-e_{AB}(T_0) = e_{BC}(T_0) + e_{CA}(T_0) \tag{10-18}$$

将式(10-18)代入式(10-17),则有

$$E_{ABC}(T,T_0) = e_{AB}(T) - e_{AB}(T_0) + \int_{T_0}^{T}(\sigma_B - \sigma_A)dT = E_{AB}(T,T_0)$$

根据上述定律推而广之,在回路中接入多种导体后,只要每种导体的两端温度相同,那么对回路的总热电势无影响。例如,显示仪表和连接导线 C 的接入就可以看作是中间导体接入的情况,因而对回路总热电势无影响。

2. 标准电极定律

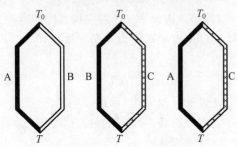

图 10-13 导体分别组成的热电偶

若两种导体 A、B 分别与第 3 种导体 C 组成热电偶,如图 10-13 所示,并且其热电势已知,那么由导体 A、B 组成的热电偶,其热电势可用标准电极确定。标准电极定律是指,如果将导体 C(热电极,一般为纯铂丝)作为标准电极(也称为参考电极),并已知标准电极与任意导体配对时的热电势,那么在相同节点温度 T 和 T_0 下,任意两个导体 A、B 组成的热电偶,其热电势为

$$E_{AB}(T,T_0) = E_{AC}(T,T_0) + E_{CB}(T,T_0) = E_{AC}(T,T_0) - E_{BC}(T,T_0) \tag{10-19}$$

其中,$E_{AB}(T,T_0)$ 为节点温度为 (T,T_0),由导体 A、B 组成热电偶时产生的热电势;$E_{AC}(T,T_0)$ 和 $E_{BC}(T,T_0)$ 为节点温度仍为 (T,T_0) 由导体 A、B 分别与标准电极 C 组成热电偶时产生的热电势。

对于 A、B 热电偶,有

$$E_{AB}(T,T_0) = e_{AB}(T) - e_{AB}(T_0) + \int_{T_0}^{T}(\sigma_B - \sigma_A)dT$$

对于 A、C 热电偶,有

$$E_{AC}(T,T_0) = e_{AC}(T) - e_{AC}(T_0) + \int_{T_0}^{T}(\sigma_C - \sigma_A)dT$$

对于 B、C 热电偶,有

$$E_{BC}(T,T_0) = e_{BC}(T) - e_{BC}(T_0) + \int_{T_0}^{T}(\sigma_C - \sigma_B)dT$$

证明:

$$E_{AC}(T,T_0) + E_{CB}(T,T_0) = E_{AC}(T,T_0) - E_{BC}(T,T_0)$$

$$= \frac{kT}{e}\ln\frac{n_{AT}}{n_{CT}} - \frac{kT_0}{e}\ln\frac{n_{AT_0}}{n_{CT_0}} + \int_{T_0}^{T}(\sigma_C - \sigma_A)dT -$$

$$\frac{kT}{e}\ln\frac{n_{BT}}{n_{CT}} + \frac{kT_0}{e}\ln\frac{n_{BT_0}}{n_{CT_0}} - \int_{T_0}^{T}(\sigma_B - \sigma_A)dT$$

$$= \frac{kT}{e}\ln\frac{n_{AT}}{n_{BT}} - \frac{kT_0}{e}\ln\frac{n_{AT_0}}{n_{BT_0}} + \int_{T_0}^{T}(\sigma_B - \sigma_A)dT$$

$$= E_{AB}(T,T_0)$$

由于纯铂丝的物理化学性能稳定、熔点较高易提纯,所以目前常用纯铂丝作为标准电

极。该定律大大简化了热电偶的选配工作。只要我们获得有关热电极与标准铂电极配对的热电势,那么由这两种热电极配对组成热电偶的热电势便可根据式(10-19)求得,而不需要逐个测定。

3. 连接导体定律和中间温度定律

连接导体定律指出,在热电偶回路中,如果热电极 A、B 分别与连接导线 A′、B′ 相连接,节点温度分别为 T、T_n、T_0,那么回路的热电势将等于热电偶的热电势 $E_{AB}(T,T_0)$ 与连接导线 A′、B′ 在温度 T_n、T_0 时热电势 $E_{A'B'}(T_n,T_0)$ 的代数和(见图 10-14),即

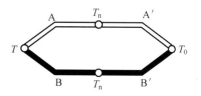

图 10-14 热电偶连接导线示意图

$$E_{ABB'A'}(T,T_n,T_0) = E_{AB}(T,T_n) + E_{A'B'}(T_n,T_0) \tag{10-20}$$

证明:

$$E_{ABB'A'}(T,T_n,T_0) = e_{AB}(T) + e_{BB'}(T_n) + e_{B'A'}(T_0) + e_{A'A}(T_n) + \int_{T_n}^{T}\sigma_A dT + \int_{T_0}^{T_n}\sigma_{A'} dT - \int_{T_0}^{T_n}\sigma_{B'} dT - \int_{T_n}^{T}\sigma_B dT$$

因为

$$e_{BB'}(T_n) + e_{A'A}(T_n) = \frac{kT_n}{e}\left[\ln\frac{n_{BT_n}}{n_{B'T_n}} + \ln\frac{n_{A'T_n}}{n_{AT_n}}\right]$$

$$= \frac{kT_n}{e}\left[\ln\frac{n_{A'T_n}}{n_{B'T_n}} - \ln\frac{n_{AT_n}}{n_{BT_n}}\right]$$

$$= e_{A'B'}(T_n) - e_{AB}(T_n)$$

同时

$$e_{B'A'}(T_0) = -e_{A'B'}(T_0)$$

所以

$$E_{ABB'A'}(T,T_n,T_0) = E_{AB}(T,T_n) + E_{A'B'}(T_n,T_0)$$

当 A 与 A′、B 与 B′ 材料分别相同且节点温度为 T、T_n、T_0 时,根据连接导体定律得该回路的热电势为

$$E_{AB}(T,T_n,T_0) = E_{AB}(T,T_n) + E_{AB}(T_n,T_0) \tag{10-21}$$

式(10-21)表明,热电偶在节点温度为 T、T_0 时的热电势值 $E_{AB}(T,T_0)$ 等于热电偶在 (T,T_n) 和 (T_n,T_0) 时相应的热电势 $E_{AB}(T,T_n)$ 和 $E_{AB}(T_n,T_0)$ 的代数和,这就是中间温度定律,其中 T_n 称为中间温度。

同一种热电偶,两节点温度 T 和 T_n 不同,其产生的热电势也不同。要将对应各种 (T,T_0) 温度的热电势-温度关系都列成图表是不现实的。中间温度定律为电偶制定分度表提供了理论依据。根据这一定律,只要列出参考温度为 0℃ 时的热电势-温度关系,那么参考温度不等于 0℃ 的热电势都可根据式(10-21)求出。

10.2.3 热电偶材料及常用热电偶

虽然任意两种导体(或半导体)都可以配制成热电偶,但是作为实际的测温元件,对它的要求是多方面的,并不是所有材料都适合制作热电偶。对热电偶的电极材料的主要要求是:配制成的热电偶应具有较大的热电势,并希望热电势与温度之间呈线性关系或近似线性关

系;能在较宽的温度范围内使用,并且在长期工作后物理、化学性能与热电性能都比较稳定;电导率高,电阻温度系数小;易于复制,工艺简单,价格便宜。

实际生产中很难找到一种能完全符合上述要求的材料。一般来说,纯金属热电极容易复制,但其热电势较小,平均为 $20\mu V/℃$;非金属热电极的热电势较大,可达 $10^3\mu V/℃$,熔点高,但复制性和稳定性都较差;合金热电极的热电性能和工艺性能介于前两者之间。选择热电极材料时,应根据具体情况和测温条件决定。

热电偶的种类很多,这里介绍工业标准化热电偶的有关电能指标。带护套的工业热电偶结构如图 10-15 所示。标准化热电偶工艺比较成熟,应用广泛,性能优良稳定,能成批生产,同一型号可以互换,统一分度,并有配套显示仪表。标准化热电偶有铂铑-铂热电偶、镍铬-镍铝热电偶、镍铬-考铜热电偶、铜-康铜热电偶等。

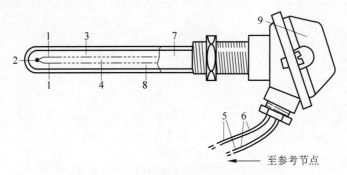

图 10-15 带护套的工业热电偶

1—导体;2—测量节点;3—裸热电偶导线;4—绝缘的热电偶导线;5—用与热电偶导线相同的导线制成的延伸导线;6—补偿引线与热电偶导线不同的导线;7—探头;8—保护外罩;9—护套头

10.2.4 热电偶测温线路

用热电偶测温时,与其配用的仪表有动圈式仪表(如毫伏表)、自动电子电位差计、直流电位差计、示波器和数字式测温仪表等。把热电偶与相应的仪表连接起来,就构成不同的测温线路。下面介绍几种常用的测温线路。

1. 热电偶直接与指示仪表配用

热电偶与动圈式仪表连接,如图 10-16 所示。这时流过仪表的电流不仅与热电势大小有关,而且与测温回路的总电阻有关,因此要求回路总电阻必须为恒定值,即

$$R_r + R_C + R_G = 常数 \tag{10-22}$$

其中,R_r 为热电偶电阻;R_C 为连接导线电阻;R_G 为指示仪表的内阻。

这种动圈仪表线路常用于测温精度要求不高的场合,但其结构简单,价格便宜。

为提高测量精度和灵敏度,也可将 n 只型号相同的热电偶依次串接,如图 10-17 所示。这时线路的总电势为

$$E_G = E_1 + E_2 + \cdots + E_n = nE \tag{10-23}$$

其中,$E_1, E_2, \cdots, E_n$ 为单只热电偶的热电势。显然总电势是单只热电偶的热电势的 n 倍。

若每只热电偶的绝对误差为 $\Delta E_1, \Delta E_2, \cdots, \Delta E_n$,则整个串联线路的绝对误差为

$$\Delta E_G = \sqrt{\Delta E_1^2 + \Delta E_2^2 + \cdots + \Delta E_n^2} \tag{10-24}$$

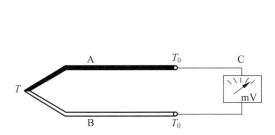
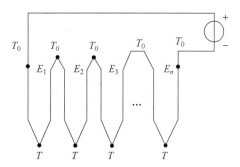

图 10-16　一只热电偶直接接一个仪表

图 10-17　热电偶串联测温线路

如果 $\Delta E_1 = \Delta E_2 = \cdots = \Delta E_n = \Delta E$，则

$$\Delta E_G = \sqrt{n}\, \Delta E$$

故串联线路的相对误差为

$$\frac{\Delta E_G}{E_G} = \frac{\sqrt{n} \cdot \Delta E}{n \cdot E} = \frac{1}{\sqrt{n}} \cdot \frac{\Delta E}{E} \tag{10-25}$$

如果将 $\Delta E/E$ 看作单只热电偶的相对误差，则串联线路的相对误差为单支热电偶相对误差的 $1/\sqrt{n}$ 倍。但其缺点是只要有一只热电偶发生断路，整个线路就不能工作；个别热电偶短路，将会引起示值显著偏低。

也可采用若干个热电偶并联，测出各点温度的算术平均值，如图 10-18 所示。如果 n 只热电偶的电阻值相等，则并联电路总热电势为

$$E_G = \frac{E_1 + E_2 + \cdots + E_n}{n} \tag{10-26}$$

由于 E_G 为 n 只热电偶的平均电势，因此，可直接按相应的分度表查对温度。与串联线路相比，并联线路的热电势小，当部分热电偶发生断路时，不会断开整个并联线路的工作。但其缺点是某一热电偶断路时不很快被发现。

图 10-19 所示为测两点温度差的线路。两只型号相同的热电偶配用相同的补偿导线，并反串连接，使两热电势相减，测出 T_1 和 T_2 的温度差。

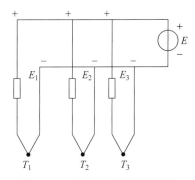
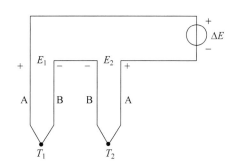

图 10-18　热电偶并联测温线路

图 10-19　热电偶测温差线路

2．桥式电位差计线路

如果要求高精度测温并自动记录，常采用自动电位差计线路。图 10-20 所示为 XWT

系列自动平衡记录仪表采用的线路。图中 R_P 为调零电位器,在测量前调节它使仪表指针置于标度尺起点;R_M 为精密测量电位器,用以调节电桥输出的补偿电压;U_r 为稳定的参考电压源;R_C 为限流电阻。桥路输入端滤波器是为滤除 50Hz 的工频干扰。热电偶输出的热电势经滤波后加入桥路,与桥路的输出分压电阻 R 两端的直流电压 U_s 相比,其差值电压 ΔU 经滤波、放大,驱动可逆电机 M。通过传动系统带动滑动触头,自动调整电压 U_s,直到 $U_s = E_x$,桥路处于平衡状态。根据滑动触头的平衡位置,在标度尺上读出相应的被测温度。

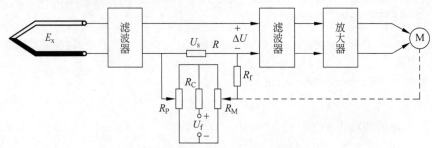

图 10-20　自动电位差计测温线路

10.2.5　热电偶冷端补偿及测量电路

由热电偶的作用原理可知,热电偶热电势的大小不仅与测量端的温度有关,还与冷端的温度有关,是测量端温度 T 和冷端温度 T_0 的函数差。为了保证输出电势是被测温度的单值函数,就必须使一个节点的温度保持恒定,而使用热电偶分度表中的热电势,都是冷端温度为 0℃ 时给出的。因此,如果热电偶的冷端温度不是 0℃,而是其他某一数值,且又不加以适当处理,那么即使测得了热电势的值,仍不能直接应用分度表,即不可能得到测量端的准确温度,会产生测量误差。但在工业使用时,要使冷端的温度保持在 0℃ 是比较困难的,通常采用以下温度补偿的办法。

热电偶的分度表及根据分度表刻制的直读式仪表,都是以热电偶参考端温度等于 0℃ 为条件的。所以使用时必须遵守该条件。如果参考端温度不是 0℃,尽管被测温度不变,热电势 $E(t, t_n)$ 将随参考端温度的变化而变化。一般工程测量中,参考端处于室温或波动的温区,此时要测得真实温度,就必须进行修正或采取补偿等措施。一种方法是冷端处理冰点槽法,如图 10-21 所示。

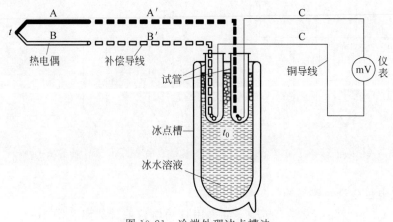

图 10-21　冷端处理冰点槽法

1．冰浴法

将冰屑和清洁的水相混合，放在保温瓶中，并使水面略低于冰屑面，然后把热电偶的参考端置于其中，在一个大气压的条件下，即可使冰水保持在 0℃，这时热电偶输出的热电势与分度值一致。实验室中通常使用这种办法。近年来，已生产一种半导体制冷器件，可恒定在 0℃。

2．补偿导线法

随着工业生产过程中自动化程度的提高，要求把温度测量的信号从现场传送到集中控制室里；或者由于其他原因，显示仪表不能安装在被测对象的附近，而需要通过连接导线将热电偶延伸到温度恒定的场所。热电偶一般做得比较短，贵金属热电偶就更短，这样热电偶的冷端离被测对象很近，使冷端温度较高且波动较大，如果用很长的热电偶使冷端延长到温度比较稳定的地方，则由于热电极线不便于铺设，且对于贵金属很不经济，因此这种方法是不行的。所以一般用一种导线（称为补偿导线）将热电偶的冷端伸出来，如图 10-22 所示。这种导线采用廉价金属，在一定范围内（0~100℃）具有和所连接的热电偶相同的热电性能。

图 10-22　补偿导线在回路中连接

A、B—热电偶的电极；A′、B′—补偿导线；t_0'—热电偶原冷端温度；t_0—热电偶新冷端温度

在使用补偿导线时必须注意以下问题。

（1）补偿导线只能在规定的温度范围内与热电偶的热电势相等或相近。

（2）不同型号的热电偶有不同的补偿导线。

（3）热电偶和补偿热导线的两个节点要保持相同温度。

（4）补偿导线有正、负极，需要分别与热电偶的正、负极相连。

（5）补偿导线的作用只是延伸热电偶的冷端，当冷端 $T_0 \neq 0$ 时，还需要进行其他的补偿和修正。

3．冷端温度计算校正法

由于热电偶的分度表是在冷端温度保持在 0℃ 的情况下给出的，与它配套使用的仪表又是根据分度表进行刻度的，因此，尽管已采用了补偿导线使热电偶冷端延伸到温度恒定的地方，但是冷端温度不等于 0℃，就必须对仪表示值加以修正。例如，冷端温度高于 0℃，但是恒定为 t_0，则测得的热电偶热电势要小于该热电偶的分度值，此时可使用式（10-27）进行修正。

$$E(t,0℃) = E(t,t_0) + E(t_0,0℃) \tag{10-27}$$

例 10-1　K 型热电偶在工作冷端温度 $t_0 = 30℃$，测得热电势 $E_k(t,t_0) = 39.17\text{mV}$，求被测截止的实际温度 t。

解　由分度表查出 $E_k(30℃,0℃) = 1.20\text{mV}$，则

$$E_k(t,0℃) = E_k(t,30℃) + E_k(30℃,0℃)$$
$$= 39.17 + 1.20 = 40.37\text{mV}$$

查分度表,求得真实温度 $t=977℃$。

4. 补偿电桥法

如图 10-23 所示,在电桥的 4 个桥臂中,有一个铜电阻 R_{Cu},铜电阻温度系数较大,阻值随温度而变,其余 3 个臂由阻值恒定的锰铜电阻组成,铜电阻必须和热电偶冷端靠近,使之处于同一温度。

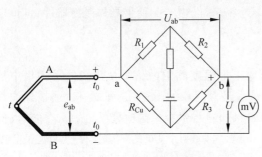

图 10-23 补偿电桥法

设计时使 R_{Cu} 在 20℃ 下的阻值与其余 3 个桥臂电阻完全相等,即 $R_{Cu20}=R_1=R_2=R_3$,这种情况下电桥处于平衡状态,图中 a 点和 b 点之间的电压 $U_{ab}=0$,对热电势没有补偿作用。

当冷端温度 $t_0>20℃$,随之热电势将减少,但这时 R_{Cu} 也增大,使电桥不平衡,并且 U_{ab} 电压方向与热电势相同,即 a 点为负,b 点为正,此时回路总电压 $U=E(t,t_0)+U_{ab}$。若 $t_0<20℃$,则 U_{ab} 电压方向与热电势相反,即 a 点为正,b 点为负,此时回路总电压 $U=E(t,t_0)-U_{ab}$。如果铜电阻选择合适,可使电桥产生的不平衡电压 U_{ab} 正好补偿由于冷端温度变化而引起的热电势变化量,仪表即可指示出正确的温度。由于电桥是在 20℃ 时平衡的,所以采用这种补偿电桥需要把仪表机械零位调到 20℃。

10.3 热敏电阻

热敏电阻是用一种半导体材料制成的敏感元件,电阻随温度的变化而显著变化,能直接将温度的变化转换为能量的变化。热敏电阻的主要特点如下。

(1) 灵敏度高。通常温度变化 1℃,阻值变化 1%~6%,电阻温度系数绝对值比一般金属电阻值大 10~100 倍。

(2) 体积小。珠形热敏电阻探头最小尺寸达 0.2mm,能测量热电偶和其他温度计无法测量的空隙、腔体、内孔处的温度,如人体血管内温度等。

(3) 使用方便。热敏电阻阻值在 100~1000Ω 内可任意挑选,热惯性小,而且不像热电偶需要冷端补偿,不必考虑线路引线电阻和接线方式,容易实现远距离测量,功耗小。

热敏电阻的主要缺点是其阻值与温度变化呈非线性关系,元件稳定性和互换性较差。

热敏电阻主要由热敏探头、引线和壳体构成,如图 10-24 所示。

热敏电阻一般做成二端器件,但也有做成三端或四端器件的。二端和三端器件为直热式,即热敏电阻直接从连接的电路中获得功率;四端器件则是旁热式。

根据不同的使用要求,可以把热敏电阻做成不同的形状和结构,其典型结构如图 10-25 所示。

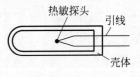

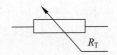

图 10-24 热敏电阻的结构及符号

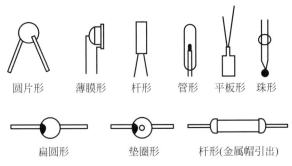

图 10-25 热敏电阻的结构形式

10.3.1 热敏电阻的主要特性

1. 电阻-温度特性

电阻与温度之间的关系是热敏电阻的最基本特性，这一关系充分反映了热敏电阻的性质，当温度不超过规定值时，保持着本身特性，超过时特性被破坏。在工作温度范围，应在微小工作电流条件下，使之不存在自身加热现象。电阻与温度之间的关系可表示为

$$R = A e^{B/T} \tag{10-28}$$

其中，A 为与热敏电阻尺寸形状以及它的半导体物理性能有关的常数；B 为与半导体物理有关的常数；T 为热敏电阻的绝对温度。

若已知两个电阻值 R_1 和 R_2，以及相应的温度值 T_1 和 T_2，便可求出 A 和 B 的值。

$$B = \frac{T_1 T_2}{T_2 - T_1} \ln \frac{R_1}{R_2} \tag{10-29}$$

$$A = R_1 e^{(-B/T_1)} \tag{10-30}$$

将式(10-30)代入式(10-18)，可得到以电阻 R_1 作为一个参数的温度特性表达式为

$$R = R_1 e^{(B/T - B/T_1)} \tag{10-31}$$

这样，如果电阻 R_1 和 R_2 已知，那么温度特性就可以是确定的。通常取 20℃ 时的热敏电阻的阻值为 R_1，记作 R_{20}，并称它为标称电阻值，则式(10-31)可改写为

$$R = R_{20} e^{(1/T - 1/298)B} \tag{10-32}$$

其电阻-温度特性曲线如图 10-26 所示。

电阻温度系数 α_T 的计算式为

$$\alpha_T = \frac{1}{R} \cdot \frac{dR}{dT} = -\frac{B}{T^2} \tag{10-33}$$

由式(10-33)可知，热敏电阻的温度系数也与温度有关。而且对于大多数热敏电阻，它的温度系数均为负值。控制材料成分，也可以制成具有正温度系数的热敏电阻。正温度系数热敏电阻的电阻-温度特性可表示为

$$R = R_1 e^{B(T - T_1)} \tag{10-34}$$

其中，R 和 R_1 为温度分别为 T 和 T_1 时的电阻值；B 为热敏电阻的材料常数，是热敏电阻与半导体物理性能有关的常数。

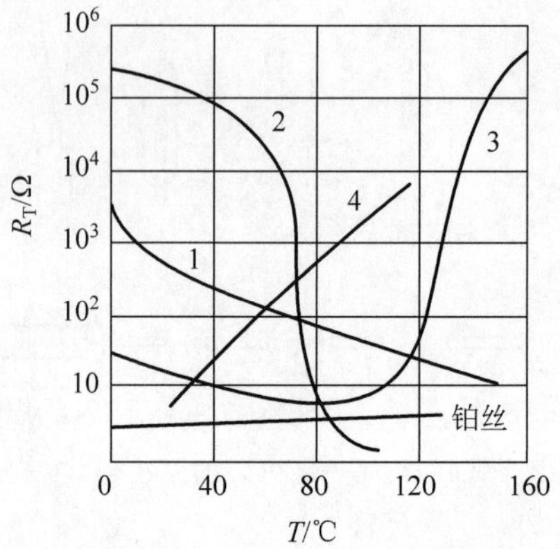

图 10-26 热敏电阻的电阻-温度特性曲线

1—负温度系数热敏电阻的 R_T-T 曲线；2—临界负温度系数热敏电阻的 R_T-T 曲线；3—开关型热敏电阻的 R_T-T 曲线；4—缓变型正温度系数热敏电阻的 R_T-T 曲线

2. 伏安特性

伏安特性表征热敏电阻在恒温介质流过的电流 I 与其上电压降 U 之间的关系，如图 10-27 所示。

(1) 当电流很小（小于 I_a）时，不足以引起自身加热，阻值保持恒定，电压降与电流之间符合欧姆定律，所以图 10-27 中 Oa 段为线性区。

(2) 当电流 $I > I_a$ 时，随着电流增加，功耗增大，产生自热，阻值随电流增加而减小，电压降增加速度逐渐减慢，因而出现非线性的正阻区 ab 段。

(3) 电流增大到 I_m 时，电压降达到最大值 U_m。

(4) 此后，电流继续增大，自热更为强烈，由于热敏电阻的电阻温度系数大，阻值随电流增加而减小的速度大于电压降增加的速度，于是出现负阻区 bc 段。

(5) 当电流超过允许值时，热敏电阻将被烧坏。

上述特性即使对同一个热敏电阻，也会因散热状况不同而变化。

3. 电流-时间特性

图 10-28 所示为热敏电阻的电流-时间曲线，它们是在不同的电压的情况下，电流达到稳定最大值所需要的时间，可以看到都有一段延迟时间，这是在自热过程中为达到新的热平

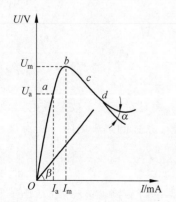

图 10-27 热敏电阻的伏安特性

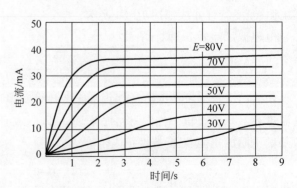

图 10-28 热敏电阻的电流-时间曲线

衡状态所必需的，延迟时间反映了热敏电阻的动特性。适当选择热敏电阻的结构及相应的电路，可使这段延迟时间具有 1ms 到几个小时的数值。对于一般结构的热敏电阻，其值为 0.5～1s。

10.3.2 热敏电阻特性的线性化

热敏电阻的电阻-温度特性呈指数形式，而测量和控制总是希望输出与输入呈线性关系。使热敏电阻特性线性化的方法很多。

1. 线性化电路

最简单的方法是用温度系数很小的电阻与热敏电阻串联或并联，可以使等效电阻与温度的关系在一定的温度范围内是线性的。

图 10-29 所示为热敏电阻 R_T 与补偿电阻 r_1 串联的情况，串联后的等效电阻为 $R_S = R_T + r_1$。R_T 本身随温度的上升而下降，即 $\alpha = -B/T^2$。若所选择的补偿电阻是金属或合金材料电阻，并具有小的正电阻温度系数，只要 r_1 选择合适，R_S-T 的特性在某一温度范围内近似为双曲线关系，即在这个温度区间内，温度与电阻的倒数呈线性关系，因而电流 I 与温度 T 呈线性关系。但此时灵敏度有所下降。

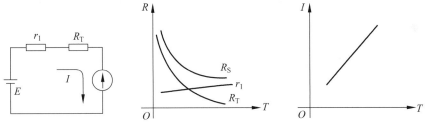

图 10-29 热敏电阻串联补偿情况

图 10-30 所示为热敏电阻 R_T 与补偿电阻 r_1 并联的情况，并联后的等效电阻为

$$R_P = \frac{R_T r_1}{R_T + r_1}$$

若 r_1 的特性与串联时相同，当温度很低时，由于 $R_T \gg r_1$，因此 $R_P \approx r_1$；随着温度 T 的升高，R_T 很快下降，即

$$\left| \frac{dR_T}{dT} \right| = \left| \frac{dr_1}{dT} \right|$$

这时 R_P 下降，但因低温时 $R_T > r_1$，即 $1/r_1 > 1/R_T$，故 R_P 随温度 T 的上升而缓慢下降。随着温度再上升，当 $R_T < r_1$，$1/r_1 < 1/R_T$ 时，R_T 的影响增大，R_P 随 T 的上升而较快下降。随着温度再上升，R_T 变化缓慢，R_P 随温度的上升而下降变得缓慢，当温度很高时，R_T 基本不随 T 变化，R_P 也趋于稳定。补偿后的 R_P 的温度系数变小，电阻-温度曲线变平坦了。因此，也可在某一温度范围内得到线性的输出特性。除上述介绍的串联、并联补偿电阻之外，还有其他的办法，如图 10-31 所示。

2. 计算修正法

大部分传感器的输出特性都存在非线性，因此实际使用时都必须进行线性化处理，方法有两大类：硬件（电子线路）法和软件（程序）法。在带有微处理器的测量系统中，可以用软

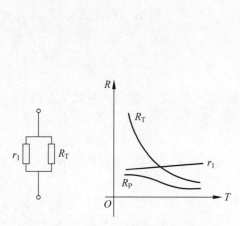

图 10-30 热敏电阻并联补偿情况

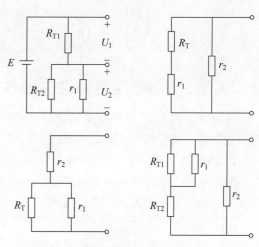

图 10-31 热敏电阻其他补偿方法

件对传感器进行处理。当已知热敏电阻的实际特性和要求的理想特性时,可采用线性插值等方法将特性分段并把分段点的值存放在计算机内存中,计算机将根据热敏电阻的实际输出值进行校正计算,给出输出值,这种线性化方法将在后面作为传感器线性化的一般方法。

3. 利用温度-频率转换电路改善非线性

图 10-32 所示为一个温度-频率转换电路。该电路利用 RC 电路充放电过程的指数函数和热敏电阻的指数函数相比较的方法改善热敏电阻的非线性。

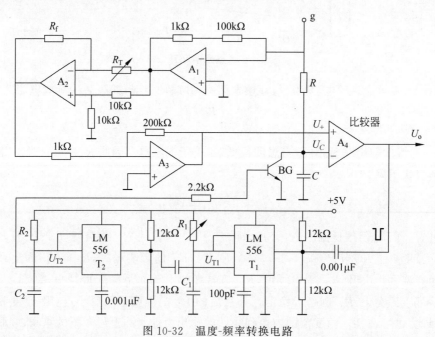

图 10-32 温度-频率转换电路

该转换器由温度-电压转换电路(A_1、A_2、A_3)、RC 充放电电路、电压比较器 A_4 和延时电路组成。其改变热敏电阻 R_T 的非线性原理如下。

温度-电压转换电路由热敏电阻 R_T 和运算放大器 $A_1 \sim A_3$ 组成,产生一个与温度相对

应的电压 U_+ 加到比较器 A_4 的正端。运算放大器 A_1 为差动放大器 A_2 提供一个低电压 $U_{A_1} = -E/100$ 输入信号,其目的是减少热敏电阻自身发热所引起的误差。A_2 输出再由反相放大器 A_3 提高信号幅值,该幅值为

$$U_+ = E\left(1 - \frac{R_f}{R_T}\right) \tag{10-35}$$

RC 电路(见 A_4 反相输入端)中的电容 C 上的充电电压为

$$U_C = E\left[1 - \exp\left(\frac{t}{RC}\right)\right] \tag{10-36}$$

该转换器是把 RC 电路充放电过程中电容 C 上的电压 U_C 与温度-电压转换电路的输出电压 U_+ 相比较,当 $U_C > U_+$ 时,比较器的输出电压由正变负,此负跳变电压触发延时电路 (T_1, T_2),使延时电路输出窄脉冲,驱动开关电路 BG,为电容器 C 构成放电通路;当 $U_C < U_+$ 时,比较器 A_4 输出由负变正,延时电路输出低电位,BG 截止,电容器 C 开始一个新的充电周期。

当温度恒定时,输出一个将与温度相对应的频率信号。当温度改变时,U_+ 改变,使比较器输出电压极性的改变推迟或提前,于是输出信号频率将相应的变化,从而实现温度到脉冲频率的变换,达到测量温度的目的。

下面讨论转换器的输出频率与被测温度的关系。

延时电路 T_1、T_2 由两块 LM556 组成,它们产生宽度为 $t_{d_1} = 1.1 R_1 C_1$ 和 $t_{d_2} = 1.1 R_2 C_2$ 的脉冲信号,且使 $t_{d_2} \ll t_{d_1}$。

在 $t = 0$ 时,晶体管 BG 关断,比较器 A_4 输出 $U_o = +U_1$;当 $t = t_1$ 时,U_o 上升到超过 U_+,A_4 输出电压 $U_o = -U_1$,根据式(10-35)和式(10-36),且令 R_f 为 T_0 温度时的电阻值,得到

$$t_1 = \frac{BRC}{T} - \frac{BRC}{T_0} \tag{10-37}$$

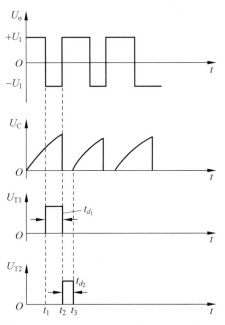

在 $t = t_1$ 时,比较器 A_4 输出的负跳变电压触发延时电路 T_1,产生 $t_{d_1} = t_2 - t_1$ 的脉冲,在此脉冲的下降沿($t = t_2$ 时),延时触发电路 T_2 产生 $t_{d_2} = t_3 - t_2$ 的窄脉冲,该脉冲使晶体管 BG 导通,使电容 C 短路,U_C 下降到零,并使 A_4 输出由 $-U_1$ 变为 $+U_1$,开始一个新的周期,待 t_3 到来时,BG 截止,电源通过 R 重新对 C 充电。

温度-频率转换电路波形如图 10-33 所示,不难看出,A_4 输出的方波的周期 T_m 为

$$T_m = t_1 + t_{d_1} + t_{d_2} \tag{10-38}$$

将式(10-37)代入式(10-38),则输入方波频率 f 为

$$f = \frac{1}{T_m} = \frac{\dfrac{T}{BRC}}{1 + \dfrac{\delta}{BRC}T} \tag{10-39}$$

注意式(10-39)中的 T 是绝对温度,且 $\delta = t_{d_1} +$

图 10-33 温度-频率转换电路波形图

$t_{d_2} - \dfrac{BRC}{T}$,由于 $t_{d_2} \ll t_{d_1}$,若调整 t_{d_1},可能使 δ 减少到零,则式(10-39)可简写为

$$f = \dfrac{T}{BRC} \tag{10-40}$$

式(10-40)可说明输出频率与绝对温度 T 成正比。所以,该电路在 $\delta=0$ 时,输出是线性的,即使 δ 调不到零,也可使热敏电阻输出的非线性得到改善。

将该转换电路用于热敏电阻的温度测量是比较理想的。

10.3.3 热敏电阻应用

热敏电阻的用途主要分为两大类:一类作为检测元件;另一类作为电路元件。从元件的电负荷观点来看,热敏电阻工作在伏安特性曲线的 oa 段时,流过热敏电阻的电流很小。当外界温度发生变化时,尽管热敏电阻的耗散系数也发生变化,但电阻体温度并不发生变化,而接近环境温度,属于这一类应用的有温度测量、各种电路元件的温度补偿、空气的湿度测量、热电偶冷端补偿等;热敏电阻工作在伏安特性曲线的 bc 段,热敏电阻伏安特性曲线的峰值电压 U_m 随环境温度和耗散系数的变化而变化,利用这个特性可将热敏电阻器作为各种开关元件;热敏电阻工作在伏安特性曲线的 cd 段时,由于所施加的耗散功率使电阻体温度大大超过环境温度,在这一区域内热敏电阻可用作低频振荡器、启动电阻、时间继电器以及流量测量。

1. 温度测量

图 10-34 所示为热敏电阻测温原理,测温范围为 $-50 \sim 300$℃,误差小于 ± 0.5℃,S_1 为工作选择开关,0、1、2 分别为电压断开、校正、工作 3 个状态。工作前根据开关 S_2 选择量程,将开关 S_1 置于 1 处,调节电位计 R_W 使检流计 G 指示满刻度,然

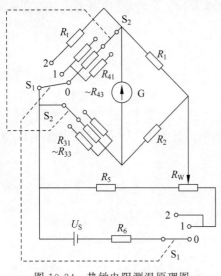

图 10-34 热敏电阻测温原理图

后将 S_1 置于 2,热敏电阻被介入测量电桥进行测量。

2. 温度补偿

仪表中通常用的一些零件多数是由金属丝制成的,如线圈、线绕电阻等,金属一般具有正温度系数,采用负温度系数的热敏电阻进行补偿,可以抵消由于温度变化所产生的误差。实际应用时,将负温度系数的热敏电阻与锰铜丝电阻并联后再与被补偿元件串联,如图 10-35 所示。

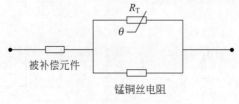

图 10-35 仪表中的温度补偿

3. 热敏电阻温度自动控制器

图 10-36 所示为采用热敏电阻作为测温元件进行自动控制温度的电加热器。控温范围由室温到热敏电阻的测温最高值,控制精度可达 0.1℃。

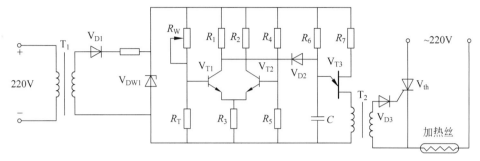

图 10-36　热敏电阻温度自动控制器电路

测温用的热敏电阻 R_T 具有正温度系数,将它作为偏置电阻接在 V_{T1}、V_{T2} 组成的差分放大器电路内,当温度变化时,热敏电阻的阻值发生变化,引起 V_{T1} 的集电极变化,经二极管 V_{D2} 引起电容器 C 充电电流的变化,改变了充电速度,从而使单结晶体管的输出脉冲产生相移,改变晶闸管 V_{th} 的导通角。由此调节电热丝中的加热电流,达到自动控制温度目的。

4. 过热保护

如图 10-37 所示,过热保护分为直接保护和间接保护两种。对于小电流场合,可把热敏电阻直接串入负载中,防止过热损坏以保护器件;对于大电流场合,可通过继电器、晶体管电路来保护。不论哪种情况,热敏电阻都与被保护器件紧密结合在一起,充分热交换,一旦过热,就起到保护作用。

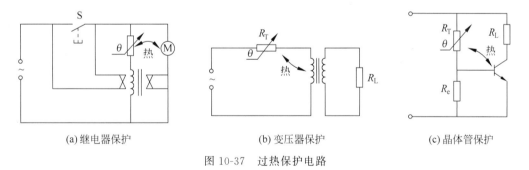

(a) 继电器保护　　　　　　　(b) 变压器保护　　　　　　　(c) 晶体管保护

图 10-37　过热保护电路

10.4　集成温度传感器

集成温度传感器是将作为感温器件的温敏晶体管以及外围电路集成在同一单片上的集成化温度传感器。与分立元件的温度传感器相比,集成温度传感器的最大优点在于小型化、使用方便和成本低廉。商品化的集成温度传感器已经广泛应用于需要温度监测、控制和补偿的许多场合。

集成温度传感器的典型工作温度为 $-50 \sim +150$℃($223 \sim 423$K)。目前大量生产和应用的集成温度传感器按输出量不同可分为电压输出型和电流输出型两大类,此外,还开发出频率输出型器件。电压输出型的优点是直接输出电压,且输出阻抗低,易于读出或控制电路接口。电流输出型输出阻抗极高,因此可以简单地使用双股绞线进行数百米远的精密温度遥感或遥测,而不必考虑长馈线上引起的信号损失和噪声问题;也可以用于多点温度测量系统中,而不必考虑选择开关或多路转换器引入的接触电阻造成的误差。频率输出型具有与电流输出型相似的优点。

1. 对管差分电路

如图 10-38 所示,集成电路温度传感器设计成两个性能和结构完全相同的三极管 T_1 和 T_2,分别工作在不同集电极电流 I_{C1} 和 I_{C2} 下,I_{C1} 和 I_{C2} 之比一定时,得到 U_{be1} 与 U_{be2} 之差 ΔU_{be} 与热力学温度成正比例关系的理想输出电路,有

$$\Delta U_{be} = U_{be1} - U_{be2} = (kT/q)\ln(I_{C1}/I_{C2}) \tag{10-41}$$

因为 T_1 与 T_2 集电极截面积相等,则式(10-41)可改写为

$$\Delta U_{be} = U_{be1} - U_{be2} = (kT/q)\ln(J_{C1}/J_{C2}) \tag{10-42}$$

其中,J_{C1} 和 J_{C2} 为 T_1 和 T_2 的集电极电流密度。可见,只要保持 J_{C1}/J_{C2} 不变,在电阻 R_1 上的电压降 ΔU_{be} 将与热力学温度 T 成正比。ΔU_{be} 是集成电路温度传感器的基本温度信号,在此基础上可求得与温度呈线性关系的电流或电压输出。设 T_1 和 T_2 增益极高,可忽略基极电流,即集电极电流等于发射极电流,则有

$$\Delta U_{be} = R_1 I_{C2} \tag{10-43}$$

由于 T_2 的集电极电流 I_{C2} 也正比于其热力学温度 T,则 R_2 上的电压降也正比于热力学温度 T。为使 I_{C1}/I_{C2} 或 J_{C1}/J_{C2} 不变,电流源给出流过 T_1 的电流 I_{C1} 也必须正比于热力学温度 T,于是电路总电流 $I_{C1}+I_{C2}$ 正比于热力学温度 T,即图 10-38 所示的电路可以输出正比于热力学温度的电压或电流。

2. 电流输出型温度传感器

图 10-39 所示为温度电流镜(PTAT)核心电路。T_3 和 T_4 是一对基本温敏差分对管,分别串联 T_1 和 T_2,起恒流作用,使左右支路集电极电流相等,组成电流镜。两对温敏差分对管的性能和结构完全相同,且发射极偏压也相同。假设三极管输出阻抗和电流增益无穷大,忽略集电极电流随集电极电压 U_{be} 变化和基极电流的影响,T_3 和 T_4 的集电板电流在任何温度下始终相等。要使 T_3 和 T_4 工作在不同的集电极电流密度下,T_3 和 T_4 应采用不同的发射极面积,设面积比为 n,则 T_3 与 T_4 的电流密度比为 $1/n$。因此,只要在电路 R_L 两端

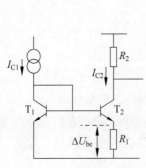

图 10-38 对管差分电路

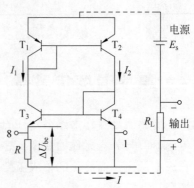

图 10-39 温度电流镜(PTAT)核心电路

加上高于 U_{be} 两倍的电压,则在电阻 R 上得到 T_3 与 T_4 的基极-发射极电压差为

$$\Delta U_{be} = (kT/q)\ln(J_{C1}/J_{C2}) = (kT/q)\ln n \tag{10-44}$$

可见,在电流镜 PTAT 核心电路中,ΔU_{be} 的温度系数仅与 T_3 和 T_4 发射极面积比 n 有关(n 不随温度变化)。由式(10-44)可得电流为

$$I = \Delta U_{be}/R = (kT/qR)\ln n \tag{10-45}$$

如果电阻 R 不随温度变化,则 I 正比于热力学温度。实际上,T_3 由 8 个性能完全相同的三极管并联组成,即 $n=8$。输出电流通常限制在 1mA 左右。图 10-39 所示为一种基本电流输出型温度传感器,图中电阻 R 是硅基薄膜电阻,可用激光修正其阻值,得到基准温度电流。将输出电流引到负载电 R_L 上,得到与 T 成正比的输出电压,输出电压信号不受电源电压 E_s 和传输线路电阻的影响,这种传感器工作范围为 $-55 \sim 150$ ℃,误差小于 ± 1.7 ℃。

AD590(国产 SG590)是一种典型的电流输出型温度传感器,图 10-40 所示为 AD590 内部等效电路图。T_9 和 T_{11} 是差分对管,产生 PTAT 电压。R_5 和 R_6 将电压转换成电流,T_{10} 的集电极电流跟踪 T_9 和 T_{11} 的集电极电流,T_{10} 提供所有的偏置及电路其余部分基极电流,使其电流正比于热力学温度。R_5 和 R_6 同 R_0、T_7、T_8、T_{10} 为对称 Wilson 电路,用来提高阻抗。T_5、T_{12}、T_{10} 为启动电路,T_5 为恒定偏置三极管。T_6 可防止电源反接时损坏电路,同时使左右支路对称。R_1 和 R_2 为发射极反馈电阻,可提高阻抗。T_1、T_2、T_3、T_4 相当于图 10-39 中的 T_1、T_2。C_1 和 R_4 用来防止寄生振荡。电路设计使 T_9、T_{10}、T_{11} 三者的发射极电流相等,都为总电流 I 的 1/3。T_9 和 T_{11} 发射极面积比为 8:1,T_{10} 和 T_{11} 发射极面积相等。T_9 和 T_{11} 的发射极电压反向极性串联的施加在电阻 R_5 和 R_6 上,则有 $\Delta U_{be} = 1/I(R_6 - 2R_5)$。因为 R_6 只

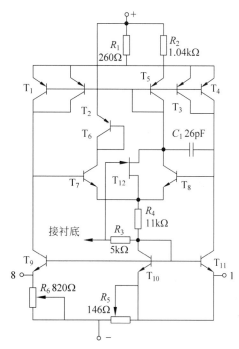

图 10-40 AD590 的内部等效电路图

通过 T_9 的发射极电位,R_5 通过 T_{10} 和 T_{11} 的发射极电流,要改变 ΔU_{be},可以调整 R_5 和 R_6,增加 R_5 和减少 R_6 都可以使 ΔU_{be} 减少,不过改变 R_5 的影响较明显,实际上是利用激光修正 R_5 进行粗调,修正 R_6 进行细调,得到定温(25℃)电流。AD590 工作范围为 $-50 \sim 150$ ℃,误差为 ± 1 ℃。作为一个双端温度传感器,只需一个直流电压源($+5 \sim 0$V),输出高阻电流。可用双绞线使器件距电源 25m 处正常工作,传输线电阻影响小。

(1) 基本温度检测。将 AD590 与 1kΩ 电阻串联,即可得到基本测温电路,如图 10-41 所示。从电阻 R 上得到正比于热力学温度的电压输出,灵敏度为 1mV/K。

(2) 数字温度计。将 AD590 与集成电路 ICL7106 连接,再加上液晶显示器及电阻组成一个数字温度计,如图 10-42 所示。

3. 电压输出型温度传感器

由图 10-43 所示的电压输出 PTAT 核心电路附加一个与 T_1 和 T_2 相同的 T_5 和电阻 R_2

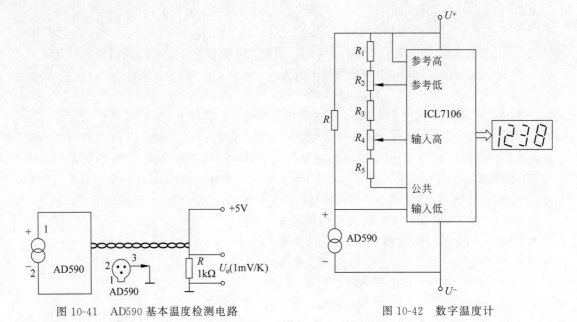

图 10-41 AD590 基本温度检测电路

图 10-42 数字温度计

组成支路，就构成电压输出型温度传感器基本电路。流过 T_5 与 R_2 的支路电流与另两个支路相等，则输出电压为

$$U_o = IR_2 = (R_2/R_1)(kT/q)\ln n \tag{10-46}$$

只要 R_2/R_1 为常数，就可以得到正比于热力学温度的输出电压 U_o，而输出电压的温度灵敏度可通过 R_2/R_1 以及 T_1 与 T_2 的发射极面积比调整。

1）四端电压输出型

图 10-44 所示为由 PTAT 核心电路、参考电压源和运算放大器组成的四端输出温度传感器，4 个端子分别为 U^+、U^-、输入和输出。

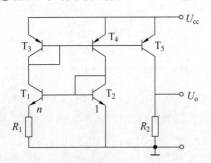

图 10-43 电压输出 PTAT 核心电路

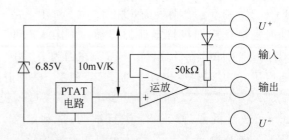

图 10-44 四端电压输出温度传感器电路

该传感器的测温范围为 $-40\sim125\,^\circ\!C$，灵敏度为 $10\mathrm{mV/K}$，精度为 $\pm4\mathrm{K}$。其基本电路接法如图 10-45 所示。由于输出端和输入端短接，作为三端器件，在 U^+ 端和输出端之间给出正比于热力学温度的输出电压 U。在内部参考电压的钳位作用下，U^+ 和 U^- 之间保持为 6.85V，传感器实际上是一个电压源，必须和电阻 R_1 串联，所加电压取 $\pm15\mathrm{V}$。传感器电路电流为 1mA 时，电阻 R_1 可以利用公式 $R_1 = [U_{cc}(\mathrm{V}) - 6.85]\mathrm{k}\Omega$ 确定。

图 10-46 所示为电压输出温度检测电路，两种电路都把传感器本身参考电压分压，取出

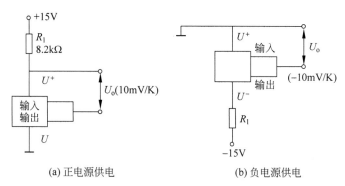

(a) 正电源供电　　　　(b) 负电源供电

图 10-45　四端电压输出温度传感器基本应用电路

2.73V 作为偏置电压,使输出电平移动 -2.73V,使 0℃(273K)时输出为零,输出 U 直接指示摄氏温度,输出电压灵敏度 10mV/℃。图 10-46(b) 中放大器可用高精度运算放大器,由外部标定,调节电位器 R_w,如 25℃时,输出 250mV 即可。

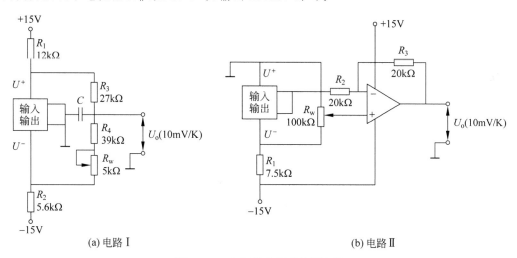

(a) 电路 I　　　　　　　　(b) 电路 II

图 10-46　电压输出温度检测电路

2) 三端电压输出型

图 10-47 所示为 LM135 系列三端电压输出型温度传感器封装图。传感器内部由一个 PTAT 核心电路和一个运算放大器组成。外部两端子分别接 U^+ 和 U^-,第 3 端子为调整端(供外部标定用)。

图 10-48 所示为基本温度检测电路。把传感器作为两端部件,相当于一个齐纳二极管,其击穿电压正比于热力学温度。与一个电阻串联,加上适当电压 U_{cc} 得到直接正比于热力学温度的输出电压 U_o。实际上,这时传感器看作温度系数(即灵敏度)为 10mV/K 的电压源,工作电流由电阻 R_0 和电源电压 U_{cc} 决定,$I=(U_{cc}-U_o)/R_0$。

图 10-49 所示为可以进行外部标定的传感器检测电路图,标定由调整 10kΩ 电位器完成。室温(25℃)

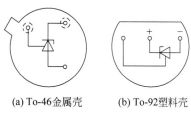

(a) To-46金属壳　(b) To-92塑料壳

图 10-47　LM135 系列温度传感器封装图

下,调节电位器,使输出电压 $U_o = 2.982\text{V}$,经标定得到灵敏度为 10mV/K。LM135 系列是一种精密的、易于标定的三端电压输出型集成温度传感器,工作范围如下:LM135 为 $-55 \sim 150\text{℃}$,LM235 为 $-40 \sim 125\text{℃}$,LM335 为 $-10 \sim 100\text{℃}$,灵敏度为 10mV/K,精度为 1℃。

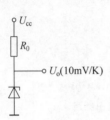 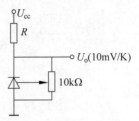

图 10-48　LM135 系列基本温度检测电路　　　图 10-49　可进行外部标定的传感器检测电路图

习题 10

10-1　热电阻传感器主要分为几种类型?它们分别应用在什么不同场合?

10-2　什么叫作热电势、接触电势、温差电势?说明热电偶测温工作原理及其工作定律的应用。分析热电偶测温的误差因素,并说明减小误差的方法。

10-3　某热电阻温度传感器,在一定温度范围内,其阻值 $R(t)$ 与温度 $t℃$ 之间的关系为
$$R(t) = R_0(1 + at + bt^2)$$
其中,R_0、a、b 均为常数,当温度测量范围为 $0 \sim 100℃$ 时,采用端点连线法对 $R(t)$ 曲线进行直线拟合,求电阻 $R(t)$ 的非线性误差表达式。

10-4　简述热电偶测温的基本原理和基本定理。

10-5　什么是测温用的平衡电桥、不平衡电桥和自动平衡电桥?各有什么特点?

10-6　如 10-6 题图所示,用等臂电桥测量温度时,如果热电阻采用 Pt100,当温度在 $0 \sim 100℃$ 范围变化时,求输出电压相对非线性误差 γ。

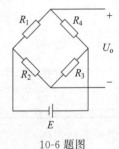

10-6 题图

10-7　简述电流源平衡电桥的工作原理。

10-8　试解释负电阻温度系数热敏电阻的伏安特性,并说明其用途。

10-9　一只热敏电阻在 0℃ 和 100℃ 时,电阻值分别为 200kΩ 和 10kΩ。试计算该热敏电阻在 20℃ 时的电阻值。

10-10　10-10 题图所示电路为一种双温差测量电路,设 R_t 和 R'_t 为同性质的温度传感器,分别放置在温度为 t 和 t' 的温度场中,其温差 $\Delta t = t - t'$,传感器阻值与温度之间的关系为
$$R_t = R + \Delta R = R(1 + at), \quad R'_t = R + \Delta R' = R(1 + at')$$
其中,$\Delta R \ll R$,$\Delta R' \ll R$。

(1) G 为电流表时(内阻为 0),推导出其电流与温差 Δt 的关系;

(2) G 为电压表时(内阻为 ∞),推导出其电压与温差 Δt 的关系。

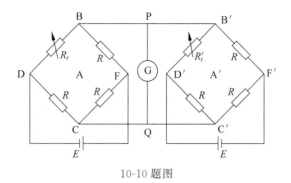

10-10 题图

10-11 有一块数字电压表,其分辨率为 0.1V/字,现与 Cu100 热电阻配套应用,温度测量范围为 0～100℃,为了设计一个如 10-11 题图所示的温度-电压变换测量电路,使数字表能直接显示温度数值,分辨率为 1 字/℃。采用恒流源电桥测量电路,电压放大器采用专用仪表放大器芯片 INA118,其电压放大倍数 G 由外接电阻 R_G 决定。计算电路中元件 R_1、R_G 的阻值(已知铜电阻的温度系数 α 为 0.428Ω/℃,电阻值与温度呈线性关系,恒流源电流 $I_s = 200\mu A$)。

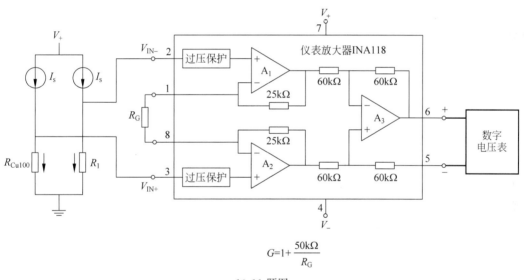

10-11 题图

10-12 用镍铬-镍硅热电偶测量炉温,当冷端温度 $T_0 = 30℃$ 时,测得热电势 $E(T, T_0) = 39.17mV$,求实际炉温。

第三篇

检测技术

第 11 章 电学与磁学测量

CHAPTER 11

电和磁是自然界的两个重要基本现象，在 1820 年奥斯特发现电生磁现象以前，电学测量和磁学测量是独立发展的。随着人们对电、磁现象及其规律认识的深入，电磁测量相互结合并得到了快速发展。电磁测量是研究电学量、磁学量以及可转化为电学量、磁学量的各种非电量的测量原理、方法和仪器仪表的技术科学。在自然界众多的现象和规律中，电磁规律与其他物理现象具有广泛的联系，如电或磁的力学效应、热效应、光效应、化学效应等。这不仅为电学量和磁学量本身的测量，而且为几乎所有非电量的测量提供了多种多样的方法和手段。另外，由于电信号比其他类型的信号更便于转换、放大、传送，而计算机也要求输入电信号，因此，电磁测量在技术科学领域中具有十分重要的地位。

电学量包括电量和电参数两个方面。电量主要包括直流电流和交流电流、直流电压和交流电压、直流电功率和交流电功率、直流电能和交流电能、频率、交流电相量间的相位差，以及功率因数、静电电荷、静电场强度等。相应地，电量的测量可分为电流测量、电压测量、电功率测量、电能测量、频率测量、相位差测量、功率因数测量、静电测量等。电参数主要包括直流电阻和交流电阻、电容、电感(自感和互感)、电阻时间常数、电容损耗角、自感的品质因数和互感的角差等。由此，电参数的测量可分为电阻测量、电容测量、电感测量、电阻时间常数测量、介质损耗因数测量等。

磁学量测量泛指对表征宏观磁场性质的基本物理量和反映材料磁特性的各种磁学参量的测量。前者又称为磁场测量，后者则根据磁性材料不同，主要分为永磁材料测量、软磁材料测量、硅钢片磁特性测量等。磁学量测量是电磁测量的重要内容，一方面用于研究物质的磁结构和各种磁现象，以及探索这些现象所遵循的规律。定量地掌握各类材料在磁场中的磁特性，对电工设备的设计、制造以及新材料的开发有着重要意义。此外，在生物学、医学、化学、地质学等领域，测量物质的各种磁学参量也日益重要。另一方面，通过磁学量的测量也为其他非电量的测量提供了多种多样的方法和手段，如通过测量漏磁场强度进行管道缺陷检测，通过测量三维磁场强度来进行石油钻井钻杆测斜、飞行体空间姿态测量以及利用核磁共振技术的断层扫描等。

表征宏观磁场性质的最基本物理量是磁通密度 B 和磁场强度 H。在真空中，磁通密度 B 与磁场强度 H 成比例，比例常数 μ_0 称为真空磁导率。反映磁性材料磁特性的主要参数是材料的磁化曲线和磁滞回线。在这两种特性曲线上，可分别确定材料的磁导率 μ、饱和磁通密度 B_s、矫顽力 H_c、剩磁 B_r 以及铁损 P 等磁学参量。常用的磁学量单位其换算关系如

表 11-1 所示。

表 11-1　常用的磁学量单位及其换算关系

磁学量名称	符　号	CGS 单位	SI 单位	换算比(SI 制数值乘以此数即得 CGS 制数值)
磁极强度	m		韦(Wb)	$10^8(4\pi)$
磁通	Φ	麦克斯韦(Mx)	韦(Wb)	10^8
磁矩	M_m	磁矩(emn)	安/平方米(A/m^2)	10^3
磁通密度或磁感应强度	B	高斯(Gs)	韦/平方米或特(斯拉)(Wb/m^2 或 T)	10^4
磁场强度	H	奥斯特(Oe)	安/米(A/m)	$1/79.6$
磁势或磁通势	F_m	奥·厘米(Oe·cm)	安匝(AN)	$4\pi/10$
磁化强度	M	高斯(Gs)	安/米(A/m)	10^{-3}
相对磁化率	X			4π
相对磁导率	μ_r			1
真空磁导率	μ_0	1	$4\pi/10^7$	$10^7/(4\pi)$
磁阻	R_m	(奥·厘米)/麦克斯韦	安匝/韦(AN/Wb)	$4\pi \cdot 10^{-9}$

注：SI 单位指目前国际上通用的国际单位制，CGS 指历史上使用过的高斯制，目前已基本不用，但在一些早期(20 世纪 60 年代以前)资料中会经常出现。

电学与磁学测量包含的内容十分丰富，限于篇幅，同时考虑到一般的电学测量原理在电工技术、电路等课程中已有介绍，本章将重点介绍磁学测量，对电学测量仅作概要说明，并以频率和相位这两个用途较广的两个量为重点。

11.1　电学测量

11.1.1　电学测量简介

与大多数测量一样，电学测量也包括选择合适的方式与仪表两个方面。

常用的测量方式有直接测量、间接测量和组合测量 3 种。直接测量是对待测量与标准量进行直接或间接比较，而得到测量结果的方法。间接测量是利用未知量与一些便于直接测量的电学量或其他物理量之间的简单函数关系，经直接测量这些量，再通过简单计算获得被测对象量值的测量方法。例如，由直接测得的电阻两端的电压和流过该电阻的电流，按欧姆定律算出电阻；又如，电阻率一般不能直接测得，通常先直接测出被测材料的截面积、长度和电阻值，再按公式算出。组合测量的对象是那些与便于测量的量间有复杂函数关系的量，为获得测量结果，要经过复杂计算。

从测量方法上看，电参量的测量可分为以下两大类。

(1) 直读(或偏转)法。利用模拟式指示仪表的指针、光标在度盘上所处位置或数字显示装置的读数显示被测对象量值大小的方法均属于直读(或偏转)法。直读法的优点是观测直观。利用模拟式仪表实施直读测量，可以观察被测对象的连续缓慢变化；测量准确度取决于所用仪表的准确度级。若改用数字式仪表，可使读数无视差，且测量更准确、快速。

(2) 比较测量法(简称较量法)。它是将被测量与标准量直接比较的方法，相当于用天平和砝码称重。其特点是标准量直接参与测量过程。比较测量法又可分为补偿测量法和电桥测量法两类,电桥与电位差计是实施比较测量的两种主要装置。经典的较量仪器(如电桥、电位差计等)都比直读仪表的准确度高,但操作复杂、费时,且要求操作人员具备熟练的技巧。采用具有自动平衡功能的较量仪器,不仅降低了对操作人员的要求,还可大大缩短测量过程,提高测量精度。

在测量仪表方面,随着集成电路和微机技术的快速发展,电测量技术中长期使用的指针(或光标)式、电子式、电位差计等模拟式仪表已逐渐被数字化、微机化的数字式测量仪表取代。一般数字式仪表的结构如图 11-1 所示,主要由转换功能电路、A/D 转换器、计数器或频率计等组成。

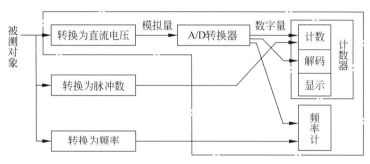

图 11-1 一般数字式仪表的结构

直流数字电压表是电学测量中最常用的数字仪表,其原理框图如图 11-2 所示。A/D 转换器是电压表的核心部分,它将模拟电压转换为数字量,从而实现对模拟电压的数字测量。

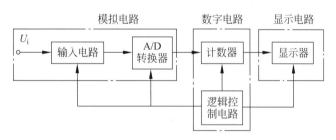

图 11-2 直流数字电压表原理框图

给直流数字电压表配以各种变换器,便可形成一系列数字式仪表。常见的变换器有交/直流电压、交流或直流电流/直流电压、电阻/直流电压、电容/直流电压、温度/直流电压、功率、相位变换器和高灵敏度直流电压放大单元等。输出为直流电压的变换器与直流数字电压表相配合并经选择转换开关组装在一起,就形成了数字万用表。图 11-3 所示为数字万用表原理框图。数字万用表的构成特点决定了被测电学量均转换为直流电压再进行测量;电压表完成模/数转换,并以高准确度数字配以被测电学量的单位显示出来。

数字万用表的测试功能大大多于传统的模拟指针式万用表,它不仅可以测量直流电压、交流电压、直流电流、交流电流、电阻、二极管正向压降和晶体管共发射极放大系数,还能测量电容、电导、温度、频率,并增设有用以检查电路通断的蜂鸣器挡、低频功率测量挡,有的表还能提供方波电压信号。新型数字万用表在设计上大多增加了示值保持、逻辑测试、有效值

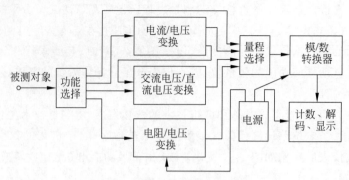

图 11-3 数字万用表原理框图

测量、相对值测量、电源自动关断、脉冲宽度测量和占空比测量等实用测试功能。有的还具有交流/直流（AC/DC）自动转换功能。

在数字化测量过程中比较容易测定的电学量和相关参量是直流电压、脉冲数和频率，相应的数字测量装置是直流数字电压表（Digital Voltage Meter，DVM）和电子计数器，而其他物理量则是通过各种变换器变换成直流电压、脉冲数或频率后再进行数字化测量。因此，数字测量过程可分为两个步骤：首先，把被测对象变换成直流电压、脉冲数或频率；然后，用数字电压表或电子计数器实现对它们的测量。关于如何对诸如直流电流、电阻、交流电压、交流电功率进行数字测量，这里的介绍侧重于预处理步骤，即仅限于如何将它们变换成直流电压的原理和方法；而对于频率、周期和相位这些量的测量，将在后面安排专门章节进行详细说明。

11.1.2 电压测量与电流测量

电压、电流有交流和直流之分，直流电压一般通过输入衰减网络进行幅值调整后用直流电压表进行测量。交流电压可以用峰值、平均值、有效值表征其大小，交流电压测量的主要方法是用交/直流转换器把交流电压转换为直流电压，然后再用直流电压表进行测量。根据转换器特性的不同，有峰值电压表、平均值电压表和有效值电压表。

直流电流的测量一般可采用直接测量法和间接测量法。直接测量法就是将直流电流表串接在被测电路中进行测量；间接测量法为利用欧姆定律通过测量电阻两端的电压换算出被测电流值，在测量大电流时通过分流器进行分流，测量小电流时通过运算放大器提高测量系统的输出阻抗。也可以利用法拉第磁光效应、霍尔效应的霍尔元件、钳形电流表、互感器及光纤电流传感器等进行电流测量。

图 11-4 所示为利用霍尔效应直接测量直流电流的原理图，适用于大电流测量。

被测电流 I 在铁芯中产生磁通中 ϕ_1，有

$$\phi_1 = K_1 I$$

该磁通通过霍尔元件的磁感应强度为

$$B_1 = K_2 \phi_1 = K_1 K_2 I$$

霍尔元件的输出电压为

$$U_H = K_H I_H B_1$$

其中，K_H 为霍尔元件的灵敏度；I_H 为霍尔元件的控制电流。

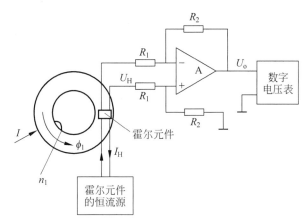

图 11-4 霍尔效应直接测量直流电流的原理图

则有
$$U_H = K_H I_H B_1 = K_H K_1 K_2 I_H I \tag{11-1}$$

将霍尔元件的输出电压 U_H 通过运算放大器 A 后,其输出电压为

$$U_o = K_H K_1 K_2 \frac{R_2}{R_1} I_H I = KI \tag{11-2}$$

因此,通过测量输出电压 U_o 就可换算出被测电流 I。

图 11-5 所示为利用霍尔检零式测量直流电流的原理图,适用于小电流检测。

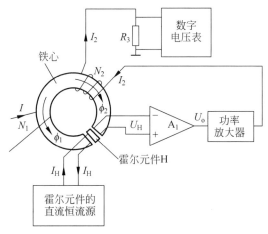

图 11-5 霍尔检零式测量直流电流的原理图

被测电流 I 在铁芯中产生磁通 ϕ_1 和 ϕ_2,穿过霍尔元件产生霍尔输出电压 U_H,U_H 通过放大器 A_1 功率放大后,产生输出电流 I_2,此电流通过线圈 N_2 在铁芯中产生磁通 ϕ_2,ϕ_2 企图抵消 ϕ_1,即

$$\phi_1 = \phi_2$$
$$IN_1 = I_2 N_2$$
$$I_2 = \frac{N_1}{N_2} I$$

电流 I_2 在电阻 R_3 两端产生的电压为

$$U = I_2 R_3 = \frac{N_1 R_3}{N_2} I \tag{11-3}$$

因此,测量该电压便可达到测量电流的目的。

交流电流的测量一般采用间接法,通过安排在接地端的取样电阻(高频时不宜用绕线电阻)将交流电流转换为交流电压,从而利用一切测量交流电压的方法均可完成交流电流的测量。

11.1.3 功率测量

功率测量是电测量的一项重要内容,在直流和低频时,一般可通过测量负载上的电压 U 和电流 I,由公式 $P=UI$ 间接求得功率(即伏安表法),也可使用电动系统功率表直接得到直流功率。交流功率可分为有功功率(或平均功率)P、无功功率 Q、视在功率(或表观功率)S,它们的计算式分别为

$$P = UI\cos\varphi$$
$$Q = UI\sin\varphi$$
$$S = UI = \sqrt{P^2 + Q^2}$$

其中,U 和 I 分别为电压和电流的有效值;φ 为电压和电流的相位差。

用电压和电流的乘积可间接得到视在功率和阻性电路的有功功率;采用电动系或铁磁电动系功率表可直接测得工作频率下的有功功率;在频率较高的情况下,可使用热电系或整流变换机构的功率表。近年,也有用霍尔变换器式功率表和分割乘法式数字功率表测量功率的。功率测量涉及的内容相当多,限于篇幅,这里不作展开,详细内容可参阅相关文献。

11.2 频率的测量

频率是描述周期信号的最重要参数,定义为周期信号在单位时间内变化的次数。频率测量是电子测量技术中最基本的测量之一。工程中很多测量,如用振弦式方法测量力、时间测量、速度测量、速度控制等,都涉及或归结为频率测量。频率测量最常用的方法是将被测信号放大整形后送到计数器进行计数测量,按计数器控制方式和计量对象的不同,可分为直接测频法和通过测量周期间接测频(简称测周法)两种方法。

11.2.1 直接测频法

直接测频法是在一定的时间间隔 T 内,对输入的周期信号脉冲进行计数,若得到的计数值为 N,则信号的频率为 $f_x = N/T$。直接测频法的原理框图如图 11-6 所示。由脉宽为 T 的标准时基脉冲信号通过门控电路控制计数闸门的开启与关闭。当时基脉冲信号上升沿到来或为高电平时,门控电路打开闸门,此时允许被测信号脉冲通过,计数器开始计数;当时基脉冲信号下降沿到来或为低电平时,门控电路关闭闸门,此时被测信号脉冲无法通过,计数器停止计数,此时得到的计数值就是在时间间隔 T 内被测信号的周期数 N,由公式 $f_x = N/T$ 就可以计算出被测信号的频率。如果被测信号不是脉冲或方波形式,则先经过放大整形电路将其变为与被测信号同频率的脉冲串序列,再进行测量。

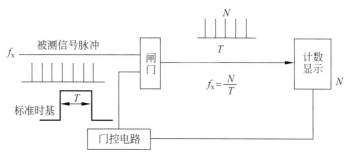

图 11-6 直接测频法的原理框图

如图 11-7 所示,相对于被测信号,计数器开始和停止计数的时刻在被测信号的一个周期内是随机的,所以计数值可能存在最大±1 个被测信号的脉冲个数误差,在不考虑标准时基脉冲信号误差的情况下,这个计数误差将导致测量的相对误差为 $1/N \times 100\%$,且误差值大小与被测信号频率有关。若设定时间间隔为 $T=0.1\mathrm{s}$,测量频率为 $1000\mathrm{Hz}$ 的信号时,测量的相对误差为 $1/100\times100\%=1\%$;测量频率为 $10\mathrm{kHz}$ 的信号时,测量的相对误差为 $1/1000\times100\%=0.1\%$。显然这种方法适合高频测量,信号的频率越高,相对误差越小,同时增加测量的时间间隔 T 也可以成比例地减小该项测量误差。

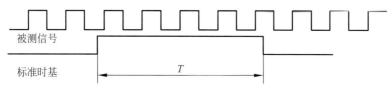

图 11-7 直接测频计数误差示意图

11.2.2 测周法

测周法是通过测量被测信号的周期,然后换算出被测信号的频率方法。如图 11-8 所示,测量时利用电子计数器计量被测信号一个周期内频率为 f_N 的标准信号的脉冲数 N,然后通过式(11-3)计算频率。

$$f_x = \frac{f_N}{N} \tag{11-4}$$

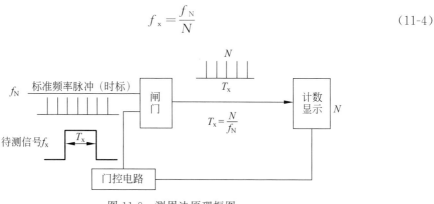

图 11-8 测周法原理框图

该方法的测量原理与直接测频法相似,不过被测信号与时基信号进行了功能变换,这里是由被测信号通过门控电路控制计数闸门,工作时由门控电路根据被测信号相邻的两个上升沿分别启动和停止对标准脉冲信号的计数,从而由计数值和标准脉冲信号频率得到被测信号的周期: $T_x = N/f_N$,再由周期求倒数得到被测信号的频率。同样,如果被测信号不是脉冲或方波形式,则先经过放大整形电路将其变为与被测信号同频率的脉冲串序列,然后再进行测量。

从测周法的原理可以看出,尽管这种方法仍然存在±1个字的计数误差,但这个误差是标准脉冲信号的,由于实际测量中标准脉冲信号的频率远远大于被测信号的频率,因此测量误差会大大减小。例如,用100MHz的标准脉冲信号测量频率为1000Hz的被测信号时,测量周期的绝对误差为±10ns,由此引起的测量频率的相对误差为0.001%。显然,这种测量方法的精度也与被测信号的频率有关,被测信号的频率越低,测得的标准信号的脉冲数 N 越大,则相对误差越小,因此这种方法比较适合测量频率较低的信号。

11.2.3 多周期同步测频法

上面介绍的两种测量方法都存在±1个字的计数误差,且测量的精度与被测信号的频率有关。在上述两种方法的基础上发展起来的多周期同步测频法,是目前测频系统中应用最广的一种方法,其核心思想是通过闸门信号与被测信号同步,将闸门时间 T 控制为被测信号周期的整数倍。如图11-9所示,测量时,先打开参考闸门,但计数器并不开始工作,当检测到被测信号脉冲沿到达时开始计时,并对标准时钟计数;参考闸门关闭时,计时器并不立即停止计时,而是待检测到被测信号脉冲沿到达时才停止计时,完成测量被测信号整数个周期的过程。测量的实际闸门时间与参考闸门时间可能不完全相同,但最大差值不超过被测信号的一个周期。该方法尽管仍然存在±1个字的标准脉冲信号计数误差,但对于不同频率信号,测量的周期数不同,测量精度大大提高,而且可兼顾低频与高频信号,实现了在整个测量频段的等精度测量。

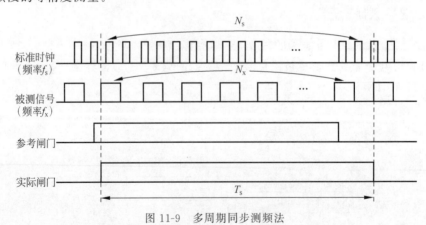

图11-9 多周期同步测频法

11.2.4 频率测量专用芯片

实际频率测量中,除利用单片机、可编程逻辑控制器(Programmable Logic Controller,PLC)、现场可编程逻辑门阵列(Field Programmable Gate Array,FPGA)、复杂可编程逻辑器件(Complex Programming Logic Device,CPLD)等控制器件按上述方法实现和构建测量仪表之外,目前也有一些专用集成芯片可以实现频率测量,如ICM7216D、NB8216D、TDC-

GP2 等。

ICM7216D 是美国 HARRIS 公司生产的集定时计数与发光二极管(Light Emitting Diode,LED)驱动于一体的显示驱动频率计数集成电路,它内含十进制计数单元、数据锁存器、7 段 LED 数码译码器、驱动器和小数点位置自动选择等单元,在频率测量方面有着广泛应用。其性能特点如下。

(1) 具有频率计数功能,测频范围为 0~10MHz,如果输入信号经分频器分频,则测频范围更大,可达 40MHz。

(2) 有 4 个测量闸门时间(0.01s、0.1s、1s、10s)可供选择。

(3) 内含译码和驱动电路,可直接驱动 8 位 7 段 LED 数码显示器。

(4) 有片内振荡电路,也可利用外部振荡频率作为测量时基。

(5) 具有自动产生小数点、位锁存和溢出指示等功能,可根据所测频率的高低自动选择小数点的位置,也可由外部电路控制小数点的显示位置。当所测频率超出测量范围时,有溢出指示。

(6) 具有显示保持和暂停功能,可在输入信号停止后将测量频率保持在数码管上。

NB8216D 是由宁波甬芯微电子公司生产的,其功能与 ICM7216D 基本相似,最高测量频率达 40MHz,可减少分频级数,简化整机设计,工作电压范围拓宽到 2~5V,可用于手持式设计,同时静态功耗降低,驱动能力增强。

11.2.5 微波频率的测量

微波泛指频率在 1GHz 以上的电磁波,受晶体管的最高工作频率的制约,对微波信号难以直接用上述各种方法进行测量,而需要对其进行变频处理,然后再进行测量。常用的测量方法有以下两种。

1. 变频法

变频法的测量原理如图 11-10 所示,由谐波发生器产生谐波 nf_s,谐波滤波器从 n 个谐波中取出第 N 次谐波 Nf_s,由混频器产生差频信号 $f_1 = f_x - Nf_s$,此差频信号频率已降低为普通信号频率,可以用前面介绍过的方法测量其频率,然后由 $f_x = f_1 + Nf_s$ 得到被测微波信号的频率。该方法的测量范围可达 10GHz,分辨率和精度较高,但灵敏度较差,要求被测信号有足够的幅度(一般要大于 100mV)。

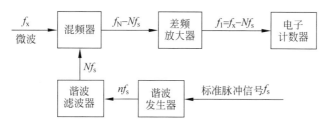

图 11-10 变频法测微波信号频率的原理框图

2. 锁相分频法

锁相分频法的测量原理如图 11-11 所示,由压控振荡器产生基频振荡信号 f_L 和谐波信号 Nf_L,由混频器产生差频信号 $f_1 = f_x - Nf_L$,鉴相器将此差频信号与电子计数器产生的标准信号 f_s 比较,当 $f_1 = f_x - Nf_L = f_s$ 时,压控振荡器信号频率锁定并同步于 f_s,由计数

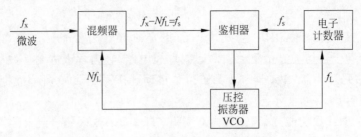

图 11-11 锁相分频法的测量原理

器测出 f_L，则得到被测信号频率为 $f_x = f_s + Nf_L$。该方法的特点与变频法相反，即分辨率和精度较差，但灵敏度高。

11.3 相位差的测量

相位差的测量通常是指两个同频率的信号之间相位差的测量。早期的相位差测量方法主要有采用示波器的李沙育图形法和矢量电压法，这种测量方法需要特定设备，测量精度也较低。随着电子技术的发展，测量相位差的方法也从模拟式测量转向数字式测量，主要方法有脉冲计数法和快速傅里叶变换（Fast Fourier Transform，FFT）分析法。

11.3.1 脉冲计数法

脉冲计数法是基于时间间隔测量法，通过相位-时间转换器，将相位差为 φ 的两个信号（分别称为参考信号和被测信号）转换成一定时间宽度 τ 的脉冲信号，然后用电子计数器测量其脉宽 τ 测量相位。其原理框图和波形图分别如图 11-12 和图 11-13 所示。

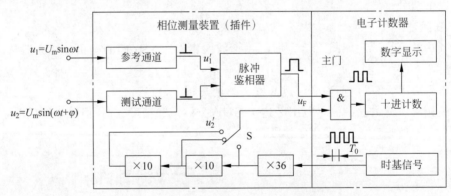

图 11-12 脉冲计数法测相位的原理框图

若时基信号（计数脉冲）的频率为 f_0，周期为 T_0，被测信号的频率为 f，测量得到的脉宽计数值为 N，则相位差为

$$\varphi = N \frac{f}{f_0} \times 360° \tag{11-5}$$

测量的分辨率为

$$\Delta\varphi = \frac{f}{f_0} \times 360° \tag{11-6}$$

从上述测量原理可以看出，脉冲计数法测相位需要知道被测信号的频率，如果被测信号

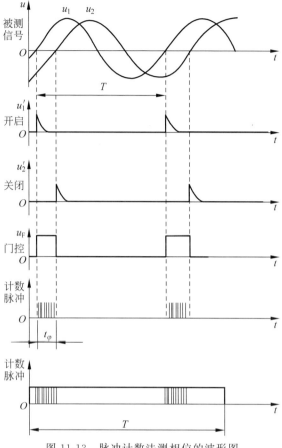

图 11-13 脉冲计数法测相位的波形图

的频率是未知的,则需要在测量相位脉宽的同时测量被测信号频率,测量方法如 11.2 节所述。为了避免测量信号频率,可以将被测信号倍频后直接作为时基信号,假设将被测信号倍频 360×10^n 后作为时基信号 f_0,测量得到的脉宽计数值为 N,则相位差为

$$\varphi = N\frac{f}{f_0}\times 360° = N\frac{f}{f\times 360\times 10^n}\times 360° = u_F \tag{11-7}$$

由此可以看出,这样做不仅避免了测量被测信号频率,而且可以消除被测信号频率变化对相位测量结果的影响。

另外,脉冲计数法测相位同样可以采用周期同步测量思想(类似多周期同步测频法)进行多周期同步测量,以提高测量精度和对不同频率信号的适应性。

11.3.2 基于FFT的相位测量

根据傅里叶级数理论,在有限区间 $(t, t+T)$ 内绝对可积的任意周期函数 $x(t)$ 可以展开成傅里叶级数

$$\begin{aligned}x(t) &= \frac{a_0}{2}+\sum_{n=0}^{\infty}(a_n\cos n\Omega t + b_n\sin n\Omega t) \\ &= \frac{A_0}{2}+\sum_{n=1}^{\infty}A_n\cos(n\Omega t+\varphi_n)\end{aligned} \tag{11-8}$$

其中，a_n 和 b_n 为傅里叶系数，计算式为

$$a_n = \frac{2}{T}\int_0^T x(t)\cos n\Omega t\,dt$$

$$b_n = \frac{2}{T}\int_0^T x(t)\sin n\Omega t\,dt$$

$$A_0 = a_0$$

$$A_n = \sqrt{a_n^2 + b_n^2}$$

n 次谐波的初相位为

$$\varphi_n = -\arctan\frac{b_n}{a_n}$$

其中基波的初相位为

$$\varphi_1 = -\arctan\frac{b_1}{a_1}$$

傅里叶级数的意义表明，一个周期信号可以用一个直流分量和一系列谐波的线性叠加来表示，只要求出傅里叶系数 a_n 和 b_n，即可求出任意谐波的初相位 φ_n，在相位差测量中只要求出基波的初相位 φ_1。

连续的时间信号经采样和 A/D 转换之后变为数字信号，设在周期函数 $x_1(t)$ 和 $x_2(t)$ 的一个周期内有 N 个采样点，则它们的基波傅里叶系数和相位分别为

$$a_{11} = \frac{2}{N}\sum_{k=0}^{N-1}x_1(k)\cos\frac{2\pi k}{N}, \quad a_{21} = \frac{2}{N}\sum_{k=0}^{N-1}x_2(k)\cos\frac{2\pi k}{N}$$

$$b_{11} = \frac{2}{N}\sum_{k=0}^{N-1}x_1(k)\sin\frac{2\pi k}{N}, \quad b_{21} = \frac{2}{N}\sum_{k=0}^{N-1}x_2(k)\sin\frac{2\pi k}{N}$$

$$\varphi_{11} = -\arctan\frac{b_{11}}{a_{11}}, \quad\quad \varphi_{21} = -\arctan\frac{b_{21}}{a_{21}}$$

以上各系数可以通过 FFT 算法计算，则周期函数 $x_1(t)$ 和 $x_2(t)$ 的相位差为

$$\varphi = \varphi_{21} - \varphi_{11} = \arctan\frac{a_{21}}{b_{21}} - \arctan\frac{a_{11}}{b_{11}} \tag{11-9}$$

11.3.3 相关法

上面介绍的脉冲计数法和基于 FFT 的相位测量方法都没有考虑噪声的影响，实际测量过程中如果存在较大噪声，必然会对测量结果产生不利影响。采用相关法可以有效消除噪声的影响，较其他方法具有优势。

设两路信号为

$$\begin{aligned}x(t) &= A\sin(\omega t + \varphi_1) + N_x(t) \\ y(t) &= B\sin(\omega t + \varphi_2) + N_y(t)\end{aligned} \tag{11-10}$$

其中，A 和 B 分别为两路信号的幅值；$N_x(t)$ 和 $N_y(t)$ 为噪声信号。

理想情况下，噪声与信号不相关，且噪声之间也不相关，因此周期信号的互相关函数为

$$R_{xy}(\tau) = \frac{1}{T}\int_0^T x(t)y(t+\tau)\,dt \tag{11-11}$$

其中，T 为信号周期。

取 $\tau=0$,将式(11-10)代入式(11-11),积分后得到

$$R_{xy}(0) = \frac{AB}{2}\cos(\varphi_1 - \varphi_2) \quad (11\text{-}12)$$

所以有

$$\Delta\varphi = \varphi_1 - \varphi_2 = \arccos\left[\frac{2R_{xy}(0)}{AB}\right] \quad (11\text{-}13)$$

另外,根据自相关函数的定义可知

$$A = \sqrt{2R_{xx}(0)}$$
$$B = \sqrt{2R_{yy}(0)}$$

这样,通过两信号的自相关、互相关函数就可以求得它们的相位差。

在实际应用中处理的对象是连续信号采样后的离散点序列,计算相关函数时采用相应的离散时间表达式。

$$\hat{R}_{xy}(0) = \frac{1}{N}\sum_{k=0}^{N-1} x(k)y(k)$$

$$\hat{R}_{x}(0) = \frac{1}{N}\sum_{k=0}^{N-1} x^2(k)$$

$$\hat{R}_{y}(0) = \frac{1}{N}\sum_{k=0}^{N-1} y^2(k)$$

其中,N 为采样点数。

11.3.4 相位测量集成芯片

如同频率测量一样,在相位测量方面目前也有一些集成芯片可供使用,如 ADI 公司生产的 AD8302,是用于射频/中频(RF/IF)幅度和相位测量的单片集成电路,主要由精密匹配的两个宽带对数检波器、一个相位检波器、输出放大器组、一个偏置单元和一个输出参考电压缓冲器等部分组成,能同时测量从低频到 2.7GHz 频率范围内的两输入信号之间的幅度比和相值差。AD8302 的引脚图如图 11-14 所示,幅度和相位测量方程式为

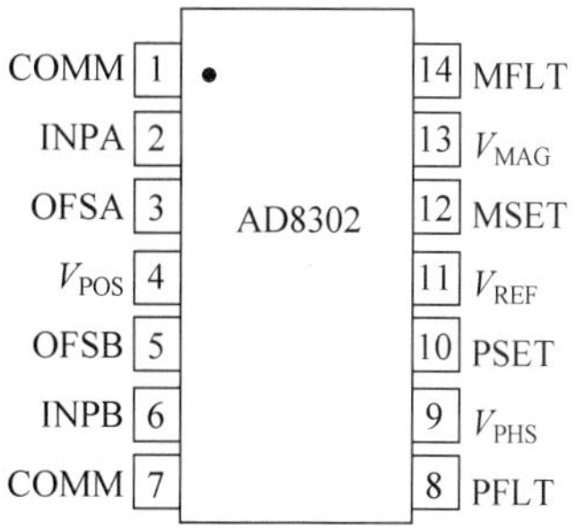

$$V_{MAG} = V_{SLP}\log\left(\frac{V_{INA}}{V_{INB}}\right) + V_{CP}$$

$$V_{PHS} = V_{\phi}[\phi(V_{INA}) - \phi(V_{INB})] + V_{CP}$$

两路正弦交流信号分别从 INPA、INPB 输入,V_{MAG} 是与输入信号幅值相关的输出直流电压信号;V_{PHS} 是与输入信号相位差相关的输出直流电压信号;V_{INA} 和 V_{INB} 分别为两路输入正弦交流信号电压的有效值;V_{SLP} 和 V_{ϕ} 为斜率和 V_{CP} 为工作点电压。

图 11-14 AD8302 引脚图

当芯片输出引脚 V_{MAG} 和 V_{PHS} 直接与芯片反馈设置输入引脚 MSET 和 PSET 相连时,芯片的测量模式将工作在默认的斜率和中心点上(精确幅度测量比例系数为 30mV/dB,精确相位测量比例系数为 10mV/(°),中心点为 900mV)。另外在测量模式下,工作斜率和中心点可以通过引脚 MSET 和 PSET 的分压加以修改。

AD8302将测量幅度和相位的能力集中在一块集成电路内,使原本十分复杂的幅相检测系统的设计简化,而且系统性能得到提高。

11.4 磁学测量

11.4.1 磁学测量简介

除直接利用磁的力效应外,常通过物理规律将磁学量转换成电学量间接测量。电磁现象是自然界中最普遍的物理现象之一。在人们还没有揭示出电和磁之间的关系之前,仅能根据它们本身的力效应制作简单仪器,分别观察电和磁的现象。磁测量仪器的出现远在电测量仪器之前。最早的磁测量仪器是中国的司南,它实际上是一台磁性罗盘。西方有关磁测量仪器的最早记载出现于16世纪末。W. 吉伯在他的专著《论磁性、磁体和巨大地磁体》中介绍了一种名为Versorium的测磁仪器,此仪器是将一根箭形铁针支承在尖端上,用以观察磁性的吸引现象。1820年,H. C. 奥斯特发现了电流的磁效应;1831年,M. 法拉第发现电磁感应现象;1864年,麦克斯韦从理论上总结出电磁相互作用和相互转化的普遍规律——麦克斯韦电磁场理论;1879年,E. H. Hall发现了霍尔效应;1946年,F. Block和E. M. Purcell发现了核磁共振现象。这些发现使科学家掌握了动电、磁和机械力,以及动磁与电之间的关系,促使电与磁的测量和有关仪表的发展产生了跃变,出现了利用磁与电相互作用产生机械力矩并以指针或光点进行指示的各系机械式指示电表和记录仪表,以及在特殊设计的电路(如电桥、电位差计等)中将待测的未知量与标准量进行比较的比较测量仪器(简称为较量仪器)。

随着生产的发展和科学技术的进步,磁测量技术也不断向前发展。新的科学理论、磁性材料和磁器件的出现,促使新的测量技术和新的测量仪器出现,并被广泛用于工业、电子、仪器、通信、冶金、医学、国防等领域。特别是近几十年来,由于现代尖端技术的发展,如宇宙航行、高能加速器、可控热核聚变工程、计算机、自动控制以及磁流体发电等,使磁测量技术获得了前所未有的发展和提高。不仅如此,磁测量技术还与不同学科相结合,形成一些边缘学科,如地质中的磁法勘探、地球物理中的地磁学、生物中的生物磁学、医学中的磁法医疗以及强磁场中的物理学等。20世纪70年代以来,电子技术的广泛应用,不仅使磁学量测量的频率范围扩大,准确度也进一步提高。利用物质量子态变化原理设计的核磁共振测场仪,能以10^{-5}数量级的不确定度对磁场进行绝对测量。光泵磁强计可测量小于10^3 A/m的磁场,其分辨力可达10^{-7} A/m。超导量子磁强计可测量小于10^{-3} A/m的磁场,分辨力达10^{-9} A/m。现代科技的发展为新型高精测磁仪器的研制提供了强有力的技术基础;反过来,新型测磁仪器的出现也促进了现代科技的进步。

磁测量涉及的范围很广,测量的方法很多,按原理大体可分为以下几种。

(1) 力和力矩法。利用铁磁体或载流体在磁场中所受的力进行测量,是一种比较古典的测量方法。

(2) 电磁感应法。以法拉第电磁感应定律为基础,这是一种最基本的测量方法,可用于测量直流磁场、交流磁场和脉冲磁场。用这种方法测量磁场的仪器通常有冲击检流计、磁通计、电子积分器、数字磁通计、转动线圈磁强计、振动线圈磁强计等。

(3) 霍尔效应法。利用半导体内载流子在磁场中受力作用而改变行进路线,进而在宏观上反映出电位差(霍尔电动势)实现磁测量。这种方法比较简单,因而得到广泛应用。

(4) 磁阻效应法。利用物质在磁场作用下电阻发生变化的特性进行磁测量。具有这种效应的传感器主要有半导体磁阻元件和铁磁薄膜磁阻元件等。

(5) 磁共振法。利用某些物质在磁场中选择性地吸收或辐射一定频率的电磁波,引起微观粒子(核、电子、原子)的共振跃迁进行磁测量。由于共振微粒不同,可制成各种类型的磁共振磁强计,如核磁共振磁强计、电子共振磁强计、光泵共振磁强计等。其中核磁共振磁强计是测量恒定磁场精度最高的仪器,因而可作为磁基准的传递装置。

(6) 超导效应法。利用具有超导结的超导体中超导电流与外部被测磁场的关系(约瑟夫逊效应)测量磁场的磁强计,称为超导量子干涉仪,它是目前世界上最灵敏的磁强计,主要用于测量微弱磁场。

(7) 磁通门法。利用铁磁材料的交流饱和磁特性对恒定磁场进行测量。该方法用于测量零磁场附件的微弱磁场。

(8) 磁光法:利用传光材料在磁场作用下的法拉第磁光效应和磁致伸缩效应等进行磁测量。基于这种方法的光纤传感器具有独特优点,可用于恶劣环境下的磁测量。

磁场的各种测量方法都是建立在与磁场有关的各种物理效应和物理现象的基础之上。由于电子技术、计算机技术以及传感器的发展,磁测量的方法和仪器有了很大的发展。目前测量磁场的方法有几十种,这些方法不仅能用来测量空间磁场,也能测量物质内部的磁性能。凡是与磁场有关的物理量和参数,如 B、H、ϕ、M、μ 等,原则上均可用这些方法进行测量。

表 11-2 总结了不同测量技术的测量和应用范围。由于篇幅的限制,这里不一一列举,仅就一些较为基本的、应用广泛的方法和仪器加以介绍。

表 11-2 磁测量技术总结

基本原理和方法	器件名称	测量范围/T	测量温度/℃	分辨力/T	被测磁场类型
磁力法	定向磁强计	$0.1\sim10$	常温	10^{-9}	均匀、非均匀变化磁场
	无定向磁强计				
	磁变仪				
磁光效应法	法拉第磁光效应磁强计	$0.1\sim10$	低温	10^{-2}	脉冲、交变、直流、低温超导强磁场
	克尔效应磁强计				
磁阻效应法	磁阻效应磁强计	$10^{-2}\sim10$	常温	10^{-3}	较强磁场
磁共振效应法	核磁共振磁强计	$10^{-2}\sim10$	常温	10^{-6}	中强、均匀恒定磁场
	顺磁共振磁强计				
	光泵磁强计				
霍尔效应法	磁敏二极管	$10^{-5}\sim10^{-2}$	常温	10^{-3}	恒定的或 5Hz 以内的交变磁场
	磁敏晶体管	$10^{-7}\sim10$		10^{-4}	间隙、均匀、非均匀、直流、交流磁场
	霍尔器件				
磁致伸缩效应法	光纤干涉磁强计	$10^{-7}\sim10^{-4}$	常温	10^{-9}	直流弱磁场
约瑟夫逊效应法	直流超导量子磁强计	$10^{-2}\sim10^{-3}$	低温	10^{-15}	恒定、交变弱磁场
	射频超导量子磁强计				

续表

基本原理和方法	器件名称	测量范围/T	测量温度/℃	分辨力/T	被测磁场类型
磁饱和法	二次谐波磁通门磁强计	$10^{-12} \sim 10^{-3}$	常温	10^{-11}	恒定或缓慢变化的弱磁场
	相位差式磁通门磁强计				
电磁感应法	固定线圈磁强计	$10^{-13} \sim 10^{3}$	常温	10^{-4}	恒定或脉冲磁场
	抛移线圈磁强计				
	旋转线圈磁强计				
	振动线圈磁强计				

11.4.2 磁感应法

根据法拉第电磁感应定律,当线圈所交链的磁通链发生变化时,线圈中将产生感应电动势 e,感应电动势的大小与线圈内磁通链的变化率成正比。在 e 的参考方向与 ϕ 的参考方向符合右手螺旋定律的条件下,电磁感应定律表示为

$$e = -N \frac{d\phi}{dt}$$

$$e(t) = -N \frac{d\phi(t)}{dt} = -NS \frac{dB(t)}{dt} \tag{11-14}$$

求式(11-14)对时间的积分得

$$\Delta\phi = \frac{1}{N} \int_{t_1}^{t_2} e \, dt$$

$$\Delta B = \frac{1}{NS} \int_{t_1}^{t_2} e \, dt \tag{11-15}$$

其中,N 为线圈的匝数;S 力线圈的截面积;$\Delta\phi$ 为单匝线圈内磁通的变化量,它与被测磁场有关。

由式(11-15)可看出,若能测出感应电动势对时间的积分值,便可求出磁感应强度 B。

测量线圈的形状很多,有球形、圆柱形、方形、扁平形、带形等。形状的选择应根据具体情况而定。电磁感应法测量的磁感应强度不是某一点的值,而是探测线圈界定范围内磁感应强度的平均值。如果被测磁场是非均匀的,探测线圈界定范围内的磁场有显著的变化,这时探测线圈所交链的磁通量就不能准确地反映某点的磁场。所以,在测量不均匀磁场时,探测线圈一般都做得尽可能小,使探测线圈界定范围内的磁场能近似地看作是均匀的,测量结果就可以比较接近于点磁场值。但探测线圈太小时,相应的感应电动势会减小,则会使测量灵敏度受到影响。显然,探测线圈的分辨力和灵敏度是互相矛盾的,为了兼顾两方面,在设计探测线圈时,对于不均匀磁场,应保证它所测得的平均磁场值与探测线圈几何中心的磁场值相等,这种线圈称为点线圈。另外,根据电磁感应定律,感应电动势与磁通的变化率成正比,即使测量恒定磁场,也必须设法使线圈交链的磁通发生变化。因此,还必须考虑测量线圈的频率响应问题。

常用的磁场感应测量方法有冲击法、磁通计法、电子积分器法、转(振)动线圈法等,详见参考文献。

11.4.3 霍尔效应法

使用霍尔效应法，元件的选择主要取决于被测对象的条件和要求。测量弱磁场时，霍尔输出电压比较小，应选择灵敏度高、噪声低的元件，如锗、锑化铟、砷化铟等元件；测量强磁场时，对元件的灵敏度要求不高，应选用磁场线性度较好的霍尔元件，如硅、锗(100)等元件；当供电电源容量比较小时，从省电的角度出发，可采用锗霍尔元件；对于环境温度有变化的场合，使用温度线性度较好的元件，如砷化镓、硅元件比较合适。总之，元件的选择要根据具体情况全面考虑，以解决主要矛盾为首位，其余的可通过补偿办法加以克服。

对于电路接法，首先，输入和输出不能共地；其次，为了获得较大的霍尔电压，可将几个霍尔元件的输出端串联起来，这时控制电流端应该并联起来，如图 11-15 所示；最后，当控制电流为交流，或被测磁场为交变磁场时，可采用图 11-16 所示的电路，以增加霍尔输出电压和功率。图中元件的控制电流端串联，而各元件的霍尔电压端分别接至变压器的不同一次绕组，从变压器的二次绕组便获得各霍尔元件输出电压的总和。

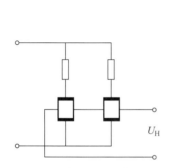

图 11-15　霍尔输出的串联接法

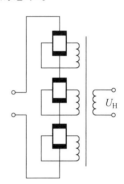

图 11-16　霍尔交流应用的串联接法

测量方向未知的磁场时，若霍尔元件平面与磁场的方向线成 φ 角斜交，则霍尔电动势应为 $U_H = K_H I B \cos\varphi$，通过旋转霍尔元件使输出达到最大值，从而确定出磁场方向。

测量地磁场等微弱磁场时，常采用磁场集中器（高磁导率材料制成的圆棒或圆锥体）以增强磁场，如图 11-17 所示。

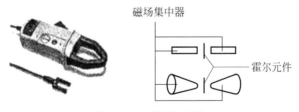

图 11-17　磁场集中器

11.4.4 磁阻效应法

1. 原理简介

给通以电流的金属或半导体材料的薄片加一与电流垂直的外磁场时，由于电流的流动路径会因磁场作用而加长（即在洛伦兹力的作用下载流子路径由直线变为斜线），从而使其阻值增加,这种现象称为磁阻效应。

磁阻效应与材料本身导电离子的迁移率有关。物理磁阻效应中,若某种金属或半导体材料的两种载流子(电子和空穴)的迁移率相差较大,则主要由迁移率较大的载流子引起电阻变化(当材料中仅存在一种载流子时,磁阻效应很小,此时霍尔效应更为强烈),它可表示为

$$\frac{\rho-\rho_0}{\rho_0}=\frac{\Delta\rho}{\rho_0}=0.275\mu^2B^2 \tag{11-16}$$

其中,B 为磁感应强度;ρ 为材料在磁感应强度为 B 时的电阻率;ρ_0 为材料在磁感应强度为 0 时的电阻率;μ 为载流子迁移率。

另外,磁阻效应与材料形状、尺寸密切相关(几何磁阻效应)。长方形磁阻器件只有在 L(长度)<W(宽度)条件下才表现出较高的灵敏度。把 L<W 的扁平元件串联起来,就会形成零磁场电阻值较大、灵敏度较高的磁阻元件。

2. 磁阻元件及其应用

如前所述,磁阻效应法是利用物质在磁场的作用下电阻发生变化的特性,用金属铋、砷化铟、磷砷化铟、坡莫合金等材料制成的磁阻(Magneto-Resistive,MR)元件进行磁测量的方法。一般磁阻元件的阻值与磁场的极性无关,它只随磁感应强度的增加而增加。此外,磁敏二极管和磁敏晶体管也属于这类磁敏感元件,它们对磁场的灵敏度很高,比霍尔元件高数百甚至数千倍,而且还能区别磁场的方向。

磁阻传感器常用于检测磁场的存在、测量磁场的大小、确定磁场的方向或测定磁场的大小或方向是否改变,可根据物体磁性信号的特征支持对物体的识别,这些特性可用于武器的安全检查或收费公路中车辆的检测,也可用于检测汽车或火车的铁磁物体门或闩锁是否关闭,以及飞机货舱门及旋转运动物体的位置等。

为了方便使用,常用的磁阻元件在半导体内部已经制成了半桥或全桥,并有单轴、双轴、三轴等多种形式。例如,霍尼韦尔(Honeywell)公司的 HMC 系列磁阻传感器就在其内部集成了由磁阻元件构成的惠斯通电桥及磁置位/复位等部件。图 11-18 所示为 HMC1001 单轴磁阻传感器的结构示意图。

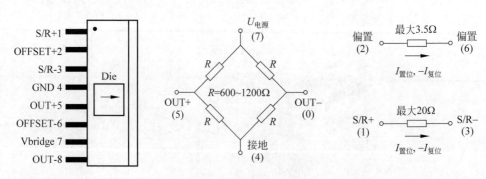

图 11-18　HMC1001 单轴磁阻传感器的结构示意图

图 11-19 所示为 HMC1001 传感器的简单应用举例。该电路起到类似传感器的作用,并在距传感器 5~10mm 范围内放置磁铁时点亮 LED。放大器起到一个简单比较器的作用,它在 HMC1001 传感器的电路输出超过 30mV 时切换到低位。磁铁必须具有强的磁场

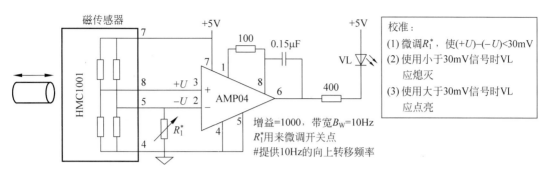

图 11-19 HMC1001 传感器的简单应用举例

强度(0.02T),其中的一个磁极指向应顺着传感器的敏感方向。该电路可用来检测门开/门关的情况或检测有无磁性物体存在。

11.4.5 磁通门法

磁通门法也称为二次谐波法,这种方法是利用高磁导率铁芯,在饱和交变励磁下,选通和调制铁芯中的恒定弱磁场并进行测量。基于这种方法的测磁装置称为磁通门磁强计。磁通门磁强计自 1930 年问世以来,一直广泛用于测量空间磁场、探潜、探矿、扫雷、导航以及各种监视、检测装置。尽管弱磁场测量技术飞速发展(如光泵磁强计、超导量子磁强计等),但因其独特的结构简单、牢靠、体积小巧、功耗低、抗震性好、能识别方向、灵敏度高、适于高速运动中使用、便于自动控制和遥测等一系列优点,磁通门磁强计在卫星、探空火箭、宇宙飞船中仍是一种重要的探测仪器。美国的阿波罗飞船用这种仪器测量了月球表面的磁场;苏联的火星探空火箭也装有磁通门磁强计。这种磁强计主要用于测量恒定的弱磁场,其测量范围为 $10^{-10} \sim 10^{-8}$ T,下限受探头噪声的限制。

鉴于目前仅有很少的传感器教材对磁通门技术有所介绍,本节将用一些篇幅进行系统介绍。

1. 磁通门磁强计的基本原理

磁通门磁强计种类很多,无论其传感器、励磁电源或是检测电路都是多种多样的,但工作原理都是基于磁调制器。磁通门磁强计主要由磁通门传感器、测量电路、数据采集处理单元等组成。如图 11-20 所示,磁通门传感器将环境磁场的物理量转化为电动势信号;测量电路对感应电动势偶次谐波分量进行选通、滤波、放大;数据采集处理单元对测量电路输出的信号进行模/数转换、数据处理、计算、存储等。

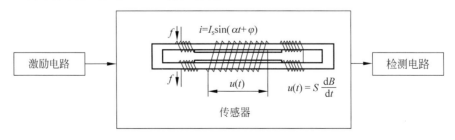

图 11-20 磁通门传感器原理图

磁通门传感器由铁芯外绕励磁线圈、感应线圈组成。铁芯起聚磁作用，要求磁导率高、矫顽力小，在如图 11-21 所示的两种材料中，坡莫合金是较合适的。励磁线圈加交变励磁电流。为提高测量精度而需要差分信号输出，采用双铁芯传感器，现在一般采用跑道形结构（见图 11-22）。铁芯上缠绕的励磁线圈反向串联，两铁芯激励方向在任一瞬间在空间上都是反向的。但是，环境磁场在两平行铁芯轴向分量是同向的。在形状尺寸和电磁参数完全对称的条件下，励磁磁场在公共感应线圈中建立的感应电动势互相抵消，它只起调制铁芯磁导率的作用；而环境磁场在感应线圈中建立的感应电动势则互相叠加。

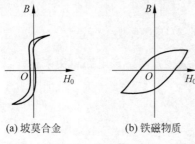

图 11-21　磁滞回线

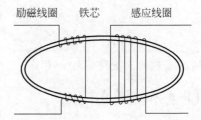

图 11-22　磁通门双铁芯跑道形传感器结构图

下面以图 11-22 所示的结构为例说明磁通门测量原理。设励磁电流在铁芯中产生磁场，其强度 H_1 在两根铁芯中相等，但方向相反，当存在外磁场 H_0 时，两根铁芯分别处于磁场 (H_0-H_1) 和 (H_0+H_1) 的作用下，假设这两根铁芯的磁特性是相同的，则磁场在铁芯中产生的磁感应强度分别为

$$B' = f(H_0 - H_1)$$
$$B'' = f(H_0 + H_1)$$

其中，$f(\ )$ 表示磁场强度与磁感应强度之间的函数关系。这时测量线圈中的感应电动势为

$$e_2(t) = -SW_2 \frac{\mathrm{d}}{\mathrm{d}t}(B' + B'') \tag{11-17}$$

其中，S 为铁芯横截面积；W_2 为测量线圈的匝数；t 为时间。

对于图 11-21 所示的铁芯磁特性，磁场强度与磁感应强度之间的函数关系可近似为

$$B = aH + bH^3 \tag{11-18}$$

其中，a 和 b 是与铁芯形状和材料有关的常数。将两铁芯中产生的磁感应强度的对应函数关系式用式(11-18)表示，则有

$$B' + B'' = 2aH_0 + 2bH_0^3 + 6bH_0H_1^2 \tag{11-19}$$

式(11-19)中前两项为常数，因而不能在测量线圈两端产生感应电动势；第 3 项为交流磁场与固定磁场乘积，因而可形成感应电动势为

$$e_2(t)\big|_{H_0=\mathrm{const}\neq 0} = 6bSW_2 H_0 \frac{\mathrm{d}}{\mathrm{d}t}[H_1(t)]^2 \tag{11-20}$$

当励磁线圈接上正弦激励电压，则通过励磁线圈的电流产生的激励磁场为

$$H_1(t) = H_\mathrm{m}\sin\omega t \tag{11-21}$$

将式(11-21)代入式(11-17)，得到

$$e_2(t)\big|_{H_0=\mathrm{const}\neq 0} = 6\omega b SW_2 H_0 H_\mathrm{m}^2 \sin 2\omega t \tag{11-22}$$

当激励磁场的振幅 H_m 略大于坡莫合金磁化饱和点 H_s 时(一般取 H_m 略大于 $\sqrt{2}H_s$),在环境磁场的作用下,在感应线圈上产生急剧变化的偶次谐波电压分量。式(11-22)说明,$e_2(t)$ 正比于被测磁场 H_0。也可以看出,磁通门传感器是一种磁信号频率调制器,正是调制特性提高了磁通门的抗干扰能力。

2. 磁通门测量电路

磁通门磁强计的测量电路种类也很多,按励磁和检出信号方式大致可分为检波式、检相式、分频式和锁相式等。图 11-23 所示为常用的倍频参考检相式磁强计原理框图。

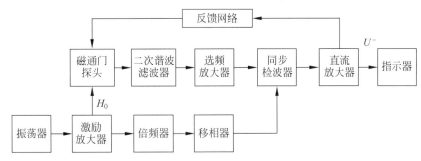

图 11-23 常用的倍频参考检相式磁强计原理框图

磁通门测量电路从功能上可分为励磁电路和偶次谐波测量电路两部分。这里介绍一种在实际应用中取得良好效果的测量电路,如图 11-24 和图 11-25 所示。

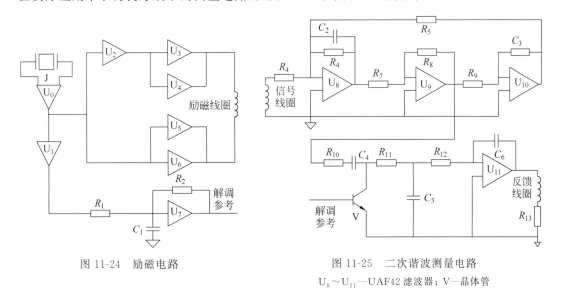

图 11-24 励磁电路　　　图 11-25 二次谐波测量电路

$U_8 \sim U_{11}$—UAF42 滤波器;V—晶体管

U_0 和 U_1 为 CD4060 分频器;$U_2 \sim U_7$ 为 CD4049 六反相驱动器;励磁电路由晶振 J、CD4060 分频器、CD4049 六反相驱动器组成。晶振频率经 CD4060 分频后,由 CD4049 六反相驱动器作为功放励磁并提供解调参考信号(见图 11-24)。通过调整 R,使励磁线圈的工作电流满足铁芯的工作点要求(即 H_m 略大于 $\sqrt{2}H_s$),使磁通门达到对环境磁场最敏感;而 C_1 的调节可改善解调参考波形。一般情况下,励磁频率在 10kHz 左右。磁通门传感器输出偶次谐波,从原理上说,偶次谐波均能反映 H_0 的幅值和相位,而实际上,二次谐波在偶次谐波中幅值最大,因此,设计二次谐波测量电路来测量磁通门传感器输出。多用途通用有源滤波器 UAF42 集成电路是测量二次谐波的理想电路,UAF42 芯片内部集成了所需的 4 级精密运算放大器、$50(1\pm0.50\%)$ kΩ 精密电阻和 $1000(1+0.50\%)$ pF 的精密电容器,解决了有源滤波器设计中电容、电阻的匹配和低损耗问题,可方便地设计成高通、低通、带通滤波器,应用于精密测试设备、通信设备、医疗仪器和数据采集系统中。将磁通门传感器和感应线圈分成信号线圈和反馈线圈两部分,由滤波器 UAF42 组成双二次型带通滤波器,对信号线圈的二次谐波和反馈线圈的信号进行调制放大(见图 11-25)。

3. 磁通门测量技术的特点

磁通门技术自形成以来,得到迅速的发展和广泛的应用,主要是因为它与传统的磁测量相比具有以下显著的优点和更优良的性能。

(1) 具有极好的矢量响应性能,能精确测量磁场矢量、标量、分量、梯度和角参数。

(2) 可以实现点磁测量。磁通门探头简单、小巧,已经研制出了尺寸仅为 $2.5\text{cm}\times2.5\text{cm}\times2.5\text{cm}$ 的空间对称结构的三轴探头。应用微机械技术,可实现微型化。

(3) 有较高的测量分辨力,能方便地达到 $10^{-8}\sim10^{-9}$ T,相当于地磁场强度的 $1/10^4\sim1/10^5$。以高分辨力为目标的磁通门系统,测量分辨力可以达到 $10^{-11}\sim10^{-12}$ T。

(4) 磁通门探头没有重复性误差、迟滞误差和灵敏阈。非线性可由系统闭环削弱到可以忽略的程度。系统信号零偏和标度因素(梯度)可调节、补偿和校正。所以,磁通门测量仪的可达精度主要取决于信号稳定度。

(5) 磁通门测强仪器一般适用于弱磁场测量,而现有其他仪器最高测量上限只有 1.25×10^{-3} T。

(6) 可以实现无接触和远距离检测。

11.4.6 其他磁测量技术简介

1. 核磁法

物质具有磁性和相应的磁矩,半数以上的原子核具有自旋,旋转时也会产生一个小磁场。当这些物质在外磁场 B_0 作用下,会产生下列物理现象。

(1) 磁矩在外磁场作用下绕外磁场旋进,其旋进角速度为 $\omega=\gamma B_0$(称为拉莫频率),其中,γ 为测量介质的旋磁比,对于氢原子核,其值为 $2.675\,13\times10^8$ Hz/T;对于锂原子核,其值为 $1.039\,652\times10^8$ Hz/T。可以看出,旋进角速度 ω 与外磁场 B_0 和作力测量介质的物质的旋磁比成正比。

(2) 塞曼效应。原子核的能级在磁场中将被分裂,能级差为 $\Delta=\gamma_s\dfrac{h}{2\pi}B_0$,其中 h 为普朗克常数,γ_s 为电子的总旋磁比。

(3) 磁共振现象。这些具有磁矩的微观粒子在外磁场中会有选择性地吸收或辐射一定频率的电磁波,从而引起它们之间的能量交换。

为将上述物理效应付诸实用,工程上采取了一些巧妙措施,开发出了一系列测磁仪器。

1) 质子旋进式磁强计

如图 11-26 所示,其核心是一个装满已知旋磁比和恰当动态响应的物质(如水、酒精、煤油、甘油等)样品的有机玻璃容器,在容器外面绕有激励和感应双重作用的线圈。这里采用预极化方法,即在垂直或近似垂直于被测外磁场 B_0 方向施加强力极化场 H,使作为样品的质子宏观磁矩较大程度地不与被测外磁场同向(若同向,旋进运动则不会产生),工作时一旦去掉极化场,质子磁矩则以拉莫频率绕被测外磁场 B_0 旋进,旋进过程中切割线圈,使线圈环绕面积中的磁通量发生变化,于是在线圈中产生感应电动势,其频率即为质子磁矩旋进的频率,测出感应信号的频率就可换算出外磁场的大小。

2) 核磁共振光泵法

若再在垂直于 B_0 的方向加一个频率在射频范围的交变磁场 B,当其频率与核磁矩旋进频率一致时,便产生共振吸收;当射频场被撤去后,磁场又把这部分能量以辐射形式释放出来,这就是共振发射。这个共振吸收和共振发射的过程称为核磁共振。技术上常用光泵(利用光使原子磁矩达到定向排列的过程)和磁共振(用射频场打乱原子磁矩定向排列的过程)交替作用来测量共振频率。得到了磁共振频率(在数值上等于原子在亚稳态的磁子能级间的跃迁频率),进一步可求得外磁场的大小,这就是光泵法的工作原理。

2. 超导量子干涉器

某些物质在温度降到一定数值后,其电阻率突然消失为零,成为超导体。在两块超导体中间隔着一层仅为 $1\sim 3\text{nm}(10\sim 30\text{Å})$ 厚的绝缘介质而形成超导体-绝缘层-超导体的结构,称为超导隧道结,如图 11-27 所示。当结区两端不加电压,由于隧道效应也会有很小的电流从超导金属Ⅰ流向超导金属Ⅱ,这种现象称为直流约瑟夫逊(Josephson)效应。当结区两端加上直流电压为 V 时,除直流超导电流之外,还存在交流电流,其频率正比于所加的直流电压 V,即 $f=KV(K=483.6\times 10^6\text{Hz/mV})$,这个现象称为交流约瑟夫逊效应。

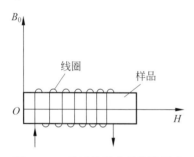

图 11-26 质子旋进式磁强计原理

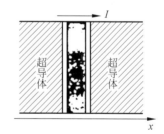

图 11-27 超导隧道结示意图

直流约瑟夫逊效应受外磁场的影响,超导结临界电流随外加磁场呈衰减性的周期起伏变化,每次振荡渗入超导结的磁通量子 $\phi_0=\dfrac{h}{2e}$,则振荡次数 n 与磁通量子 ϕ_0 的乘积即为渗入超导结的磁通量 ϕ。因此,测得振荡次数 n,就可以知道与外磁场相联系的磁通量 ϕ。

3. 磁光法

磁光法是利用传光物质在磁场作用下,引起光的振幅、相位或偏振态发生变化进行磁场测量的方法。最早用于测量磁场的是 1846 年法拉第发现的磁光效应:当偏振光通过处于磁场中的传光物质,而且光的传播方向与磁场方向一致时,光的偏振面会发生偏转,其偏转角 α 与磁感应强度 B 和光穿过传光物质的长度 l 成正比,即

$$\alpha = vlB \tag{11-23}$$

其中,v 为费尔德常数,其值与材料、光波波长和温度等有关。

为了提高测量灵敏度,希望费尔德常数 v 大,一般采用铅玻璃、铯玻璃等。此外,增加磁场中光路的长度 l 也可提高测量灵敏度。由式(11-23)可知,当 v 和 l 选定时,α 与 B 成正比,因而通过测量 α 便可求出被测磁感应强度 B。

4. 磁致伸缩型

利用紧贴在光纤上的铁磁材料(如镍、金属玻璃(非晶态金属)等)在磁场中的磁致伸缩效应来测量磁场。当这类铁磁材料的长度在磁场作用下发生变化时,与它紧贴的光纤会产生纵向应变,使光纤的折射率和长度发生变化,因而引起光的相位发生变化,该相位变化可用光学中的干涉仪测得,从而求出被测磁场值。

11.5 材料磁特性测量技术

磁性材料应用广泛,从常用的永久磁铁、变压器铁芯,到录音、录像、计算机存储的磁盘等,都采用磁性材料。反映磁性材料磁特性的主要是材料的磁化曲线和磁滞回线。在这两种特性曲线上,可分别确定材料的磁导率 μ、饱和磁通密度 B_s、矫顽力 H_c、剩磁 B_r 以及铁损 P 等磁学参量。铁磁材料分为硬磁和软磁两大类,其根本区别在于矫顽力 H_c 的大小不同。硬磁材料的磁滞回线宽,剩磁和矫顽力大(120~20 000A/m),因而磁化后,其磁性可长久保持,适宜做永久磁铁。软磁材料的磁滞回线窄,矫顽力 H_c 一般小于120A/m,但其磁导率和饱和磁感应强度大,容易磁化和去磁,故广泛用于电机、电器和仪表制造等工业部门。磁性材料在交变磁化时,材料内部将产生能量损耗(磁滞损耗);又由于磁通的变化,在材料内部还将产生涡流损耗。因此,材料的磁特性测量还包括磁滞损耗和涡流损耗的测量。下面介绍一种用示波法测量铁磁材料基本磁化曲线和动态磁滞回线的方法。

1. 磁化曲线

铁磁物质内部的磁场强度 H 与磁感应强度 B 的关系为

$$B = \mu H \tag{11-24}$$

对于铁磁物质,磁导率 μ 并非常数,而是随 H 的变化而变化的物理量,即 $\mu = f(H)$,为非线性函数。所以 B 与 H 也是非线性关系,如图11-28所示。

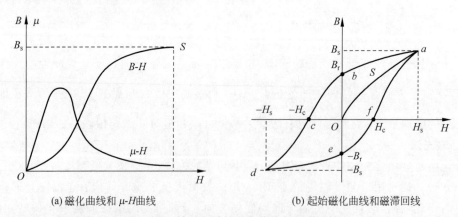

(a) 磁化曲线和 μ-H 曲线 (b) 起始磁化曲线和磁滞回线

图 11-28 铁磁物质的磁化曲线与磁滞回线

铁磁材料的磁化过程为:未被磁化时的状态称为去磁状态,这时若在铁磁材料上加一个从小到大变化的磁化场,则铁磁材料内部的磁场强度 H 与磁感应强度 B 也随之变大。

但当 H 增加到一定值(H_s)后，B 几乎不再随着 H 的增加而增加，说明磁化达到饱和，如图 11-28(a)中的 OS 段曲线所示。从未磁化到饱和磁化的这段磁化曲线称为材料的起始磁化曲线。

2. 磁滞回线

当铁磁材料的磁化达到饱和之后，如果将磁场减小，则铁磁材料内部的 B 和 H 也随之减小。但其减小的过程并不是沿着磁化时的 OS 段退回。显然，当磁化场撤销，$H=0$ 时，磁感应强度仍然保持一定数值，即 $B=B_r$，称为剩磁(剩余磁感应强度)。

若要使被磁化的铁磁材料的磁感应强度 B 减小到 0，必须加上一个反向磁场并逐步增大。当铁磁材料内部反向磁场强度增加到 $H=H_c$ 时[见图 11-28(b)中的 c 点]，磁感应强度 B 才为 0，达到退磁。图 11-28(b)中的 bc 段曲线为退磁曲线，H_c 为矫顽力。

当 H 按 $O \to H_s \to O \to -H_s \to -H_c \to O \to H_c \to H_s$ 的顺序变化时，B 相应按 $O \to B_s \to B_r \to O \to -B_s \to -B_r \to O \to B_s$ 的顺序变化。图 11-28(b)中的 Oa 段曲线称起始磁曲线，所形成的封闭曲线 $abcdefa$ 称为磁滞回线。

由图 11-28(b)可得出以下结论。

(1) 当 $H=0$ 时，$B \neq 0$，说明铁磁材料还残留一定值的磁感应强度 B_r，通常称 B_r 为铁磁物质的剩余感应强度(剩磁)。

(2) 若要使铁磁物质完全退磁，即 $B=0$，必须加一个反向磁场 H_c。这个反向磁场强度 H_c 称为该铁磁材料的矫顽力。

(3) bc 曲线段称为退磁曲线。

(4) B 的变化始终落后于 H 的变化，这种现象称为磁滞现象。

(5) H 的上升与下降到同一数值时，铁磁材料内部的 B 值并不相同，即磁化过程与铁磁材料过去的磁化经历有关。

(6) 当从初始状态 $H=0$，$B=0$ 开始周期性地改变磁场强度的幅值时，在磁场由弱到强单调增加过程中，可以得到面积由大到小的一簇磁滞回线，如图 11-29 所示。其中最大面积的磁滞回线称为极限磁滞回线。

(7) 由于铁磁材料磁化过程的不可逆性及具有剩磁的特点，在测定磁化曲线和磁滞回线时，首先将铁磁材料预先退磁，以保证外加磁场 $H=0$ 时，$B=0$；其次，磁化电流在实验过程中只允许单调增加或减少，不能时增时减。在理论上，要消除剩磁 B_r，只须改变磁化电流方向，使外加磁场正好等于铁磁材料的矫顽力即可。实际上，矫顽力的大小通常并不已知，因而无法确定退磁电流的大小。我们从磁滞回线得到启示，如果使铁磁材料磁化达到磁饱和，然后不断改变磁化电流的方向，与此同时逐渐减小磁化电流，直至为零，则该材料的磁化过程就是一连串逐渐缩小而最终趋于原点的环状回线，如图 11-29 所示。

实验表明，经过多次反复磁化后，B-H 的量值关系形成一个稳定的闭合的磁滞回线。通常用这条曲线表示该材料的磁化性质。这种反复磁化的过程称为磁锻炼。测试时采用 50 Hz 的交变电流，所以每个状态都是经过充分的磁锻炼，随时可以获得磁滞回线。

将图 11-29 中原点 O 和各个磁滞回线的顶点 $a_1, a_2, \cdots, a_n$ 所连成的曲线，称为铁磁材料的基本磁化曲线。不同铁磁材料的基本磁化曲线是不同的。为了使样品的磁特性可以重复出现，也就是所测得的基本磁化曲线都是由原始状态($H=0$, $B=0$)开始，在测量前必须进行退磁，以消除样品中的剩余磁性。

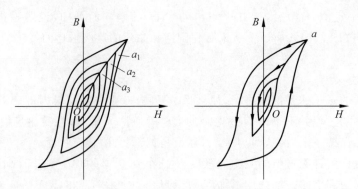

图 11-29 铁磁物质的磁滞回线

磁化曲线和磁滞回线是铁磁材料分类和选用的主要依据,其中软磁材料的磁滞回线狭长,矫顽力、剩磁和磁滞损耗均较小,是制造变压器、电机和交流磁铁的主要材料。而硬磁材料的磁滞回线较宽,矫顽力大,剩磁强,可用来制造永久磁体。

3. 示波器显示 B-H 曲线的原理和线路

示波器测量 B-H 曲线的测量电路如图 11-30 所示。

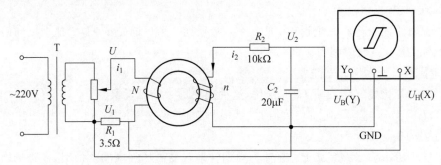

图 11-30 B-H 曲线的测量电路

图 11-30 中的铁磁物质为环形和 EI 形硅钢片,N 为励磁绕组,n 为用来测量磁感应强度 B 而设置的绕组。R_1 为励磁电流取样电阻,设通过 N 的交流励磁电流为 i_1,U、U_1、U_2 为对应节点处的电压值。根据安培环路定律,样品的磁化场强为

$$H = \frac{Ni}{L}$$

其中,L 为样品的平均磁路长度。

因为

$$i_1 = \frac{U_1}{R_1}$$

所以

$$H = \frac{Ni}{L} = \frac{N}{LR_1}U_1 \tag{11-25}$$

其中,N、L、R_1 均为已知常数,所以由 U_1 可确定 H。

在交变磁场下,样品的磁感应强度瞬时值 B 是测量绕组 n 和 R_2C_2 电路给定的,根据法拉第电磁感应定律,由于样品中的磁通 ϕ 的变化,在测量线圈中产生的感生电动势的大小为

$$\varepsilon_2 = n \frac{\mathrm{d}\phi}{\mathrm{d}t}$$

$$\phi = \frac{1}{n}\int \varepsilon_2 \mathrm{d}t$$

$$B = \frac{\phi}{S} = \frac{1}{nS}\int \varepsilon_2 \mathrm{d}t$$

其中，S 为样品的截面积。

如果忽略自感电动势和电路损耗，则回路方程为

$$\varepsilon_2 = i_2 R_2 + U_2$$

其中，i_2 为感生电流；U_2 为积分电容 C_2 两端电压。

设在 Δt 时间内，i_2 向电容 C_2 的充电电量为 Q，则

$$U_2 = \frac{Q}{C_2}$$

所以

$$\varepsilon_2 = i_2 R_2 + \frac{Q}{C_2}$$

如果选取足够大的 R_2 和 C_2，使 $i_2 R_2 \gg \frac{Q}{C_2}$，则

$$\varepsilon_2 = i_2 R_2$$

因为

$$i_2 = \frac{\mathrm{d}Q}{\mathrm{d}t} = C_2 \frac{\mathrm{d}U_2}{\mathrm{d}t}$$

所以

$$\varepsilon_2 = C_2 R_2 + \frac{\mathrm{d}U_2}{\mathrm{d}t} \tag{11-26}$$

$$B = \frac{C_2 R_2}{nS} U_2 \tag{11-27}$$

其中，C_2、R_2、n 和 S 均为已知常数，所以由 U_2 可确定 B。

综上所述，将图 11-30 中的 $U_1(U_H)$ 和 $U_2(U_B)$ 分别加到示波器的"X 输入"和"Y 输入"便可观察样品的动态磁滞回线；接上数字电压表可以直接测出 $U_1(U_H)$ 和 $U_2(U_B)$ 的值，即可绘制出 B-H 曲线，通过计算可测定样品的饱和磁感应强度 B_s、剩磁 B_r、矫顽力 H_c、磁滞损耗以及磁导率 μ 等参数。

习题 11

11-1 试说明数字万用表的工作原理。

11-2 高、中、低电阻如何划分？测量时各有何特殊考虑？

11-3 比较频率测量的直接测频法和测周法的相同点和不同点，试分析影响二者测量精度的因素，思考进一步提高测量精度的措施。

11-4 试分析 FFT 相位测量法中采样频率和量化误差对测量结果的影响。

11-5 试列出主要磁学量(如磁通、磁感应强度、磁场强度、磁导率、磁阻、磁能积等)的名称、符号及单位,并写出它们在 SI 制和 CGS 制之间的转换关系。

11-6 测量磁场的方法有哪几种?各有什么特点?

11-7 试总结对霍尔元件进行温度补偿的方法。

11-8 试述磁通门磁设计的工作原理,并指出提高其灵敏度的途径。

11-9 简述用示波法测量铁磁材料动态磁滞回线和磁化曲线的原理与过程。

第 12 章 流量的测量

CHAPTER 12

12.1 流量测量的基本概念

12.1.1 流量和流量计

1. 流量

所谓流量,是指单位时间内流体流经管道或明渠某横截面的数量,又称为瞬时流量。当流体以体积表示时,称为体积流量;以质量表示时,称为质量流量。

根据流量的定义,体积流量 q_v 和质量流量 q_m 可分别表示为

$$q_v = \lim_{\Delta t \to 0} \frac{\Delta V}{\Delta t} = \frac{dV}{dt} = uA \tag{12-1}$$

$$q_m = \lim_{\Delta t \to 0} \frac{\Delta M}{\Delta t} = \frac{dM}{dt} = \rho uA \tag{12-2}$$

其中,V 为流体体积;M 为流体质量;t 为时间;A 为观测截面面积;ρ 为流体密度;u 为截面上流体的平均流速。

体积流量和质量流量的关系为

$$q_m = \rho uA = \rho q_v \tag{12-3}$$

在工业生产中,瞬时流量是涉及流体介质的工艺流程中为保持均衡稳定的生产和保证产品质量而需要调节和控制的重要参量。

2. 累积流量

在工程应用中,往往需要了解在某一段时间内流过某横截面流体的总量,即累积流量。累积流量等于该时间内瞬时流量对时间的积分,计算式为

$$Q_v = \int_t q_v dt \tag{12-4}$$

$$Q_m = \int_t q_m dt \tag{12-5}$$

其中,Q_v 为累积体积流量;Q_m 为累积质量流量;t 为测量时间。

累积流量是有关流体介质的贸易、分配、交接、供应等商业性活动中必知的参数之一,是计价、结算、收费的基础。

3. 流量计

用于测量流量的计量器具称为流量计,通常由一次装置和二次仪表组成。一次装置安

装于流体管道内部或外部,根据流体与一次装置相互作用的物理定律,产生一个与流量有确定关系的信号,一次装置又称为流量传感器。二次仪表接收一次装置的信号,并转换成流量显示信号或输出信号。流量计可分为专门测量流体瞬时流量的瞬时流量计和专门测量流体累积流量的累积式流量计。目前,随着流量测量技术和仪表的发展,大多数流量计都同时具备测量流体瞬时流量和计算流体总量的功能。

4. 流量计量单位

体积流量的计量单位为立方米/秒(m^3/s);质量流量的计量单位为千克/秒(kg/s);累积体积流量的计量单位为立方米(m^3);累积质量流量的计量单位为千克(kg)。

除上述流量计量单位外,工程上还使用立方米/时(m^3/h)、升/分(L/min)、吨/时(t/h)、升(L)、吨(t)等作为流量计量单位。

12.1.2 流量物理参数与管流基础知识

测量流量时,必须准确知道反映被测流体属性和状态的各种物理参数,如流体的密度、黏度、压缩系数等。对管道内的流体,还必须考虑其流动状况、流速分布等因素。

1. 流体密度

单位体积的流体所具有的质量称为流体密度,计算式为

$$\rho = \frac{M}{V} \tag{12-6}$$

其中,ρ 为流体密度(单位为 kg/m^3);M 为流体质量(单位为 kg);V 为流体体积(单位为 m^3)。

流体密度是温度和压力的函数,流体密度通常由密度计测定,某些流体的密度可查表获得。

2. 流体黏度

实际流体在流动时有阻止内部质点发生相对滑移的性质,这就是流体的黏性,黏度是表示流体黏性大小的参数。通常采用动力黏度和运动黏度表征流体黏度。

根据牛顿的研究,流体运动过程中阻滞剪切变形的黏滞力与流体的速度梯度和接触面积成正比,并与流体黏性有关,其数学表达式(牛顿黏性定律)为

$$F = \mu A \frac{du}{dy} \tag{12-7}$$

其中,F 为黏滞力;A 为接触面积;du/dy 为流体垂直于速度方向的速度梯度;μ 为表征流体黏性的比例系数,称为动力黏度或简称黏度。各种流体的黏度不同。

流体的动力黏度 μ 与流体密度 ρ 的比值称为运动黏度 v,即

$$v = \frac{\mu}{\rho} \tag{12-8}$$

动力黏度的单位为牛顿·秒/平方米($N \cdot s/m^2$),即帕斯卡·秒($Pa \cdot s$);运动黏度的单位为平方米/秒(m^2/s)。黏度是温度和压力的函数,可由黏度计测定,有些流体的黏度可查表获得。

服从牛顿黏性定律的流体称为牛顿流体,如水、轻质油、气体等;不服从牛顿黏性定律的流体称为非牛顿流体,如胶体溶液、泥浆、油漆等。非牛顿流体的黏度规律较为复杂,目前流量测量研究的重点是牛顿流体。

3. 流体的压缩系数和膨胀系数

在一定的温度下,流体体积随压力增大而缩小的特性,称为流体的压缩性;在一定压力下,流体的体积随温度升高而增大的特性,称为流体的膨胀性。

流体的压缩性用压缩系数表示,定义为当流体温度不变而所受压力变化时,其体积的相对变化率,即

$$k = -\frac{1}{V} \cdot \frac{\Delta V}{\Delta p} \tag{12-9}$$

其中,k 为流体的体积压缩系数(单位为 1/Pa);V 为流体的原体积(单位为 m^3);Δp 为流体压力增量(单位为 Pa);ΔV 为流体体积变化量(单位为 m^3)。因为 Δp 与 ΔV 的符号总是相反,公式中引入负号,使压缩系数 k 总为正值。

如果压力不是很高,液体的压缩系数非常小,在一般准确度要求下,其压缩性可忽略不计,故通常把液体看作不可压缩流体,而把气体看作可压缩流体。

流体的膨胀性用膨胀系数来表示,定义为在一定的压力下,流体温度变化时其体积的相对变化率,即

$$\beta = \frac{1}{V} \cdot \frac{\Delta V}{\Delta T} \tag{12-10}$$

其中,β 为流体的体积膨胀系数(单位为 1/℃);V 为流体的原体积(单位为 m^3);ΔV 为流体体积变化量(单位为 m^3);ΔT 为流体温度变化量(单位为℃)。

流体膨胀性对测量结果的影响较明显,无论是气体还是液体都要考虑。

4. 管流类型

通常把流体充满管道截面的流动称为管流。管流分为以下几种类型。

1) 单相流和多相流

管道中只有一种均匀状态的流体流动称为单相流,如只有单纯气态或液态流体在管道中的流动;两种不同相的流体同时在管道中流动称为两相流;两种以上不同相的流体同时在管道中流动称为多相流。

2) 可压缩和不可压缩流体的流动

流体的流动分为可压缩流体流动和不可压缩流体流动,这两种不同的流体流动在流动规律中的某些方面有根本的区别。

3) 稳定流和不稳定流

当流体流动时,若其各处的速度和压力仅与流体质点所处的位置有关,而与时间无关,则流体的这种流动称为稳定流;若还与时间有关,则称为不稳定流。

4) 层流与紊流

管内流体有层流和紊流两种性质截然不同的流动状态。层流状态下流体沿轴向作分层平行流动,各流层质点没有垂直于主流方向的横向运动,互不混杂,有规则的流线,流体流量与流体压力降成正比;紊流状态下管内流体不仅有轴向运动,而且还有剧烈的无规则横向运动,流体流量与压力降的平方根成正比。这两种流动状态下,管内流体的流速分布不同。

可以用无量纲数——雷诺数作为判别管内流体流动是层流还是紊流的判据。对于圆管流,雷诺数表示为

$$\mathrm{Re}_D = \frac{u \rho D}{\mu} = \frac{uD}{v} \tag{12-11}$$

其中，Re_D 为圆管流雷诺数；u 为流动横截面的平均流速；μ 为动力黏度；υ 为运动黏度；ρ 为流体的密度；D 为管道内径，即圆管流特征长度。

通常认为 $Re_D \leqslant 2320$ 为层流状态，当 Re_D 大于该数值时，层流就开始转变为紊流。

5. 流速分布与平均流速

流体在管内流动时，由于管壁与流体的黏滞作用，越接近管壁，流速越低，管中心部分的流速最快，这称为流速分布。流体流动状态不同，其流速分布也不同。比较简单的流速分布模型如下。

层流流动的流速分布模型为

$$u_x = u_{max}\left[1 - \left(\frac{r_x}{R}\right)^2\right] \tag{12-12}$$

紊流流动的流速分布模型为

$$u_x = u_{max}\left(1 - \frac{r_x}{R}\right)^{1/n} \tag{12-13}$$

其中，u_x 为距管中心 r_x 处的流速；u_{max} 为管中心处最大流速；r_x 为管中心径向距离；R 为管内半径；n 为随流体雷诺数不同而变化的系数，表 12-1 所示为雷诺数与系数的关系。

表 12-1　雷诺数 Re_D 与 n 的关系

$Re_D \times 10^4$	n	$Re_D \times 10^4$	n	$Re_D \times 10^4$	n
2.56	7.0	38.4	8.5	110.0	9.4
10.54	7.3	53.6	8.8	152.0	9.7
20.56	8.0	70.0	9.0	198.0	9.8
32.00	8.3	84.4	9.2	278.0	9.9

图 12-1 所示为圆管内的流速分布，可以看出，层流状态下流速呈轴对称抛物线分布，在管中心轴上达到最大流速；紊流状态下流速呈轴对称指数分布，其流速分布形状随雷诺数不同而变化，而层流流速分布与雷诺数无关。

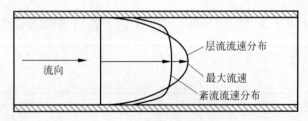

图 12-1　圆管内的流速分布

流体要流经足够长的直管段才能形成上述管内流速分布，而在弯管、阀门和节流元件等后面，管内流速分布会变得紊乱。因此，对于由测量流速进而求流量的测量仪表，在安装时其上下游必须有一定长度的直管段。在无法保证足够直管段长度时，应使用整流装置。

通过测流速求流量的流量计一般是检测出平均流速，然后求得流量。对于层流，平均流速是管中心最大流速的 0.5 倍（即 $u = 0.5u_{max}$）；紊流时的平均流速 u 与 n 值有关，即

$$u = \frac{2n^2}{(n+1)(2n+1)}u_{max} \tag{12-14}$$

6. 流动基本方程

1) 连续性方程

连续性方程是质量守恒定律在运动流体中的具体应用。对于可压缩流体的定常流动，连续性方程可表达为

$$\rho_1 u_1 A_1 = \rho_2 u_2 A_2 = q_m = 常数 \tag{12-15}$$

其中，A_1、ρ_1、u_1 和 A_2、ρ_2、u_2 分别为图 12-2 所示管道中任意两个截面 Ⅰ、Ⅱ 处的面积、流体密度和截面上流体的平均流速。

对于不可压缩流体，则 ρ 为常数，方程可简化为

$$u_1 A_1 = u_2 A_2 = q_v = 常数 \tag{12-16}$$

2) 伯努利方程

当无黏性、不可压缩流体在重力作用下在管内定常流动时，伯努利方程可表达为

$$gZ_1 + \frac{p_1}{\rho} + \frac{u_1^2}{2} = gZ_2 + \frac{p_2}{\rho} + \frac{u_2^2}{2} = 常数 \tag{12-17}$$

其中，g 为重力加速度；Z_1 和 Z_2 为截面 Ⅰ 和 Ⅱ 相对基准线的高度；p_1 和 p_2 为截面 Ⅰ 和 Ⅱ 上流体的静压力。

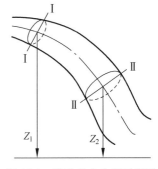

图 12-2 流动基本方程示意图

伯努利方程说明，流体运动时，单位质量流体的总机械能(位势能、压力能和动能)沿流线守恒，且不同性质的机械能可以互相转换。应用伯努利方程，可以方便地确定管道中流体的速度或压力。

实际流体具有黏性，在流动过程中要克服摩擦阻力而做功，这将使流体的一部分机械能转化为热能而耗散。因此，在黏性流体中使用伯努利方程要考虑由于阻力而造成的能量损失。

12.1.3 流量检测仪表的分类

现代工业中，流量测量应用的领域广泛，由于各种流体性质不同，测量时其状态(压力、温度)也不相同，因此采用各种各样的方法和流量仪表进行流量的测量。流量仪表种类繁多，已经在使用的超过百种，它们的测量原理、结构、使用方法、适用场合各不相同，各有特点。流量检测仪表可按各种不同的原则划分，目前并无统一的分类方法。通常有以下几种分类。

(1) 按测量对象分类，流量仪表可分为封闭管道流量计和明渠流量计。

(2) 按测量目的分类，流量仪表可分为瞬时流量计和总量表。

(3) 按测量原理分类，流量仪表可分为差压式、容积式、速度式等几类。

(4) 按测量方法和仪表结构分类，流量仪表可分为差压式流量计、浮子流量计、容积式流量计、叶轮式流量计、电磁式流量计、流体振动式流量计、超声式流量计以及质量流量计等。这种分类方法较为流行。

12.2 流量测量仪表

12.2.1 差压式流量计

差压式流量计是目前工业生产中用来测量液体、气体或蒸汽流量的最常用的一类流量

仪表,其使用量占整个工业领域内流量计总数的一半以上。

差压式流量计基于流体在通过设置于流通管道上的流动阻力件时产生的压力差与流体流量之间的确定关系,通过测量差压值求得流体的流量。产生差压的装置有多种形式,相应地有各种不同的差压式流量计,其中使用最广泛的是节流式流量计,其他形式的还有均速管、弯管、靶式流量计、浮子流量计等。

1. 节流式流量计测量原理

节流式流量计由节流装置、引压管路、三阀组和差压计组成,如图 12-3 所示。

节流式流量计中产生差压的装置称为节流装置,其主体是一个流通面积小于管道截面的局部收缩阻力件,称为节流元件。当流体流过节流元件时产生节流现象,流体流速和压力均发生变化,在节流元件两侧形成压力差。实践证明,在节流元件形状、尺寸一定,管道条件和流体参数一定的情况下,节流元件前后的压力差与流体流量之间存在一定的函数关系。因此,可以通过测量节流元件前后的差压测量流量。

流体流经节流元件时的压力和速度变化情况如图 12-4 所示。可以看到,稳定流动的流体沿水平管道流动到节流元件前的截面 1 处之后,流束开始收缩,靠近管壁处的流体向管道中心加速,而管道中心处流体的压力开始下降。由于惯性作用,流体流过节流元件后流束继续收缩,因此流束的最小截面位置不在节流元件处,而在节流元件后的截面 2 处(此位置随流量大小而变),此处流体平均流速 U_2 最大,压力 p_2 最低。截面 2 后,流束逐渐扩大。在截面 3 处,流束又充满管道,流体速度 U_3 恢复到节流前的速度 U_1($U_3=U_1$)。由于流体流经节流元件时会产生漩涡以及沿程的摩擦阻力等会造成能量损失,因此压力 p_3 不能恢复到原来的数值 p_1。p_1 与 p_3 的差值 δp($\delta p = p_1 - p_3$)称为流体流经节流元件的压力损失。

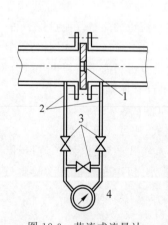

图 12-3 节流式流量计
1—节流元件;2—引压管路;3—三阀组;4—差压计

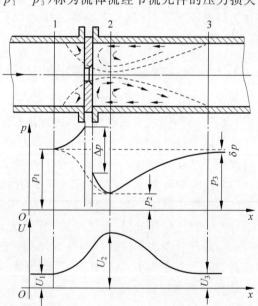

图 12-4 流体流经节流元件时压力和流速变化情况

沿管壁流体压力的变化和轴线上是不同的,在节流件前由于节流件对流体的阻碍,造成部分流体局部滞止,使管壁上流体静压比上游压力稍有增高。图 12-4 压力曲线中实线表示管壁上流体压力沿轴向的变化,虚线表示管道轴线上流体压力沿轴向的变化。

2. 流量方程

节流元件前后差压与流量之间的关系,即节流式流量计的流量方程,可由流动连续性方程和伯努利方程推出。设管道水平放置,对于截面1和截面2,由于$Z_1 = Z_2$,则由式(12-16)和式(12-17)可得

$$\rho_1 u_1 \frac{\pi}{4} D^2 = \rho_2 u_2 d'^2 \tag{12-18}$$

$$\frac{p_1}{\rho_1} + \frac{u_1^2}{2} = \frac{p_2}{\rho_2} + \frac{u_2^2}{2} \tag{12-19}$$

其中,p_1 和 p_2 为截面1和截面2上流体的静压力;u_1 和 u_2 为截面1和截面2上流体的平均流速;ρ_1 和 ρ_2 为截面1和截面2上流体的密度,对于不可压缩流体,$\rho_1 = \rho_2 = \rho$;D 和 d' 为截面1和截面2上流束的直径。

由式(12-18)和式(12-19)可求出

$$u_2 = \frac{1}{\sqrt{1-(d'/D)^4}} \frac{\pi}{4} \sqrt{\frac{2}{\rho}(p_1 - p_2)} \tag{12-20}$$

根据流量的定义,可得流量与差压的关系为

$$q_v = u_2 A_2 = \frac{1}{\sqrt{1-(d'/D)^4}} \frac{\pi}{4} d'^2 \sqrt{\frac{2}{\rho}(p_1 - p_2)} \tag{12-21}$$

$$q_m = \rho u_2 A_2 = \frac{1}{\sqrt{1-(d'/D)^4}} \frac{\pi}{4} d'^2 \sqrt{2\rho(p_1 - p_2)} \tag{12-22}$$

其中,A_2 为截面2上流束的截面积。

在推导上述流量方程时,未考虑压力损失 δp;而截面2的位置是随流量的大小变化的,流束收缩最小截面直径 d' 难以确定。另外,$(p_1 - p_2)$ 是理论差压,难以测量。因此,在实际使用上述流量公式时,由节流元件的开孔直径 d 代替 d',并令直径比 $\beta = d/D$;以实际采用的某种取压方式所得到的压差 Δp 代替 $(p_1 - p_2)$ 的值;同时引入流出系数 C(或流量系数 α)对式(12-21)、式(12-22)进行修正,得到实际的流量方程如下。

$$q_v = \frac{C}{\sqrt{1-\beta^4}} \frac{\pi}{4} d^2 \sqrt{\frac{2}{\rho} \Delta p} = \alpha \frac{\pi}{4} d^2 \sqrt{\frac{2}{\rho} \Delta p} \tag{12-23}$$

$$q_m = \frac{C}{\sqrt{1-\beta^4}} \frac{\pi}{4} d^2 \sqrt{2\rho \Delta p} = \alpha \frac{\pi}{4} d^2 \sqrt{2\rho \Delta p} \tag{12-24}$$

其中,流量系数 $\alpha = \frac{C}{\sqrt{1-\beta^4}} = CE$,$E = \frac{1}{\sqrt{1-\beta^4}}$,称为渐进速度系数。

对于可压缩流体,考虑到节流过程中流体密度的变化,引入流束膨胀系数 ε 进行修正,ρ 采用节流元件前的流体密度,由此流量方程可更一般地表示为

$$q_v = \alpha \varepsilon \frac{\pi}{4} d^2 \sqrt{\frac{2}{\rho} \Delta p} \tag{12-25}$$

$$q_m = \alpha \varepsilon \frac{\pi}{4} d^2 \sqrt{2\rho \Delta p} \tag{12-26}$$

其中,当用于不可压缩流体时,$\varepsilon=1$;用于可压缩流体时,$\varepsilon<1$。

流量系数 α(或流出系数 C)除与节流元件形式、流体压力的取压方式、管道直径 D、直径比 β 和流体雷诺数等因素有关外,还受管道粗糙度的影响。

流束膨胀系数 ε 也是一个影响因素十分复杂的参数。实验表朗,ε 与雷诺数无关,对于给定的节流装置,ε 的数值主要取决于 β、$\Delta p/p_1$ 和被测介质的等熵指数 k。α 和 ε 均可通过查阅图表获得。

3. 节流装置

节流装置由节流元件、取压装置和测量管段(节流件前后的直管段)3 部分组成。

根据标准化程度,节流装置分为标准节流装置和非标准节流装置两大类。标准节流装置是按标准规定设计、制造、安装、使用的节流装置,不必经过单独标定即可投入使用。我国现行国家标准为 GB/T 2624—93,对节流元件的结构形式、尺寸、技术要求等均已标准化,对取压方式、取压装置以及对节流元件前后直管段的要求都有相应规定,有关计算数据都经过大量的系统实验确定,而且有统一的图表可供查阅。非标准节流装置成熟程度较差,还没有列入标准文件。

1) 标准节流元件的结构形式

按国标规定,标准节流元件有标准孔板、标准喷嘴、长径喷嘴、文丘里管和文丘里喷嘴等。工业上最常用的是孔板,其次是喷嘴,文丘里管使用较少。

(1) 标准孔板

标准孔板是一块具有与管道同心圆形开孔的圆板,迎流一侧是有锐利直角入口边缘的圆筒形孔,顺流的出口呈扩散的锥形。标准孔板的各部分结构尺寸、粗糙度在国标中都有严格的规定(见图 12-5)。它的特征尺寸是节流孔径 d,在任何情况下,应使 $d>12.5\text{mm}$,且直径比 β 应为 $0.20\leqslant\beta\leqslant0.75$;节流孔厚度 e 应为 $0.005D\sim0.02D$(D 为管道直径);孔板厚度 E 应在 e 与 $0.05D$ 之间;扩散的锥形表面应经精加工,斜角 F 应为 $45°\pm15°$。标准孔板结构简单,加工方便,价格便宜,但对流体造成的压力损失较大,测量精度较低,而且一般只适用于洁净流体介质的测量。此外,在大管径条件下测量高温高压介质时,孔板易变形。

(2) 标准喷嘴

标准喷嘴是一种以管道轴线为中心线的旋转对称体,主要由入口圆弧收缩部分与出口圆筒形喉部组成,有 ISA1932 喷嘴和长径喷嘴两种形式。ISA1932 喷嘴的结构如图 12-6 所示,其廓形由入口端面 A、收缩部分第 1 圆弧曲面 B 与第 2 圆弧曲面 C、圆筒喉部 E 和出口边缘保护槽 F 组成。各段型线之间相切,不得有任何不光滑部分。喷嘴的特征尺寸是其圆筒形喉部的内直径 d,筒形长度 $b=0.3D$。

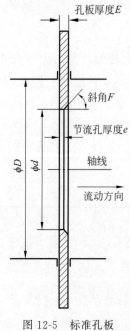

图 12-5 标准孔板

标准喷嘴的测量精度比孔板高,压力损失要小于孔板,能测量带有污垢的流体介质,使用寿命长,但结构较复杂、体积大,比孔板加工困难,成本较高。

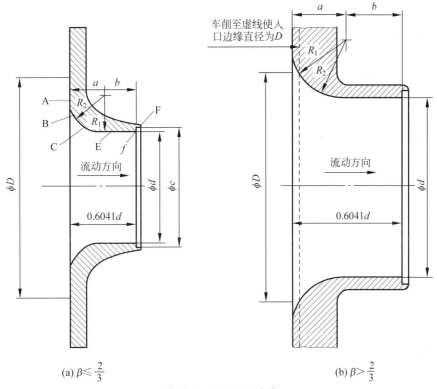

图 12-6 ISA1932 喷嘴

(3) 文丘里管

文丘里管有两种标准形式：经典文丘里管（简称文丘里管）与文丘里喷嘴。经典文丘里管结构如图 12-7 所示。

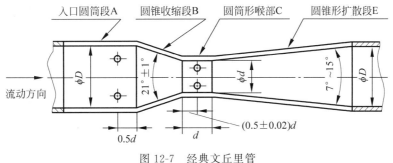

图 12-7 经典文丘里管

文丘里管压力损失最低，有较高的测量精度，对流体中的悬浮物不敏感，可用于污脏流体介质的流量测量，在大管径流量测量方面应用得较多，但尺寸大、笨重、加工困难，成本高，一般用在有特殊要求的场合。

2) 节流装置的取压方式与取压装置

由图 12-4 可以看出，即使流量相同，在节流元件上下游的取压口位置选择不同，得到的差压也将不同。根据节流装置取压口位置，可将取压方式分为理论取压、角接取压、法兰取压、径距取压和损失取压。各种取压方式对取压口位置、取压口直径、取压口的加工及配合都有严格规定。

标准节流装置的取压方式规定如下。

(1) 标准孔板：可以采用角接取压、法兰取压和径距取压。

(2) ISA1932 喷嘴：上游采用角接取压，下游可采用角接取压或在较远处取压。

(3) 经典文丘里管：在上游和喉部各取不少于 4 个且由均压环室连接的取压口取压，各取压口在垂直于管道轴线的截面平均分布。

角接取压法的取压孔紧靠孔板的前后端面；法兰取压法上下游取压孔中心与孔板前后端面的距离均为 25.4mm；径距取压法上游取压孔中心与孔板前端面的距离为 D，下游取压孔中心与孔板后端面的距离为 $0.5D$。

目前广泛采用的是角接取压法，其次是法兰取压法。角接取压法比较简便，角接取压装置(见图 12-8)的取压口结构有环室取压和单独钻孔取压两种。环室有均压作用，压差比较稳定，使用广泛，测量精度较高。但当管径大于 500mm 时，因环室加工困难，一般采用单独钻孔取压，取压孔直径 4~10mm。

法兰取压装置(见图 12-9)结构较简单，由一对带有取压孔的法兰组成，两个取压孔轴线垂直于管道轴线，取压孔直径为 6~12mm。法兰取压装置制造和使用比较方便，通用性好，但精度较角接取压法低些。

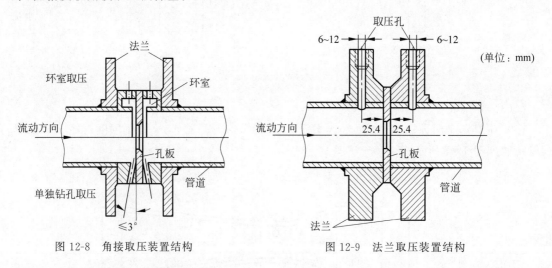

图 12-8　角接取压装置结构　　　　图 12-9　法兰取压装置结构

3) 标准节流装置的管道条件

国家标准给出的标准节流装置的流量系数值，是流体在到达节流元件上游 D（管道直径）处的管道截面上形成典型的紊流分布且无漩涡的条件下取得的。如果在实际测量时不能满足或接近这种条件，就可能引起难以估计的测量误差。因此，除对节流元件和取压装置有严格规定外，对管道使用条件，如管道长度、圆度和内表面粗糙度也有严格的要求。

(1) 安装节流元件的管道应是圆形直管道。节流元件及取压装置安装在截面为圆形的两直管之间。管道圆度按有关标准的规定检验，在节流元件上下游各 $2D$ 长度范围内应实测，$2D$ 以外可目测管道圆度，管道直线度可用目测法检验。

(2) 管道内壁应洁净。管道内表面在节流元件上游 $10D$ 和下游 $4D$ 范围内应是洁净的（可以是光滑的，也可以是粗糙的），并满足有关粗糙度的规定。

(3) 节流元件前后应有足够长的直管段。为保证流体流到节流元件前达到充分的紊流状态,节流元件前后应有足够长的直管段。标准节流装置组成部分中的测量直管段(前10D 后4D,一般由仪表厂家提供)是最小直管段 L 的一部分。由于工业管道上常存在各种弯头、阀门、分叉、会合等局部阻力件,它们会使平稳的流束受到严重的扰动,需要流经很长的直管段才能恢复平稳。因此,节流元件前后实际直管段的长度要根据节流元件上下游局部阻力件的形式、节流元件的形式和直径比 β 决定,具体情况可查阅规范。当现场难以满足直管段的最小长度要求或有扰动源存在时,可考虑在节流元件前安装流动整流器,以消除流动的不对称分布和旋转流等情况。安装位置和使用的整流器形式在标准中有具体规定。安装整流器后会产生相应的压力损失。

4) 非标准节流装置

在工程实际应用中,对于诸如脏污介质、低雷诺数流体、多相流体、非牛顿流体或小管径、非圆截面管道等流量测量问题,标准节流元件不能适用,需要采用一些非标准节流装置或选择其他形式的流量计测量流量。非标准节流装置就是实验数据尚不充分、尚未标准化的节流装置,其设计计算方法与标准节流装置基本相同,但使用前需要进行实际标定。

图 12-10 所示为几种典型的非标准节流装置节流元件,其中,D 代表管道内径,d 代表节流元件的孔径。图 12-10(a)是主要用于低雷诺数流量测量的 1/4 孔板;图 12-10(b)和图 12-10(c)分别是适用于脏污介质流量测量的偏心孔板和圆缺孔板;图 12-10(d)是具有低压力损失的道尔管。

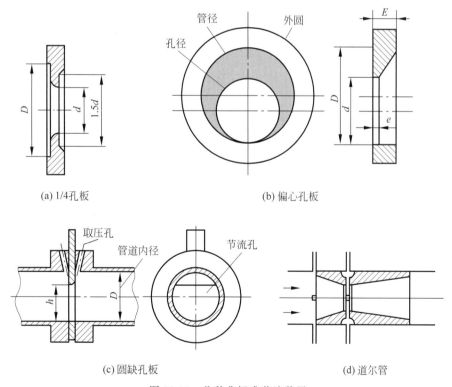

图 12-10　几种非标准节流装置

5) 差压计

差压计与节流装置配套组成节流式流量计。差压计经导压管与节流装置连接,接收被测流体流过节流装置时所产生的差压信号,并根据生产的要求,以不同信号形式把差压信号传递给显示仪表,从而实现对流量参数的显示、记录和自动控制。

差压计的种类很多,凡可测量差压的仪表均可作为节流式流量计中的差压计使用。目前工业生产中常用的有双波纹管差压计、电动膜片式差压交送器、电容式差压变送器等。

4. 节流式流量计主要特点

节流式流量计发展早,应用历史长。其主要优点是结构简单,工作可靠,成本低,而且检测件与差压显示仪表可分在不同专业化工厂生产,便于形成规模经济生产,它们的结合非常灵活方便。节流式流量计应用范围非常广泛,能够测量各种工况下的液、气、蒸汽等全部单相流体和高温、高压下的流体,也可应用于部分混相流,如气固、气液、液固等的测量,至今尚无任何一类流量计可与之相比。节流式流量计有丰富、可靠的实验数据和运行经验,标准节流装置设计加工已标准化,不需要实流标定就可在已知不确定度范围内进行流量测量。

节流式流量计的主要缺点是:现场安装条件要求较高,需较长的直管段,较难满足;测量范围窄,范围度(即测量的最大流量与最小流量的比值)小,一般为 3∶1~4∶1;流量计对流体流动的阻碍而造成的压力损失较大;测量的重复性、精度不高,由于影响因素错综复杂,精度也难以提高。

12.2.2 容积式流量计

容积式流量计是一种直接测量型流量计,历史悠久,在流量仪表中是精度最高的一类。

容积式流量计的工作原理是:由流量计的转动部件与仪表壳内壁一起构成"计量空间",在流量计进出口压力差的作用下推动流量计的转动部件旋转,把流经仪表的流体连续不断地分隔为一个个已知固定体积的部分排出,在这个过程中,流体一次次地充满流量计的"计量空间",然后又不断地被送往出口。在给定流量计条件下,通过计算单位时间或某一时间间隔内经仪表排出的流体固定体积的数量就能实现流量与总量的计算。

容积式流量计一般不具有时间基准,适合计量流体的累积流量,如需测量瞬时流量,则要另外附加时间测量装置。

容积式流量计的种类很多,按其测量元件形式和测量方式可分为椭圆齿轮流量计、腰轮流量计、刮板流量计、活塞式流量计、湿式流量计和皮膜式流量计等。

1. 腰轮流量计

腰轮流量计又称为罗茨流量计,其测量本体由一对腰形轮转子和壳体组成,这对腰轮在流量计进出口两端流体差压作用下,交替地各自绕轴作非匀角速度的旋转,如图 12-11 所示。

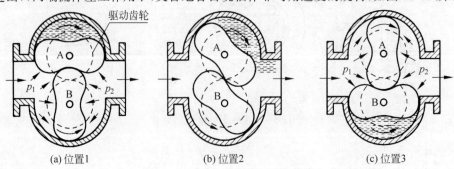

图 12-11 腰轮流量计工作原理

由于流体在流量计入、出口处的压力 $p_1 > p_2$，当 A、B 两轮处于图 12-11(a) 所示位置时，A 轮与壳体间构成体积固定的半月形计量室（图中阴影部分），此时进出口差压作用于 B 轮上的合力矩为零，而在 A 轮上的合力矩不为零，产生一个旋转力矩，使 A 轮作顺时针方向转动，并带动 B 轮逆时针旋转，计量室内的流体排向出口；当两轮旋转处于图 12-11(b) 所示位置时，两轮均为主动轮；当两轮旋转 90°，处于图 12-11(c) 所示位置时，B 轮与壳体之间构成计量室，此时，流体作用于 A 轮的合力矩为零，而作用于 B 轮的合力矩不为零，B 轮带动 A 轮转动，将测量室内的流体排向出口。当两轮旋转至 180°时，A、B 两轮重新回到位置 1。如此周期地主从更换连续地旋转，每旋转一周流量计排出 4 个半月形（计量室）体积的流体。设计量室的体积为 V，则腰轮每旋转一周排出的流体体积为 $4V$。只要测量腰轮的转速 n 或某时间段内的转数 N，就可知道瞬时流量和累积流量，即

$$q = 4nV \tag{12-27}$$
$$Q = 4NV \tag{12-28}$$

腰轮与壳体内壁的间隙很小，以减少流体的滑流量并保证测量的准确性。在转动过程中两腰轮也不直接接触而保持微小的间隙，依靠套在壳体外的与腰轮同轴的啮合齿轮完成相互驱动，因此运行中磨损很小，能保持流量计的长期稳定性。测量时，通过机械或其他方式测出腰轮的转速或转数，得到被测流体的体积流量。

腰轮流量计的结构按照工作状态可分为立式和卧式两种；而腰轮的结构有一对腰轮和由两对互呈 45°夹角的腰轮构成的组合式腰轮两种。组合式腰轮流量计运转平稳，可使管道内压力波动大大减小，通常大口径流量计采用立式或卧式组合腰轮以减小或消除在流量测量过程中引起的管道振动。

腰轮流量计的转子线型比较合理，允许测量含有微小颗粒的流体，可用于气体和液体的测量，它是近年来迅速发展、广泛应用的一种容积式流量计，除用于工业测量外，还作为标准流量计对其他类型的流量计进行标定，精度可达±0.1%。

2. 刮板流量计

刮板流量计是一种高精度的容积式流量计，适用于含有机械杂质的流体。较常见的凸轮式刮板流量计如图 12-12 所示。这种流量计主要由可旋转的转子、刮板、固定的凸轮及壳体组成。壳体的内腔为圆形，转子是一个可以转动、有一定宽度的空心薄壁圆筒，筒壁上开了 4 个互成 90°的槽，刮板可在槽内径向自由滑动。4 块刮板由两根连杆连结，相互垂直，在空间交叉。每个刮板的一端装有一个小滚轮，沿一具有特定曲线形状的固定凸轮的边缘滚动，使刮板时伸时缩，且因为有连杆相连，若某一端刮板从转子筒边槽口伸出，则另一端的刮板就缩进筒内。转子在流量计入、出口差压作用下转动，每当相邻两刮板进入计量区时均伸出至壳体内壁且只随转子旋转而不滑动，形成具有固定体积的计量室，当离开计量区时，刮板缩入槽内，流体从出口排出，同时后一刮板又与其另一相邻刮板形成计量室。转子旋转一周，排出 4 份固定体积的流体，故由转子的转速和转数就可以求得被测流体的流量。

刮板流量计中，还有凹线式和弹性刮板等形式，它

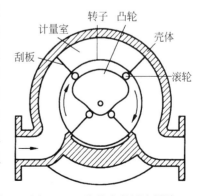

图 12-12 凸轮式刮板流量计

们的工作原理与凸轮式相似,但结构不同。刮板流量计由于结构的特点,能适用于不同黏度和带有细小颗粒杂质的液体,性能稳定,其计量精度可达 0.2%,压损小于腰轮流量计,振动和噪声小,适于中、大流量测量。但刮板流量计结构复杂,制造技术要求高,价格较高。

3. 皮膜式气体流量计

皮膜式气体流量计广泛应用于城市家用煤气、天然气、液化石油气等燃气消耗量的计量,习惯上又称为煤气表。

皮膜式气体流量计的工作原理如图 12-13 所示。它由"皿"字形隔膜(皮膜)制成的能自由伸缩的计量室 1~4 以及能与之联动的滑阀组成流量测量元件,在皮膜伸缩及滑阀的作用下,可连续地将气体从流量计入口送至出口。只要测出皮膜动作的循环次数,就可获得通过流量计的气体体积总量。

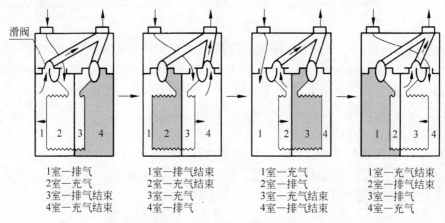

图 12-13 皮膜式气体流量计

皮膜式气体流量计结构简单,使用维护方便,价格低廉,工作可靠,测量的范围度很宽,可达 100∶1,测量精度一般为±2%~±3%,其显示为累积值,可在线读数,无须外加能源。

4. 容积式流量计的优缺点

容积式流量计的主要优点是:测量精度高,其基本测量误差一般可达±0.1%~±0.5%或更高,而且计量特性一般不受流动状态影响,也不受雷诺数限制,常用在昂贵介质和需要精确计量的场合;安装管道条件对流量计的测量精度没有影响,故流量计前后无直管段长度要求;特别适合高黏度流体介质的测量;测量范围度较宽;直读式仪表,无须外加能源就可直接读数得到流体总量,使用方便。

容积式流量计的主要缺点是:结构复杂,体积庞大,比较笨重,一般只适用于中小口径;大部分容积式流量计对被测流体中的污物较敏感,只适用于洁净的单相流体;部分容积式流量计(如椭圆齿轮、腰轮、活塞式流量计等)在测量过程中会给流体带来脉动,大口径仪表还会产生噪声甚至使管道产生振动;可测量的介质种类、介质工况(温度、压力)和仪表口径局限性较大,适应范围窄。

12.2.3 叶轮式流量计

若测得管道截面上流体的平均流速,则体积流量为平均流速与管道横截面积的乘积。这种测量方法称为流量的速度式测量方法,也是流量测量的主要方法之一。

叶轮式流量计是一种速度式流量仪表，它利用置于流体中的叶轮受流体流动的冲击而旋转，旋转角速度与流体平均流速成比例的关系，通过测量叶轮的转速来达到测量流过管道的流体流量的目的。叶轮式流量计是目前流量仪表中比较成熟的高精度仪表，主要品种是涡轮流量计，还有分流旋翼流量计、水表、叶轮风速计等。

在各种流量计中，涡轮流量计是重复性和精度都很好的产品，主要用于测量精度要求高、流量变化快的场合，还用作标定其他流量计的标准仪表。涡轮流量计广泛应用于石油、有机液体、无机液体、液化气、天然气、煤气和低温流体等测量对象的流量测量。国外液化石油气、成品油和轻质原油等的转运及集输站，大型原油输送管线的首末站都大量采用涡轮流量计进行贸易结算。

1. 结构与工作原理

涡轮流量计的结构如图 12-14 所示，主要由壳体、导流器、支承轴承、涡轮和磁电转换器组成。

壳体用非磁性材料制成，用于固定和保护流量计其他部件以及与管道相连。导流器由前后导向片及导向座构成，采用非磁性材料，其作用一是支承涡轮，二是对进入流量计的流体进行整流和稳流，将流体导直，使流束基本与轴线平行，防止因流体自旋而改变与涡轮叶片的作用角度，以保证流量计测量的准确性。

涡轮是测量元件，由导磁材料制成。根据流量计直径的不同，其上装有 2～8 片螺旋

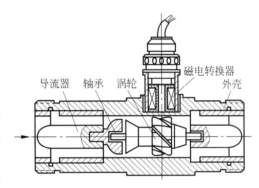

图 12-14　涡轮流量计结构

形叶片，支承在摩擦力很小的轴承上。为提高对流速变化的响应性，涡轮的质量要尽可能小。

支承轴承要求间隙和摩擦系数尽可能小，有足够高的耐磨性和耐腐蚀性，这关系到涡轮流量计的长期稳定性和可靠性。

磁电转换装置由线圈和磁钢组成，安装在流量计壳体上，它可分成磁阻式和感应式两种。磁阻式将磁钢放在感应线圈内，当由导磁材料制成的涡轮叶片旋转通过磁钢下面时，磁路中的磁阻改变，使通过线圈的磁通量发生周期性变化，因而在线圈中感应出电脉冲信号，其频率就是转过叶片的频率。感应式是在涡轮内腔放置磁钢，涡轮叶片由非导磁材料制成。磁钢随涡轮旋转，在线圈内感应出电脉冲信号。

由于磁阻式比较简单、可靠，所以使用较多。除磁电转换方式外，也可用光电元件、霍尔元件、同位素等方式进行转换。为提高抗干扰能力和增大信号传送距离，磁电转换器内装有前置放大器。

涡轮流量计是基于流体动量矩守恒原理工作的。当流体通过管道时，冲击涡轮叶片，对涡轮产生驱动力矩，使涡轮克服摩擦力矩和流体阻力矩而产生旋转。在一定的流量范围内，对于一定的流体介质黏度，涡轮的转速与流体的平均流速成正比，故流体的流速可通过测量涡轮的旋转角速度得到，从而计算流体流量。涡轮转速通过磁电转换装置变成电脉冲信号，经放大、整形后送至显示记录仪表，经单位换算与流量计算电路计算出被测流体的瞬时流量

和累积流量。

2. 流量方程

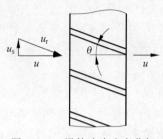

图 12-15 涡轮叶片速度分解

设流体经导流器导直后沿平行于管道轴线的方向以平均速度 u 冲击叶片,使涡轮旋转,涡轮叶片与流体流向成角度 θ,流体平均流速 u 可分解为叶片的相对速度 u_r 和切向速度 u_s,如图 12-15 所示。切向速度为

$$u_s = u\tan\theta \tag{12-29}$$

当涡轮稳定旋转时,叶片的切向速度为

$$u_s = \omega R \tag{12-30}$$

则涡轮转速为

$$n = \frac{\omega}{2\pi} = \frac{u\tan\theta}{2\pi R} \tag{12-31}$$

其中,R 为涡轮叶片的平均半径。

可见,涡轮转速 n 与流速 u 成正比。而磁电转换器所产生的脉冲频率为

$$f = nZ = \frac{u\tan\theta}{2\pi R}Z \tag{12-32}$$

其中,Z 为涡轮叶片的数目。

流体的体积流量方程为

$$q_v = uA = \frac{2\pi A}{Z\tan\theta}f = \frac{f}{\zeta} \tag{12-33}$$

其中,A 为涡轮的流通截面积;ζ 为流量转换系数。

流量转换系数 ζ 的含义是单位体积流量通过磁电转换器所输出的脉冲数,它是涡轮流量计的重要特性参数。由式(12-33)可见,对于一定的涡轮结构,流量转换系数为常数。因此,流过涡轮的体积流量 q_v 与脉冲频率 f 成正比。但是,由于涡轮轴承的摩擦力矩、磁电转换器的电磁力矩,以及流体和涡轮叶片间的摩擦阻力等因素的影响,在整个流量测量范围内,流量转换系数不是常数,其与流量间的关系曲线如图 12-16 所示。

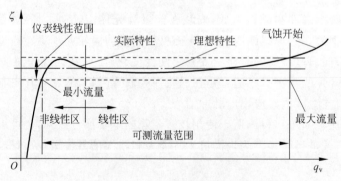

图 12-16 ζ 与流量的关系曲线

由图 12-16 可见,流量转换系数 ζ 可分为两段,即线性段和非线性段。在非线性段,特性受轴承摩擦力、流体黏性阻力影响较大。当流量低于流量计测量下限时,ζ 值随着流量迅速变化,这主要是由于各种阻力矩之和与叶轮的转矩相比较大;当流量大于某一数值后,ζ

值才近似为一个常数,这就是涡轮流量计的工作区域,因此涡轮流量计也有测量范围的限制。当流量超过流量计测量上限时会出现气蚀现象。

3. 涡轮流量计的特点和安装使用

涡轮流量计的主要优点:测量精度高,基本误差可达±0.1%;复现性好,短期重复性可达0.05%~0.2%,因此在贸易结算中是优先选用的流量计;测量范围度宽,可达(10~20):1,适合流量变化幅度较大的场合;压力损失较小;耐高压,承受的工作压力可达16MPa;适用的温度范围宽;对流量变化反应迅速,动态响应好;输出为脉冲信号,抗干扰能力强,信号便于远传及与计算机相连;结构紧凑轻巧,安装维护方便,流通能力大。

涡轮流量计的主要缺点:不能长期保持校准特性,需要定期校验;流体物性(黏度和密度)对测量准确性有较大影响;对被测介质的清洁度要求较高。

涡轮流量计可用于测量气体、液体流量,其安装示意图如图12-17所示。流量计应水平安装,并保证其前后有足够长的直管段或加装整流器。要求被测流体黏度低,腐蚀性小,不含杂质,以减少轴承磨损,一般应在流量计前加装过滤装置。如果被测液体易气化或含有气体时,要在流量计前装消气器。

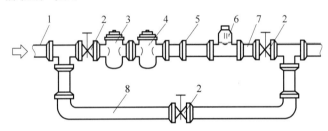

图 12-17 涡轮流量计安装示意图

1—入口;2—阀门;3—过滤器;4—消气器;5—前直管段;6—流量计;7—后直管段;8—旁路管

4. 水表

水表是记录流经封闭满管道中水流量的一种仪表,主要用于计量用户累计用水量。

水表按工作原理可分为流速式水表、容积式水表和活塞式水表,目前建筑给水系统中广泛采用的是流速式水表。水表具有结构简单、量程宽、使用方便、成本低廉等特点,在水资源日益紧张的今天,节水工作已受到世界各国政府的重视,水表作为节水环节中的计量器具和控制手段,得以迅速发展。

流速式水表按其内部叶轮构造不同可分为旋翼式水表和螺翼式水表两种。

1) 旋翼式水表

旋翼式水表的叶轮轮轴与水流方向垂直,水流阻力较大,计量范围较窄,体积大,安装维修不便,但灵敏度高,适用于小口径管道的单向水流、小流量的总量计量,如用于口径15mm、20mm、25mm、32mm、40mm等规格管道的家庭用水量计量。这种水表有外壳、测量机构以及指示机构等几部分,其中测量机构由叶轮盒、叶轮、叶轮轴、调节板组成,指示机构由刻度盘、指针、三角指针或字轮、传动齿轮等组成。

旋翼式水表有单流束和多流束两种,如图12-18和图12-19所示。

单流束水表的工作原理是:水流从表壳进水口切向冲击叶轮使之旋转,然后通过齿轮减速机构连续记录叶轮的转数,从而记录流经水表的累积流量。

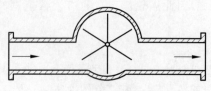
图 12-18 旋翼式单流束水表

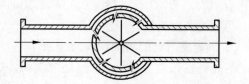
图 12-19 旋翼式多流束水表

多流束水表的工作原理与单流束水表基本相同,它通过叶轮盒的分配作用,将多束水流从叶轮盒的进水口切向冲击叶轮,使水流对叶轮的轴向冲击力得到平衡,减少叶轮支承部分的磨损,并从结构上减少水表安装、结垢对水表误差的影响,总体性能高于单流束水表。

2) 螺翼式水表

螺翼式水表的叶轮轮轴与水流方向平行,水流阻力较小,计量范围较大,适用于计量大流量(大口径)管道的水流总量,特别适合于供水主管道和大型厂矿用水量的需要。其主要特点是流通能力大、体积小、结构紧凑、便于使用和维修,但灵敏度低。管道口径大于 50mm 时,应采用螺翼式水表。

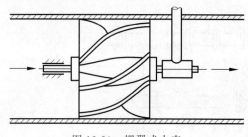
图 12-20 螺翼式水表

螺翼式水表的结构原理如图 12-20 所示。传统水表具有结构简单,造价低,能在潮湿环境里长期使用,而且不用电源等优点,已经批量生产,并已标准化、通用化和系列化。但传统水表一般只具有流量采集和机械指针显示用水量的功能,准确度较低,误差约为±2%。随着科学技术的进步和对水表计量要求的提高,水表也在不断发展之中,如将光、电、磁技术应用于水表,延伸了水表的管理功能,现在已有了各种形式的远传水表、预付费水表、定量水表等。

12.2.4 电磁流量计

电磁流量计是 20 世纪 50—60 年代随着电子技术的发展而迅速发展起来的流量测量仪表,目前已广泛地应用于工业过程中各种导电液体(如各种酸、碱、盐等腐蚀性介质以及含有固体颗粒或纤维的液体)的流量测量。

1. 测量原理和结构

电磁流量计是基于法拉第电磁感应原理制成的一种流量计,其测量原理如图 12-21 所示。

当被测导电流体在磁场中沿垂直于磁力线方向流动而切割磁力线时,在对称安装方向,在流通管道两侧的电极上将产生感应电势,其方向由右手定则确定。如果磁场方向、电极和管道轴线三者在空间互相垂直,且测量满足以下条件,则感应电势 E 的大小与被测液体的流速有确定的关系。

(1) 磁场是均匀分布的恒定磁场。

(2) 管道内被测流体的流速为轴对称分布。

(3) 被测流体是非磁性的。

(4) 被测流体的电导率均匀且各向同性。

$$E = BDu \tag{12-34}$$

其中，B 为磁感应强度；D 为管道内径；u 为流体平均流速。

当仪表结构参数确定之后，流体流量方程为

$$q_v = \frac{1}{4}\pi D^2 u = \frac{\pi D}{4B}E = \frac{E}{k} \tag{12-35}$$

其中，$k = \frac{4B}{\pi D}$ 为仪表常数。对于确定的电磁流量计，k 为定值，因此测量感应电势就可以测出被测导电流体的流量。

由式(12-35)可见，体积流量 q_v 与感应电动势 E 和测量管内径 D 呈线性关系，与磁场的磁感应强度 B 成反比，与其他物理参数无关。

电磁流量计结构如图 12-22 所示。励磁线圈和磁轭构成励磁系统，以产生均匀和具有较大磁通量的工作磁场。为避免磁力线被测量导管管壁短路，并尽可能地降低涡流损耗，测量导管由非导磁的高阻材料制成，一般为不锈钢、玻璃钢或某些具有高电阻率的铝合金。导管内壁用搪瓷或专门的橡胶、环氧树脂等材料作为绝缘衬里，使流体与测量导管绝缘并增加耐腐蚀性和耐磨性。电极一般由非导磁的不锈钢材料制成，测量腐蚀性流体时，多用铂铱合金、耐酸钨基合金或镍基合金等。电极嵌在管壁上，必须与测量导管很好地绝缘。电极应在管道水平方向安装，以防止沉淀物堆积在电极上而影响测量准确性。电磁流量计的外壳用铁磁材料制成，以屏蔽外磁场的干扰，保护仪表。

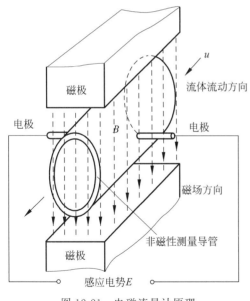

图 12-21 电磁流量计原理

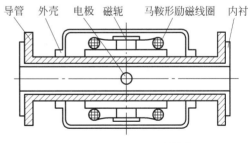

图 12-22 电磁流量计结构

2. 磁场励磁方式

励磁方式即产生磁场的方式，如前所述，电磁流量计必须满足均匀恒定的磁场条件，因此，需要有合适的励磁方式。目前主要有直流励磁、交流励磁和低频方波励磁 3 种方式。

1) 直流励磁

直流励磁方式用直流电产生磁场或采用永久磁铁,能产生一个恒定的均匀磁场。这种励磁方式受交流磁场干扰很小,但直流磁场易使通过测量管道的被测液体电解,使电极极化,严重影响电磁流量计的正常工作。所以,直流励磁方式一般只用于测量非电解质液体,如液态金属等。

2) 交流励磁

对于电解性液体,一般采用正弦工频(50Hz)交流电源励磁,所产生的是交变磁场,交变磁场的主要优点是消除了电极表面的极化现象。另外,由于磁场是交变的,所以输出信号也是交变信号,便于信号的放大,且励磁电源简单方便。但这也会带来一系列的电磁干扰问题,主要是正交干扰和同相干扰,影响测量,使电磁流量计的性能难以进一步提高。

3) 低频方波励磁

为发挥直流励磁方式和交流励磁方式的优点,避免它们的缺点,低频方波励磁方式得到应用。方波励磁电流频率通常为工频的 1/10~1/4,其波形如图 12-23 所示。

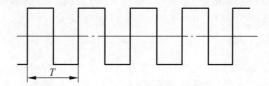

图 12-23　方波励磁电流波形

由图 12-23 可见,在半个周期内,磁场是恒稳的直流磁场,它具有直流励磁的特点,受电磁干扰影响很小。从整个时间过程看,方波信号又是一个交变的信号,所以它能克服直流励磁易产生的极化现象,便于信号的放大和处理,避免直流放大器存在的零点漂移、噪声和稳定性问题。因此,低频方波励磁是一种比较好的励磁方式,目前已在电磁流量计上得到广泛的应用。

3. 电磁流量计的特点及应用

电磁流量计的主要优点:结构简单,测量管道中无阻力件,流体通过流量计时不会引起任何附加的压力损失,节能效果显著;因无阻碍流动的部件,适于测量含有固体颗粒或纤维的液固二相流体,如纸浆、煤水浆、矿浆、泥浆和污水等;由于电极和衬里材料可根据被测流体性质选择,故可测量腐蚀性介质;测量过程实际上不受流体密度、黏度、温度、压力和电导率(只要在某阈值以上)变化的影响,故用水标定后就可以用于测量其他任何导电液体的体积流量;流量测量范围度大,可达 100:1;口径范围比其他品种流量仪表宽,可从几毫米到 3m;可测正反双向流量,也可测脉动流量。

电磁流量计的主要缺点:不能测量电导率很低的液体,如石油制品和有机溶剂等;不能测量气体、蒸汽和含有较多较大气泡的液体;受衬里材料和电气绝缘材料耐温的限制,目前还不能测量高温高压流体;易受外界电磁干扰影响;此外,电磁流量计结构也比较复杂,价格较高。

使用电磁流量计时,要注意以下几点:安装地点应尽量避免剧烈振动和交直流强磁场;在任何时候测量导管内都能充满液体;垂直安装时,流体要自下而上流过仪表;水平安装时,两个电极要在同一平面上;要根据被测流体情况确定合适的内衬和电极材料;因测量精度受管道的内壁,特别是电极附近结垢的影响,使用中应注意维护清洗。

12.2.5 流体振动式流量计

在特定的流动条件下,流体流动的部分动能会转化为流体振动,而振动频率与流速(流量)有确定的比例关系,依据这种原理工作的流量计称为流体振动式流量计。这种流量计可分为利用流体自然振动的卡门漩涡分离型和流体强迫振荡的漩涡进动型两种,前者称为涡街流量计,后者称为旋进漩涡流量计,目前应用较多的是涡街流量计。

1. 涡街流量计

涡街流量计是 20 世纪 60 年代末发展起来的,因其具有许多优点,发展很快,应用不断扩大。

1) 涡街流量计原理

在均匀流动的流体中,垂直地插入一个具有非流线型截面的柱体,称为漩涡发生体,其形状有圆柱、三角柱、矩形柱、T 形柱等,则在该漩涡发生体两侧会产生旋转方向相反、交替出现的漩涡,并随着流体流动,在下游形成两列不对称的漩涡列,称为"卡门涡街"。冯·卡门在理论上证明,当两列漩涡之间的距离 h 和同列中相邻漩涡的间距 L 满足关系 $h/L = 0.281$ 时,涡街是稳定的。

实验已经证明,在一定的雷诺数范围内,每列漩涡产生的频率 f 与漩涡发生体的形状和流体流速 u 有确定的关系,即

$$f = S_t \frac{u}{d} \tag{12-36}$$

其中,d 为漩涡发生体的特征尺寸;S_t 为斯特罗哈尔数。

S_t 与漩涡发生体形状及流体雷诺数有关,但在雷诺数为 500~150 000 的范围内,S_t 值基本不变,圆柱体的 $S_t=0.21$,三角柱体的 $S_t=0.16$,工业上测量的流体雷诺数几乎都不超过上述范围。式(12-36)表明,漩涡产生的频率仅取决于流体的流速 u 和漩涡发生体的特征尺寸,而与流体的物理参数如温度、压力、密度、黏度及组成成分无关。

当漩涡发生体的形状和尺寸确定后,可以通过测量漩涡产生频率测量流体的流量。假设漩涡发生体为圆柱体,直径为 d,管道内径为 D,流体的平均流速为 u,在漩涡发生体处的流通截面积为

$$A = \frac{\pi D^2}{4}\left[1 - \frac{2}{\pi}\left(\frac{d}{D}\sqrt{1-\left(\frac{d}{D}\right)^2} + \arcsin\frac{d}{D}\right)\right] \tag{12-37}$$

$$A = \frac{\pi D^2}{4}\left(1 - 1.25\frac{d}{D}\right)$$

$$q_v = uA = \frac{\pi D^2 f d}{4 S_t}\left(1 - 1.25\frac{d}{D}\right)$$

当 $d/D < 0.3$ 时,可近似为

$$A = \frac{\pi D^2}{4}\left(1 - 1.25\frac{d}{D}\right) \tag{12-38}$$

则其流量方程式为

$$q_v = uA = \frac{\pi D^2 f d}{4 S_t}\left(1 - 1.25\frac{d}{D}\right) \tag{12-39}$$

由流量方程式可知,体积流量与频率呈线性关系。

2) 漩涡频率的测量

伴随漩涡的产生和分离,漩涡发生体周围流体同步发生着流速、压力变化和下游尾流周期振荡,依据这些现象可以进行漩涡频率的测量。漩涡频率的检出有多种方式,可以检测在漩涡发生体上受力的变化频率,一般可用应力、应变、电容、电磁等检测技术;也可以检测在漩涡发生体附近的流动变化频率,一般可用热敏、超声、光电等检测技术。检测元件可以放在漩涡发生体内,也可以在下游设置检测器进行检测。采用不同的检测技术就构成了各种不同类型的涡街流量计。

图 12-24 所示为圆柱漩涡检测器原理。在中空的圆柱体两侧开有导压孔与内部空腔相连,空腔由中间有孔的隔板分成两部分,孔中装有铂电阻丝。当流体在下侧产生漩涡时,由于漩涡的作用使下侧的压力高于上侧的压力;若在上侧产生漩涡,则上侧的压力高于下侧的压力,因此产生交替的压力变化,空腔内的流体也脉动流动。用电流加热铂电阻丝,当脉动的流体通过铂电阻丝时,交替地对电阻丝产生冷却作用,改变其阻值,从而产生与漩涡频率一致的脉冲信号,检测此脉冲信号,即可测出流量。也可以在空腔间采用压电式或应变式检测元件测出交替变化的压力。

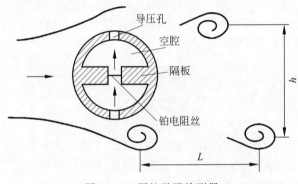

图 12-24 圆柱漩涡检测器

图 12-25 所示为三角柱涡街检测器原理,在三角柱的迎流面对称地嵌入两个热敏电阻组成桥路的两臂,以恒定电流加热使其温度稍高于流体,在交替产生的漩涡的作用下,两个电阻被周期地冷却,使其阻值改变,阻值的变化由桥路测出,即可测得漩涡产生频率,从而测出流量。三角柱漩涡发生体可以得到更强烈更稳定的漩涡,故应用较多。

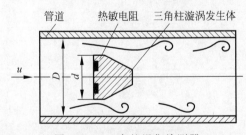

图 12-25 三角柱涡街检测器

2. 旋进漩涡流量计

旋进漩涡流量计与涡街流量计差不多同时开发出来,但由于各种原因,其应用范围不够广,与涡街流量计相比发展速度相对缓慢。近年来,由于在检测元件和信号处理方面取得了技术突破,这种流量计迅速发展起来,性能提高,功能不断完善,应用逐渐增多。

1) 结构

旋进漩涡流量计由壳体、漩涡发生器、检测元件、消旋器以及转换器等部分组成。壳体一般由不锈钢或铝合金制造,内部管道与文丘里管相似,有入口段、收缩段、喉部、扩张段和出口几个部分。漩涡发生器是旋进漩涡流量计的核心部件,它由一组具有特定角度的螺旋叶片组成,作用是迫使流体发生旋转并产生涡流。消旋器是用直叶片组成的十字形、井字形或米字形流动整直器,作用是消除漩涡,减小漩涡对下游测量仪表的影响。漩涡检测元件安装在喉部与扩张段交接处,可采用热敏、力敏、电容、光纤等元件检测漩涡信号。转换器将检测元件的输出信号放大、处理后转换成方波信号或 4~20mA 标准信号。

2) 工作原理

旋进漩涡流量计的工作原理如图 12-26 所示。

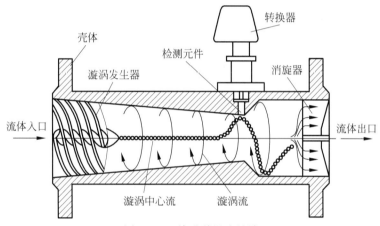

图 12-26　旋进漩涡流量计

流体进入流量计后,在漩涡发生器的作用下,被强制绕测量管道轴线旋转,形成漩涡流。经过收缩段和喉部,漩涡流加速,强度增强,漩涡中心与管道轴线一致。进入扩张段后,漩涡急剧减速,压力上升,产生回流。在回流作用下,漩涡中心被迫偏离管道轴线,在扩张段绕轴线作螺旋进动,该进动贴近扩张段的壁面进行,进动频率 f 与平均流速成正比。用检测元件测出漩涡进动频率 f,则可得体积流量为

$$q_v = Kf \tag{12-40}$$

其中,K 为仪表系数,它仅与流量计结构参数(如旋转发生器、管道尺寸)有关,而与流体的物理性质和组分无关。

3. 流体振动式流量计特点

流体振动式流量计的主要优点:在管道内无可动部件,使用寿命长,压力损失小,测量范围度较大,可达 30∶1;水平或垂直安装均可,安装与维护比较方便;在一定的雷诺数范围内,测量几乎不受流体参数(温度、压力、密度、黏度)变化的影响;仪表输出的是与体积流量成比例的脉冲信号,易与数字仪表或计算机接口;与差压式流量计相比,测量精度较高。

流体振动式流量计的缺点:它实际是一种速度式流量计,漩涡分离的稳定性受流速分布影响,需要配置足够长的直管段才能保证测量精度;与同口径涡轮流量计相比,仪表系数

较低,且随口径增大而降低,分辨力也降低,只适合中小口径管道;不适用于有较强管道振动的场合。

相比而言,涡街流量计可测气体、液体和蒸汽介质,压损较旋进漩涡流量计为小,但直管段长度要求高;而旋进漩涡流量计压损较大,虽然原理上可测量液体,但现在还只能用于气体测量。不过,旋进漩涡流量计对直管段长度要求低,低流速特性好,目前在天然气流量测量方面应用较多。

12.2.6 超声波流量计

超声波流量计是一种利用超声波脉冲测量流体流量的速度式流量仪表,当超声波在流动的流体中传播时就载上流体流速的信息,通过接收到的超声波就可以检测出流体的流速,从而换算成流量。近十几年来,随着集成电路技术、数字技术和声楔材料等技术的发展,超声波流量测量技术发展很快。基于不同原理,适用于不同场合的各种形式的超声波流量计已在工农业、水利以及医疗、河流和海洋观测等领域的计量测试中得到了广泛应用。

1. 超声波流量计的组成与分类

1) 组成

超声波流量计由超声波换能器、测量电路以及流量显示和计算3部分组成。超声波发射换能器将电能转换为超声波振动,并将其发射到被测流体中;超声波接收换能器接收到的超声波信号,经测量电路放大并转换为代表流量的电信号进行显示和计算,实现流量的检测。

超声波换能器通常利用压电材料制成,发射换能器利用逆压电效应,而接收换能器则利用压电效应。压电元件材料多采用锆钛酸铅,常做成圆形薄片,沿厚度振动,薄片直径超过厚度的10倍,以保证振动的方向性。为使超声波以合适的角度射入流体中,需把压电元件嵌入声楔,构成换能器。换能器安装时通常还需配用安装夹具。

2) 分类

可以从不同角度对超声流量测量方法和换能器进行分类。

(1) 按测量原理可分为传播速度差法、多普勒效应法、波束偏移法、相关法、噪声法。
(2) 按探头(换能器)安装方式可分为外夹式、插入式(湿式)。
(3) 按声道数目可分为单声道、多声道(2~8声道)。
(4) 按使用场合可分为固定式、便携式。

2. 超声波流量计测量原理

目前超声波流量计最常采用的测量方法主要有两类:传播速度差法和多普勒效应法。

1) 传播速度差法测量原理

超声波在流体中的传播速度与流体流速有关,顺流传播速度大,逆流传播速度小。传播速度差法利用超声波在流体中顺流与逆流传播的速度变化测量流体流速,进而求得流过管道的流量。按具体测量参数的不同,又可分为时差法、相差法和频差法。现以应用最多的时差法为例,介绍其测量原理。

时差法就是测量超声波脉冲顺流和逆流时传播的时间差。如图12-27所示,在管道上、下游相距L处分别安装两对超声波发射器(T_1和T_2)和接收器(R_1和R_2)。设超声波在静止流体中的传播速度为c,流体的流速为u,则当T_1按顺流方向、T_2按逆流方向发射超声波

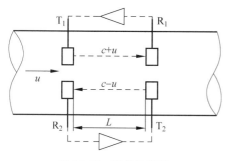

图 12-27 时差法原理

时,超声波到达接收器 R_1 和 R_2 所需要的时间 t_1 和 t_2 与流速之间的关系为

$$t_1 = \frac{L}{c+u} \tag{12-41}$$

$$t_2 = \frac{L}{c-u} \tag{12-42}$$

传播时间差为

$$\Delta t = t_2 - t_1 = \frac{2Lu}{c^2 - u^2}$$

由于 c 很大,一般在液体中达 1000m/s 以上,而工业系统中流体流速相对于声速而言很小,即 $c \gg u$,因此时差为

$$\Delta t = t_2 - t_1 \approx \frac{2Lu}{c^2} \tag{12-43}$$

而流体流速为

$$u = \frac{c^2}{2L} \Delta t \tag{12-44}$$

因此,当 c 为常数时,流体流速和时差 Δt 成正比,测得时差即可求出流速 u,如果 u 是管道截面上的平均流速,则可求得流量为

$$q_v = uA = \frac{\pi}{4} D^2 u \tag{12-45}$$

其中,D 为管道内径。

传播速度差法测量要求流体洁净,不含有气泡或杂质,否则将影响测量精度。

2) 多普勒效应法测量原理

根据多普勒效应,当声源和观察者之间有相对运动时,观察者所感受到的声音频率将不同于声源所发出的频率,这个频率的变化量与两者之间的相对速度成正比,超声波多普勒流量计就是基于多普勒效应测量流量的。

在超声波多普勒流量测量方法中,超声波发射器为固定声源,随流体一起运动的固体颗粒相当于与声源有相对运动的观察者,它的作用是把入射到其上的超声波反射回接收器。发射声波与接收器接收到的声波之间的频率差,就是由于流体中固体颗粒运动而产生的声波多普勒频移。这个频率差正比于流体流速,故测量频率差就可以求得流速,进而得到流体流量。

利用多普勒效应测流量的必要条件是:被测流体中存在一定数量的具有反射声波能力的悬浮颗粒或气泡。因此,超声波多普勒流量计能用于两相流测量,这是其他流量计难以解决的。超声波多普勒法测流量的原理如图 12-28 所示。

设入射超声波与流体运动速度的夹角为 θ,流体中悬浮粒子(或气泡)的运动速度与流体流速相同,均为 u。当频率为 f_1 的入射超声波遇到粒子时,由于粒子相对超声波发射换能器 T 以 $u\cos\theta$ 的速度离去,故粒子接收到的超声波频率 f_2 低于

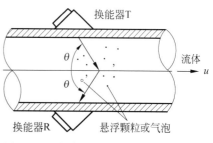

图 12-28 超声波多普勒法流量测量原理

f_1,为

$$f_2 = \frac{c - u\cos\theta}{c} \cdot f_1 \tag{12-46}$$

粒子又以频率 f_2 反射超声波，由于粒子同样以 $u\cos\theta$ 的速度离开接收器 R，所以 R 接收到的粒子反射的声波频率 f_s 将又一次降低，为

$$f_s = \frac{c - u\cos\theta}{c} \cdot f_2 \tag{12-47}$$

将 f_2 代入式(12-47)，可得

$$f_s = f_1\left(1 - \frac{u\cos\theta}{c}\right)^2 = f_1\left(1 - \frac{2u\cos\theta}{c} + \frac{u^2\cos^2\theta}{c}\right) \tag{12-48}$$

由于声速 c 远大于流体的速度 u，故式(12-48)中的平方项可以略去，由此得

$$f_s = f_1\left(1 - \frac{2u\cos\theta}{c}\right) \tag{12-49}$$

接收器接收到的反射超声波频率与发射超声波频率之差，即多普勒频移 Δf_d 为

$$\Delta f_d = f_1 - f_s = \frac{2u\cos\theta}{c} \cdot f_1 \tag{12-50}$$

由式(12-50)可得流体流速 u 为

$$u = \frac{c}{2f_1\cos\theta} \cdot \Delta f_d \tag{12-51}$$

因此，体积流量为

$$q_v = uA = \frac{cA}{2f_1\cos\theta} \cdot \Delta f_d \tag{12-52}$$

由以上流量方程可知，当流量计、管道条件和被测介质确定以后，多普勒频移与体积流量成正比，测量频移 Δf_d 就可以得到流体流量 q_v。

式(12-51)和式(12-52)中含有声速 c，而声速与被测流体的温度和组分有关。当被测流体温度和组分变化时会影响流量测量的精度。因此，在超声多普勒流量计中一般采用声楔结构来避免这一影响。

3. 超声波流量计的特点与应用

超声波流量计是一种非接触式流量测量仪表，与传统流量计相比，其主要优点如下。

(1) 对介质适应性强，既可测量液体，也可测量气体，甚至含杂质的流体(多普勒法)，特别是可以解决其他流量计难以测量的高黏度、强腐蚀、非导电性、放射性流体流量的测量问题。

(2) 不用在流体中安装测量元件，所以不会改变流体的流动状态，也没有压力损失，因而是一种理想的节能型流量计。

(3) 解决了大管径、大流量以及各种明渠、暗渠、河流流量测量困难的问题。因为一般流量计随着测量管径的增大会带来制造和运输上的困难，造价提高，能损加大，安装不便。而超声波流量计仪表造价基本上与被测管道口径大小无关，故大口径超声波流量计性能价格比较优越。

(4) 测量准确度几乎不受被测流体参数影响，且测量范围度较宽，一般可达 20∶1。

(5) 各类超声波流量计均可管外安装，从管壁外测量管道内流体流量，故仪表的安装及

检修均可不影响生产管线运行。

超声波流量计主要缺点：用传播速度差法只能测量清洁流体,不能测量含杂质或气泡超过某一范围的流体;而多普勒法只能用于测量含有一定悬浮粒子或气泡的液体,且多数情况下测量精度不高,如管道结垢太厚、锈蚀严重或衬里与内管壁剥离则不能测量;另外,超声波流量计结构复杂,成本较高。

超声波流量计在应用中,应注意做到正确选型、合理安装、及时校核、定期维护。

正确选型是超声波流量计能够正常工作的基础,若选型不当,会造成流量无法测量或用户使用不便等后果。合理安装换能器也是非常重要的,安装换能器需要考虑安装位置和安装方式两个问题。和其他流量计一样,超声波流量计前后需要一定长度的直管段,一般直管段长度在上游侧需要 10D 以上,在下游侧则需要 5D 左右。确定安装位置时还要注意换能器尽量避开有变频调速器、电焊机等污染电源的场合。超声波流量计的换能器大致有夹装型、插入型和管道型 3 种结构形式,其在管道上的配置方式主要有对贴安装方式以及 Z 式、V 式、X 式,如图 12-29 所示。多普勒超声波流量计的换能器采用对贴式安装方式,传播速度差法超声波流量计换能器安装方式选择的一般原则是:当有足够长的直管段,流速分布为管道轴对称时,采用 Z 式;当流速分布不对称时,采用 V 式;当换能器安装间隔受到限制时,采用 X 式。当流场分布不均匀而表前直管段又较短时,可采用多声道(如双声道或四声道)克服流速扰动带来的流量测量误差。换能器一般均交替转换作为发射器和接收器使用。

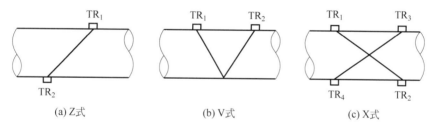

图 12-29 超声波换能器在管道上的配置方式

12.2.7 质量流量计

在工业生产和科学研究中,由于产品质量控制、物料配比测定、成本核算以及生产过程自动调节等许多应用场合的要求,仅测量体积流量是不够的,还必须了解流体的质量流量。

质量流量的测量方法可分为间接测量和直接测量两类。间接测量方法通过测量体积流量和流体密度经计算得出质量流量,这种方式又称为推导式;直接测量方法则由检测元件直接检测出流体的质量流量。

1. 间接式质量流量计

间接式质量流量测量方法,一般是采用体积流量计和密度计或两个不同类型的体积流量计组合,实现质量流量的测量。常见的组合方式主要有以下 3 种。

1) 节流式流量计与密度计的组合

如前述知,节流式流量计的差压信号 Δp 正比于 ρq_v^2,密度计连续测量出流体的密度 ρ,将两仪表的输出信号送入运算器进行必要运算处理,即可求出质量流量,如图 12-30 所示。

$$q_m = \sqrt{\rho q_v^2 \cdot \rho} = \rho q_v \quad (12\text{-}53)$$

密度计可采用同位素、超声波或振动管等能连续测量流体密度的仪表。

2) 体积流量计与密度计的组合

容积式流量计或速度式流量计(如涡轮流量计、电磁流量计等)测得的输出信号与流体体积流量 q_v 成正比,这类流量计与密度计组合,通过乘法运算,即可求出质量流量,如图 12-31 所示。

$$q_m = \rho q_v \tag{12-54}$$

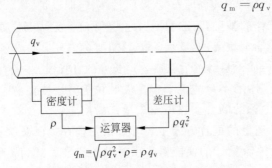

图 12-30　节流式流量计与密度计的组合

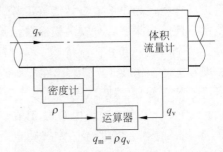

图 12-31　体积流量计和密度计的组合

3) 体积流量计与体积流量计的组合

这种质量流量检测装置通常由节流式流量计和容积式流量计或速度式流量计组成,它们的输出信号分别正比于和 q_v,通过除法运算,即可求出质量流量,如图 12-32 所示。

$$q_m = \frac{\rho q_v^2}{q_v} = \rho q_v \tag{12-55}$$

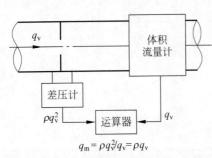

图 12-32　节流式流量计和其他体积流量计的组合

除上述几种组合式质量流量计外,在工业上还常采用温度、压力自动补偿式质量流量计。由于流体密度是温度和压力的函数,而连续测量流体的温度和压力要比连续测量流体的密度容易,因此,可以根据已知被测流体密度与温度和压力之间的关系,同时测量流体的体积流量以及温度和压力值,通过运算求得质量流量或自动换算成标准状态下的体积流量。

2. 直接式质量流量计

直接式质量流量计的输出信号直接反映质量流量,其测量不受流体的温度、压力、密度变化的影响。直接式质量流量计有许多种形式。

1) 热式质量流量计

热式质量流量计是根据传热原理,利用流动的流体与外部加热热源之间的热量交换关系测量流体质量流量的仪表,一般主要用来测量气体的质量流量,只有少量用于测量微小液体流量。目前应用较多的热式质量流量计有两种类型:浸入型和热分布型。

(1) 浸入型热式质量流量计

这种流量计依据热量消散(冷却)效应进行测量。在结构上,有两个热电阻温度传感器分别放置在不锈钢保护套管内,浸入到被测流体中。一个用来测量气体温度 T,另一个称为速度探头,由电源加热,用来测量质量流速 ρu,如图 12-33 所示。

速度探头测出的温度 T_u 高于气流温度 T。当气体静止时，T_u 最高，随着质量流速 ρu 增加，气流带走更多热量，温度 T_u 将下降，可以测出温度差 $\Delta T = T_u - T$。根据热力学定律，电源提供给速度探头的功率应等于流动气体对流换热所带走的热量，所以可得功率 P 与温度差 ΔT 的关系为

$$P = \left[B + C(\rho u)^K \right] \Delta T \tag{12-56}$$

其中，B、C 和 K 均为经验常数，由被测流体的传热系数、黏度和热容量等因素决定。由式(12-56)可解得气体的质量流速为

$$\rho u = \left(\frac{P}{C \cdot \Delta T} - \frac{B}{C} \right)^{\frac{1}{K}} \tag{12-57}$$

根据式(12-57)，可以保持温差 ΔT 不变，通过测量功率 P 测量质量流速 ρu，称为等温型；也可以保持电加热功率 P 不变，通过测量温差 ΔT 测量质量流速 ρu，称为等功率型。等温型的特点是对流速变化的响应较快。由 ρu 乘以管道平均流速系数和管道截面积就可得到质量流量 q_m。

浸入型热式质量流量计适合较大管径和测量低至中高速气体。

(2) 热分布型热式质量流量计

热分布型热式质量流量计利用流动流体传递热量改变测量管壁温度分布的热传导分布效应进行测量，其结构和工作原理如图 12-34 所示。

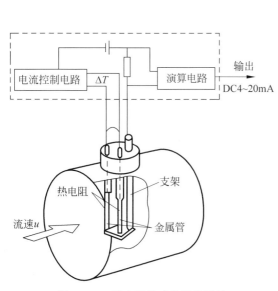

图 12-33　浸入型热式质量流量计

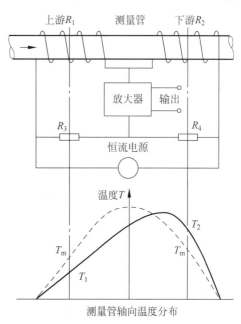

图 12-34　热分布型热式质量流量计

在小口径薄壁测量管外壁，对称绕制有两个既作加热又作测量元件的电阻线圈 R_1 和 R_2，它们和另外两个电阻 R_3 和 R_4 组成直流电桥，由恒流电源供电，电阻线圈产生的热量通过管壁加热管内气体。若管内气体没有流动，则测量管上轴向温度分布相对于测量管中心是对称的，如图 12-34 中虚线所示。上下游电阻线圈 R_1 和 R_2 的平均温度均为 T_m，温度差为零，电桥处于平衡状态；当气体流动时，上游部分热量被带给下游，导致测量管上轴向温

度分布发生畸变,上游温度下降,下游温度上升,变化如图 12-34 中实线所示,此时上下游电阻线圈 R_1 和 R_2 的平均温度分别为 T_1 和 T_2。由电桥测出两线圈阻值的变化,得到温差 $\Delta T = T_2 - T_1$,即可求出质量流量 q_m 为

$$q_m = K \frac{A}{c_p} \Delta T \tag{12-58}$$

其中,c_p 为被测气体的定压比热容;A 为测量管加热线圈与周围环境之间的热传导系数;K 为仪表常数。

当气体成分确定时,则在一定流量范围内,A 和 c_p 均可视为常数,质量流量仅与绕组平均温度差 ΔT 成正比,如图 12-35 中 Oa 段所示。Oa 段为仪表正常测量范围,此时仪表出口处流体不带走热量,流量增大到超过 a 点时,有部分热量被带走而呈现非线性,流量超过 b 点则大量热量被带走。

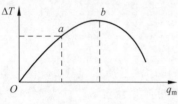

图 12-35 质量流量与绕组温度关系

为获得良好的线性,气体必须保持层流流动,为此,测量管内径 D 设计得很小而长度 L 很长,即有很大的 L/D 值。按测量管内径分,有细管型测量管(D 为 0.2~0.5mm,因极易堵塞,仅适用于净化无尘气体)和小型测量管(D 为 4mm)。

热分布型热式质量流量计适合测量微小气体质量流量,如果需要测量大流量,可采用分流方式。在分流管与测量管均为层流条件下,测量管流量与总流量之间有固定的分流比,故可由测量管流量求得总流量,从而扩大测量范围。

(3) 热式质量流量计特点及应用

热式质量流量计的主要优点:无活动部件,压力损失小;结构坚固,性能可靠。其缺点:响应慢;被测量气体组分变化较大时,测量值会有较大误差。

在流量计安装方面,大部分浸入型流量计性能不受安装姿势(水平、垂直或倾斜)影响,但应用于高压气体时则应选择水平安装,以便调零。另外,通常认为热分布型流量计无上下游直管段长度要求,但在低和非常低流速流动时,因受管道内气体对流的影响,要获得精确测量,必须遵循仪表制造厂的安装建议,而且需要一定长度的直管段。

2) 科里奥利质量流量计

科里奥利质量流量计(简称科氏力流量计)是一种利用流体在振动管中流动而产生与质量流量成正比的科里奥利力(简称科氏力)的原理直接测量质量流量的仪表。

(1) 科氏力与质量流量

如图 12-36 所示,当质量为 m 的质点在一个绕旋转轴 O 以角速度 ω 旋转的管道内以匀速 u 作朝向或离开旋转轴心的运动时,该质点将获得法向加速度(向心加速度)a_r 和切向加速度(科里奥利加速度)a_t。其中 $a_r = \omega^2 r$,方向指向轴 O;$a_t = 2\omega u$ 方向与 a_r 垂直,符合右手定则,而作用于管壁的科氏力 $F = 2\omega u m$,方向与 a_t 相反。

若密度为 ρ 的流体在图 12-36 所示的管道内以匀速 u 流动,则在长度为 ΔX,截面积为 A 的管道内的流体质量 $m = \rho A \Delta X$ 所产生的科氏力为

$$F = 2\omega u \rho A \Delta X \tag{12-59}$$

因为质量流量 $q_m = \rho u A$,所以有

$$F = 2\omega q_m \Delta X \tag{12-60}$$

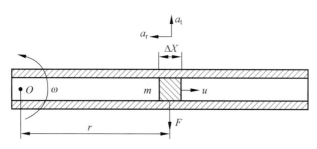

图 12-36　科氏力产生原理

由式(12-60)可知,如能直接或间接地测出旋转管道中的流体作用于管道上的科氏力,就能测得流过管道的流体的质量流量。这就是科氏力流量计的测量原理。

在实际应用中,让流体通过的测量管道旋转产生科氏力是难以实现的,因而均采用使测量管振动的方式替代旋转运动,即对两端固定的薄壁测量管在中点处以测量管谐振或接近谐振的频率激振,在管内流动的流体中产生科氏力,并使测量管在科氏力的作用下产生扭转变形。

(2) 科氏力流量计结构与测量原理

科氏力流量计有多种结构形式,一般由振动管与转换器组成。振动管(测量管道)是敏感器件,有 U 形、Ω 形、环形、直管形及螺旋形等几种形状,也有用双管等方式,但基本原理相同。下面以 U 形管式的质量流量计为例进行介绍。

图 12-37 所示为 U 形管式科氏力流量计的测量原理示意图。U 形管的两个开口端固定,流体由此流入和流出。U 形管顶端装有电磁激振装置,用于驱动 U 形管,使其沿垂直于 U 形管所在平面的方向以 O-O 为轴按固有频率振动。U 形管的振动迫使管中流体在沿管道流动的同时又随管道作垂直运动,此时流体将受到科氏力的作用,同时流体以反作用力作用于 U 形管。由于流体在 U 形管两侧的流动方向相反,所以作用于 U 形管两侧的科氏力大小相等方向相反,从而使 U 形管受到一个力矩的作用,使其管端绕 R-R 轴扭转而产生扭转变形,该变形量的大小与通过流量计的质量流量具有确定的关系。因此,测得这个变形量,即可测得管内流体的质量流量。

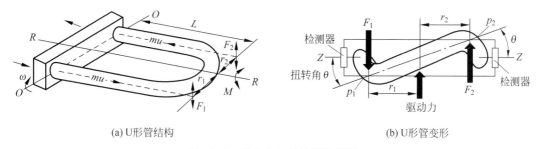

(a) U形管结构　　　　　　　　　　(b) U形管变形

图 12-37　科氏力流量计测量原理

设 U 形管内流体流速为 u,U 形管的振动可视为绕 O-O 为轴的瞬时转动,转动角速度为 ω;若流体质量为 m,则其上所作用的科氏力为

$$F = 2m\omega u \tag{12-61}$$

其中,ω 是按正弦规律变化的。U 形管所受扭力矩为

$$M = F_1 r_1 + F_2 r_2 = 2Fr = 4m\omega u r \tag{12-62}$$

其中，$F_1 = F_2 = F$，$r_1 = r_2 = r_3$ 为 U 形管跨度半径。

因为质量流量和流速可分别写为 $q_m = m/t$，$u = L/t$，t 为时间，则式(12-62)可写为

$$M = 4\omega r L q_m \tag{12-63}$$

设 U 形管的扭转弹性模量为 K_s，在扭力矩 M 的作用下，U 形管产生的扭转角为 θ，故有

$$M = K_s \theta \tag{12-64}$$

因此，由式(12-63)和式(12-64)可得

$$q_m = \frac{K_s \theta}{4\omega r L} \tag{12-65}$$

U 形管在振动过程中，θ 角是不断变化的，并在管端越过振动中心位置 Z-Z 时达到最大。若流量稳定，则此最大 θ 角是不变的。由于 θ 角的存在，两直管端 p_1、p_2 将不能同时越过中心位置 Z-Z，而存在时间差 Δt。由于 θ 角很小，设管端在振动中心位置时的振动速度为 u_p，则

$$\Delta t = \frac{2r\sin\theta}{u_p} = \frac{2r\theta}{\omega L} \tag{12-66}$$

从而

$$\theta = \frac{\omega L}{2r}\Delta t \tag{12-67}$$

将式(12-67)代入式(12-65)，得

$$q_m = \frac{K_s}{8r^2}\Delta t \tag{12-68}$$

对于确定的流量计，K_s 和 r 是已知的，故质量流量 q_m 与时间差 Δt 成正比。如图 12-37 所示，只要在振动中心位置 Z-Z 处安装两个光学或电磁学检测器，测出时间差 Δt 即可由式(12-68)求得质量流量。

(3) 科氏力质量流量计的特点

科氏力质量流量计能直接测得气体、液体和浆液的质量流量，也可以用于多相流测量，且不受被测介质物理参数的影响，测量精度较高；对流体流速分布不敏感，因而无前后直管段要求；可做多参数测量，如同期测量密度；流量范围度大，有些可高达(100∶1)~(150∶1)。

但是，科氏力质量流量计存在零点漂移，影响其精度的进一步提高；不能用于低密度介质和低压气体测量；不能用于较大管径；对外界振动干扰较为敏感，管道振动会影响其测量精度；压力损失较大；体积较大；价格昂贵。

习题 12

12-1　试述生产中流量测量的作用与意义。

12-2　测量瞬时流量和累积流量各有什么用途？

12-3　什么是牛顿流体？哪些流体属于牛顿流体？

12-4　流体在层流和紊流时的流动状态有何不同？对流量测量有何影响？

12-5 试述节流式流量计的测量原理。

12-6 什么是标准节流装置？它为什么在工业上被广泛采用？

12-7 理论上节流式流量计的压差应在什么位置测量？实际测量位置有什么变化？为什么？

12-8 原来测量水的节流式流量计，现在用来测量相同测量范围的油的流量，读数是否正确？为什么？

12-9 使用标准节流装置测流量时为什么要求测量管路在节流装置前后有一定的直管段长度？

12-10 容积式流量计的特点是什么？对测量管道的要求如何？

12-11 已知流体在管道内为层流流动状态，管道直径为 0.2m，用皮托管测出在距管道轴线 0.04m 处的流体流速为 1.4m/s，流体瞬时体积流量是多少？

12-12 根据涡轮流量计工作原理，分析其结构特点和使用要求。

12-13 已知涡轮流量计的流量系数为 $\zeta=25\,000$（脉冲数/立方米），现测得流量计输出信号频率为 300Hz，求流体的瞬时流量和 5min 内的累积流量。

12-14 流体振动式流量计的测量原理是什么？它主要有哪两种类型？各有什么特点？

12-15 测量涡街流量计的漩涡频率，可以使用哪些方法？

12-16 质量流量测量有哪些方法？

12-17 简述科里奥利质量流量计的工作原理及特点。

12-18 超声波流量计是如何检测流量的？如果流体温度变化，会对测量有影响吗？

12-19 用超声波多普勒法测量流体流量，对流体有何要求？

12-20 选用流量仪表时应考虑哪些问题？

第 13 章 火灾探测与测量
CHAPTER 13

火灾是常见的灾害之一,是一种时空上失去控制的燃烧现象,它直接危及人类的生命财产。随着经济的飞速发展,各种高层建筑群体和体育馆、剧院、博物馆、仓库、机场等高大空间不断涌现。在这些建筑物中,由于人口的密集、财产的集中和电气设备的复杂,消防安全问题就更为突出。火灾探测器是消防火灾自动报警系统中对现场进行探查、发现火灾的设备。在船舶上,火灾探测设备属于损害管制系统,火灾探测传感器是系统的"感觉器官",它的作用是监视环境中是否有火灾发生,一旦发生火情,就将火灾的特征物理量(如温度、烟雾、气体和辐射光强等)转换成电信号,并立即向火灾报警控制器发送报警信号。本章将介绍常用的火灾探测传感器和视频火灾探测系统。

13.1 火灾信号分类

火灾发生过程中,可以用来识别火灾的信息主要有固态高温产物、气态燃烧产物、火焰光谱、燃烧音等。

固态高温产物来自可燃物中的杂质,以及高温状态下可燃物热裂解所形成的物质。其形式为炽热微小颗粒、微粒群的集合,表现为火灾中的烟。大多数火灾发生时,首先出现的物理现象是产生烟雾,这是火灾发生的重要信息。由于烟雾具备质量的特征,因此能够携带燃烧时所产生的热量,这种热量又驱动烟并使之形成自然对流。

气态燃烧产物的主要成分为 H_2O、CO、CO_2、H_2 和 O_2,由于环境中湿度的影响,通常不把 H_2O 作为火灾探测参数。一般情况下,CO 和 CO_2 在空气中的含量极低,只有发生燃烧时才会产生大量的 CO 和 CO_2,从而使空气中这两种气体的含量急剧增加。所以,对这两种气体进行监测,将在很大程度上反映出环境中有无燃烧现象的产生。

火焰光谱主要由炽热微粒的光谱辐射和燃烧气体(主要是 H_2O、CO、CO_2)的特征辐射构成。前者的光谱形态可用普朗克辐射定律作近似数学描述;后者的光谱则呈现为带状,且为燃烧火焰所特有。以炽热微粒辐射信号进行火灾探测,若充分注意其光谱特征并加以利用,在某种程度上可识别环境中的相关干扰因素,提高探测的准确性。根据燃烧气体的特征辐射光谱进行火灾探测,虽然可以有效避免环境中大部分干扰因素的影响,但为了进一步消除相关干扰因素的影响,须利用火焰的闪烁特征。

燃烧过程中产生的高温会加热周围空气,使之膨胀,形成压力声波,其频率仅为数赫兹,这就是燃烧音,其传播速度为声速。这种超低频率的声音现象为物质燃烧所共有,且在这个频带范围内,日常杂音也很少,可以在很大程度上避免环境噪声对探测器造成的干扰。

火灾燃烧过程中其他有用的信息包括火焰辐射、火焰形状、火焰闪烁、火灾图像纹理、火灾图像颜色矩等。

13.2 火灾探测传感器

火灾探测技术的核心是火灾信号传感器。1890年,英国人研制出感温传感器,开创了历史上火灾探测技术的先河,实现了火灾防治研究从被动扑救到主动探测的转变,标志着现代火灾探测技术的诞生。之后,从瑞士第一只离子烟雾探测器研制以及最近光电烟雾探测器的应用,火灾探测技术随着现代科技而发展,人类研究出各种各样的火灾探测器,以适应不同应用场合或加强性能上的完善。

火灾探测传感器和火灾报警系统的性能优劣,主要可以从火灾报警的准确性和实时性两方面进行评价。反映火灾探测传感器探测有效性的主要指标有漏报率、误报率、保护范围、灵敏度、报警响应时间等。

1. 漏报率

漏报是指保护范围内发生火灾,而火灾报警系统不报警的情况,这是火灾自动报警系统及其产品不允许的,应严格禁止。漏报率是在出现火灾的实际情况下,报警系统却不产生报警信号数量的比例。

2. 误报率

误报是指实际上没发生火灾,而火灾报警装置发出了火灾报警。误报的严重程度用误报率来衡量,误报率越小越好。误报次数是火灾自动报警系统或系统内各组成部分在规定的使用条件和期限内发生误报警的次数,通常以百万小时的误报次数表示。误报率=误报次数/百万小时。

3. 保护范围

保护范围是指一只探测器警戒(监视)的有效范围。它是确定火灾自动报警系统中采用探测器数量的基本依据。不同种类的探测器,由于对火灾探测的方式不同,其保护范围的单位和衡量方法也不一样,一般分为以下两类。

1) 保护面积

保护面积是指一只火灾探测器的有效探测面积。点型的感烟、感温探测器都是以有效探测的地面面积来表示其保护范围,单位是 m^2,国标对此有统一规定。

2) 保护空间

保护空间是指一只火灾探测器有效探测的空间范围。感光探测器就是用视角和最大探测距离两个量确定其保护空间。探测器的保护空间目前尚无统一规定,由生产厂家确定。

4. 灵敏度

灵敏度是指火灾探测器响应火灾物理量(烟、温度、辐射光、可燃气体等)的敏感程度。不同类型的传感器的参数不同。

感温探测器的灵敏度可以是动作温度,又称为额定(标定)动作温度,是指定温探测器或差定温探测器中的定温部分发出报警信号的温度值;也可以是额定温升速率,是指差温探测器或差定温探测器的差温部分发出报警信号的温度上升的速率值,单位为℃/min。

感烟探测器的灵敏度是指其响应不同烟雾浓度的敏感程度。按国家消防部门的规定,感烟探测器的灵敏度用减光率来标定。由于技术水平的限制,目前灵敏度和误报率之间存在着一定矛盾,需要兼顾考虑。

5. 报警响应时间

报警响应时间是指从火灾发生到传感器或报警系统发出声光报警的时间,它包括了火灾判别信号的传输到显控设备的时间。在满足火灾识别准确性的前提下,报警响应时间越短越好。目前的部分产品对这个时间没有具体的限定,因为时间与环境因素有关,如点型感烟火灾探测器的响应时间取决于烟雾浓度等参数。

除以上指标外,火灾探测传感器和火灾报警设备还有工作环境适应性指标、可靠性指标、电磁兼容性指标等。

13.2.1 感烟探测器

在火灾初期,由于温度较低,物质多处于阻燃阶段,所以产生大量烟雾。烟雾是火灾早期的重要特征之一,烟雾传感器是能对可见的或不可见的烟雾粒子响应的火灾探测器。它是将探测部位烟雾浓度的变化转换为电信号实现报警目的一种器件。它响应速度快,能及早地发现火情,是使用量最大的一种火灾探测器。

按照工作原理的不同感烟探测器可分为离子式烟雾传感器和光电式烟雾传感器。

1. 离子式烟雾传感器

1) 工作原理

如图 13-1 所示,放射源放射微量的 α 射线,使空气电离,在电离室内的正、负极板间产生离子电流。当包含较大微粒的烟雾进入电离室后,在烟雾微粒的作用下,离子电流减弱。由于离子电流的强弱对应于烟雾浓度的高低,故可检测出被测点的烟雾浓度。

使离子电流减弱的原因有以下两种。

(1) 当含有烟雾的气体进入电离室后,烟雾的微粒吸附了部分带电离子,使产生的离子电流值有所下降。

(2) 烟雾会吸收部分 α 射线,从而使电离电源被削弱,使产生的离子数量有所下降。

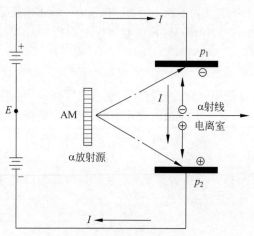

图 13-1 电离室工作原理

基于上述两种原因,当烟雾出现时,会大大降低离子电流强度,离子电流强度的大小反映火源探测点的烟雾浓度,这就是烟雾检测火源烟雾浓度的基本工作原理。

2) 输出特性

补偿电离室是一个封闭的气室,它用作补偿烟雾以外因素的影响所产生的误差,如图 13-2 中曲线 3 所示;测定用的电离室特性变化如曲线 1 和曲线 2 所示。

当电离室未与烟雾接触时,电离室的工作特性曲线 1 和曲线 3 按同一规律变化。烟雾进入测定电离室后,由于烟雾对离子电流的影响,使电流值由 I_1 降至 I_1',此时,电离室的工作特性为曲线 2。其中,I 为电离电流,V 为电压。可以看出,正常情况下,探测器两端的外加电压 V_0 等于补偿电压 V_1 与检测电压 V_2 之和,即 $V_0=V_1+V_2$。当有火灾发生时,烟雾进入检测室后,电离电流从 I_1 减小到 I_1',也就是相当于检测室阻抗的增加,此时,检测室两端的电压从 V_2 增加 V_2',增加的电压值为 $V_2'-V_2$。

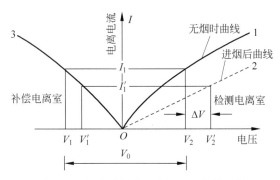

图 13-2　离子式烟雾传感器输出特性曲线

离子式烟雾传感器电压输出特性曲线如图 13-3 所示。当不含烟雾的气体进入气室时,因为两个离子室离子电流相等,阻抗相等,所以输出电压稳定在 4.5V 左右。当烟雾气体进入测定室后,随着烟雾浓度的增高,离子电流不断减小,使输出电压失去平衡,从 4.5V 下降。

当烟雾浓度为 Ⅰ 级(烟雾作用使照度每米降低 5%)时,输出电压从 4.5V 降到 2.5V;Ⅱ 级时,降至 1.5V 以下;Ⅲ 级降至 0.5V。由此可见,在烟雾的作用下,输出电压的变化应为 4V 左右。其输出电压信号变化范围较大,在此变化范围内(烟雾从 Ⅰ 级到 Ⅲ 级)的离子电流变化却十分微弱(10^{-11} A 左右),所以,烟雾传感器的输出采用电压信号。

输出电压信号的范围虽然较大,但因传感器输出阻抗较高,为 $10^{11}\sim10^{12}\Omega$,所以使用一般仪表(如万用表、数字电压表等)的输入阻抗只有 $10^4\sim10^6\Omega$ 仍无法直接分辨其读数值,为此,在传感器上又加上一个阻抗变换单元。

经阻抗变换后,信号阻抗由 $10^{11}\sim10^{12}\Omega$ 下降到 $10^3\Omega$,再把这一较低阻抗信号送入集成电路块。由于阻抗经过变换后下降,增强了电路的抗干扰能力,阻抗变换电路又叫作高阻放大器,如图 13-4 所示。

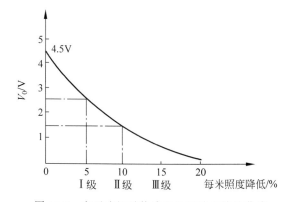

图 13-3　离子式烟雾传感器电压输出特性曲线

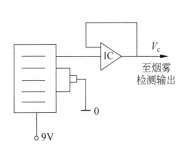

图 13-4　阻抗变换电路

3) 整机电路

离子式烟雾传感器整机电路如图 13-5 所示，其基本工作过程如下。

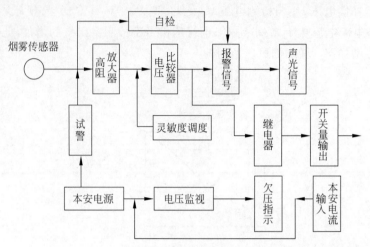

图 13-5　离子式烟雾传感器整机电路原理框图

烟雾传感器输出的电压信号经高阻放大器放大后，送入电压比较器，输出报警信号实现声光报警；另一路经继电器输出一开关量控制信号，接到外控设备。

整机自检单元每隔 45s 自动接通一次，绿灯随之闪烁，证明电路正常工作。

试警电路配有试验按钮，随时可检查一起的工作状况。

机内设置电源（GNY-0.5A·h×8 节）和外电源，只使用内电源时，一次充足电可连续工作一个月以上，功耗较低。

声信号采用 35mm 压电蜂鸣器，增加反馈功能后，音响信号强度可达 90dB 以上。

4) 电气元件工作原理

（1）高阻放大器采用场效应管实现放大，在无烟雾时输出 4.5V 电压信号，随着烟雾浓度的增大，输出电压信号按图 13-3 所示曲线所示下降。

（2）电压比较器采用 LM324 运算放大器，调节灵敏度开关可以设定电压门限。将从传感器来的电压信号与设定电压门限比较，当设定电压高于输入电压时（即有烟雾时）电压比较器翻转，继电器吸合，输出开关量信号。

（3）开关量元件为无电位常开接点，可接在各种微机环境监测系统（如 kJ-1、kJ-2 等）的本安型控制网络中，也可外接其他本安型负载，如本安型声光箱等。

（4）报警电路采用 CD4011 集成电路，它可输出两组方波，一组为 1Hz 信号，另一组为高频信号。1Hz 方波用来驱动报警灯，并调制高频信号，使蜂鸣器发出断续报警声。

5) KYB-1 型离子式烟雾传感器主要技术指标

（1）防爆型式：本质安全型。

（2）检测灵敏度：Ⅰ～Ⅲ级可调，并用减光计测试烟雾浓度。

- Ⅰ级：在烟雾作用下，每米照度下降 5％；
- Ⅱ级：在烟雾作用下，每米照度下降 10％；
- Ⅲ级：在烟雾作用下，每米照度下降 15％。

（3）报警点设定范围：Ⅰ～Ⅲ级。

(4) 报警方式：持续声光。

(5) 报警音响：大于 80dB。

(6) 使用条件：温度 0～40℃；湿度 98%RH（相对湿度）以下；海拔±1000m。

(7) 仪器电源。

- 内电源：GNY-0.5A·h×8 节，额定电压 9.6V，最大短路电流 2.5A；
- 外接电源：本安电源 9～24V，电流 10mA；
- 工作时间：内电源一次充电可连续工作一个月（720h）；
- 输出：开关量的接点容量不小于 36V/0.5A。

(8) 外形尺寸及重量：180mm×90mm×60mm，1200g。

6) KYB-1 型离子式烟雾传感器的使用

仪器在井下定点悬挂使用，应选择距离易产生火灾事故的场所或回风巷道中接装，最好选择在作业人员能够听见声响和看见信号的地方。

仪器在出厂时的灵敏度旋钮已设定在 I 级位置上。

(1) 仪器性能检测

在仪器的右侧接装了一个如图 13-6 所示的压板。仪器出厂时，开关处于关断位置。使用前，先将压板取下，将开关拨至接通位置，观察仪器上方两只绿色发光管是否闪亮，若闪亮，则说明性能正常；否则应先充电。性能检验分两步进行，首先按下按键，如果立刻发出声光报警，说明性能正常；然后，取少量烟雾通入下方传感器内，仪器能进行声光报警，说明性能合格，可下井安装。

(2) 充电方法

首次使用前应充足电，使用一个月应充一次电，充电一律在地面进行。

将充电器插销插入仪器的充电插座后，接通电源，按标准时间充电 14～16h，但不得超过 16h。

(3) 仪器的连接

仪器上方有一供外接电源接入和信号输出的共同插座。如图 13-7 所示，1、2 为外接电源的正、负端，3、4 为开关输出端子。

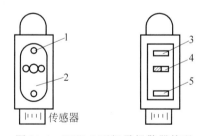

图 13-6 KYB-1 型烟雾报警器外观
1—螺钉；2—压板；3—按键；4—开关；5—充电插座

图 13-7 仪器连接图

(4) 使用注意事项

安装完毕的仪器在正常工作时，其报警灯内绿色发光二极管每隔 30～40s 闪烁一次。仪器自动故障检测，说明仪器性能正常。

每周应有专人负责从地面取烟雾气样，检测仪器的报警灵敏度。

仪器在井下安装应避免巷道内的淋水直接滴向仪器,也尽可能保持仪器外部清洁。严禁在井下拆卸仪器或更换电池。

2. 光电式烟雾传感器

光电烟雾报警器内有一个光学检测室,安装有红外对管,无烟时红外接收管接收不到红外发射管发出的红外光,当烟尘进入光学检测室时,通过折射和反射,接收管接收到红外光,智能报警电路判断是否超过阈值,如果超过则发出警报。光电式烟雾传感器可分为散射光式和减光式。

1) 散射光式光电烟雾传感器

如图13-8所示,该传感器的检测室内装有发光元件和受光元件。在正常情况下,受光元件接收不到发光元件发出的光,因而不产生光电流。在发生火灾时,当烟雾进入检测室时,由于烟粒子的作用,使发光元件发射的光产生漫射,这种漫射光被受光元件接收,使受光元件的阻抗发生变化,产生光电流,从而实现了烟雾信号转变为电信号的功能,探测器收到信号后判断是否需要发出报警信号。

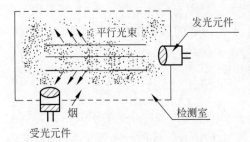

图 13-8 散射光式光电烟雾传感器

2) 减光式光电烟雾传感器

如图13-9所示,该探测器的检测室内装有发光元件及受光元件。在正常情况下,受光元件接收到发光元件发出的一定光量;而在有烟雾时,发光元件的发射光到受到烟雾的遮挡,使受光元件接收的光量减少,光电流降低,探测器发出报警信号。

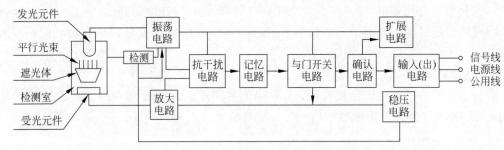

图 13-9 减光式光电烟雾传感器

传感器电路由发光元件、受光元件和遮光体组成的检测室、检测电路、振荡电路、信号放大电路、抗干扰电路、记忆电路、与门开关电路、确认电路、扩展电路和稳压电路等组成。

(1) 发光元件和受光元件

发光元件为大电流发光效率高的红外发光二极管;受光元件大多数采用半导体硅光电池。

(2) 振荡电路的作用

为了延长光学元件的寿命,特别是发光元件,一般不采用直流方案,而采用交流方案,即发光元件发光时间缩短,间歇时间增长,同时又不影响探测器工作,振荡电路就是为此而设置的。

发光元件串接于振荡电路中,当电路起振时,发光元件发出周期性的脉冲光束。一般脉冲宽度在100ms左右,脉冲幅度可根据需要进行调整;而脉冲间隔时间一般在5s左右,这样就可使发光元件的有效工作时间大大增加。

(3) 信号放大电路

检测室进烟以后,发光元件发出的平行光束发生散射,使受光元件接收到光,阻抗降低,光电流增加,信号经放大电路后输出。

(4) 抗干扰电路

抗干扰电路是为了保证受光元件长期、稳定、可靠地工作,不受其他光(非火灾信号)的干扰。因此,抗干扰电路作为一个独立单元,全部装在一个屏蔽盒内,避免了各种因素的干扰,提高了探测器的可靠性。

(5) 记忆电路

当探测器发出火灾报警信号以后,要求此信号能长期保持,即使是烟雾浓度降低或消失,火警信号也不能自动消失,记忆电路就起这种作用。当火灾发生的时间、地点确认以后,认为火警信号不必存在时,可由人工复原,将火警信号清除。记忆电路是火灾探测器的一个重要电路单元,是不能忽视的,规范上也有明确要求。

(6) 与门开关电路

为了提高探测器的可靠性,更有效地探测火灾,减少误报警,设置与门开关电路是非常必要的。振荡电路不仅为发光元件提供电源,同时也周期性地为与门开关电路提供信号。但是,在正常监视状态下,受光元件接收不到光,因此无信号输出,与门开关电路处于截止状态,探测器也就无火警信号输出。当探测器检测室内进烟后,由于烟颗粒的作用,使发光元件发出的平行光束发生散射,此时受光元件接收到一定的光量,因此有信号输出,此信号与振荡器送来的周期脉冲信号复合后,开关电路导通,探测器发出火警信号。

(7) 确认电路

为了在现场判定探测器是否动作,现代火灾探测器上均设置确认电路。即当探测器工作以后,确认电路工作,点亮确认灯,在现场即可清楚地看到灯光,表明探测器工作,不需要到报警器上去查看,同时也为调试开通整个系统带来方便。

3) 缺陷

(1) 漏报:因粉尘进入主光电室吸附在发光、受光元件上,造成遮光而发生漏报,需要经常清扫。

(2) 非火灾误报:在以下情况下易发生非火灾误报。

- 受到 5000lx 以上的强光或闪光照射;
- 电气噪声、冲击电压、雷达电波干扰时;
- 环境浮游粉尘、小虫进入后产生散射光以及环境温湿度变化、结露或喷雾时。光电式烟雾传感器对粒径为 $0.1 \sim 50 \mu m$ 的烟雾敏感,因此受矿山浮游粉尘的干扰很大,易产生非火灾误报,影响检测的可靠性。

4) 发展趋势

(1) 增大受光体积,改变主光电室的发光、受光部及透镜形状;增加散射光的照射角度,从圆光到锥光,再到扇光方式;提高散射光的输出特性,使总的输出信号增大。

(2) 增设并改进防虫网、防尘迷宫等抗干扰结构。

5) 产品及技术指标

以 SYSTEM SENSOR 100 系列普通型光电式烟雾传感器 JTY-GD-2151 为例,其特点

图 13-10　JTY-GD-2151 普通型光电式烟雾传感器

和技术指标如下,外观如图 13-10 所示。

(1) 静态电流小;

(2) 双发光二极管显示,360°可见;

(3) 密封结构可防尘、昆虫等干扰;

(4) 系统供电电压：DC12/24V;

(5) 静态额定值：电压 DC8.5~35V,电流≤120μA。

6) 两种传感器的比较

离子式烟雾传感器对微小的烟雾粒子的感应要灵敏一些,对各种烟能均衡响应;而光电式烟雾传感器对稍大的烟雾粒子的感应较灵敏,对灰烟、黑烟响应差些。当发生熊熊大火时,空气中烟雾的微小粒子较多;而焖烧的时候,空气中稍大的烟雾粒子会多一些。如果火灾发生后,产生了大量的微小烟雾粒子,离子式烟雾传感器会比光电式烟雾传感器先报警。这两种烟雾传感器报警时间间隔不大,但是这类火灾蔓延极快,易发生此类火灾的场所,建议安装离子式烟雾传感器。闷烧火灾发生后,产生了大量的稍大的烟雾粒子,光电式烟雾传感器会比离子式烟雾传感器先报警,易发生此类火灾的场所,建议安装光电式烟雾传感器。

13.2.2　感温探测器

火灾探测过程中,温度信号是十分重要的特征,温度值和温度变化量都可以作为火灾探测的依据。例如,当温度信号上升率超过一定范围时,说明温度发生了突变,这是火灾产生的高热引起的。最有效的变化率计算方法是采用微分,即

$$y(t) = \frac{dx(t)}{dt}, \quad D[y(t)] = \begin{cases} 1, & y(t) > S \\ 0, & y(t) \leqslant S \end{cases}$$

实际应用中,$x(t)$ 的微分运算通常用有限时间间隔内相应的信号变化值进行计算,即

$$y(t) = \frac{\Delta X(t)}{\Delta t} = \frac{X(t_2) - X(t_1)}{t_2 - t_1}, \quad t_2 > t_1$$

其中,Δt 为用于计算信号变化率的时间间隔,一般取信号的采样时间间隔。根据传感器输出值计算出信号变化率 $y(t)$ 与预先设定的阈值 S 进行比较,从而作出是否发生火灾的判断。也可以使用信号的平均和延时处理手段来提高探测的可靠性和抗干扰能力。

感温探测器的核心是半导体温度传感器,也可以与感烟探测器一起构成多元复合探测器。

1. 热敏电阻温度传感器

1) 定温式热敏电阻探测器

图 13-11 所示为定温式热敏电阻探测器,其敏感元件为半导体热敏电阻,对于定温式感温探测器,热敏电阻为临界热敏电阻 CTR,这种电阻在室温下具有较高的阻值(可达 1MΩ 以上)。随着环境温度的升高,阻值缓慢下降,当到达设定的温度时,临界电阻的阻值会迅速降至几十欧姆,从而完成从高阻态向低阻态的转变,使信号电流迅速增大。当电流达到或超过临界阈值时,双稳态电路发生翻转,翻转后的低电位信号经地址译码开关送至控制器,控制器发出报警信号。由于热敏电阻在正常情况下具有高阻值,并且随着环境温度的变化,阻值变化不大,因此,这种探测器的可靠性高。

(a) 结构

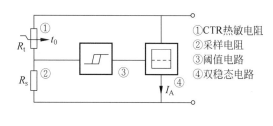
(b) 电路原理

① CTR热敏电阻
② 采样电阻
③ 阈值电路
④ 双稳态电路

图 13-11　定温式热敏电阻探测器

2）差定温式热敏电阻探测器

图 13-12 所示为半导体差定温式热敏电阻探测器，差定温式热敏电阻探测器采用两只 NTC 热敏电阻，其中取样电阻 R_M 位于监视区域的空气环境中，参考电阻 R_R 密封在探测器内部。当外界温度缓慢升高时，R_M 和 R_R 均有响应，R_R 作为 R_M 的温度补偿元件，当温度达到临界温度后，由于 R_M 和 R_R 的电阻值都变得很小，R_A 和 R_R 串联后，R_R 的影响力可以忽略，这样 R_A 和 R_M 就构成了定温式感温探测器。当外界温度急剧升高时，由于暴露在空气环境中的 R_M 阻值迅速下降，而密封在探测器内部的 R_R 的阻值变化缓慢，那么 R_A 和 R_R 串联后，再与 R_M 分压，当分压值达到或超过阈值电路的阈值电压时，阈值电路的输出信号促使双稳态电路翻转，双稳态电路输出低电位经传输线传至报警控制器，由报警控制器发出火灾报警信号。这就是差定温式热阻电阻探测器的工作原理。由于这种感温探测器同时具有定温探测器和差温探测器的特性，因此称为差定温式感温探测器。

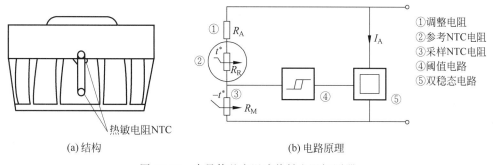

① 调整电阻
② 参考NTC电阻
③ 采样NTC电阻
④ 阈值电路
⑤ 双稳态电路

(a) 结构　　　　(b) 电路原理

图 13-12　半导体差定温式热敏电阻探测器

2. PN 结型温度传感器

早期火灾报警用的温度传感器，主要以热敏电阻器为主，然而由于热敏电阻器的电阻-温度特性呈非线性，长期稳定性差，互换性不好，价格高，给使用带来了许多不便。PN 结型温度传感器的电压与温度呈良好的线性关系，互换性好，性能长期稳定，体积小，响应快，具有单向导电特性，价格低。

1）温敏二极管

由 PN 结理论可知，理想二极管的正向电流 I_f 和正向压降 V_f 与温度 T 之间的关系为

$$I_f = I_0 \exp\left(\frac{qV_f}{kT}\right) \tag{13-1}$$

其中，I_0 为 PN 结反向饱和电流；q 为电子的电荷量；k 为玻尔兹曼常数；T 为绝对温度。

又因反向饱和电流为 $I_0 = AT^\eta \exp\left(\dfrac{-qV_{g0}}{kT}\right)$，将该式代入式(13-1)，可以得到电压降与温度之间的关系为

$$V_f = V_{g0} - \frac{kT}{q}(\ln A + \eta \ln T - \ln I_f) \tag{13-2}$$

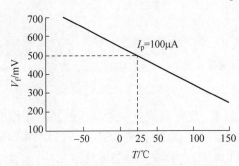

图 13-13　2DWM1 型硅温敏二极管的 V_f-T 特性曲线

其中，V_{g0} 为与 PN 结材料在零绝对温度时的禁带宽度对应的电压值；A 为发射结面积；η 为与材料和工艺相关的常数。

式(13-2)表明，当电流保持不变时，PN 结的 V_f 随温度 T 的上升而下降，近似线性关系。图 13-13 所示为 2DWM1 型硅温敏二极管的 V_f-T 曲线。在恒流情况下，温度每升高 1℃，正向电压约下降 2mV，其线性关系非常好。

以 S700 二极管温度传感器为例，给出了 S700 的工作电路，通常将 S700 串联一个限流大电阻后接入恒压源，限流大电阻可保证电流基本稳定。图 13-14 所示为 S700 在不同工作电压下的 V_f-T 特性曲线，由此可见 V_f 与 T 之间是线性关系。S700 二极管温度传感器工作电路如图 13-15 所示。

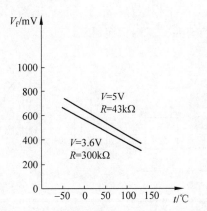

图 13-14　S700 二极管不同工作电压下 V_f-T 特性曲线

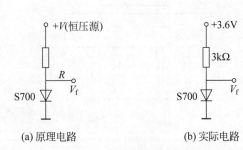

(a) 原理电路　　(b) 实际电路

图 13-15　S700 二极管温度传感器工作电路

要保证测温精度，就要保证恒压源的精度，恒压源电压波动对测温精度影响可表示为

$$\Delta t = \frac{K\Delta V(275.15 + t)}{S(V - V_f)}$$

其中，Δt（单位为℃）为温度误差；K 为二极管的特性常数；ΔV 为恒压源电压波动值；S 为灵敏度；V 为恒压源电压；V_f 为某一温度下的正向电压。温度误差主要与 V 和 ΔV 有关，ΔV 越小，Δt 越小；在一定的 ΔV 下，V 越大，Δt 越小。

2）温敏三极管

温敏三极管在集电极电流恒定条件下，其发射结上的正向电压随温度上升而近似线性下降，这种温度特性与二极管相似，但实际上二极管正向电流除扩散电流以外，还包括空间电荷区中的复合电流和表面电流，后两种电流使二极管电压温度特性不能呈现理想的线性

关系。而虽然三极管发射极电流同样包括上述 3 部分，但是只有扩散电流能够到达集电极，后两种电流作为基极电流漏掉，使三极管表现出比二极管更好的线性和互换性。

NPN 三极管的基极-发射极电压 V_{be} 与温度 T 之间的关系为

$$V_{be} = V_{g0} - \frac{kT}{q} \ln(AT^{\eta}/I_c) \qquad (13-3)$$

其中，I_c 为三极管集电极电流，当 I_c 一定且 T 不太高时，V_{be} 与温度基本呈线性关系。

图 13-16 所示为温敏三极管感温传感元件电路及输出特性曲线。

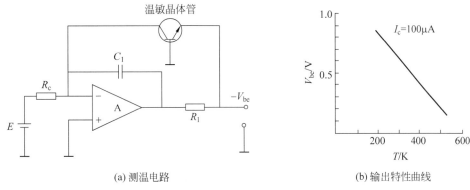

(a) 测温电路　　　　　　　　　　(b) 输出特性曲线

图 13-16　温敏三极管感温传感元件电路及输出特性曲线

3）集成温度传感器

目前的半导体 PN 结型感温传感器大都采用集成形式，即利用半导体 PN 结的电流和电压特性与温度的关系，把敏感元件、放大电路和补偿等部分集成化，并把它们装封在同一壳体内，除具有体积小、反应快的优点外，且线性好、性能高、抗干扰能力强，对于火灾探测，尤其是一些特殊场所的早期火灾探测具有很大的实际应用价值。

传统意义上的集成温度传感器主要包括电压型集成温度传感器和电流型集成温度传感器。前者是指输出电压与温度成正比的温度传感器，后者是指输出电流与温度成正比的温度传感器。

近年来，随着集成电路的迅猛发展，出现了高度集成的数字式温度传感器。数字式温度传感器将 PN 结型感温元件以及信号放大电路、采样电路和 A/D 转换电路进行集成，可直接将传感器模拟信号转换为数字信号并以总线方式传送到计算机、微处理器或数字信号处理器进行数据处理，组成数字式感温探测网络系统。常见的数字式温度传感器有 DS1820、AD7416、MAX6575 等。

美国 DALLAS 公司近年来研制生产的单线数字式 DS18B20 型温度传感器是 D518B20 的更新产品。D518B20 温度传感器具有以下特点。

（1）体积小，单线接口，所有传感器通过一根信号线与 CPU 连接。

（2）传送串行数据，不需要外部元件。

（3）不需要备份电源，可用数据线供电。

（4）温度测量范围为 −50～125℃，−10～85℃时测量精度为 ±0.5℃。

（5）通过编程可实现 9～12 位的数字值读数方式，在 93.75ms 和 750ms 内将温度值转换为 9 位和 12 位的数字量。

3. 机械式火灾探测器

1) 双金属型定温火灾探测器

图 13-17 所示为一种双金属型定温火灾探测器的基本结构。它是在一个不锈钢圆筒形外壳内固定两片磷铜合金片,磷铜合金片两端有绝缘套,在磷铜合金片中段部位装有一对金属触头,每个触头各由一根导线引出接入处理电路。

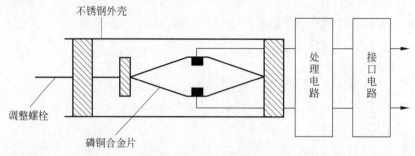

图 13-17　双金属型定温火灾探测器(1)基本结构

当火灾发生时,环境温度升高,由于不锈钢的热膨胀系数大于磷铜合金,因此在受热后,磷铜合金片被拉伸,两个金属触头逐渐靠拢。当温度达到标定值时,触头闭合,处理电路接通,经过分析运算,即可由接口电路发出火灾报警信号,如图 13-18 所示。

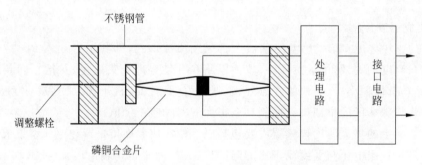

图 13-18　双金属型定温火灾探测器(1)报警状态示意

两片磷铜合金片的一端固定处有调整螺栓,可以用来调整它们之间的距离,以改变报警温度值,一般可在标定的 40~250℃进行调整,但只能由制造厂家在专用设备上经精密测试后加以标定,用户不得自行调整,只能按标定值选用。

图 13-19 所示为另一种双金属型定温火灾探测器的基本结构。它是由热膨胀系数不同的两片金属片(一片不锈钢片和一片磷铜合金片)和绝缘底座组成的。两片金属片的两端分别焊接在一起,其中一端固定在绝缘底座上,另一端以及绝缘底座上分别安装一个金属触头,每个触头各由一根导线引出接入处理电路。

当火灾发生时,环境温度升高,由于不锈钢的热膨胀系数大于磷铜合金,因此在受热后,双金属片会逐渐向下弯曲。当温度达到标定值时,触头闭合,处理电路接通,经过分析运算,即可由接口电路发出火灾报警信号,如图 13-20 所示。

需要说明的是,无论哪种双金属型定温火灾探测器,在环境温度恢复正常后,其双金属片又可以复原,因此该火灾探测器可长时间重复使用,故又将其称为可恢复型双金属定温火灾探测器。

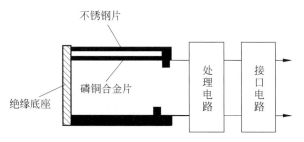

图 13-19　双金属型定温火灾探测器(2)基本结构

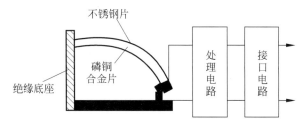

图 13-20　双金属型定温火灾探测器(2)报警状态示意

双金属型定温火灾探测器既适用于一般场合,又适用于厨房、锅炉房等室内温度较高且经常有变化的场所。此外,双金属型定温火灾探测器在产品规格上还可做成防爆型(一般为圆筒形),特别适用于含有甲烷、一氧化碳、水煤气、汽油蒸气等易燃易爆物质的场所。

2) 膜盒型差温火灾探测器

膜盒型差温火灾探测器的基本结构如图 13-21 所示,它的外壳与底座构成了一个密闭的感热室,只有一个很小的漏气孔能与大气相通,感热室内波纹膜片上的动触头与底座上的定触头分别通过一根导线接入处理电路。

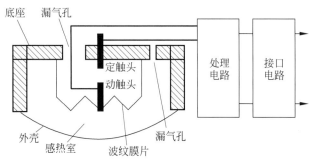

图 13-21　膜盒型差温火灾探测器基本结构

当环境温度缓慢升高时,感热室内外的空气可通过漏气孔进行调节,从而保证感热室内外的空气压力保持平衡,波纹膜片上的动触头不会发生移动。

当火灾发生时,环境温度急剧上升,感热室内的空气由于急剧受热膨胀来不及从漏气孔向外排出,导致感热室内外空气压力差增大,使波纹膜片鼓起,波纹膜片上的动触头和底座上的定触头接触,接通处理电路,经过分析运算,即可由接口电路发出火灾报警信号。这种火灾探测器灵敏度高,可靠性好,不受气候变化影响,应用十分广泛。

3) 空气管差温火灾探测器

空气管差温火灾探测器的基本结构如图 13-22 所示,它由空气管(安装于要保护的场所)、动触头、定触头和电路部分(安装在保护现场或保护现场之外)组成,动触头和定触头分别通过一根导线接入处理电路。

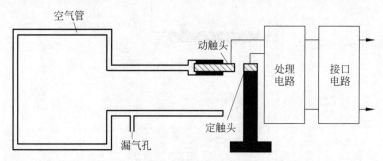

图 13-22 空气管差温火灾探测器的基本结构

当环境温度缓慢升高时,空气管中受热膨胀的气体能够及时从漏气孔中排出,空气管内外空气压力相差不大,动触头不会发生位移。

当火灾发生时,环境温度急剧上升,空气管内的空气受热急速膨胀,漏气孔无法及时将空气排出,空气管内外空气压力差增大,导致动触头发生位移,使其与定触头接触,接通处理电路,经过分析运算,即可由接口电路发出火灾报警信号。

4. 光纤温度传感器

按光纤调制原理的不同,光纤温度传感器分为非相干型和相干型。非相干型又可分为辐射式温度传感器、半导体吸收式温度传感器和荧光温度传感器;相干型可分为偏振干涉传感器、相位干涉传感器和分布温度传感器。其中,半导体吸收式光纤温度传感器在火灾预警中有所应用。

1) 半导体吸收式光纤温度传感器

它是一种传光型光纤温度传感器,主要由光源、入射和出射光纤、探头(即调制器)、光电转换器和输出显示等部分构成。原理如图 13-23 所示,其探头就是利用半导体材料的吸收光谱随温度的变化特性实现的。当温度为 20~972K 时,半导体的禁带宽度能量 E_g 与温度 T 的关系为

$$E_g(T) = E_g(0) - \gamma T^2/(T+\beta) \tag{13-4}$$

其中,β 和 γ 为材料相关的常数;$E_g(0)$ 为 0K 时的禁带宽度能量。

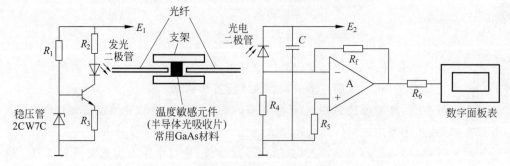

图 13-23 半导体吸收式光纤温度传感器原理

半导体的吸收系数可以表示为

$$\alpha(T) = \alpha_0 [hv - E_g(T)]^{1/2}, \quad hv > E_g(T) \tag{13-5}$$

其中，α_0 为与材料相关的常数；v 为光子频率；h 为普朗克常数。

根据 Beer-Lambert 吸收定律，光透过厚度 l 的半导体的光强 I 为

$$I(T) = I_0(1-R)\exp[-\alpha(T)l]$$

其中，R 为反射率。

综上所述，光强 I 与温度 T 的关系为

$$I(T) = I_0(1-R)\exp\left[-\alpha_0 l \sqrt{hv - E_g(0) - \frac{\gamma T^2}{T+\beta}}\right] \tag{13-6}$$

由式(13-6)可知，出射光强度与温度呈单一的非线性对应关系。在入射光强度一定的情况下，检测到出射光强，即可确定相对应的温度。该光纤温度传感器的测量精度可以达到 ±1℃，且大多数在 ±0.5℃ 之内。

2) 光纤光栅温度传感器

图 13-24 所示为光纤光栅结构原理，当宽带光经光纤传输到光栅处时，光栅将有选择地反射回一窄带光。光纤光栅是光纤纤芯折射率受到永久的周期性微扰而形成的一种光纤无源器件，一般采用特殊的紫外光照射工艺，对光纤纤芯进行照射，入射光子和纤芯内锗离子相互作用引起光纤折射率的永久性变化，从而在纤芯内形成空间相位光栅，其作用实质上是在纤芯内形成一个窄带的(透射或反射)滤波器。

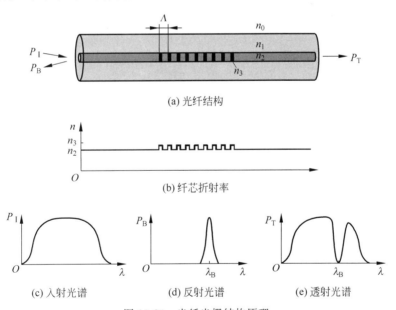

图 13-24 光纤光栅结构原理

图 13-25 所示为光纤光栅的反射原理，其等效于激光器的多层介质膜反射镜，散射光与光栅周期同相位，则在光纤光栅中反向反射。在光栅不受外界影响(拉伸、压缩或挤压)，环境温度等恒定时，该窄带光中心波长为一固定值；而当环境温度或被测接触物体温度发生变化，或光栅受到外力影响时，光栅栅距 Λ 将发生变化(同时光栅处纤芯折射率 n_{eff} 也会发生相应变化)，反射的窄带光中心波长 λ_B 将随之发生改变，这样就可以通过检测反射的窄带

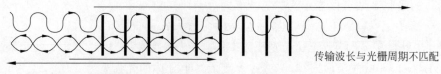

图 13-25　光纤光栅的反射原理

光中心波长的变化值 Δλ 测量到光栅处的有关物理量的变化,如图 13-26 所示。利用光栅的这一特性可构成许多性能独特的光纤无源器件,可以制成用于检测应力、应变、温度等参数的光纤传感器和各种传感网络。

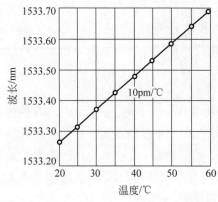

图 13-26　光纤光栅波长与温度的特性曲线

光纤光栅反射波长满足布拉格方程,可表示为

$$\lambda_B = 2n_{eff}\Lambda \tag{13-7}$$

其中,λ_B 为布拉格耦合(中心)波长;n_{eff} 为光纤有效折射率;Λ 为光纤光栅栅格间距。

温度变化会使 Λ 和 n_{eff} 发生变化,此时反射光波长 λ_B 也会发生相应的变化,它们之间具有良好的线性和重复性。当温度变化 ΔT 时,将引起布拉格波长 λ_B 变化 $\Delta\lambda$,可表示为

$$\Delta\lambda/\lambda_B = (\alpha - \zeta)\Delta T \tag{13-8}$$

其中,α 为光纤热胀系数,$\alpha = 0.55 \times 10^{-6}$;$\zeta$ 为光纤的热光系数,$\zeta = 8.3 \times 10^{-6}$。

通过检测 λ_B 的变化值 $\Delta\lambda$,即可实现对保护区域的温度检测。系统工作时(见图 13-27),由宽带光源发出的光通过光分路器经光纤传输到现场测量光栅,测量光栅会有选择性地反射一窄带光,反射光经光分路器进入信号处理器,由信号处理器输出温度测量值并与设定值进行比较、判断后,输出有无火警的信号。这样,在一条光纤上串接多个不同 λ_B 的光纤光栅传感器,就可以实现一条光纤上的多点测量。如果同时采用多个探测通道,就可以实现大型的光纤传感网络。

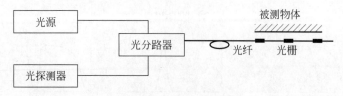

图 13-27　光纤光栅测温原理

光纤具有绝缘、防爆和防腐蚀等优点,并且响应时间短,抗电磁干扰能力强,所以目前在监测电力设备和电线电缆温度方面有一定的研究应用。

13.3　视频火灾探测

传统的火灾探测传感器往往采取通过探测不同的点进而扩展至整个面的方式,火灾发生时,温度的升高与烟雾浓度的扩散具有一定的延时性。当所安装的探测器距离火源较远

时,探测时间也较长。此外,烟雾传感器对环境中的灰尘、通风口气流等比较敏感,特别是单一判据烟雾传感器,误报率较高。对于仓库、机库、体育馆、博物馆等大空间,需要进行火灾探测的地方尤其多,由于每个感烟、感温探测器的探测范围有限,大空间内需要安装的探测器数量庞大,会占用大量的有效空间,各种探测器安装高度有不同的要求,给探测器的安装和维护增加了很大难度。

随着计算机图像处理技术和模式识别方法等理论的发展和应用,火灾探测技术呈现智能化的发展趋势。火灾探测技术进入了通过大空间激光、图像探测或主动吸入空气进行分析来实现火灾的及时准确探测的时代。各大公司和科研机构的各类火灾探测器相继问世,并在不断改进,越来越多的火灾探测系统利用图像传感器获得的图像信息进行火灾探测,其中视频火灾探测系统由于其探测范围广、兼具视频监控功能,在降低对灰尘、易挥发气体等误报方面较传统探测方法具有一定的优势。视频信号的信息量丰富,只要识别算法设计得好,火灾探测的准确性和实时性都能有很大提高。

13.3.1 视频火灾探测原理

视频火灾探测所用的传感器可以是普通彩色电荷耦合元件(CCD)摄像头,也可以采用红外摄像头,或者普通彩色摄像头与红外摄像头相结合。探测过程中,摄像头类似人的眼睛,计算机识别算法类似人的大脑。采用摄像头进行火灾探测与识别,一般先提取感兴趣目标区域,再利用火灾图像的颜色、形状、纹理、温度等静态特征以及闪烁特性、相似度、质心运动、面积变化、温度变化等动态特征的联合信息,通过图像识别算法对感兴趣目标区域进行判别,继而实现火灾的准确探测。

1. 视频火灾探测系统架构

1) 硬件架构

从视频信号采集、传输到处理判别、显示的硬件架构上看,可以采用两种方式。第1种方式为集中式图像处理系统,即将所有摄像头采集的信号通过以太网送至集中监控台中的计算机系统集中进行运算进行火灾识别和监测画面显示,如图13-28所示。

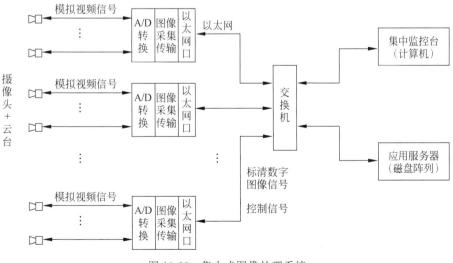

图13-28 集中式图像处理系统

图 13-28 中的摄像头输出信号为模拟视频信号,也可以采用高清数字输出摄像头。以太网不仅传输压缩后的数字图像信号,同时还传输摄像头云台控制、镜头控制等信号。

第 2 种方式为分布式图像处理系统,即将每个摄像头采集到的视频信号通过分布式的嵌入式图像处理硬件现场进行火焰识别运算,判断是否有火灾发生,然后将判断结果通过网络送至集中监控台,同时将标清或高清图像信号经过压缩后送至集中监控台进行显示,供值班人员观察,如图 13-29 所示。

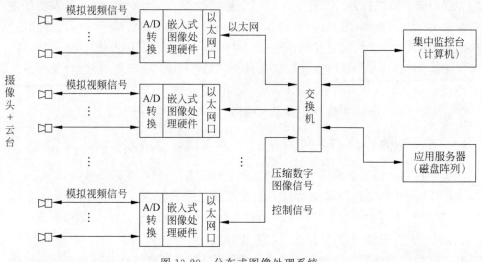

图 13-29 分布式图像处理系统

从两种系统架构方式来看,第 1 种方式硬件结构较简单,但对计算设备配置要求较高,由于涉及大规模图像计算,硬件计算量非常大,导致运算的实时性较差。而且标清或高清视频信号未经压缩即通过以太网传输,增加了网络传输负荷,容易造成网络阻塞,增加图像显示画面的延时。第 2 种系统结构中,每路视频采集信号都配备一个相应的嵌入式图像处理系统,一般采用 DSP 或 GPU 作为核心。对标清或高清图像进行火灾识别运算后,仅将识别结果通过网络送至集中监控台。同时,嵌入式图像处理系统还能将采集的图像信号压缩为 H.265 格式数据,通过以太网传送至集中监控台进行图像显示和操作等,也可以送至专用存储设备对视频信号进行保存,便于查询和回放。由于这种方式的图像处理单元分布在集中监控台的前端和各路信号采集的后端之间,每个嵌入式图像处理系统只须负责 1~4 路视频信号采集、识别和数据压缩,极大地减轻了以太网的网络负荷。而且每个计算单元的计算量较集中式图像处理方式要小,火灾识别运算的速度相对较快,实时性较第 1 种系统结构要好。因此,目前对于监控范围较大、摄像头数量较多的视频火灾探测系统,一般采用第 2 种系统结构。

网络带宽的选择涉及系统的实际配置、最终使用摄像头数量及存储、编解码设备等因素,是数字视频监控中必须考虑的内容。如果采用标清 560TVLin(彩色)摄像头,则上行非压缩码流为 165.8Mbps。经过近 100 倍的压缩,每个视频通道需要 2M 带宽,如果选用 100M 网,按 50% 负载率计算,整个视频监控系统能够接 25 路视频摄像头,如果采用 1000M 网,则可接 250 路视频。考虑到值班人员对监控画面观察的清晰度、显示屏物理尺寸和视频编码效率,集控台中视频显示画面分辨率可定为 720×576。

2) 软件架构

集中监控管理软件可采用分布式的客户端/服务器(Client/Server,C/S)体系结构,界面简洁,操作方便,能在 Windows XP 以上操作系统上运行。集中监控管理软件包括视频监测报警、云台控制、设备管理、报警查询四大功能,各功能的子功能如图 13-30 所示。

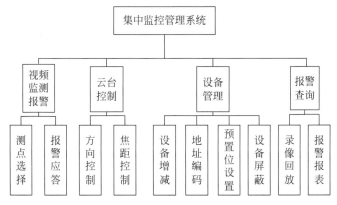

图 13-30　火灾视频报警集中监控管理软件功能

监控管理系统软件分为数据层、服务层和应用层,软件的逻辑架构如图 13-31 所示。

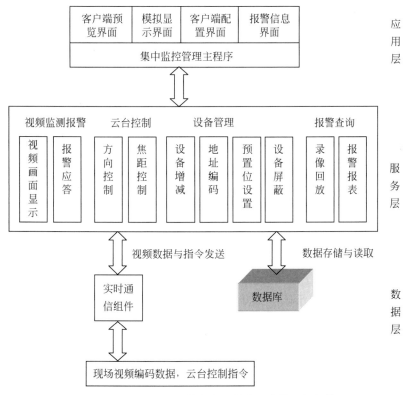

图 13-31　火灾视频报警集中监控管理软件逻辑架构

3) 视频监控界面

监控台软件界面中设计了系统设置、视频显示、火灾报警和报警查询等界面。探测器的分布图和地址编号用模拟面板显示,一旦发现火灾,图中相应的探测器图标会闪烁报警,向值班员示出报警位置,视频监控画面中也会用红色方框标出火焰位置,如图 13-32 所示。视频监视现场画面最多同时显示 8 路,覆盖一个防火区,也可以选择显示 8 路以下的任意路数。探测到火灾后,系统会自动记录下火灾发生的时间,并记录下火灾发生前 60s 到火灾发生后 120s 内的视频信号,供管理人员进行事后分析。监控台报警查询界面如图 13-33 所示。

图 13-32　监控台火灾报警画面

图 13-33　监控台报警查询界面

作为图像型火灾探测设备中的一种,视频火灾探测设备的技术指标,除了 13.2 节中介绍的技术指标外,还包括火灾探测覆盖范围、有效探测距离、探测目标最小值(像素或尺寸)、环境适应性和电磁兼容性等指标。

2. 目标提取

作为视频火灾探测的重要一环,目标提取主要用于将疑似火灾的目标区域与背景分割开来,这是后期图像特征分析和综合识别的重要前提。疑似火灾目标针对实际应用的不同,可根据火焰的静态特征和动态特征进行选取。火焰的静态特征主要是颜色、纹理、形状等,对单幅图像视野范围内的物体进行筛选,通过建立火焰或烟雾的颜色模型进行像素级的处理来选取目标区域;火焰的动态特征提取,需要对序列图像中的运动物体进行提取和跟踪。目前的视频火灾探测方法多用运动检测提取疑似目标区域。

1) 运动目标提取

根据技术路线的不同,目前的运动目标提取方法可以分为帧间差分法、背景差分法、光流法、小波变换法、分形编码法、均值漂移法、最小能量法和基于机器学习的方法。其中,帧间差分法、背景差分法和光流法能够自动提取运动物体,其他几种方法都需要人工干预提取过程才能实现运动目标的提取。因为视频火灾探测是一项应用性很强的技术,对于视频的实时性处理要求运动目标的探测必须自动、快速,因此下面只对前3种应用广泛的运动目标自动检测方法进行介绍。

(1) 帧间差分法

对连续图像序列中两个或3个相邻帧图像进行差分运算,得到相邻帧图像间对应像素点发生的相对变化,再与设定的变化阈值进行比较,进而提取图像中的运动目标区域。

设有图像序列 $f_1, f_2, \cdots, f_{k-1}, f_k, f_{k+1}, \cdots$,首先将当前帧图像 f_k 与前一帧图像 f_{k-1} 分别转换为灰度图像 Gf_k 和 Gf_{k-1},两者作差得到差分图像 $Df_k = Gf_k - Gf_{k-1}$;然后分别计算出差分灰度图像 Df_k 的灰度极大值 $G_{\max}$ 和极小值 $G_{\min}$,并设定差分阈值 Th 的初始值为它们的平均值,即有 $Th = \dfrac{G_{\max} + G_{\min}}{2}$;再根据差分阈值初始值对差分图像进行分割,划分出目标区域和背景区域,得到二值化图像 Bf_k,并分别统计目标区域和背景区域的灰度平均值 μ_1 和 μ_2,以及目标区域和背景区域的灰度概率 α_1 和 α_2,如式(13-9)所示。

$$\begin{cases} \mu_1 = \dfrac{\sum\limits_{Df_k(i,j) < Th} Df_k(i,j)}{\sum\limits_{Df_k(i,j) < Th} N}, & \mu_2 = \dfrac{\sum\limits_{Df_k(i,j) \geqslant Th} Df_k(i,j)}{\sum\limits_{Df_k(i,j) \geqslant Th} N} \\ \alpha_1 = \dfrac{\sum\limits_{Df_k(i,j) < Th} Df_k(i,j)}{\sum Df_k(i,j)}, & \alpha_2 = \dfrac{\sum\limits_{Df_k(i,j) \geqslant Th} Df_k(i,j)}{\sum Df_k(i,j)} \end{cases} \tag{13-9}$$

最后,对阈值进行更新,如式(13-10)所示,并使用先开启后闭合的数学形态学方法去除噪声影响。

$$Th = \alpha_1 \alpha_2 (\mu_1 + \mu_2) \tag{13-10}$$

帧间差分法原理简单,运算量小,在对实时性要求高的场景应用广泛。但差分图像极易被噪声污染,而且当运动目标体积较小、运动缓慢或内部纹理分布差别不大的时候,两个或3个连续帧图像间的差分法难以提取完整的目标图像,在差分图像上就会出现"空洞",为了解决这个问题,可以采用背景差分法。

(2) 背景差分法

基于序列图像建立起相对稳定的背景模型,然后将其与当前图像作差分运算以提取变化目标区域的方法。该方法主要分为3个步骤实现:首先在像素级别上计算出差分阈值;

然后根据当前帧图像和原背景图像的差分提取目标区域；最后根据当前帧图像和背景图像对背景模型进行更新。

设有图像序列 $f_1, f_2, \cdots, f_{k-1}, f_k, f_{k+1}, \cdots$，当前帧图像 f_k 通过如式(13-11)所示的 RGB 到 HIS 颜色空间的几何转换得到其强度图像为 If_k，即 $If_k = \text{rgb2hsi}(f_k)$。

$$\begin{cases} H = \begin{cases} \theta, & G \geqslant B \\ 2\pi - \theta, & G < B \end{cases}, & \theta = \arccos\left[\dfrac{(R-G)+(R-B)}{2\sqrt{(R-G)^2+(R-B)(G-B)}}\right] \\ S = 1 - \dfrac{3\min(R,G,B)}{R+G+B} \\ I = \dfrac{R+G+B}{3} \end{cases} \quad (13\text{-}11)$$

计算当前强度图像 f_k 的强度均值 $I_k = \dfrac{\sum_{i=1}^{m}\sum_{j=1}^{n} If_k(i,j)}{mn}$，其中，$m$ 和 n 分别为图像的行数和列数，$If_k(i,j)$ 表示坐标为 (i,j) 的像素点的强度值。以此类推，前 3 帧图像的强度均值分别为 $I_{k-1}, I_{k-2}, I_{k-3}$，则前 3 帧图像的强度均值为 $\text{EI} = \dfrac{I_{k-1}+I_{k-2}+I_{k-3}}{3}$。设前一帧图像的强度阈值为 Th_{k-1}，当光照强度发生变化时，差分阈值 Th_k 可以根据式(13-12)进行自适应更新。

$$Th_k = \begin{cases} Th_{k-1}(1-\Delta_L), & \left|\dfrac{I_k - \text{EI}}{\text{EI}}\right| < \chi \\ Th_{k-1}(1+\Delta_H), & \left|\dfrac{I_k - \text{EI}}{\text{EI}}\right| \geqslant \chi \end{cases} \quad (13\text{-}12)$$

其中，χ 为比率值，设定为 25%；Δ_L 和 Δ_H 分别是阈值变化的减少率和增加率，设定为 30%。然后根据判断各目标区域内的像素个数和图像总像素数的比值剔除噪声，并根据当前图像 f_k 和原背景图像 Bf_k 对背景图像进行更新，得到新的背景图像 Bf_{k+1}，如式(13-13)所示。

$$Bf_{k+1}(x,y) = (1-\alpha)Bf_k(x,y) + \alpha I_k(x,y) \quad (13\text{-}13)$$

其中，α 为背景的更新速率，可设定为 10%，其值越大，更新越快，同时背景图像越不稳定。

背景差分法的关键在于及时、准确地对背景模型进行更新，实时反映场景的整体变化。

(3) 光流法

根据目标和背景光流场之间的不连续性实现运动目标检测。根据目标检测和光流计算之间关系的不同，光流法可分为贝叶斯法、参数聚类法、同时估算和检测分割法三大类。光流法的优点在于即使是在摄像机运动的情况下也能提取出不同速度的运动目标区域。但光流的计算容易受光照强度和光源方位变化的干扰，而且准确的光流计算比较复杂耗时，较差的鲁棒性和实时性也限制了光流法在视频火灾探测领域的应用。

2) 静态目标提取

除了运动目标检测方法，还可以根据火焰的静态特征提取感兴趣区域，即利用颜色、纹理、形状等特征对单幅图像视野范围内的物体进行筛选。因为纹理、形状等特征多是基于区域提取的,所以一般都是通过建立火焰或烟雾的颜色模型进行像素级的处理,得到疑似火焰区域。

作为火焰最具代表的特征,颜色在视频火灾探测中常被视为识别火灾的重要特征。最具代表性的就是基于 RGB 与 HSI 颜色空间的火焰颜色模型和基于 YCbCr 颜色空间的火焰颜色模型。

以 RGB-HIS 火焰颜色模型为例,火焰的早期颜色为红色到黄色。红色到黄色的颜色范围对应到 RGB 空间用公式表示就是 $R \geqslant G > B$。在火焰的 RGB 图像中,R 分量是主要分量,这是因为火是一个光源,同样,视频摄像机需要一个足够的亮度来捕捉图像序列。因此,火焰的 R 分量应该大于一个阈值 R_T。同时,为了避免背景光照的干扰,火焰的饱和度 S 应该大于一个阈值 S_T,以排除其他类似火焰的干扰。这将推导出 3 个火焰图像决策规则来提取疑似火焰目标区域,规则如下。

$$\begin{cases} R \geqslant G > B \\ R > R_T \\ S \geqslant (255 - R)S_T/R_T \end{cases} \tag{13-14}$$

其中,R_T 和 S_T 分别为 R 颜色分量和饱和度 S 的阈值。火焰像素点的 R 值和 S 值之间的关系如图 13-34 所示。S_T 和 R_T 的取值范围可以根据大量实验结果统计得到,达到最优的识别效果,这里分别取值为 55 和 120。

RGB-HIS 火焰颜色模型对于室内火焰具有很好的提取效果,无论是远距离的火焰还是被强光干扰的小火焰区域,都能准确地提取出来。

对于一些诸如反光、手电光等干扰,为了进一步排除,可在上述方法的基础上加入火焰图像颜色分量离散度参量进一步排除,即根据颜色分布的差异分离出火焰区域和干扰区域。

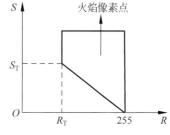

图 13-34 R-S 关系图

定义火焰图像中某区域内 K 个像素点的颜色 W 分量(W 可以指代 RGB 中的任意一个分量)的均值为 W_{mean},则有

$$W_{mean} = \frac{\sum_{i=1}^{K} W(x_i, y_i)}{K} \tag{13-15}$$

其中,$W(x_i, y_i)$ 为 (x_i, y_i) 处像素点的颜色 W 分量的值。

该区域内像素点颜色 W 分量对应的标准差 W_{std} 为

$$W_{std} = \sqrt{\frac{\sum_{i=1}^{K}(W(x_i, y_i) - W_{mean})^2}{K-1}} \tag{13-16}$$

火焰和非火干扰源图像在 B 分量上的标准差区分十分明显,这是因为火焰和干扰源通常亮度都很大,其 R 分量和 G 分量都接近 255,显现不出区域差异。而火焰的 B 分量是由氧气燃烧产生的,不同位置的燃烧温度和程度都不相同。干扰源则多是由光的发射或反射作用产生干扰的,在小范围内呈现不出离散性,因此可将疑似区域的 B 分量标准差作为火焰和非火干扰源的区分标准。

基于颜色分量离散度的火焰识别模型,其判断准则为

$$\begin{cases} R \geqslant G > B \\ R > R_T \\ S \geqslant (255-R)S_T/R_T \\ B_{std} > B_T \end{cases} \quad (13\text{-}17)$$

其中,B_{std}为根据式(13-16)计算得到的疑似区域图像在 B 分量上的标准差。

3. 火灾图像的形态特征

为进一步区分火灾和干扰图像,可以利用图像的形态特征。以明火为例,形态特征主要包括面积、周长、圆形度、矩形度、偏心率、相似度、质心位移等。

1) 面积

面积描述连通区域的大小,设经过图像分割获得的二值图像为 $f(x,y)$,统计二值图像中像素值为 1 的像素点个数,则可计算出火焰或干扰图像的面积。面积的计算式为

$$M = \sum_{k=1}^{N} f(x_k, y_k) \quad (13\text{-}18)$$

其中,N 为图像像素点的总个数;$f(x_k, y_k)$ 为第 k 个像素点 (x_k, y_k) 处对应的像素值。

2) 周长

周长是对应连通区域边界相邻像素点之间距离的总和。当相邻像素点的位置处在同一行(列)的时候,则认为这一对相邻像素点之间的距离值为 1;当相邻像素点的位置处在对角线上时,则认为这一对相邻像素点之间的距离值为 $\sqrt{2}$。周长的计算式为

$$L = \sum_{k=1}^{K-1} \sqrt{(x_{k+1}-x_k)^2 + (y_{k+1}-y_k)^2} \quad (13\text{-}19)$$

其中,K 为连通区域边缘像素点的个数;(x_k, y_k) 和 (x_{k+1}, y_{k+1}) 分别表示一对相邻像素点的坐标。

3) 圆形度

圆形度是衡量对应连通区域形状复杂度的一个参数。相比于手电、车灯等形状接近圆形的规则物体,火焰的形状随机性很大,而且很不规则。所以,圆形度可以用来排除一些规则的颜色似火物体的干扰。圆形度的最大值为 1,值越接近 1,说明物体形状越规则;反之则越不规则。圆形度的计算式为

$$C = \frac{4\pi M}{L^2} \quad (13\text{-}20)$$

其中,L 为连通区域的周长;M 为连通区域的面积。

4) 矩形度

矩形度表示连通区域与边缘最小矩形面积的相似程度。矩形度反映了目标区域对其最小外接矩形的充满程度,矩形度的计算式为

$$R_e = \frac{M}{M_R} \quad (13\text{-}21)$$

其中,M 为连通区域的面积;M_R 为该连通区域最小外接矩形的面积。

5) 偏心率

偏心率是描述物体形状紧凑性的一个参数,越是规则的区域,其偏心率就越接近 1。燃

烧的火焰形状不固定,时而显示为细长形,时而又显示为扁宽形,而干扰物体的形状通常比较规则,以此拉伸程度区分火焰和干扰物。偏心率的计算方法有很多种,本书将目标区域最小外接矩形的高度和宽度的比值作为偏心率,即

$$T = \frac{H_R}{W_R} \tag{13-22}$$

其中,W_R 和 H_R 分别为目标区域最小外接矩形的宽度和高度。

6) 相似度

相比于普通的物体运动,火焰的闪烁具有一定的特点,反映在图像上就是相邻帧间一般只有外焰部分是变化的,而内焰和焰心部分没有发生运动。根据火焰的这一闪烁特性,反映在相邻帧图像上就是对应的火焰区域具有一定的相似性,因此可以将相似度作为火焰判别的一个依据。相似度的计算式为

$$\varepsilon = \frac{\Omega_i(x,y) \cap \Omega_{i-1}(x,y)}{\Omega_i(x,y) \cup \Omega_{i-1}(x,y)} \tag{13-23}$$

其中,Ω_i 表示第 i 帧图像中的连通区域;Ω_{i-1} 表示 Ω_i 区域在第 $i-1$ 帧图像上对应的连通区域。

7) 质心位移

质心定义为区域中像素坐标的平均值,质心本身不作为判据,它主要用来求解位移。设某区域各火焰像素的坐标为 (x_k, y_k),$k = 1, 2, 3, \cdots, N$,N 为该区域内像素总数。则第 i 帧质心坐标 (x_i, y_i) 为

$$(x_i, y_i) = \left(\frac{1}{N}\sum_{k=1}^{N} x_k, \frac{1}{N}\sum_{k=1}^{N} y_k\right) \tag{13-24}$$

若当前帧质心坐标为 (x_i, y_i),前一帧质心坐标为 (x_{i-1}, y_{i-1}),则当前帧与前一帧的质心位移为

$$\boldsymbol{d} = (x_i - x_{i-1}, y_i - y_{i-1}) \tag{13-25}$$

对于一段 M 帧的疑似火焰视频,其图像质心的总位移大小为

$$\text{DS} = \sqrt{\left[\sum_{i=2}^{M}(x_i - x_{i-1})\right]^2 + \left[\sum_{i=2}^{M}(y_i - y_{i-1})\right]^2} \tag{13-26}$$

质心运动的总距离为

$$\text{ZD} = \sum_{i=2}^{M} \sqrt{(x_i - x_{i-1})^2 + (y_i - y_{i-1})^2} \tag{13-27}$$

质心的总位移与总距离的比值为

$$\text{RD} = \frac{\text{DS}}{\text{ZD}} \tag{13-28}$$

设 M 帧疑似火焰视频区域的面积大小平均值为

$$\text{MS} = \frac{1}{M}\sum_{i=1}^{M} m_i \tag{13-29}$$

其中,m_i 为每帧疑似火焰图像的面积。

相比于常见的干扰源,火焰的质心运动具有闪烁特性,即呈现出循环往复的近似周期运动,而且其跃动距离与火焰本身高度的比例在一定范围内,为了简化计算,这里使用面积开方代替火焰高度进行计算。得到 M 帧图像质心运动距离变化比为

$$\text{BMS} = \frac{\text{ZD}}{M \times \sqrt{\text{MS}}} \qquad (13\text{-}30)$$

因为火焰跃动时具有周期性，火焰的质心运动距离与其面积的开方比值 BMS 也就在一定范围内，而对于静止的干扰源，其绝对位移值非常小，几乎可以忽略不计，因此，可以根据 RD 值、BMS 值区分火灾与干扰。

13.3.2　火灾图像综合识别算法

离散度、相似度和质心位移等特征都能较好地区分火焰和常见干扰，但是又都存在着各自的不足之处，对于不同的火焰和干扰图像具有不同的识别性能。综合识别系统利用相关的数学知识，建立能够平衡误报率和漏报率的算法，继而达到总体性能最优，这对于提高视频火灾探测系统的准确性和鲁棒性具有十分重要的意义。

综合识别的思路是根据概率论的相关知识建立一个融合离散度、相似度和质心位移模型的多专家决策系统，每个专家都可以行使自己的投票权，这个投票权与每个专家在训练集上的相应识别率是成比例的。基于贝叶斯估计的多专家决策系统的一大优点即在于它能根据识别结果的不同选择不同的权值，这样更有利于不同的专家扬长避短，取得更优的整体性能。

第 k 个专家将目标预测为第 i 类的投票权重 $w_k(i)$ 通过贝叶斯公式动态评估得到，综合考虑了该专家在每个类的训练集上的识别表现，以实现多专家决策系统的最优识别性能。投票权重的计算式为

$$w_k(i) = P(b \in i \mid c_k(b) = i) = \frac{c_{ii}^k}{\sum_{i=1}^{m} c_{ij}^{(k)}} \qquad (13\text{-}31)$$

其中，b 为类的数量；c_{ii} 为训练集中真实属于第 i 类且被正确预测为第 i 类的训练样本数据个数，体现在视频火灾探测中即为正确识别的火焰样本个数以及正确识别的干扰样本数据个数。

最后通过最大化整个多专家决策系统的可靠性实现特定类别的识别，即目标区域 b 属于第 i 类的可靠性 $\psi(i)$ 为

$$\psi(i) = \frac{\sum_{k \in \{\text{DE,SE,VE}\}} \delta_{ik}(b) w_k(i)}{\sum_{i=1}^{m} c_{ij}^{(k)}} \qquad (13\text{-}32)$$

其中，$\delta_{ik}(b)$ 为第 k 个专家将目标 $c_k(b)$ 预测为第 i 类的投票值，如下所示。

$$\delta_{ik}(b) = \begin{cases} 1, & c_k(b) \text{ 被预测为第 } i \text{ 类} \\ 0, & c_k(b) \text{ 未被预测为第 } i \text{ 类} \end{cases} \qquad (13\text{-}33)$$

如果判别结果与类相对应，则投票值为 1，否则为 0。

最终通过最大化不同类别的可靠性做出综合决定。

$$c = \arg\max_i \psi(i) \qquad (13\text{-}34)$$

应用到视频火灾探测中，即是分别计算结果为火焰和干扰时的可靠性，然后进行比较，可靠性较大的那个即认为是识别结果。

多专家决策系统如图 13-35 所示。决策系统首先由 RGB-HIS 火焰颜色模型检测出疑似火焰区域；然后对每个待检测目标区域的颜色离散度、相似性和质心位移分别作出判断；最后根据贝叶斯估计理论组合 3 个专家决策系统的判断和由训练集得到的权重做出最终决策。其中，$W_{DE}(T)$、$W_{SE}(T)$ 和 $W_{CE}(T)$ 分别为离散度、相似度和质心位移基于训练集数据得到的对火焰正样本识别的正确率；$W_{DE}(F)$、$W_{SE}(F)$、$W_{CE}(F)$ 分别为离散度、相似度和质心位移基于训练集数据得到的对干扰负样本识别的正确率。离散度专家投票值 δ_{DE} 由当前帧目标区域的离散度值决定，相似度专家投票值 δ_{SE} 由目标区域当前帧和前一帧共连续两帧对应区域的相似度值决定，质心位移专家投票值 δ_{CE} 可由目标区域当前帧和前 29 帧共连续 30 帧对应区域计算得到的质心位移 RD 和 BMS 值共同决定。

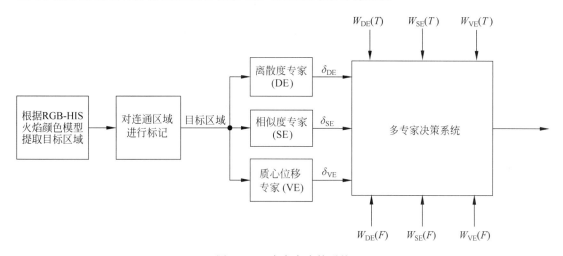

图 13-35 多专家决策系统

习题 13

13-1 按照待测火灾参数的不同，火灾探测器可以分为哪几类？

13-2 点型火灾探测器的监控范围是多少？

13-3 按照信号传输方式的不同，火灾探测器可以分为哪几类？

13-4 离子式感烟火灾探测器的核心部件是什么？

13-5 减光式光电感烟火灾探测器和散射式光电感烟火灾探测器的检测暗室有何不同？

13-6 相较于离子式感烟火灾探测器，光电感烟火灾探测器有何优点？

13-7 感温火灾探测器根据其作用与原理不同可分为哪几类？

13-8 膜盒型差温火灾探测器与电子式差温火灾探测器的探测原理有何不同？

13-9 视频火灾探测系统硬件架构主要分为哪两类？各有什么特点？

13-10 在火灾图像识别中，可以采用颜色模型。试述 RGB-HIS 火焰颜色模型建立的过程和结果。

13-11 火灾图像的形态特征有哪些？

第 14 章 现代检测系统

CHAPTER 14

14.1 概述

现代检测系统和传统检测系统间并无明确的界限。通常人们习惯将具有自动化、智能化、可编程化等功能的检测系统视为现代检测系统,这里把智能仪器、自动检测系统和虚拟仪器划为此列。随着科学技术的不断发展,对于现代检测系统,目前不仅有极大的需求,而且它们也具备了实现的可能。

例如,要在一次昂贵的核试验或火箭发射中,或在超大规模集成电路生产中对单片上成百万个元器件进行性能测试,没有快速、高效、精确的检测系统是不可思议的;同样,在对关键设备的定期或不间断的监控中,以及在一些测试人员不易或根本无法到达的场合,都需要借助一些自动检测系统。

检测技术是信息工业的源头。利用微型计算机的记忆、存储、数学运算、逻辑判断和命令识别等能力,发展了微型计算机化仪器和自动检测系统;利用计算机软件技术的巨大进步而应运而生的虚拟仪器等,均为科学技术、工农业生产的持续发展作出重要贡献。

下面将分别对智能仪器、自动检测系统和虚拟仪器进行简要介绍。

14.2 智能仪器

14.2.1 智能仪器系统的构成

微型计算机与检测系统的结合产生了微计算机化仪器。它主要有两大类型,即所谓的智能仪器和个人仪器。它们之间的区别在于所用的微机是否是与仪器测量部分融合在一起,是采用专门设计的由微处理器、存储器、接口芯片组成的系统,还是用市售现成的个人计算机配以一定的硬件与仪器测量部分组合而成的系统。

一般认为,"智能"指的是"一种能随外界条件的变化确定正确行为的能力",人工智能是为了产生机器智能以增强并扩充人的智能行为。智能化应包括理解、推理、判断与分析等一系列功能,是数据、逻辑与知识的综合分析的结果,当然经验也应包括在内。今天人们通常所说的"智能仪器",用上述"智能"及"智能化"的标准来衡量,还有相当的距离。可以说,今天的"智能仪器"仍处于仪器智能化的初级阶段,可以更恰当地称为"微机化仪器"。

与传统仪器相比,智能仪器的性能有了明显的提高,功能大大丰富。智能仪器的主要功能如下。

(1) 具有自校零、自标定、自校正功能；
(2) 具有自动补偿功能；
(3) 能够自动采集数据，并对数据进行预处理；
(4) 能够进行量程自动切换、故障自检；
(5) 具有数据存储、记忆与信息处理功能；
(6) 具有双向通信、标准化数字输出或符号输出功能；
(7) 具有判断、决策处理功能。

图 14-1 所示为智能仪器的组成示意图。它主要包括主机电路、模拟量输入/输出通道、人-机接口电路、通信接口电路。其中主机电路用来存储程序和数据，并进行一系列运算和处理，通常由微处理器、存储器、输入/输出接口电路组成。当今，以 ARM（Advanced RISC Machine）为内核的微处理器因其体积小、功耗低、高性能、低成本等优势成为智能仪器由 8 位机升级至 32 位机的理想选择，人-机接口电路被测量用以沟通操作者和仪器之间的联系，主要由仪器面板中的键盘和显示器组成。通信接口电路用于实现仪器与计算机之间或多台仪器之间的信息交换和传输。

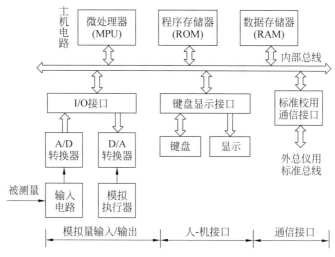

图 14-1 智能仪器的组成示意图

通信接口主要有 5 类：异步串行通信接口（如 RS-232、RS-422/485）、并行通信接口（如 GPIB）、USB 接口、现场总线接口和以太网接口。

在智能仪器中，基本用键盘操作代替传统仪器面板上的开关和按钮，有些仪器还可以通过键盘编程，使测量设备更能从各方面灵活地满足使用者的需要。智能仪器的输出装置可以为屏幕（Cathode Ray Tube，CRT）、打印机、发光二极管（LED）、液晶显示（Liquid Crystal Display，LCD）、绘图仪等。软件是智能仪器的灵魂。一台仪器的技术要求和功能强弱在很大程度上体现在软件中。智能仪器的管理程序也常称为监控程序，它接收、分析和执行来自键盘或程控接口的命令，完成测试和数据处理等各项任务。软件被存储于 ROM 或 EPROM 存储器中。

14.2.2 传感器输出信号的预处理

1. 传感器输出信号的分类

传感器智能化之前,必须对传感输出信号进行预处理,这是因为监测的非电量种类繁多,输出的电信号有模拟量、数字量、开关量等,绝大多数传感器输出信号不能直接进行 A/D 转换,必须通过各种预处理电路将传感器输出信号转换统一的电压信号或周期信号。微处理机要求输入信号是一定字长的并行脉冲信号,即二进制数字信息。通常可以将传感器输出的形式归类为如图 14-2 所示。

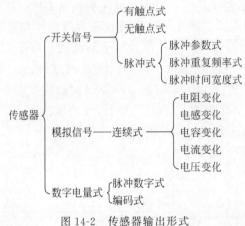

图 14-2 传感器输出形式

2. 开关信号的预处理

当传感器输入的物理量小于设定的阈值时,传感器处于"关"状态;大于阈值时,处于"开"状态。实际使用中,输入信号经常伴有噪声叠加成分,使传感器不能在阈值点准确地发生跃变。对于一般比较器,只有一个作比较的临界电压,若输入端有噪声来回多次穿越临界电压,输出端即受到干扰,其正负状态产生不正常转换,如图 14-3 所示。

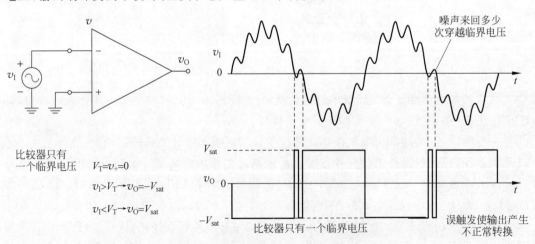

图 14-3 反相比较器及输入输出波形

因此,为了消除噪声和改善特性,常接入具有迟滞特性的电路,如施密特触发器。

反相施密特触发器如图14-4所示,其输出电压经由 R_1、R_2 分压后送回到运算放大器的非反相输入端形成正反馈。因为正反馈会产生滞后(Hysteresis)现象,所以只要噪声的大小在两个临界电压(上临界电压和下临界电压)形成的滞后电压范围内,即可避免噪声误触发电路。

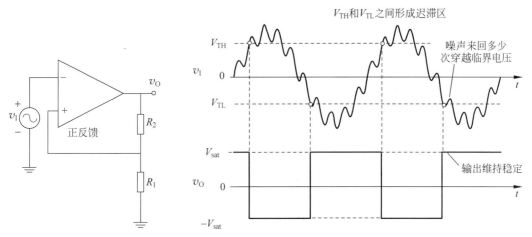

图14-4 反相施密特触发器及输入输出波形

施密特触发器是一种特殊的电压比较器,采用电位触发方式,其状态由输入信号电位维持;对于负向递减和正向递增两种不同变化方向的输入信号,施密特触发器有正向阈值电压 V_{TH} 和负向阈值电压 V_{TL}。当输入电压高于正向阈值电压,输出为低电平;当输入电压低于负向阈值电压,输出为高电平(对于反相比较器);当输入在正负向阈值电压之间,输出不改变,也就是说输出由高电准位翻转为低电准位,或是由低电准位翻转为高电准位时所对应的阈值电压是不同的。只有当输入电压发生足够变化时,输出才会变化,正向阈值电压与负向阈值电压之差称为回差电压。这种双阈值动作称为迟滞现象,表明施密特触发器有记忆性。从本质上来说,施密特触发器是一种双稳态多谐振荡器。

施密特触发器可作为波形整形电路,能将模拟信号波形整形为数字电路能够处理的方波波形,而且由于施密特触发器具有滞回特性,所以可用于抗干扰,其应用包括在开回路配置中用于抗扰,以及在闭回路正回授/负回授配置中用于实现多谐振荡器。

利用施密特触发器状态转换过程中的正反馈作用,可以把边沿变化缓慢的周期性信号变换为边沿很陡的矩形脉冲信号。只要输入信号幅度大于 V_{TH},即可在施密特触发器的输出端得到同等频率的矩形脉冲信号。

从传感器得到的矩形脉冲经传输后往往发生波形畸变。当传输线上的电容较大时,波形的上升沿将明显变坏;当传输线较长,而且接收端的阻抗与传输线的阻抗不匹配时,在波形的上升沿和下降沿将产生振荡现象;当其他脉冲信号通过导线间的分布电容或公共电源线叠加到矩形脉冲信号时,信号上将出现附加的噪声。无论出现上述哪种情况,都可以通过用反相施密特触发器整形得到比较理想的矩形脉冲波形。只要施密特触发器的 V_{TH} 和 V_{TL} 设置得合适,都能得到满意的整形效果。

施密特触发器的应用如下。

(1) 波形变换:可将三角波、正弦波等变换成矩形波。

(2) 脉冲波的整形：数字系统中，矩形脉冲在传输中经常发生波形畸变，出现上升沿和下降沿不理想的情况，可用施密特触发器整形后，获得较理想的矩形脉冲。

(3) 脉冲鉴幅：幅度不同、不规则的脉冲信号加到施密特触发器的输入端时，能选择幅度大于预设值的脉冲信号进行输出。

施密特触发器常用芯片如下。

(1) 74LS18：双四输入与非门（施密特触发）。

(2) 74LS19：六反相器（施密特触发）。

(3) 74132、74LS132、74S132、74F132、74HC132：四2输入与非施密特触发器。

(4) 74221、74LS221、74 HC221、74 C221：双单稳态多谐振荡器（有施密特触发器）。

在一些电干扰信号比较强的环境中，输入检测系统的开关量、脉冲信号进入CPU系统之前，需要采取隔离措施，避免外界电干扰信号进入弱电系统造成系统工作异常。由于光电耦合器输入输出间互相隔离，电信号传输具有单向性等特点，因而具有良好的电绝缘能力和抗干扰能力。又由于光耦合器的输入端属于电流型工作的低阻元件，因而具有很强的共模抑制能力。所以，它在长线传输信息中作为终端隔离元件可以大大提高信噪比，在计算机数字通信及实时控制中作为信号隔离的接口器件，可以大大提高计算机工作的可靠性。

光电耦合器工作原理如图14-5所示，原边输入信号V_{IN}，施加到原边的发光二极管和R_1上产生光耦的输入电流I_F，I_F驱动发光二极管，使副边的光敏三极管导通，回路V_{CC}、R_L产生I_C，I_C经过R_L产生V_{OUT}，达到传递信号的目的。原边、副边的驱动关联是CTR（电流传输比），要满足$I_C \leqslant I_F \mathrm{CTR}$。

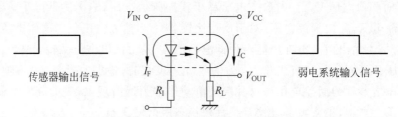

图14-5 光电耦合器工作原理

3. 模拟信号预处理

模拟脉冲式传感器信号一般需要接脉冲限幅电路，使输出变成窄脉冲，方可使脉冲瞬值保持电路将脉冲扩展，以便进行A/D转换。多数模拟连续式传感器输出的模拟电压在毫伏或微伏数量级，在信号内还夹杂有干扰和噪声。预处理电路的作用就在于将微弱的低电压信号放大，其零位和放大倍数可以调整，使之成为A/D转换器所要求的满量程电平。另外，预处理还可以抑制干扰，降低噪声，从而保证检测的精度，三运放测量放大器是常用的预处理电路之一，如图14-6所示，该测量放大器具有高输入阻抗，低输出阻抗，较高的共模抑制比，较低的失调电压和温度漂移。

用作三运放测量放大器的常用高性能运放有5G7650-CMOS斩波集成运放（见图14-7），它属于第4代运放，采用斩波自动稳零结构，其应用方法和应用场合与其他运放相同，和其他运放互换使用的区别在于电源电压$U_{max}=\pm 5V$和负载驱动能力低（一般接$10\mathrm{k}\Omega$负载）。外接的C_A、C_B电容器应选用高阻抗、瓷介质、聚苯乙烯材料的优质电容。OP07高稳定度放大器也可用作三运放测量放大器。

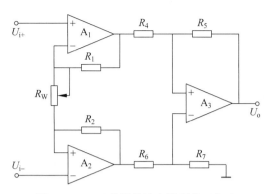

图 14-6 三运放测量放大器预处理电路

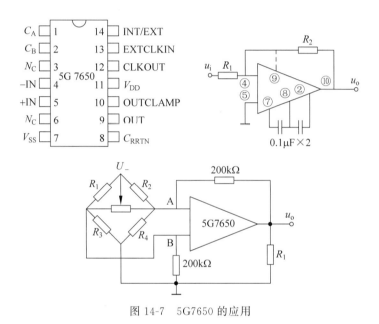

图 14-7 5G7650 的应用

传感器智能处理中,尤其是在信号采集时,要解决不同传感器信号的接地困难问题,也就是电气隔离问题。TD 系列放大器采用变压器隔离技术,把输入信号放大调制成高频信号。经高频磁耦合变压器送到相敏检波器解调,使输入输出间在电气上完全隔离,因此具有很高的共模抑制能力,特别是在信号采集时可解决不同的传感器信号的接地困难。

图 14-8 所示为隔离放大器接口电路中应用的实例,U_a 为系统地和变送器地之间的共模电压,U_0 为变送器与地之间的共模电压。由于 TD290 隔离作用,传感器可用其他系统地作参考地,这样,传感器信号和系统没有公共参考点也能正常工作,真正实现了对传感器信号的浮动测量。除 TD290 隔离器外,还可用美国 AD 公司的 AD202 系列隔离放大器,其输入阻抗高达 $10^{12}\Omega$,输入电压为 $\pm 5V$,频率范围为 2kHz,输入电流极小,只有 30pA。AD202 系列隔离放大器内部有调制频率 25kHz 的方波发生器,通过反馈电阻可改变其运算放大器的放大倍数,并且提供 $\pm 7.5V$、经隔离的电源供外部传感器及其测量电路使用,该芯片的缺点是价格贵,输出阻抗较大,有 3~7kΩ 左右,因此,拉长线输出时可先通过一级前置放大器(阻抗变换器)降低其输出阻抗。

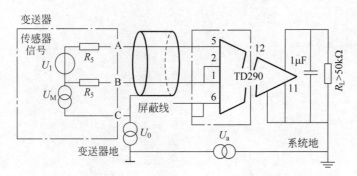

图 14-8 隔离放大器 TD290 的应用

除放大电路外,常用的还有滤波、阻抗变换、电压-电流信号变换、电压-频率变换电路等,由于电路种类繁多,在此不一一介绍。

14.2.3 数据采集系统

1. 数据采集系统的组成

智能仪器的数据采集系统是构成智能仪器的基础。它的主要作用是将温度、压力、速度、流量、位移等模拟量进行采样、量化,转换成数字量,以便由计算机进行存储、处理、显示和打印。

智能仪器的数据采集系统一般由传感器、模拟信号调理电路、数据采集电路和微机系统组成,如图 14-9 所示。

图 14-9 数据采集系统的基本组成框图

传感器作为智能仪器系统的首要环节,是获取信息的工具。

传感器的输出信号一般是比较微弱的模拟信号,需要通过滤波、放大、调制解调等模拟信号调理电路,将传感器输出的信号转换成便于传输处理的信号。

因为微处理器只能接收数字信号,而被测对象通常是一些非电量,所以需要通过数据采样电路将传感器采集的随时间连续变化的模拟量转换成离散数字量。这一过程包括采样、量化和编码。

（1）采样：将连续变化的模拟信号离散化的过程。数字信号只能以有限的字长表示其幅值,对于小于末位数字所代表的幅值部分,只能采取"舍"和"入"的方法。

（2）量化：把采样取得的各点上的幅值与一组离散电平值比较,用最接近采样幅值的电平值代替该幅值,并使每一个离散电平值对应一个数字量。

（3）编码：把已量化的数字量用一定的代码表示并输出。通常采用二进制代码,经过编码之后,信号的每个采样值对应一组代码。

数字采样电路一般采用集成电路 A/D 转换器实现。

微机系统对采集的数字信号进行变换、计算和处理。

2. 数据采集系统的工作步骤

根据智能仪器数据采集系统的主要任务,数据采集系统的工作主要分为以下几个步骤。

1) 数据采集

被测信号经过放大、滤波、A/D 转换,转换后的数字量送入计算机。这里要考虑干扰抑制、带通选择、转换准确度、采样保持和计算机接口等问题。

2) 数据处理

由计算机系统根据不同的要求对采集的原始数据进行各种数学运算。

3) 处理结果的复现与保存

将处理后的结果在 X-Y 绘图仪、电平记录器或显示器上复现出来,或者将数据存入磁盘形成文件保存起来,或通过线路进行远距离传输。

3. 数据采集系统的结构

实际的数据采集系统往往需要同时测量多种物理量(多参数测量)或同一种物理量的多个测量点(多点巡回测量),多路模拟输入通道更具有普遍性。多路模拟输入通道通常又分为集中式和分布式两种。

1) 集中式数据采集系统

集中式多路模拟输入通道的典型结构又可分为分时采集型和同步采集型两种。分时采集型多路模拟量数据采集系统的一般组成如图 14-10 所示。

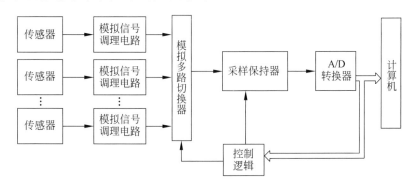

图 14-10　分时采集型多路模拟量数据采集系统的一般组成

来自多个信号源的数据,如果采用分时采集型多路模拟量数据采集系统,共用一个模拟量通道输入微型计算机进行处理,要用模拟多路转换器按某种顺序把输入信号换接到 A/D 转换器。

由图 14-10 可知,多路被测信号分别由各自的传感器和模拟信号调理电路组成的通道经多路转换开关切换,进入共用的采样保持器和 A/D 转换电路进行数据采集。它的特点是多路信号共用一个采样保持器和 A/D 电路,简化了电路结构,降低了成本。但是它对信号的采集是模拟多路切换器即多路转换开关分时切换,轮流选通。因此,相邻两路信号在时间上是依次被采集的,不能获得同一时刻的数据,这样就产生了时间偏斜误差,尽管这种时间偏差很小,但对于要求多路信号严格同步采集测试的系统是不适用的,然而对于多数中速和低速测试系统,仍然是一种广泛适用的结构。

改善这种采集系统性能的方法之一是在多路转换开关之前给每路信号通道各加一个采样保持器,使多路信号的采样在同一时刻进行,即同步采集。同步采集型多路模拟量数据采集系统的一般组成如图 14-11 所示。

由图 14-11 可知,由各自的保持器保持采样信号幅值,等待多路转换开关分时切换进入

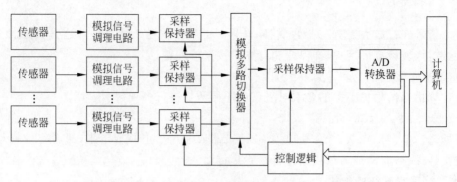

图 14-11　同步采集型多路模拟量数据采集系统的一般组成

共用的 A/D 电路,将保持的采样幅值转换成数据输入主机。这样就可以消除分时采集的偏斜误差,这种结构既能满足同步采集的要求,又比较简单。但在被测信号路数较多的情况下,同步采得的信号在保持器中保持的时间会加长,而保持器总会有一些泄漏,使信号有所衰减,由于各路信号保持的时间不同,致使各个保持信号的衰减量不同,严格来说,这种结构还是不能获得真正的同步输入。

2) 分布式数据采集系统

分布式多路模拟输入通道的每一路信号一般都有一个采样保持和 A/D 转换器,不再需要模拟多路切换器。每个采样保持器和 A/D 转换器只对本路模拟信号进行模数转换,采集的数据按一定的顺序或随机输入计算机。分布采集式系统根据采集系统中计算机控制结构的差异,又可以分为单机式采集系统和网络式采集系统,分别如图 14-12 和图 14-13 所示。

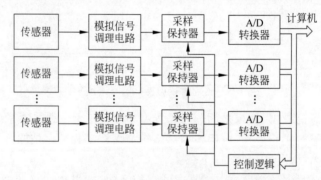

图 14-12　单机式采集系统的典型结构

由图 14-12 可知,单机式采集系统由单 CPU 单元实现无相差并行数据采集控制,系统实时响应性好,能满足中小规模并行数据采集的要求,但在稍大规模的应用场合,对智能仪器系统的硬件要求较高。

网络式采集系统是计算机网络技术发展的产物,它由若干"数据采集站"和一台上位机及通信接口组成,如图 14-13 所示。数据采集站一般由单片机数据采集装置组成,位于生产设备附近,可独立完成数据采集和预处理任务,还可将数据以数字信号的形式传递给上位机。该系统自适应能力强,可靠性高,若某个采集站出现故障,只会影响单向的数据采集,不会对系统的其他部分造成任何影响。采用该结构的多机并行处理方式,每个分机仅完成有限的数据采集和处理任务,故对计算机硬件要求不高,因此可用低档的硬件组成高性能的系

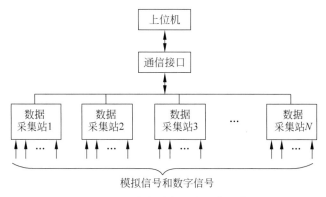

图 14-13 网络式采集系统的典型结构

统,这是其他数据采集方案不可比拟的。另外,这种数据采集系统用数字信号传输代替模拟信号传输,有效地避免了模拟信号长线传输过程中的衰减,有利于克服差模干扰和共模干扰,可充分提高采集系统的信噪比。因此,该系统特别适合在恶劣的环境下工作。

14.3 智能仪器数据处理

14.3.1 数字滤波算法

实际测量中,有诸多干扰源对系统产生干扰,一般采用硬件滤波的方法消除,也可以采用软件滤波。智能仪器的主要特点之一是可以利用微型计算机对数据进行加工与处理。减小测量过程中的随机误差,提高测量精度,即用软件算法实现数字滤波,消除随机误差,同时对信号进行必要的平滑处理,以保证仪表和系统的正常运行。由于计算机技术的飞速发展,数字滤波器在通信、雷达测量控制等领域中得到了广泛的应用。其优点为:不需要增加硬件设备;不存在阻抗匹配问题;数字滤波可供多通道使用;可对很低平信号滤波,模拟滤波就很难做到;设计使用灵活方便。缺点为速度慢,实时性较差。

尽管数字滤波器具有很多优点,但它并不能代替模拟滤波器。因为输入信号必须转换成数字信号后才能进行数字滤波。有的输入信号很小,而且会有干扰信号,所以必须使用模拟滤波器。另外,在采样测量中,为了消除混叠现象,往往在信号输入端加混叠滤波器。这也是数字滤波器所不能代替的。可见,模拟滤波器和数字滤波器各有各的作用,都是智能仪器中不可缺少的。

智能仪器中常用的数字滤波算法有限幅滤波、中位值滤波、算术平均滤波、递推平均滤波、加权递推平均滤波、一阶惯性滤波和复合滤波。

1. 限幅滤波

限幅滤波主要是为了消除尖脉冲干扰信号。其基本方法是比较相邻(n 和 $n-1$ 时刻)的两个采样值 y_n 和 $\bar{y}_{n-1}$,如果它们的差值过大,超过了参数可能的最大变化范围,则认为发生了随机干扰,并视后一时刻采样值 y_n 为非法值,应予剔除。y_n 作废后,可以用 $\bar{y}_{n-1}$ 代替 y_n,或采用递推方法,由 $\bar{y}_{n-1}$ 和 $\bar{y}_{n-2}$($n-1$ 和 $n-2$ 时刻的滤波值)近似推出 y_n,其相应算法为

$$\Delta y_n = |y_n - \bar{y}_{n-1}| \begin{cases} \leqslant \alpha \Rightarrow \bar{y}_n = y_n \\ > \alpha \Rightarrow \bar{y}_n = \bar{y}_{n-1} \end{cases} \quad \text{或} \quad \bar{y}_n = 2\bar{y}_{n-1} - \bar{y}_{n-2} \quad (14\text{-}1)$$

其中，α 为相邻两个采样值之差的最大可变化范围。上述限幅滤波算法很容易用程序判断的方法实现，故也称为程序判断法。

应用这种方法时，关键是 α 值的选择。过程的动态特性决定其输出参数的变化速度。因此，通常按照参数可能的最大变化速度 $V_{\max}$ 和采样周期 T 决定 α 值，即

$$\alpha = V_{\max} T$$

2. 中位值滤波

中位值滤波就是对某一被测参数连续采样 n 次（一般 n 取奇数），然后把 n 次采样值按大小排序，取中间值作为本次采样值。中位值滤波能有效克服因偶然因素引起的波动或采样器不稳定引起的误码等造成的脉冲干扰。对温度、液位等缓慢变化的被测参数采用此方法能收到良好的滤波效果。但对于流量、压力等快速变化的被测参数，一般不宜采用中位值滤波。

3. 算术平均滤波

算术平均滤波就是连续取 N 个采样值进行算术平均，是消除随机误差最常用的方法。其数学表达式为

$$\bar{y} = \frac{1}{N}\sum_{i=1}^{N} y_i \quad (14\text{-}2)$$

算术平均滤波适用于对一般具有随机干扰的信号进行滤波。这种信号的特点是有一个平均值，信号在某一数值范围附近上下波动，在这种情况下仅取一个采样值作为依据显然是不准确的。算术平均滤波对信号的平滑程度取决于 N。当 N 较大时，平滑度高但灵敏度低；当 N 较小时，平滑度低但灵敏度高。应视具体的情况选取 N，使其既少占用计算时间，又达到最好的效果。对于一般流量测量，通常取 $N=12$；若为压力测量，则取 $N=4$。

算术平均滤波程序可直接按式(14-2)编制，只是需要注意两点。一是 y_n 的输入方法，对于定时测量，为了减少数据的存储容量，可对测得的 y 值直接进行计算；但对于某些应用场合，为了加快数据测量的速度，可采用先测量数据，并把它们存放在存储器中，测量完 N 点后，再对测得的 N 个数据进行平均值计算。二是选取适当的 y_n 和 $\bar{y}$ 的数据格式，即 y_n 和 $\bar{y}$ 是以定点数还是浮点数。采用浮点数计算比较方便，但计算时间较长；采用定点数可加快计算速度，但是必须考虑累加时是否会发生溢出。

4. 递推平均滤波

算术平均滤波每计算一次数据须测量 N 次，对于硬件速度较慢或要求数据计算速度较高的实时系统，该方法是无法使用的。例如，某 A/D 芯片转换速率为每秒 10 次，而要求每秒输入 4 次数据时，则 N 不能大于 2，下面介绍一种只需一次测量就能得到当前算术平均滤波值的方法——递推平均滤波。

递推平均滤波是把 N 个测量数据看成一个队列，队列的长度固定为 N，每进行一次新的测量，把测量结果收入队尾，丢弃原来队首的一个数据，这样在队列中始终有 N 个最新的数据。计算滤波值时，只要把队列中的 N 个数据进行算术平均，就可得到新的滤波值。这样每进行一次测量，就可计算得到一个新的平均滤波值。其数学表达式为

$$\bar{y}_n = \frac{1}{N}\sum_{i=1}^{N-1} y_{n-i} \tag{14-3}$$

其中，$\bar{y}_n$ 为第 n 次采样值经滤波后的输出；y_{n-i} 为未经滤波的第 $n-i$ 次采样值；N 为递推平均项数，即第 n 次采样的 N 项递推平均值为 $n,n-1,\cdots,n-N+1$ 次采样值的算术平均，与算术平均法相似。

递推平均滤波对于周期性干扰有良好的抑制作用，平滑度高，灵敏度低；但对偶然出现的脉冲干扰的抑制作用差，不易消除由脉冲干扰引起的采样值偏差，因此它不适用于脉冲干扰比较严重的场合，而适用于高频振荡的系统。通过观察不同 N 值下递推平均的输出响应来选取 N 值，以便既少占用计算机时间，又能达到最好的滤波效果。表 14-1 给出了工程经验参考值。

表 14-1 工程经验参考值

参　数	流　量	压　力	液　位	温　度
N 值	12	4	4～12	1～4

对照式(14-3)和式(14-2)可以看出，递推平均滤波与算术平均滤波在数学处理上是完全相同的，只是这 N 个数据的实际意义不同而已。采用定点数表示的递推平均滤波，在程序上与算术平均滤波没有什么大的不同，故不再给出。

5. 加权递推平均滤波

在算术平均滤波和递推平均滤波中，N 次采样值在输出结果中的权重是均等的，即 $1/N$。用这样的滤波算法，对于时变信号会引入滞后，N 越大，滞后越严重。为了增加新鲜采样数据在递推平均中的权重，以提高系统对当前采样值中所受干扰的灵敏度，可以采用加权递推平均滤波。它是递推平均滤波的改进，对不同时刻的数据加以不同的权重，通常越接近现时刻的数据，权重选取得越大。N 项加权递推平均滤波的数学表达式为

$$\bar{y}_n = \frac{1}{N}\sum_{i=1}^{N-1} C_i y_{n-i} \tag{14-4}$$

其中，$\bar{y}_n$ 为第 n 次采样值经滤波后的输出；y_{n-i} 为未经滤波的第 $n-i$ 次采样值；$C_0,C_1,\cdots,C_{N-1}$ 为常数，且满足如下条件。

$$C_0 + C_1 + \cdots + C_{N-1} = 1 \tag{14-5}$$

$$C_0 > C_1 > \cdots > C_{N-1} > 0 \tag{14-6}$$

$C_0,C_1,\cdots,C_{N-1}$ 的选取有多种方法，其中最常用的是加权系数法。设 τ 为对象的纯滞后时间，且

$$\delta = 1 + e^{-\tau} + e^{-2\tau} + \cdots + e^{-(N-1)\tau} \tag{14-7}$$

则

$$C_0 = \frac{1}{\delta},\quad C_1 = \frac{e^{-\tau}}{\delta},\quad \cdots,\quad C_{N-1} = \frac{e^{-(N-1)\tau}}{\delta} \tag{14-8}$$

由于 τ 越大，δ 越小，故给予新采样值的加权系数应越大，而给予先前采样值的加权系数应越小，这样可以提高采样值在平均过程中的地位。所以，加权递推平均滤波适用于有较大纯滞后时间常数 τ 的对象和采样周期较短的系统；而对于纯滞后时间常数较小、采样周期较长、变化缓慢的信号，则不能迅速反映系统当前所受干扰的严重程度，故滤波效果稍差。

6. 一阶惯性滤波

在模拟量输入通道等硬件电路中,常用一阶惯性 RC 模拟滤波器来抑制干扰。当用这种模拟方法实现对低频干扰的滤波时,首先遇到的问题是要求滤波器有大的时间常数和高精度的 RC 网络。时间常数 T_f 越大,要求 R 值越大,其漏电流随之增大,从而使 RC 网络的误差增大,降低了滤波效果。而一阶惯性滤波是一种以数字形式通过软件实现动态 RC 滤波的方法,它能很好地克服上述模拟滤波器的缺点,在要求大的时间常数场合,此方法更为实用。一阶惯性滤波算法为

$$\bar{y}_n = (1-\alpha)y_n + \alpha \bar{y}_{n-1} \tag{14-9}$$

α 由实验确定,只要使被检测的信号不产生明显的纹波即可,有

$$\alpha = \frac{T_f}{T + T_f} \tag{14-10}$$

式(14-9)和式(14-10)中,$\bar{y}_n$ 为未经滤波的第 n 次采样值;T_f 和 T 分别为滤波时间常数和采样周期。

当 $T \ll T_f$ 时,输入信号的频率很高。而滤波器的时间常数 T_f 较大时,上述算法便等价于一般的模拟滤波器。

一阶惯性滤波对周期性干扰具有良好的抑制作用,适用于波动频繁的参数滤波,其不足之处是带来了相位滞后,灵敏度低,滞后的程度取决于 α 值的大小。同时,它不能滤除频率高于 1/2 采样频率(称为奈奎斯特频率)的干扰信号。例如,采样频率为 100Hz,则它不能滤去 50Hz 以上的干扰信号。对于高于奈奎斯特频率的干扰信号,还得采用模拟滤波器。

一阶惯性滤波一般采用定点运算。由于不会产生溢出问题,α 常选为 2 的负幂次方,这样在计算 αy_n 时,只要把 y_n 向右移若干位即可。

7. 复合滤波

智能仪表在实际应用中所面临的随机扰动往往不是单一的,有时既要消除脉冲干扰,又要进行数据平滑。因此,通常可以把前面介绍的两种以上的方法结合起来使用,形成复合滤波。例如,防脉冲干扰的平均值滤波算法就是一种应用实例。这种算法的特点是先用中位值滤波滤掉采样值中的脉冲性干扰,然后把剩余的各采样值进行递推平均滤波。基本算法描述如下。

如果 $y_1 \leqslant y_2 \leqslant \cdots \leqslant y_n$,其中 $3 \leqslant n \leqslant 14$,$y_1$ 和 y_n 分别为所有采样值中的最小值和最大值,则

$$\bar{y}_n = \frac{y_2 + y_3 + \cdots + y_{n-1}}{n-2} \tag{14-11}$$

由于这种滤波方法兼容了中位值滤波和递推平均滤波的优点,所以无论对缓慢变化的还是快速变化的过程变量,都能起到较好的滤波效果,从而提高控制质量。

上面介绍了几种在智能仪表中使用较普遍的克服随机干扰的软件算法。在一个具体的智能仪器中究竟应该选用哪些滤波算法,取决于智能仪器的应用场合和过程中所含的随机干扰情况。

14.3.2 测量数据标度变换

在智能仪器测量系统中,需要对外界的各种信号进行测量。测量时,一般先用传感器把

外界的各种测量信号转换成电信号,然后用 A/D 转换器把模拟信号转换成微处理器能接受的数字信号。对于这样得到的数字信号,需要转换成人们熟悉的工程值才有意义。这是因为被测对象的各种数据的量纲与 A/D 转换器的输入值是不一样的。例如,压力单位为帕斯卡(Pa),温度单位为开尔文(K)、摄氏度(℃)等,这些参数经过传感器的 A/D 转换后得到一系列数字代码,这些数码值并不一定等于原来带有量纲的参数值,它仅对应参数值相对量的大小。所以,必须把它转换成带有量纲的数值后才能运算、显示,这种转换就是标度变换。

一般来说,标度变换的类型和方法应根据传感器的传输特性和仪表的功能要求确定,常见的有硬件实现法、软件实现法、实物标定法和复合实现法。其中,软件实现法在智能仪表的测量中最常用,它实现灵活,适用性广,其实现方法一般是借助数学解析表达式编写程序,从而达到变换标度的目的。

1. 线性标度变换

假设包括传感器在内的整个数据采集系统是线性的,则标度变换式为

$$y = y_0 + (y_m - y_0) \frac{N_x - N_0}{N_m - N_0} \tag{14-12}$$

其中,y 为物理量的测量值;y_m 为物理量量程的最大值;y_0 为物理量量程的最小值;N_m 为 y_m 对应的 A/D 转换后的数字量;N_0 为 y_0 所对应的 A/D 转换后的数字量;N_x 为测量值 y 所对应的 A/D 转换后的数字量。

例如,某温度传感器量程范围是 200~800℃,A/D 转换位数为 8 位,对应温度测量范围,A/D 转换结果范围为 0~FFH。在某一时刻,微处理器取样并经数值滤波后的数字量为 CDH,此时温度值为多少?

解 这里有两个条件,N_0=00H,N_m=FFH。

依题意 y_0=200℃,y_m=800℃,N_x=CDH=$(205)_D$。

已知 $N_0=(0)_D$,$N_m=(255)_D$,温度为

$$y = y_0 + (y_m - y_0) \frac{N_x - N_0}{N_m - N_0}$$

$$= 200 + (800 - 200) \frac{205 - 0}{255 - 0}$$

$$= 682℃$$

2. 公式转换法

有些传感器传输特性与被测参数测量值不是线性关系,它们存在由传感器和测量方法决定的函数关系,并且这些函数可以用解析式表示,此时的标度变换则根据解析式计算。

例如,利用节流装置测量流量时,流量与节流装置两边的压差之间的关系为

$$G = k\sqrt{\Delta P}$$

其中,G 为流量(即被测量);k 为系数(与流体的性质和节流装置的尺寸有关);ΔP 为节流装置两边的压差。

$$G_x = G_0 + (G_m - G_0) \frac{\sqrt{N_x} - \sqrt{N_0}}{\sqrt{N_m} - \sqrt{N_0}}$$

其中,G_x 为流量的测量值;G_m 为流量量程的最大值;G_0 为流量量程的最小值;N_m 为 G_m

对应的 A/D 转换后的数字量；N_0 为 G_0 对应的 A/D 转换后的数字量；N_x 为测量值 G_x 所对应的 A/D 转换后的数字量。

3. 多项式变换公式

许多传感器测出的数据与实际的参数之间为非线性关系，但它们的关系无法用一个简单的解析式表示，或者该解析式难以计算，这时可以采用多项式进行非线性标度变换。例如，对于一个热敏电阻，它的温度特性一般是非线性的，这时可以根据它的温度特性表，求出一个插值多项式，然后在程序中按这个多项式进行计算。

进行非线性标度变换时，应先根据所需要的逼近精度决定多项式的次数 N，然后选取 $N+1$ 个测量点，测出这时的实际参数值 y_i 与传感器输出值（经 A/D 转换后）x_i ($i=0,1,\cdots,N$)，再使用插值多项式计算程序求出各个参数，最后使用多项式计算子程序完成实际的标度变换。这种标度变换是最简单、最实用的一种非线性变换方法，适用于大多数应用场合。在实际使用时，可以根据需要采用分段变换以降低多项式次数和提高变换精度。

14.3.3 非线性校正

许多传感器、元器件及检测系统的输出信号与被测量参数之间存在明显的非线性，如在温度测量中，热电偶与温度的关系就是非线性的。为使智能仪器直接显示各种被测参数，并提高测量精度，必须对其非线性进行校正，使之线性化。常用的传感器非线性校正方法有校正函数法、代数差值法、最小二乘法等。在这里我们主要介绍利用软件处理方法补偿和校正以上误差，从而提高测量精度。

1. 线性插值法

某传感器的输入输出特性曲线如图 14-14 所示，先用实验方法测出传感器的输入输出特性曲线，$y=f(x)$ 是非线性曲线。为了通过测量传感器的输出量 y 计算被测量 x，可以作如下考虑。

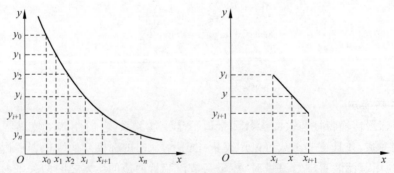

图 14-14 传感器输入输出特性及分段线性化示意图

传感器的输入输出特性在一定范围内近似呈线性。可将曲线按一定要求分成若干段，把相邻两点之间的曲线用直线近似。如输入值在 x_i 和 x_{i+1} 之间，则对应的输出值 y 为

$$y = y_i + (x - x_i)\frac{y_{i+1} - y_i}{x_{i+1} - x_i}$$
$$= y_i + K_i(x - x_i) \tag{14-13}$$

其中

$$K_i = \frac{y_{i+1} - y_i}{x_{i+1} - x_i} \tag{14-14}$$

对于任意的被测量 x,为求其线性化输出值 y,可采用以上算法编写计算机程序。计算机事先将校正曲线上各分段点 (x_i, y_i) 的对应输入输出值存入内存,当采集到输入信号 x 时,首先由计算机判断该输入值落在哪个区段内,再调用这个区段的数据,通过式(14-13)计算出相应的输出 y。

2. 二次曲线插值法

若两插值点之间的曲线很弯曲,仍采用线性插值法就会有较大的误差,这时可以采用二次曲线插值法,如图 14-15 所示。

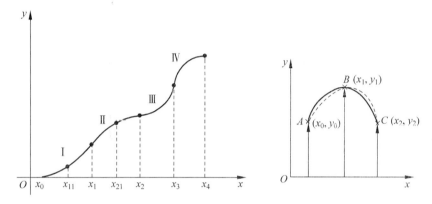

图 14-15 传感器输入输出特性及分段抛物线示意图

通过曲线上的 3 个点 $A(x_0, y_0)$、$B(x_1, y_1)$、$C(x_2, y_2)$ 作一条抛物线,用该曲线代替原曲线,曲线方程为

$$y = K_0 + K_1 x + K_2 x^2$$

其中,K_0、K_1 和 K_2 为待定系数,可采用 $y = f(x)$ 的 3 个点求解联立方程,也可以用另外一种形式求出。

$$y = m_0 + m_1(x - x_0) + m_2(x - x_0)(x - x_1) \tag{14-15}$$

当 $x = x_0$ 时,$y = y_0$,可得 $m_0 = y_0$。

同理可得

$$m_1 = \frac{y_1 - y_0}{x_1 - x_0}, \quad m_2 = \frac{\left(\dfrac{y_2 - y_0}{x_2 - x_0} - \dfrac{y_1 - y_0}{x_1 - x_0}\right)}{x_2 - x_1}$$

将 m_0、m_1 和 m_2 存放在相应的内存单元,之后计算机根据某点的 x 值代入式(14-15)即可求出被测值 y。

提高插值多项式的次数可以提高校正准确度。但考虑到实时计算这一情况,多项式的次数一般不宜取得过高。

分段抛物线拟合程序流程如图 14-16 所示。

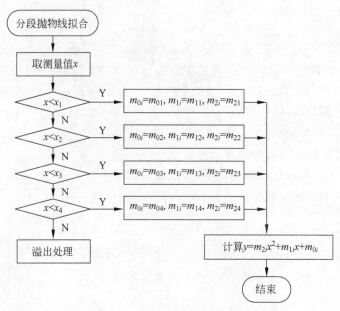

图 14-16　分段抛物线拟合程序流程

14.3.4　仪表自校准

经过一段时间的使用,仪器测量参数的准确性受到各种因素(如温度、湿度等)的影响,导致仪器本身的参数可能会发生偏离,用它测量的结果的可信度将下降。为保证仪器在预定精度下正常工作,仪器必须定期进行校准。校准是在规定的各种环境条件下,用一个可参考的测量标准及其配套装置和工具,测出被测量设备的实际具体量值及其技术参数。

传统仪器校准通过对已知标准校准源直接测量,或通过与更高精度的同类仪器进行比较测量来实现。当被校准仪器的测量存在误差时,需要手动调节仪器内部的可调器件(可调电阻、可调电容、可调电感等),使其示值接近标准值。传统的手动校准方法费时且费力,而目前大部分智能仪器内含微处理器,在对这些仪器进行校准时,可以充分利用仪器和计算机的通信功能,利用微处理器及计算机组成自动校准系统,自动对所得测试结果与已知标准值进行比较,将测量的不确定性进行量化,验证测量仪器是否工作在规定的指示范围内,从而大大减少人工作业,提高技术先进性,降低成本。

下面介绍智能仪器进行内部自校准和外部自校准的方法。

1. 内部自校准

内部自校准技术利用仪器内部的校准源进行测量,量化不确定性,并自动将功能、各量程按工作条件调整到最佳状态。当在环境差别较大的情况下工作时,内部自校准实际上消除了环境因素对测量准确度的影响,补偿工作环境的变化、内部校准温度的变化等。智能仪器采用了内部自校准技术,可去掉普通的微调电位器和微调电容,所有的内部调节工作都是通过存储的校准数据、可调增益放大器、可变电流源实现的。

智能仪器的系统误差主要产生在模拟通道中,造成这种误差的原因是它的放大器、滤波器、A/D 转换器、D/A 转换器和内部基准源等部件的电路状态及参数偏离标准值,随温度和时间产生漂移。这种偏离和漂移集中反映在零点漂移和放大倍率变化上。

1) 输入偏置电流自校准

输入放大器是高精度智能仪器仪表的常用部件之一,应保证仪器的高输入阻抗、低输入偏置电流和低漂移性能,否则会给测量带来误差。例如,数字万用表为了消除输入偏置电流带来的误差,设计了输入偏置电流的自动补偿和校准电路。如图 14-17 所示,在仪器输入端连接一个带有屏蔽的 10MΩ 电阻盒,输入偏置电流 I_b 在该电阻上产生电压降,经 A/D 转换后存储于非易失性校准存储器内,作为输入偏置电流的修正值。在正常测量时,微处理器根据修正值选出适当的数字量到 D/A 转换器,经输入偏置电流补偿电路产生补偿电流 I_b',消除仪器输入偏置电流带来的测量误差。类似应用有暗场测量、信号背景值测量等。

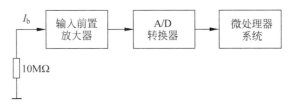

图 14-17 输入偏置电流的自动补偿和校准电路

2) 零点漂移自校准

零点漂移是造成零位误差的主要原因之一,即当输入信号为零时,输出不为零。有时零点漂移值随温度的变化而变化,主要是元器件稳定性引起的系统误差,可以通过选用稳定性高的输入器件,从硬件上消除这种影响,但成本较高,且温度变化较大的场合,该方法不能确保零点的稳定性。因此,可采用零点漂移自校准技术。假设零点漂移电压为 V_{os},校准零点漂移电压的电路原理如图 14-18 所示。

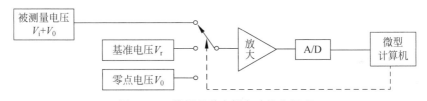

图 14-18 模拟通道内部自动校准原理

有很多情况下,被测量为零时,传感器输出信号并不为零(如 4~20mA 电流信号),将它转换为电压信号后,称为零点电压或零位电压,用 V_0 表示。被测量电压可以看作是零点电压 V_0 与信号电压 V_i 的叠加。

在仪器内部微机控制下,它们可以使模拟量测量通道依次地与仪器内部标准零点电压 V_0、基准电压 V_r 和被测量电压 V_i+V_0 相接。V_{os} 为折合到模拟量输入端的零点漂移电压。

为了简化对问题的分析,首先假设零点漂移电压 V_{os} 不随时间变化。

校准分以下 3 个步骤。

首先,通过微机控制多路转换开关,将模拟输入通道与标准零点电压 V_0 接通,得到这种情况下的 A/D 转换的输出值 N_0,则有 $N_0=K(V_0+V_{os})$,K 为总增益。

其次,控制多路转换开关,将模拟输入通道与被测量电压接通,将被测信号 V_i+V_0 和漂移电压 V_{os} 一同送入模拟量通道,这时得到的 A/D 转换的输出值为 $N_1=K(V_i+V_0+V_{os})$。

最后，利用微机对上面两次测量数据进行计算，如下所示。
$$N = N_1 - N_0 = K(V_i + V_0 + V_{os}) - K(V_0 + V_{os}) = KV_i$$

计算后的 A/D 转换输出值 N，是消去了零点漂移电压 V_{os} 的影响，真正代表输入信号电压 V_i 的输出值。需要注意的是，在这两次测量过程中，假定漂移 V_{os} 和总增益 K 保持不变。为了消去 V_{os}，需要进行两次测量，用了双倍的时间，对测量速度的影响比较大。

如果在两次测量之间，V_{os} 发生了变化，上述方法就不再适用，这时就必须对 V_{os} 进行插值处理。一般情况下，可以认为在短时间内，V_{os} 不会有大的变化，当漂移变化缓慢时，可以采用定时自校准的方式处理。

3）增益自校准

在仪表仪器仪表的输入通道中，除了存在零点漂移外，放大电路的增益误差和器件的不稳定也会影响测量数据的准确性，因此，必须对这些误差进行校准。增益自动校准的基本思想是，在不同功能的普通量程上分别进行增益校准，使之在满刻度范围内都达到规定的指标。利用仪表内附标准源 V_r，可以对增益偏离额定值产生的影响进行校准，它的校准仍然参考图 14-18。

增益自校准的步骤如下。

首先，假设此时无零点漂移（$V_{os}=0$），在计算机控制下，将模拟输入通道与基准电压 V_r 接通，这时得到一个接通标准源的 A/D 转换后的输出值 $N_r = KV_r$，将 N_r 存入 RAM 的确定单元中。

然后，将输入通道与被测量电压 $V_i + V_0$ 相接，得到一个 A/D 转换后的输出值
$$N_1 = K(V_i + V_0)$$

仪器内部 CPU 对测量数据进行以下计算。
$$N = N_1 / N_r = K(V_i + V_0)/(KV)_r$$

整理可得
$$V_i = NV_r - V_0 \tag{14-16}$$

由式(14-16)可以看出，这样得到的输入信号与增益 K 无关，消除了因 K 偏离额定值所引起的误差。在实际进行内部自校准的时候，既要考虑零点漂移，又要考虑增益的变化。这时的校准步骤如下（假设 V_{os} 和 K 值是固定不变的）。

(1) 程序控制输入通道接零点电压 V_0，得到输出值 N_0，则 $N_0 = K(V_0 + V_{os})$。
(2) 程序控制输入通道接基准电压 V_r，得到输出值 N_r，则 $N_r = K(V_r + V_{os})$。
(3) 程序控制输入通道与输入信号相连，得到输出 N_x，则 $N_x = K(V_i + V_0 + V_{os})$。
(4) 在微机控制下进行如下运算。
$$N_1 = N_r - N_0 = K(V_r - V_0)$$
$$N_2 = N_x - N_0 = KV_i$$
$$N = N_2/N_1 = V_i/(V_r - V_0)$$

所以
$$V_i = N(V_r - V_0) = N_2/N_1(V_r - V_0)$$
$$= V_r \frac{N_x - N_0}{N_r - N_0}$$

需要注意的是，每测量一个被测量要进行 3 次测量，测量时间增加两倍。3 次测量中，

认为零点漂移电压 V_{os} 和增益 K 是保持不变的。通常，在连续 3 次测量期间，测量时间短而测量速度很快时，可认为此条件满足。内附标准源稳定性好，其准确数值为已知。

设计仪器时，内部自校准有以下两种方案。

（1）每测量一个被测量都进行零点漂移和增益的自校准。这时，测量速度会显著降低，这是以牺牲速度换取测量的准确度。

（2）有选择地进行自校准。仪表面板上设置了"自校准"按钮，只有按此按钮时，测量才进行零点漂移和增益的自校准。

2. 外部自校准

外部自校准要采用高精度的外部标准源。进行外部自校准期间，板上校准常数要参照外部标准来调整。某些智能仪器操作者按下自校准的按键，仪器显示屏便提示操作者应输入的标准电压，操作者按提示要求将相应标准电压加到输入端之后，再按一次键，仪器就进行一次测量，并将标准量（或标准系数）存入校准存储器，然后显示器提示下一个要求输入的标准电压值，再重复上述测量存储过程。仪器的外部自校准可以采用自动校准系统来完成。

外部校准一旦完成，新的校准常数就会被保存在测量仪器中，有的公司还专门提供测量仪器中的外部自校准的标准软件。当对预定的校准测量完成后，校准程序还能自动计算每两个校准点之间的插值公式的系数，并把这些系数也存入校准存储器，这样就在仪器内部固定存储了一张校准表和一张内插公式系数表。在正式测量时，它们将与测量结果一起形成经过修正的准确测量值。

14.4　虚拟仪器

14.4.1　基本概念

众所周知，传统的电子仪器是一种容易辨认的产品。尽管各类仪器在功能和尺寸上有所不同，但它们一般不外乎是一种箱形的、带有控制面板和显示装置的实物。

计算机的不断发展推动了仪器的变革。低成本、高性能、先进的软件和图形用户界面使用户模拟甚至取代传统仪器的设想成为可能。代替机箱的是原先各种传统仪器的独特的功能模块，各种基本的测量功能也能由插入的印制电路板或干脆由计算机代替。这种仪器通常没有按键、旋钮或滑尺等控制仪器测量操作的部件，也没有刻度盘、读数器、单独屏幕或其他显示器，取而代之的是计算机通过先进的图像显示技术模拟仪器的前面板，此时仪器的控制也通过计算机标准的界面（如键盘、鼠标器或触摸屏）实现。软件可能只做少量的如屏幕显示的工作，也可能模拟若干复杂仪器的各种功能，设定插入测量卡的参数获取必要的数据。这种应用图形软件的功能以及由计算机处理和显示测量结果的测试系统在工业界常被称为虚拟仪器。

虚拟仪器也可定义为这样一种仪器，它的全部功能都可由软件来完成（配以一定的硬件）。用户只要提出所需要的系统框图、仪器面板控制和希望在计算机屏幕上实现的输出显示等即可。

这个概念由美国 NI 公司于 1990 年推出 LABVIEW 软件包发展起来。这个软件包能使用户开发一套框图或流程图,用来表示测试系统的功能和测试过程后,就可组建自己的虚拟仪器。可调用计算机内的控制器、指示器和显示器部件库组合或适当的仪器面板。当然,虚拟仪器要连接到现实世界以完成测量任务,仍需要借助信号采集卡或其他特殊功能模块。

可以说,虚拟仪器是仪器技术与计算机技术高度结合的产物。

将传统仪器与虚拟仪器作一简要的比较,它们的主要区别如表 14-2 所示。

表 14-2 传统仪器与虚拟仪器的主要区别

传 统 仪 器	虚 拟 仪 器
仪器商定义	用户自己定义
特定功能,与其他设备连接受限	系统面向应用,可方便地与网络、外设及其他应用设备等相连
硬件是关键部分	软件是关键部分
价格昂贵	价格低,可重复使用
封闭系统,功能固定不可更改	基于计算机技术的开放灵活的功能模块
技术更新慢(5~10 年)	技术更新快(1~2 年)
开发维护费用高	软件结构,大大节省开发费用

14.4.2 虚拟仪器的组成

由 14.4.1 可知,虚拟仪器的基本部件包括计算机及其显示、软件、仪器硬件,以及将计算机与仪器硬件相连的总线结构,如图 14-19 所示。

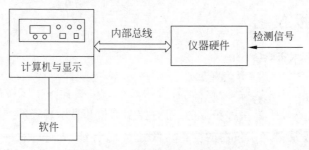

图 14-19 虚拟仪器的基本部件

1. 计算机与显示

计算机与显示部分是虚拟仪器的心脏部分。

2. 软件

如果说计算机是心脏,那么软件是虚拟仪器的头脑。软件确定虚拟仪器的功能和特性。虚拟仪器软件主要由两部分组成:应用程序和 I/O 接口仪器驱动程序。其中应用程序包括实现虚拟软面板功能和定义测试功能的流程图两类;I/O 接口仪器驱动程序主要完成特定外部硬件设备的扩展、驱动与通信。

3. 内部总线

在工业上占主导地位的基本上有 3 种总线:IEEE-488(GPIB 总线)、PC 总线和 VXI 总线。

1) IEEE-488 总线

IEEE-488 总线是计算机和仪器相连的第 1 个工业标准总线,它的主要优点之一是这个接口可埋设于标准仪器的后面,从而可使一器二用:既可作为一台标准的手动操作仪器单独使用,也可作为计算机控制的仪器。一个在计算机内的 IEEE-488 接口卡允许与多至 15 台仪器连接。借助接口卡和软件,可将指令由计算机传至每台仪器并读取结果。其最大数据传输率为 1MB/s,通常为 100~250KB/s。

2) PC 总线

由于人们对 IBM PC 在测试系统中的广泛接受,那些装入 PC 空槽中的插入式仪器卡仍有相应的较大的应用领域,特别是一些简单的 ADC、DAC、I/O 卡,适用于小型的、较为廉价的、精度要求并不十分苛刻的数据采集系统。诚然,由于 IEEE-488 总线的较强的抗电磁干扰性,高精度的仪器仍更宜采用 IEEE-488 总线,但价格相对较贵。

3) VXI 总线

VXI 技术是继 GPIB 技术之后在自动测试、数据采集和相应领域中的一种阶跃式的进展。它开创了自动测试、数据采集和自动控制的新纪元,使这些领域实实在在地进入了计算机时代或网络时代(或统称为信息时代)。由 IEEE-1155 规定的 VXI 总线,是一种开放式的仪器结构系统。各种 VXI 总线要求的标准功能模块,可插入专门设计的卡箱(称为主机框)。主机框包括电源、空气冷却以及为这些模块通信用的后面板。VXI 总线为一些类似 IEEE-488 所支持的高性能的仪器提供了一个高质量的电磁兼容环境,也是与高速通信的 VME 总线为基础的计算机后面板相连接的唯一通道。有 3 种方法可实现计算机至 VXI 总线仪器的通信。

(1) 通过 IEEE-488 的 VXI 总线通信。这种情况下,IEEE-488 总线到 VXI 总线的转接器模块插入 VXI 总线的主机框,用一根标准的接口电缆将其与计算机内的 IEEE-488 接口卡连接起来。这种系统编程方便,但数据传输速率受限于 IEEE-488。图 14-20 所示为由 IEEE-488 控制的 VXI 总线系统。

(2) 通过 MXI 总线的 VXI 总线通信。这种方式是在 VXI 总线主机框与计算机间应用较高速度的连接总线,最普遍的是人们熟悉的具有高速的柔性电缆接口总线 MXI。像 IEEE-488 一样,MXI 总线接口卡和软件是装在计算机内的,用一根电缆将其与 VXI 总线主机框内的 MXI 总线至 VXI 总线的转接器相连。MXI 总线的优点是计算机与 VXI 总线主机框之间的通信较 IEEE-488 快得多;缺点是 MXI 总线有可能较厚、较重,并有可能通过转接使数据传输的带宽有所损失。图 14-21 所示为由 MXI 总线控制的 VXI 总线系统。

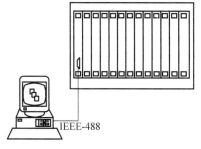
图 14-20　由 IEEE-488 控制的 VXI 总线系统

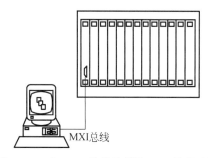
图 14-21　由 MXI 总线控制的 VXI 总线系统

（3）通过装入控制器内的 VXI 总线通信。这种方式是直接将一台功能强大的 VXI 总线计算机装入 VXI 总线主机框。这台计算机倾向于是一台可直接执行工业标准操作系统和软件的 PC 和工作站的改型，也称为 O 槽控制器。这种技术的优点是完全保持了 VXI 总线的通信功能。图 14-22 所示为由插入主机框内的 VXI 总线计算机控制的 VXI 总线系统。

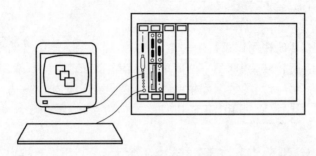

图 14-22　由插入主机框内的 VXI 总线计算机控制的 VXI 总线系统

4．仪器硬件

虚拟仪器可在不同程度上减少仪器的硬件，但决不意味着完全取消仪器的硬件。要测试现实世界的事物，总是要有具体的测量硬件和传感器，如数据采集模块、控制模块等。

14.4.3　虚拟仪器应用举例

工业界对虚拟仪器尚没有一个确切的定义。通常将虚拟仪器描述为以下 4 个应用方式。

1．组合仪器

将一些单独的仪器组合起来完成复杂测试任务，把这样的整套测试系统视为虚拟仪器。这些单独的仪器本身并不能实现这些功能。这个组合系统可设置每台仪器的参数，可作初始化操作、处理数据、显示测量的结果等。这个系统的总线可以是 IEEE-488、PC 总线、VXI 总线或三者的组合等。

2．图形虚拟面板

由计算机屏幕上的图形前面板代替传统仪器面板上的手动按钮、手柄和显示装置，以此提供对一台仪器的控制。由于它具有丰富的图形软件和窗口功能，因此可提供较传统仪器面板功能更多的方便条件。例如，电压表或电子开关等简单的仪器，现在可以像示波器一样定时显示其测量值的变化，或者可以直观地显示各种开关的状态。

3．图形编程技术

大多数仪器系统均应用 C、BASIC、FORTRAN 或 PASCAL 等文字化的语言来编程。计算机和仪器的功能不断扩大后，仪器系统可达到的能力看来是无限的。然而，仪器系统的开发者不得不把越来越多的工作放在软件开发上以控制该系统。为解决这一问题，引入了一些新方法和编程技术，最引人注目的成就之一是图形编程语言的引入。

不仅是仪器的控制，整个程序流程和执行都要用图形软件由图形来确定。所有用文字化语言能做的事都可由图形软件来完成。取代输入一行行的指令和说明等文字的，是用线条和箭头将一个个图形连接起来,开发出图形化的程序,从而使编程时间大大缩短。进一步可将图形子程序组合为一个复杂功能的图形,用于开发越来越先进的虚拟仪器。当然,用户也可根据自己的意愿采用文字或语言编程,或者将文字语言与图形语言混合使用。

4. 重组各功能模块构成虚拟仪器

用户根据自己的需要挑选一些功能模块以及相应的软件,组成一台虚拟仪器。VXI 总线(或 PXI 总线)为这些功能模块的组合提供了一个理想的环境。图 14-23 是采用组合功能模块技术而组成的 VXI 总线信号分析仪。各模块间的数据流如图 14-23(b)所示。这个技术的优点是为用户特殊需要的专用仪器提供了一种灵活的解决办法。

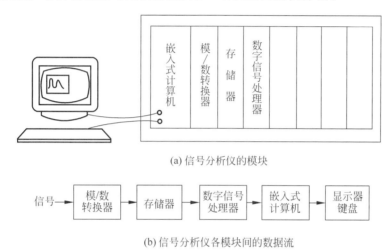

图 14-23　采用组合功能模块技术组成的 VXI 总线信号分析仪

14.5　网络化检测仪器

14.5.1　网络化测试技术

网络化技术的高速发展将时间和空间领域大大地缩小了。所构建的网络化测试系统能将分散于各个地域的不同测试设备挂接在网络上,实现资源和信息共享,协调工作,共同完成大型复杂的测试任务,或者完成智能节点(智能仪器、智能传感器)的数据传输、远程控制与故障诊断等。特别是近年来随着嵌入式系统、无线通信、网络及微机电系统等技术的进步而出现的一种全新的信息获取技术——无线传感网络,它将大量具有感知、计算和无线通信能力的传感节点形成自组织网络,实时协同感知、采集和处理被监测对象的信息。

14.5.2　网络化测试系统的组成

网络化测试系统主要由两大部分组成:一部分是系统的基本功能单元,如 PC 仪器、网络化测量仪器、网络化传感器、网络化测量模块等;另一部分是连接各基本功能单元的通信网络,如现场总线、Internet、无线传感器网络等。图 14-24 和图 14-25 分别为面向 Internet 的测控系统结构和无线传感器网络通信结构示意图。

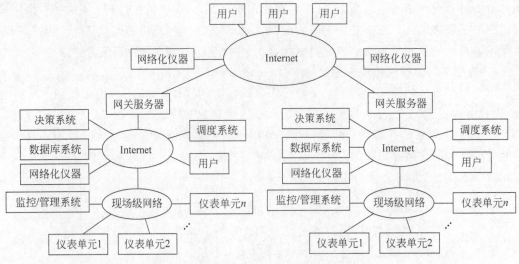

图 14-24 面向 Internet 的测控系统结构

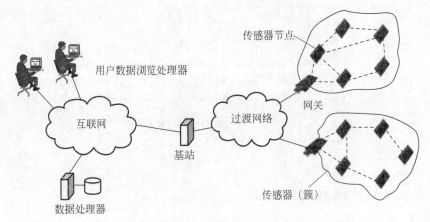

图 14-25 无线传感器网络通信结构

习题 14

14-1 智能仪器的主要功能有哪些？

14-2 数据采集系统实现的功能是什么？

14-3 智能仪器中典型的数据采集系统由哪些基本部分组成？每个部分的作用是什么？

14-4 仪表放大器、隔离放大器的特点是什么？它们都适用于什么样的场合？

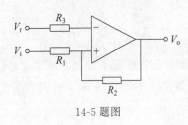

14-5 题图

14-5 所有迟滞比较器都具有正反馈回路，用以加速比较器的转换过程，并获得所需要的迟滞特性。基本型迟滞比较器如 14-5 题图所示，$V_r > 0$ 为设定比较电压，运算放大器采用单（正）电源供电，其饱和输出电压为 V_{sat}。

（1）将该电路作为整形电路，输入为正弦电压信号，输出为脉冲信号。写出该电路的正向阈值电压 V_{TH}、负向

阈值电压 V_{TL} 和门限宽度 ΔV 的表达式；

(2) 设 $V_r=0.6\text{V}, R_1=80\text{k}\Omega, R_2=1\text{M}\Omega, V_{sat}=14\text{V}$，求 V_{TH} 和 V_{TL} 电压值；

(3) 如果需要改变正向阈值电压、负向阈值电压而保持门限宽度不变，应如何做？

14-6 三运放组成的仪表放大器如14-6题图所示，当电阻 $R_1=R_2=R_3=R_4=R_5=R_6=R_7=R$ 时，推导该放大电路输出电压与输入电压之间的关系。

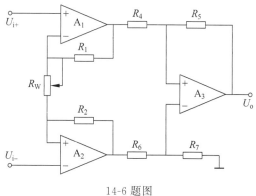

14-6 题图

14-7 一个 8 位逐次逼近式 A/D 转换器，分辨率为 0.0196V，若模拟输入电压为 0.68V，试求其数字输出量的数值。

14-8 采用 12 位 A/D 转换器对 10Hz 信号进行采样，若不加采样保持器，同时要求 A/D 采样孔径误差小于 1/2LSB，A/D 转换器的转换时间最大不能超过多少？

14-9 如果要求一个 D/A 转换器能分辨 5mV 的电压，设其满量程电压为 10V，试问其输入端数字量至少要为多少位？

14-10 简述虚拟仪器与网络化仪器的相同点。

14-11 什么是现场总线技术？

附录 1 Pt100 铂热电阻分度表
APPENDIX 1
（ZB Y301—85）

温度/℃	电阻值/Ω ($R_0=100.00\Omega$)									
	0	1	2	3	4	5	6	7	8	9
−200	18.49	—	—	—	—	—	—	—	—	—
−190	22.80	22.37	21.94	21.51	21.08	20.65	20.22	19.79	19.36	18.93
−180	27.08	26.65	26.23	25.80	25.37	24.94	24.52	24.09	23.66	23.23
−170	31.32	30.90	30.47	30.05	29.63	29.20	28.78	28.35	27.93	27.50
−160	35.53	35.11	34.69	34.27	33.85	33.43	33.01	32.59	32.16	31.74
−150	39.71	39.30	38.88	38.46	38.04	37.63	37.21	36.79	36.37	35.95
−140	43.87	43.45	43.04	42.63	42.21	41.79	41.38	40.96	40.55	40.13
−130	48.00	47.59	47.18	46.76	46.35	45.94	45.52	45.11	44.70	44.28
−120	52.11	51.70	51.20	50.88	50.47	50.06	49.64	49.23	48.82	48.41
−110	56.19	55.78	55.38	54.97	54.56	54.15	53.74	53.33	52.92	52.52
−100	60.25	59.85	59.44	59.04	58.63	58.22	57.82	57.41	57.00	56.60
−90	64.30	63.90	63.49	63.09	62.68	62.28	61.87	61.47	61.06	60.66
−80	68.33	67.92	67.52	67.12	66.72	66.31	65.91	65.51	65.11	64.70
−70	72.33	71.93	71.53	71.13	70.73	70.33	69.93	69.53	69.13	68.73
−60	76.33	75.93	75.53	75.13	74.73	74.33	73.93	73.53	73.13	72.73
−50	80.31	79.91	79.51	79.11	78.72	78.32	77.92	77.52	77.13	76.73
−40	84.27	83.88	83.48	83.08	82.69	82.29	81.89	81.50	81.10	80.70
−30	88.22	87.83	87.43	87.04	86.64	86.25	85.85	85.46	85.06	84.67
−20	92.16	91.77	91.37	90.98	90.59	90.19	89.80	89.40	89.01	88.62
−10	96.09	95.69	95.30	94.91	94.52	94.12	93.75	93.34	92.95	92.55
0	100.00	99.61	99.22	98.83	98.44	98.04	97.65	97.26	96.87	96.48

温度/℃	电阻值/Ω ($R_0=100.00\Omega$)									
	0	1	2	3	4	5	6	7	8	9
0	100.00	100.39	100.78	101.17	101.56	101.95	102.34	102.73	103.12	103.51
10	103.90	104.29	104.68	105.07	105.46	105.85	106.24	106.63	107.02	107.40
20	107.79	108.18	108.57	108.96	109.35	109.73	110.12	110.51	110.90	111.28
30	111.67	112.06	112.45	112.83	113.22	113.61	113.99	114.38	114.77	115.15
40	115.54	115.93	116.31	116.70	117.08	117.47	117.85	118.24	118.62	119.01
50	119.40	119.78	120.16	120.55	120.93	121.32	121.70	122.09	122.47	122.86

附录1　Pt100铂热电阻分度表(ZB Y301—85)

续表

温度/℃	电阻值/Ω($R_0=100.00\Omega$)									
	0	1	2	3	4	5	6	7	8	9
60	123.24	123.62	124.01	124.39	124.77	125.16	125.54	125.92	126.31	126.69
70	127.07	127.45	127.84	128.22	128.60	128.98	129.37	129.75	130.13	130.51
80	130.89	131.27	131.66	132.04	132.42	132.80	133.18	133.56	133.94	134.32
90	134.70	135.08	135.46	135.84	136.22	136.60	136.98	137.36	137.74	138.12
100	138.50	138.88	139.26	139.64	140.02	140.39	140.77	141.15	141.53	141.91
110	142.29	142.66	143.04	143.42	143.80	144.17	144.55	144.93	145.31	145.68
120	146.06	146.44	146.81	147.19	147.57	147.94	148.32	148.70	149.07	149.45
130	149.82	150.20	150.57	150.95	151.33	151.70	152.08	152.45	152.83	153.20
140	153.58	153.95	154.32	154.70	155.07	155.45	155.82	156.19	156.57	156.94
150	157.31	157.69	158.06	158.43	158.81	159.18	159.55	159.93	160.30	160.67
160	161.04	161.42	161.79	162.16	162.53	162.90	163.27	163.65	164.02	164.39
170	164.76	165.13	165.50	165.87	166.14	166.61	166.98	167.35	167.72	168.09
180	168.46	168.83	169.20	169.57	169.94	170.31	170.68	171.05	171.42	171.79
190	172.16	172.53	172.90	173.26	173.63	174.00	174.37	174.74	175.10	175.47
200	175.84	176.21	176.57	176.94	177.31	177.68	178.04	178.41	178.78	179.14
210	179.51	179.88	180.24	180.61	180.97	181.34	181.71	182.07	182.44	182.80
220	183.17	183.53	183.90	184.26	184.63	184.99	185.36	185.72	186.09	186.45
230	186.82	187.18	187.54	187.91	188.27	188.63	189.00	189.36	189.72	190.09
240	190.45	190.81	191.18	191.54	191.90	192.26	192.63	192.99	193.35	193.71
250	194.07	194.44	194.80	195.16	195.52	195.88	196.24	196.60	196.96	197.33
260	197.69	198.05	198.41	198.77	199.13	199.49	199.85	200.21	200.57	200.93
270	201.29	201.65	202.01	202.36	202.72	203.08	203.44	203.80	204.16	204.52
280	204.88	205.23	205.59	205.95	206.31	206.67	207.02	207.38	207.74	208.10
290	208.45	208.81	209.17	209.52	209.88	210.24	210.59	210.95	211.31	211.66
300	212.02	212.37	212.73	213.09	213.44	213.80	214.15	214.51	214.86	215.22
310	215.57	215.93	216.28	216.64	216.99	217.35	217.70	218.05	218.41	218.76
320	219.12	219.47	219.82	220.18	220.53	220.88	221.24	221.59	221.94	222.29
330	222.65	223.00	223.35	223.70	224.06	224.41	224.76	225.11	225.46	225.81
340	226.17	226.52	226.87	227.22	227.57	227.92	228.27	228.62	228.97	229.32
350	229.67	230.02	230.37	230.72	231.07	231.42	231.77	232.12	232.47	232.82
360	233.17	233.52	233.87	234.22	234.56	234.91	235.26	235.61	235.96	236.31
370	236.65	237.00	237.35	237.70	238.04	238.39	238.74	239.09	239.43	239.78
380	240.13	240.47	240.82	241.17	241.51	241.86	242.20	242.55	242.90	243.24
390	243.59	243.93	244.28	244.62	244.97	245.31	245.66	246.00	246.35	246.69
400	247.04	247.38	247.73	248.07	248.41	248.76	249.10	249.45	249.79	250.13
410	250.48	250.82	251.16	251.50	251.85	252.19	252.53	252.88	253.22	253.56
420	253.90	254.24	254.59	254.93	255.27	255.61	255.95	256.29	256.64	256.98
430	257.32	257.66	258.00	258.34	258.68	259.02	259.36	259.70	260.04	260.38
440	260.72	261.06	261.40	261.74	262.08	262.42	262.76	263.10	263.43	263.77
450	264.11	264.45	264.79	265.13	265.47	265.80	266.14	266.48	266.82	267.15
460	267.49	267.83	268.17	268.50	268.84	269.18	269.51	269.85	270.19	270.52

续表

温度/℃	电阻值/Ω($R_0=100.00Ω$)									
	0	1	2	3	4	5	6	7	8	9
470	270.86	271.20	271.53	271.87	272.20	272.54	272.88	273.21	273.55	273.88
480	274.22	274.55	274.89	275.22	275.56	275.89	276.23	276.56	276.89	277.23
490	277.56	277.90	278.23	278.56	278.90	279.23	279.56	279.90	280.23	280.56
500	280.90	281.23	281.56	281.89	282.23	282.56	282.89	283.22	283.55	283.89
510	284.22	284.55	284.88	285.21	285.54	285.87	286.21	286.54	286.87	287.20
520	287.53	287.86	288.19	288.52	288.85	289.18	289.51	289.84	290.17	290.50
530	290.83	291.16	291.49	291.81	292.14	292.47	292.80	293.13	293.46	293.79
540	294.11	294.44	294.77	295.10	295.43	295.75	296.08	296.41	296.74	297.06
550	297.39	297.72	298.04	298.37	298.70	299.02	299.35	299.68	300.00	300.33
560	300.65	300.98	301.31	301.63	301.96	302.28	302.61	302.93	303.26	303.58
570	303.91	304.23	304.56	304.88	305.20	305.53	305.85	306.18	306.50	306.82
580	307.15	307.47	307.79	308.12	308.44	308.76	309.09	309.41	309.73	310.05
590	310.38	310.70	311.02	311.34	311.67	311.99	312.31	312.63	312.95	313.27
600	313.59	313.92	314.24	314.56	314.88	315.20	315.52	315.84	316.16	316.48
610	316.80	317.12	317.44	317.76	318.08	318.40	318.72	319.04	319.36	319.68
620	319.99	320.31	320.63	320.95	321.27	321.59	321.91	322.22	322.54	322.86
630	323.18	323.49	323.81	324.13	324.45	324.76	325.08	325.40	325.72	326.03
640	326.35	326.66	326.98	327.30	327.61	327.93	328.25	328.56	328.88	329.19
650	329.51	329.82	330.14	330.45	330.77	331.08	331.40	331.71	332.03	332.34
660	332.66	332.97	333.28	333.60	333.91	334.23	334.54	334.85	335.17	335.48
670	335.79	336.11	336.42	336.73	337.04	337.36	337.67	337.98	338.29	338.61
680	338.92	339.23	339.54	339.85	340.16	340.48	340.79	341.10	341.41	341.72
690	342.03	342.34	342.65	342.96	343.27	343.58	343.89	344.20	344.51	344.82
700	345.13	345.44	345.75	346.06	346.37	346.68	346.99	347.30	347.60	347.91
710	348.22	348.53	348.84	349.15	349.45	349.76	350.07	350.38	350.69	350.99
720	351.30	351.61	351.91	352.22	352.53	352.83	353.14	353.45	353.75	354.06
730	354.37	354.67	354.98	355.28	355.59	355.90	356.20	356.51	356.81	357.12
740	357.42	357.73	358.03	358.34	358.64	358.95	359.25	359.55	359.86	360.16
750	360.47	360.77	361.07	361.38	361.68	361.98	362.29	362.59	362.89	363.19
760	363.50	368.80	364.10	364.40	364.71	365.01	365.31	365.61	365.91	366.22
770	366.52	366.82	367.12	367.42	367.72	368.02	368.32	368.63	368.93	369.23
780	369.53	369.83	370.13	370.43	370.73	371.03	371.33	371.63	371.93	372.22
790	372.52	372.82	373.12	373.42	373.72	374.02	374.32	374.61	374.91	375.21
800	375.51	375.81	376.10	376.40	376.70	377.00	377.20	377.59	377.89	378.19
810	378.48	378.78	379.08	379.37	379.67	379.97	380.26	380.56	380.85	381.15
820	381.45	381.74	382.04	382.33	382.63	382.92	383.22	383.51	383.81	384.10
830	384.40	384.69	384.98	385.28	385.57	385.87	386.16	386.45	386.75	387.04
840	387.34	387.63	387.92	388.21	388.51	388.80	389.09	389.39	389.68	389.97
850	390.26	—	—	—	—	—	—	—	—	—

附录 2 Pt1000 铂热电阻分度表（ZB Y301—85）

APPENDIX 2

温度/℃	电阻值/Ω ($R_0=1000.00\Omega$)									
	0	1	2	3	4	5	6	7	8	9
−50	803.063									
−49	807.033	806.604	806.239	805.842	805.445	805.048	804.651	804.254	803.857	803.460
−48	811.003	810.606	810.209	809.812	809.415	809.018	808.621	808.224	807.827	807.430
−47	814.970	814.573	814.177	813.780	813.383	812.987	812.590	812.193	811.796	811.400
−46	818.937	818.540	818.144	817.747	817.350	816.954	816.557	816.160	815.763	815.367
−45	822.902	822.506	822.109	821.713	821.316	820.920	820.523	820.127	819.730	819.334
−44	826.865	826.469	826.072	825.676	825.280	824.884	824.487	824.091	823.695	823.298
−43	830.828	830.432	830.035	829.639	829.243	828.847	828.450	828.054	827.658	827.261
−42	834.789	834.393	833.997	833.601	833.205	832.809	832.412	832.016	831.620	831.224
−41	838.748	838.352	837.956	837.560	837.164	836.769	836.373	835.977	835.581	835.185
−40	842.707	842.311	841.915	841.519	841.123	840.728	840.332	839.936	839.540	839.144
−39	846.664	846.268	845.873	845.477	845.081	844.686	844.290	843.894	843.498	843.103
−38	850.619	850.224	849.828	849.433	849.037	848.642	848.246	847.851	847.455	847.060
−37	854.573	854.179	853.783	853.388	852.992	852.597	852.201	851.806	851.410	851.015
−36	858.526	858.131	857.735	857.340	856.945	856.550	856.154	855.759	855.364	854.968
−35	862.478	862.082	861.688	861.292	860.897	860.502	860.107	859.712	859.316	858.921
−34	866.428	866.033	865.638	865.243	864.848	864.453	864.058	863.663	863.268	862.873
−33	870.377	869.982	869.587	869.192	868.797	868.403	868.008	867.613	867.218	866.823
−32	874.325	873.930	873.535	873.141	872.746	872.351	871.956	871.561	871.166	870.772
−31	878.272	877.877	877.483	877.088	876.693	876.299	875.904	875.509	875.114	874.720
−30	882.217	881.823	881.428	881.034	880.639	880.245	879.850	879.456	879.061	878.667
−29	886.161	885.766	885.372	884.978	884.583	884.189	883.795	883.400	883.006	882.611
−28	890.103	889.709	889.315	888.920	888.526	888.132	887.738	887.344	886.949	886.555
−27	894.044	893.650	893.256	892.862	892.468	892.074	891.679	891.285	890.891	890.497
−26	897.985	897.591	897.197	896.803	896.409	896.015	895.620	895.226	894.832	894.438
−25	901.923	901.529	901.135	900.742	900.348	899.954	899.560	899.166	898.773	898.379
−24	905.861	905.467	905.073	904.680	904.286	903.892	903.498	903.104	902.711	902.317
−23	909.798	909.404	909.011	908.617	908.223	907.830	907.436	907.042	906.648	906.255
−22	913.733	913.340	912.946	912.553	912.159	911.766	911.372	910.979	910.585	910.192
−21	917.666	917.273	916.879	916.486	916.093	915.700	915.306	914.913	914.520	914.126
−20	921.599	921.206	920.812	920.419	920.026	919.633	919.239	918.846	918.453	918.059
−19	925.531	925.138	924.745	924.351	923.958	923.565	923.172	922.779	922.385	921.992
−18	929.460	929.067	928.674	928.281	927.888	927.496	927.103	926.710	926.317	925.924
−17	933.390	932.997	932.604	932.211	931.818	931.425	931.032	930.639	930.246	929.853

续表

温度/℃	电阻值/Ω($R_0=1000.00\Omega$)									
	0	1	2	3	4	5	6	7	8	9
−16	937.317	936.924	936.532	936.139	935.746	935.354	934.961	934.568	934.175	933.783
−15	941.244	940.851	940.459	940.066	939.673	939.281	938.888	938.495	938.102	937.710
−14	945.170	944.777	944.385	943.992	943.600	943.207	942.814	942.422	942.029	941.637
−13	949.094	948.702	948.309	947.917	947.524	947.132	946.740	946.347	945.955	945.562
−12	953.016	952.624	952.232	951.839	951.447	951.055	950.663	950.271	949.878	949.486
−11	956.938	956.546	956.154	955.761	955.369	954.977	954.585	954.193	953.800	953.408
−10	960.859	960.467	960.075	959.683	959.291	958.899	958.506	958.114	957.722	957.330
−9	964.779	964.387	963.995	963.603	963.211	962.819	962.427	962.035	961.643	961.251
−8	968.697	968.305	967.913	967.522	967.130	966.738	966.346	965.954	965.563	965.171
−7	972.614	972.222	971.831	971.439	971.047	970.656	970.264	969.872	969.480	969.089
−6	976.529	976.138	975.746	975.355	974.963	974.572	974.180	973.789	973.397	973.006
−5	980.444	980.053	979.662	979.270	978.879	978.487	978.096	977.704	977.313	976.921
−4	984.358	983.967	983.575	983.184	982.793	982.401	982.010	981.618	981.227	980.835
−3	988.270	987.879	987.488	987.096	986.705	986.314	985.923	985.532	985.140	984.749
−2	992.181	991.790	991.399	991.008	990.617	990.226	989.834	989.443	989.052	988.661
−1	996.091	995.700	995.309	994.918	994.527	994.136	993.745	993.354	992.963	992.572
0	1000.000	1000.391	1000.782	1001.172	1001.563	1001.954	1002.345	1002.736	1003.126	1003.517
1	1003.908	1004.298	1004.689	1005.080	1005.470	1005.861	1006.252	1006.642	1007.033	1007.424
2	1007.814	1008.205	1008.595	1008.986	1009.377	1009.767	1010.158	1010.548	1010.939	1011.329
3	1011.720	1012.110	1012.501	1012.891	1013.282	1013.672	1014.062	1014.453	1014.843	1015.234
4	1015.624	1016.014	1016.405	1016.795	1017.185	1017.576	1017.966	1018.356	1018.747	1019.137
5	1019.527	1019.917	1020.308	1020.698	1021.088	1021.478	1021.868	1022.259	1022.649	1023.039
6	1023.429	1023.819	1024.209	1024.599	1024.989	1025.380	1025.770	1026.160	1026.550	1026.940
7	1027.330	1027.720	1028.110	1028.500	1028.890	1029.280	1029.670	1030.060	1030.450	1030.840
8	1031.229	1031.619	1032.009	1032.399	1032.789	1033.179	1033.569	1033.958	1034.348	1034.738
9	1035.128	1035.518	1035.907	1036.297	1036.687	1037.077	1037.466	1037.856	1038.246	1038.636
10	1039.025	1039.415	1039.805	1040.194	1040.584	1040.973	1041.363	1041.753	1042.142	1042.532
11	1042.921	1043.311	1043.701	1044.090	1044.480	1044.869	1045.259	1045.648	1046.038	1046.427
12	1046.816	1047.206	1047.595	1047.985	1048.374	1048.764	1049.153	1049.542	1049.932	1050.321
13	1050.710	1051.099	1051.489	1051.878	1052.268	1052.657	1053.046	1053.435	1053.825	1054.214
14	1054.603	1054.992	1055.381	1055.771	1056.160	1056.549	1056.938	1057.327	1057.716	1058.105
15	1058.495	1058.884	1059.273	1059.662	1060.051	1060.440	1060.829	1061.218	1061.607	1061.996
16	1062.385	1062.774	1063.163	1063.552	1063.941	1064.330	1064.719	1065.108	1065.496	1065.885
17	1066.274	1066.663	1067.052	1067.441	1067.830	1068.218	1068.607	1068.996	1069.385	1069.774
18	1070.162	1070.551	1070.940	1071.328	1071.717	1072.106	1072.495	1072.883	1073.272	1073.661
19	1074.049	1074.438	1074.826	1075.215	1075.604	1075.992	1076.381	1076.769	1077.158	1077.546
20	1077.935	1078.324	1078.712	1079.101	1079.489	1079.877	1080.266	1080.654	1081.043	1081.431
21	1081.820	1082.208	1082.596	1082.985	1083.373	1083.762	1084.150	1084.538	1084.926	1085.315
22	1085.703	1086.091	1086.480	1086.868	1087.256	1087.644	1088.033	1088.421	1088.809	1089.197
23	1089.585	1089.974	1090.362	1090.750	1091.138	1091.526	1091.914	1092.302	1092.690	1093.078
24	1093.467	1093.855	1094.243	1094.631	1095.019	1095.407	1095.795	1096.183	1096.571	1096.959
25	1097.347	1097.734	1098.122	1098.510	1098.898	1099.286	1099.674	1100.062	1100.450	1100.838
26	1101.225	1101.613	1102.001	1102.389	1102.777	1103.164	1103.552	1103.940	1104.328	1104.715
27	1105.103	1105.491	1105.879	1106.266	1106.654	1107.042	1107.429	1107.817	1108.204	1108.592
28	1108.980	1109.367	1109.755	1110.142	1110.530	1110.917	1111.305	1111.693	1112.080	1112.468
29	1112.855	1113.242	1113.630	1114.017	1114.405	1114.792	1115.180	1115.567	1115.954	1116.342
30	1116.729	1117.117	1117.504	1117.891	1118.279	1118.666	1119.053	1119.441	1119.828	1120.215

附录2 Pt1000铂热电阻分度表(ZB Y301—85)

续表

温度/℃	电阻值/Ω ($R_0 = 1000.00\,\Omega$)									
	0	1	2	3	4	5	6	7	8	9
31	1120.602	1120.990	1121.377	1121.764	1122.151	1122.538	1122.926	1123.313	1123.700	1124.087
32	1124.474	1124.861	1125.248	1125.636	1126.023	1126.410	1126.797	1127.184	1127.571	1127.958
33	1128.345	1128.732	1129.119	1130.127	1129.893	1130.280	1130.667	1131.054	1131.441	1131.828
34	1132.215	1132.602	1132.988	1133.375	1133.762	1134.149	1134.536	1134.923	1135.309	1135.696
35	1136.083	1136.470	1136.857	1137.243	1137.630	1138.017	1138.404	1138.790	1139.177	1139.564
36	1139.950	1140.337	1140.724	1141.110	1141.497	1141.884	1142.270	1142.657	1143.043	1143.430
37	1143.817	1144.203	1144.590	1144.976	1145.363	1145.749	1146.136	1146.522	1146.909	1147.295
38	1147.681	1148.068	1148.454	1148.841	1149.227	1149.614	1150.000	1150.386	1150.773	1151.159
39	1151.545	1151.932	1152.318	1152.704	1153.091	1153.477	1153.863	1154.249	1154.636	1155.022
40	1155.408	1155.794	1156.180	1156.567	1156.953	1157.339	1157.725	1158.111	1158.497	1158.883
41	1159.270	1159.656	1160.042	1160.428	1160.814	1161.200	1161.586	1161.972	1162.358	1162.744
42	1163.130	1163.516	1163.902	1164.288	1164.674	1165.060	1165.446	1165.831	1166.217	1166.603
43	1166.989	1167.375	1167.761	1168.147	1168.532	1168.918	1169.304	1169.690	1170.076	1170.461
44	1170.847	1171.233	1171.619	1172.004	1172.390	1172.776	1173.161	1173.547	1173.933	1174.318
45	1174.704	1175.090	1175.475	1175.861	1176.247	1176.632	1177.018	1177.403	1177.789	1178.174
46	1178.560	1178.945	1179.331	1179.716	1180.102	1180.487	1180.873	1181.258	1181.644	1182.029
47	1182.414	1182.800	1183.185	1183.571	1183.956	1184.341	1184.727	1185.112	1185.597	1185.883
48	1186.268	1186.653	1187.038	1187.424	1187.809	1188.194	1188.579	1188.965	1189.350	1189.735
49	1190.120	1190.505	1190.890	1191.276	1191.661	1192.046	1192.431	1192.816	1193.201	1193.586
50	1193.971	1194.356	1194.741	1195.126	1195.511	1195.896	1196.281	1196.666	1197.051	1197.436
51	1197.821	1198.206	1198.591	1198.976	1199.361	1199.746	1200.131	1200.516	1200.900	1201.285
52	1201.670	1202.055	1202.440	1202.824	1203.209	1203.594	1203.979	1204.364	1204.748	1205.133
53	1205.518	1205.902	1206.287	1206.672	1207.056	1207.441	1207.826	1208.210	1208.595	1208.980
54	1209.364	1209.749	1210.133	1210.518	1210.902	1211.287	1211.672	1212.056	1212.441	1212.825
55	1213.210	1213.594	1213.978	1214.363	1214.747	1215.120	1215.516	1215.901	1216.285	1216.669
56	1217.054	1217.438	1217.822	1218.207	1218.591	1218.975	1219.360	1219.744	1220.128	1220.513
57	1220.897	1221.281	1221.665	1222.049	1222.434	1222.818	1223.202	1223.586	1223.970	1224.355
58	1224.739	1225.123	1225.507	1225.891	1226.275	1226.659	1227.043	1227.427	1227.811	1228.195
59	1228.579	1228.963	1229.347	1229.731	1230.115	1230.499	1230.883	1231.267	1231.651	1232.035
60	1232.419	1232.803	1233.187	1233.571	1233.955	1234.338	1234.722	1235.106	1235.490	1235.874
61	1236.257	1236.641	1237.025	1237.409	1237.792	1238.176	1238.560	1238.944	1239.327	1239.711
62	1240.095	1240.478	1240.862	1241.246	1241.629	1242.030	1242.396	1242.780	1243.164	1243.547
63	1243.931	1244.314	1244.698	1245.081	1245.465	1245.848	1246.232	1246.615	1246.999	1247.382
64	1247.766	1248.149	1248.533	1248.916	1249.299	1249.683	1250.066	1250.450	1250.833	1251.216
65	1251.600	1251.983	1252.366	1252.749	1253.133	1253.516	1253.899	1254.283	1254.666	1255.049
66	1255.432	1255.815	1256.199	1256.582	1256.965	1257.348	1257.731	1258.114	1258.497	1258.881
67	1259.264	1259.647	1260.030	1260.413	1260.796	1261.179	1261.562	1261.945	1262.328	1262.711
68	1263.094	1263.477	1263.860	1264.243	1264.626	1265.009	1265.392	1265.775	1266.157	1266.540
69	1266.923	1267.306	1267.689	1268.072	1268.455	1268.837	1269.220	1269.603	1269.986	1270.368
70	1270.751	1271.134	1271.517	1271.899	1272.282	1272.665	1273.048	1273.430	1273.813	1274.195
71	1274.578	1274.691	1274.803	1274.916	1275.029	1275.141	1275.254	1275.366	1275.479	1275.591
72	1278.404	1278.786	1279.169	1279.551	1279.934	1280.316	1280.699	1281.081	1281.464	1281.846
73	1282.228	1282.611	1282.993	1283.376	1283.758	1284.140	1284.523	1284.905	1285.287	1285.670
74	1286.052	1286.434	1286.816	1287.199	1287.581	1287.963	1288.345	1288.728	1289.110	1289.492
75	1289.874	1290.256	1290.638	1291.021	1291.403	1291.785	1292.167	1292.549	1292.931	1293.313
76	1293.695	1294.077	1294.459	1294.841	1295.223	1295.605	1295.987	1296.369	1296.751	1297.133
77	1297.515	1297.897	1298.279	1298.661	1299.043	1299.425	1299.807	1300.188	1300.570	1300.952

续表

温度/℃	电阻值/Ω($R_0=1000.00Ω$)									
	0	1	2	3	4	5	6	7	8	9
78	1301.334	1301.716	1302.098	1302.479	1302.861	1303.243	1303.625	1304.006	1304.388	1304.770
79	1305.152	1305.533	1305.915	1306.297	1306.678	1307.060	1307.442	1307.823	1308.205	1308.586
80	1308.968	1309.350	1309.731	1310.113	1310.494	1310.876	1311.270	1311.639	1312.020	1312.402
81	1312.783	1313.165	1313.546	1313.928	1314.309	1314.691	1315.072	1315.453	1315.835	1316.216
82	1316.597	1316.979	1317.360	1317.742	1318.123	1318.504	1318.885	1319.267	1319.648	1320.029
83	1320.411	1320.792	1321.173	1321.554	1321.935	1322.316	1322.697	1323.079	1323.460	1323.841
84	1324.222	1324.603	1324.985	1325.366	1325.747	1326.128	1326.509	1326.890	1327.271	1327.652
85	1328.033	1328.414	1328.795	1329.176	1329.557	1329.938	1330.319	1330.700	1331.081	1331.462
86	1331.843	1332.224	1332.604	1332.985	1333.366	1333.747	1334.128	1334.509	1334.889	1335.270
87	1335.651	1336.032	1336.413	1336.793	1337.174	1337.555	1337.935	1338.316	1338.697	1339.078
88	1339.458	1335.839	1332.220	1328.600	1324.981	1321.361	1317.742	1314.123	1310.503	1306.884
89	1343.264	1343.645	1344.025	1344.406	1344.786	1345.167	1345.570	1345.928	1346.308	1346.689
90	1347.069	1347.450	1347.830	1348.211	1348.591	1348.971	1349.352	1349.732	1350.112	1350.493
91	1350.873	1351.253	1351.634	1352.014	1352.394	1352.774	1353.155	1353.535	1353.915	1354.295
92	1354.676	1355.056	1355.436	1355.816	1356.196	1356.577	1356.957	1357.337	1357.717	1358.097
93	1358.477	1358.857	1359.237	1359.617	1359.997	1360.377	1360.757	1361.137	1361.517	1361.897
94	1362.277	1362.657	1363.037	1363.417	1363.797	1364.177	1364.557	1364.937	1365.317	1365.697
95	1366.077	1366.456	1366.836	1367.216	1367.596	1367.976	1368.355	1368.735	1369.115	1369.495
96	1369.875	1370.254	1370.634	1371.014	1371.393	1371.773	1372.153	1372.532	1372.912	1373.292
97	1373.671	1374.051	1374.431	1374.810	1375.190	1375.569	1375.949	1376.329	1376.708	1377.088
98	1377.467	1377.847	1378.226	1378.606	1378.985	1379.365	1379.744	1380.123	1380.503	1380.882
99	1381.262	1381.641	1382.020	1382.400	1382.779	1383.158	1383.538	1383.917	1384.296	1384.676
100	1385.055	1388.847	1392.638	1396.428	1400.217	1404.005	1407.791	1411.576	1415.360	1419.143
110	1422.925	1426.706	1430.485	1434.264	1438.041	1441.817	1445.592	1449.366	1453.138	1456.910
120	1460.680	1464.449	1468.217	1471.984	1475.750	1479.514	1483.277	1487.040	1490.801	1494.561
130	1498.319	1502.077	1505.833	1509.589	1513.343	1517.096	1520.847	1524.598	1528.381	1532.139
140	1535.843	1539.589	1543.334	1547.078	1550.820	1554.562	1558.302	1562.041	1565.779	1569.516
150	1573.251	1576.986	1580.719	1584.451	1588.182	1591.912	1595.641	1599.368	1603.094	1606.820
160	1610.544	1614.267	1617.989	1621.709	1625.429	1629.147	1632.864	1636.580	1640.295	1644.009
170	1647.721	1651.433	1655.143	1658.852	1662.560	1666.267	1669.972	1673.677	1677.380	1681.082
180	1684.783	1688.483	1692.181	1695.879	1699.575	1703.271	1706.965	1710.658	1714.349	1718.040
190	1721.729	1725.418	1729.105	1732.791	1736.475	1740.159	1743.842	1747.523	1751.203	1754.882
200	1758.560	1762.237	1765.912	1769.587	1773.260	1776.932	1780.603	1784.273	1787.941	1791.610
210	1795.275	1798.940	1802.604	1806.267	1809.929	1813.590	1817.249	1820.907	1824.564	1828.220
220	1831.875	1835.529	1839.181	1842.832	1846.483	1850.132	1853.779	1857.426	1861.072	1864.716
230	1868.359	1872.001	1875.642	1879.282	1882.921	1886.558	1890.194	1893.830	1897.463	1901.096
240	1904.728	1908.359	1911.988	1915.616	1919.243	1922.869	1926.494	1930.117	1933.740	1937.361
250	1940.981	1944.600	1948.218	1951.835	1955.450	1959.065	1962.678	1966.290	1969.901	1973.510
260	1977.119	1980.726	1984.333	1987.938	1991.542	1995.145	1998.746	2002.347	2005.946	2009.544
270	2013.141	2016.737	2020.332	2023.925	2027.518	2031.109	2034.699	2038.288	2041.876	2045.463
280	2049.048	2052.632	2056.215	2059.798	2063.378	2066.958	2070.537	2074.114	2077.690	2081.265
290	2084.839	2088.412	2091.984	2095.554	2099.123	2102.692	2106.259	2109.824	2113.389	2116.953
300	2120.515									

附录 3 APPENDIX 3

镍铬-镍硅热电偶分度表（K 型）

温度/℃	热电动势/mV（JJG 351-84）参考端温度为 0℃									
	0	1	2	3	4	5	6	7	8	9
−50	−1.889	−1.925	−1.961	−1.996	−2.032	−2.067	−2.102	−2.137	−2.173	−2.208
−40	−1.527	−1.563	−1.600	−1.636	−1.673	−1.709	−1.745	−1.781	−1.817	−1.853
−30	−1.156	−1.193	−1.231	−1.268	−1.305	−1.342	−1.379	−1.416	−1.453	−1.490
−20	−0.777	−0.816	−0.854	−0.892	−0.930	−0.968	−1.005	−1.043	−1.081	−1.118
−10	−0.392	−0.431	−0.469	−0.508	−0.547	−0.585	−0.624	−0.662	−0.701	−0.739
0	0	−0.039	−0.079	−0.118	−0.157	−0.197	−0.236	−0.275	−0.314	−0.353

温度/℃	热电动势/mV（JJG 351-84）参考端温度为 0℃									
	0	1	2	3	4	5	6	7	8	9
0	0	0.039	0.079	0.119	0.158	0.198	0.238	0.277	0.317	0.357
10	0.397	0.437	0.477	0.517	0.557	0.597	0.637	0.677	0.718	0.758
20	0.798	0.838	0.879	0.919	0.960	1.000	1.041	1.081	1.122	1.162
30	1.203	1.244	1.285	1.325	1.366	1.407	1.448	1.489	1.529	1.570
40	1.611	1.652	1.693	1.734	1.776	1.817	1.858	1.899	1.940	1.981
50	2.022	2.064	2.105	2.146	2.188	2.229	2.270	2.312	2.353	2.394
60	2.436	2.477	2.519	2.560	2.601	2.643	2.684	2.726	2.767	2.809
70	2.850	2.892	2.933	2.875	3.016	3.058	3.100	3.141	3.183	3.224
80	3.266	3.307	3.349	3.390	3.432	3.473	3.515	3.556	3.598	3.639
90	3.681	3.722	3.764	3.805	3.847	3.888	3.930	3.971	4.012	4.054
100	4.095	4.137	4.178	4.219	4.261	4.302	4.343	4.384	4.426	4.467
110	4.508	4.549	4.590	4.632	4.673	4.714	4.755	4.796	4.837	4.878
120	4.919	4.960	5.001	5.042	5.083	5.124	5.164	5.205	5.246	5.287
130	5.327	5.368	5.409	5.450	5.490	5.531	5.571	5.612	5.652	5.693
140	5.733	5.774	5.814	5.855	5.895	5.936	5.976	6.016	6.057	6.097
150	6.137	6.177	6.218	6.258	6.298	6.338	6.378	6.419	6.459	6.499
160	6.539	6.579	6.619	6.659	6.699	6.739	6.779	6.819	6.859	6.899
170	6.939	6.979	7.019	7.059	7.099	7.139	7.179	7.219	7.259	7.299
180	7.338	7.378	7.418	7.458	7.498	7.538	7.578	7.618	7.658	7.697
190	7.737	7.777	7.817	7.857	7.897	7.937	7.977	8.017	8.057	8.097
200	8.137	8.177	8.216	8.256	8.296	8.336	8.376	8.416	8.456	8.497

续表

温度/℃	热电动势/mV(JJG 351-84)参考端温度为0℃									
	0	1	2	3	4	5	6	7	8	9
210	8.537	8.577	8.617	8.657	8.697	8.737	8.777	8.817	8.857	8.898
220	8.938	8.978	9.018	9.058	9.099	9.139	9.179	9.220	9.260	9.300
230	9.341	9.381	9.421	9.462	9.502	9.543	9.583	9.624	9.664	9.705
240	9.745	9.786	9.826	9.867	9.907	9.948	9.989	10.029	10.070	10.111
250	10.151	10.192	10.233	10.274	10.315	10.355	10.396	10.437	10.478	10.519
260	10.560	10.600	10.641	10.882	10.723	10.764	10.805	10.848	10.887	10.928
270	10.969	11.010	11.051	11.093	11.134	11.175	11.216	11.257	11.298	11.339
280	11.381	11.422	11.463	11.504	11.545	11.587	11.628	11.669	11.711	11.752
290	11.793	11.835	11.876	11.918	11.959	12.000	12.042	12.083	12.125	12.166
300	12.207	12.249	12.290	12.332	12.373	12.415	12.456	12.498	12.539	12.581
310	12.623	12.664	12.706	12.747	12.789	12.831	12.872	12.914	12.955	12.997
320	13.039	13.080	13.122	13.164	13.205	13.247	13.289	13.331	13.372	13.414
330	13.456	13.497	13.539	13.581	13.623	13.665	13.706	13.748	13.790	13.832
340	13.874	13.915	13.957	13.999	14.041	14.083	14.125	14.167	14.208	14.250
350	14.292	14.334	14.376	14.418	14.460	14.502	14.544	14.586	14.628	14.670
360	14.712	14.754	14.796	14.838	14.880	14.922	14.964	15.006	15.048	15.090
370	15.132	15.174	15.216	15.258	15.300	15.342	15.394	15.426	15.468	15.510
380	15.552	15.594	15.636	15.679	15.721	15.763	15.805	15.847	15.889	15.931
390	15.974	16.016	16.058	16.100	16.142	16.184	16.227	16.269	16.311	16.353
400	16.395	16.438	16.480	16.522	16.564	16.607	16.649	16.691	16.733	16.776
410	16.818	16.860	16.902	16.945	16.987	17.029	17.072	17.114	17.156	17.199
420	17.241	17.283	17.326	17.368	17.410	17.453	17.495	17.537	17.580	17.622
430	17.664	17.707	17.749	17.792	17.834	17.876	17.919	17.961	18.004	18.046
440	18.088	18.131	18.173	18.216	18.258	18.301	18.343	18.385	18.428	18.470
450	18.513	18.555	18.598	18.640	18.683	18.725	18.768	18.810	18.853	18.896
460	18.938	18.980	19.023	19.065	19.108	19.150	19.193	19.235	19.278	19.320
470	19.363	19.405	19.448	19.490	19.533	19.576	19.618	19.661	19.703	19.746
480	19.788	19.831	19.873	19.916	19.959	20.001	20.044	20.086	20.129	20.172
490	20.214	20.257	20.299	20.342	20.385	20.427	20.470	20.512	20.555	20.598
500	20.640	20.683	20.725	20.768	20.811	20.853	20.896	20.938	20.981	21.024
510	21.066	21.109	21.152	21.194	21.237	21.280	21.322	21.365	21.407	21.450
520	21.493	21.535	21.578	21.621	21.663	21.706	21.749	21.791	21.834	21.876
530	21.919	21.962	22.004	22.047	22.090	22.132	22.175	22.218	22.260	22.303
540	22.346	22.388	22.431	22.473	22.516	22.559	22.601	22.644	22.687	22.729
550	22.772	22.815	22.857	22.900	22.942	22.985	23.028	23.070	23.113	23.156
560	23.198	23.241	23.284	23.326	23.369	23.411	23.454	23.497	23.539	23.582
570	23.624	23.667	23.710	23.752	23.795	23.837	23.880	23.923	23.965	24.008
580	24.050	24.093	24.136	24.178	24.221	24.263	24.306	24.348	24.391	24.434
590	24.476	24.519	24.561	24.604	24.646	24.689	24.731	24.774	24.817	24.859
600	24.902	24.944	24.987	25.029	25.072	25.114	25.157	25.199	25.242	25.284
610	25.327	25.369	25.412	25.454	25.497	25.539	25.582	25.624	25.666	25.709

附录3　镍铬-镍硅热电偶分度表(K型)

续表

温度/℃	热电动势/mV(JJG 351-84)参考端温度为0℃									
	0	1	2	3	4	5	6	7	8	9
620	25.751	25.794	25.836	25.879	25.921	25.964	26.006	26.048	26.091	26.133
630	26.176	26.218	26.260	26.303	26.345	26.387	26.430	26.472	26.515	26.557
640	26.599	26.642	26.684	26.726	26.769	26.811	26.853	26.896	26.938	26.980
650	27.022	27.065	27.107	27.149	27.192	27.234	27.276	27.318	27.361	27.403
660	27.445	27.487	27.529	27.572	27.614	27.656	27.698	27.740	27.783	27.825
670	27.867	27.909	27.951	27.993	28.035	28.078	28.120	28.162	28.204	28.246
680	28.288	28.330	28.372	28.414	28.456	28.498	28.540	28.583	28.625	28.667
690	28.709	28.751	28.793	28.835	28.877	28.919	28.961	29.002	29.044	29.086
700	29.128	29.170	29.212	29.264	29.296	29.338	29.380	29.422	29.464	29.505
710	29.547	29.589	29.631	29.673	29.715	29.756	29.798	29.840	29.882	29.924
720	29.965	30.007	30.049	30.091	30.132	30.174	30.216	20.257	30.299	30.341
730	30.383	30.424	30.466	30.508	30.549	30.591	30.632	30.674	30.716	30.757
740	30.799	30.840	30.882	30.924	30.965	31.007	31.048	31.090	31.131	31.173
750	31.214	31.256	31.297	31.339	31.380	31.422	31.463	31.504	31.546	31.587
760	31.629	31.670	31.712	31.753	31.794	31.836	31.877	31.918	31.960	32.001
770	32.042	32.084	32.125	32.166	32.207	32.249	32.290	32.331	32.372	32.414
780	32.455	32.496	32.537	32.578	32.619	32.661	32.702	32.743	32.784	32.825
790	32.866	32.907	32.948	32.990	33.031	33.072	33.113	33.154	33.195	33.236
800	33.277	33.318	33.359	33.400	33.441	33.482	33.523	33.564	33.606	33.645
810	33.686	33.727	33.768	33.809	33.850	33.891	33.931	33.972	34.013	34.054
820	34.095	34.136	34.176	34.217	34.258	34.299	34.339	34.380	34.421	34.461
830	34.502	34.543	34.583	34.624	34.665	34.705	34.746	34.787	34.827	34.868
840	34.909	34.949	34.990	35.030	35.071	35.111	35.152	35.192	35.233	35.273
850	35.314	35.354	35.395	35.435	35.476	35.516	35.557	35.597	35.637	35.678
860	35.718	35.758	35.799	35.839	35.880	35.920	35.960	36.000	36.041	36.081
870	36.121	36.162	36.202	36.242	36.282	36.323	36.363	36.403	36.443	36.483
880	36.524	36.564	36.604	36.644	36.684	36.724	36.764	36.804	36.844	36.885
890	36.925	36.965	37.005	37.045	37.085	37.125	37.165	37.205	37.245	37.285
900	37.325	37.365	37.405	37.443	37.484	37.524	37.564	37.604	37.644	37.684
910	37.724	37.764	37.833	37.843	37.883	37.923	37.963	38.002	38.042	38.082
920	38.122	38.162	38.201	38.241	38.281	38.320	38.360	38.400	38.439	38.479
930	38.519	38.558	38.598	38.638	38.677	38.717	38.756	38.796	38.836	38.875
940	38.915	38.954	38.994	39.033	39.073	39.112	39.152	39.191	39.231	39.270
950	39.310	39.349	39.388	39.428	39.467	39.507	39.546	39.585	39.625	39.664
960	39.703	39.743	39.782	39.821	39.861	39.900	39.939	39.979	40.018	40.057
970	40.096	40.136	40.175	40.214	40.253	40.292	40.332	40.371	40.410	40.449
980	40.488	40.527	40.566	40.605	40.645	40.634	40.723	40.762	40.801	40.840
990	40.879	40.918	40.957	40.996	41.035	41.074	41.113	41.152	41.191	41.230
1000	41.269	41.308	41.347	41.385	41.424	41.463	41.502	41.541	41.580	41.619
1010	41.657	41.696	41.735	41.774	41.813	41.851	41.890	41.929	41.968	42.006
1020	42.045	42.084	42.123	42.161	42.200	42.239	42.277	42.316	42.355	42.393

续表

温度/℃	热电动势/mV(JJG 351-84)参考端温度为0℃									
	0	1	2	3	4	5	6	7	8	9
1030	42.432	42.470	42.509	42.548	42.586	42.625	42.663	42.702	42.740	42.779
1040	42.817	42.856	42.894	42.933	42.971	43.010	43.048	43.087	43.125	43.164
1050	43.202	43.240	43.279	43.317	43.356	43.394	43.432	43.471	43.509	43.547
1060	43.585	43.624	43.662	43.700	43.739	43.777	43.815	43.853	43.891	43.930
1070	43.968	44.006	44.044	44.082	44.121	44.159	44.197	44.235	44.273	44.311
1080	44.349	44.387	44.425	44.463	44.501	44.539	44.577	44.615	44.653	44.691
1090	44.729	44.767	44.805	44.843	44.881	44.919	44.957	44.995	45.033	45.070
1100	45.108	45.146	45.184	45.222	45.260	45.297	45.335	45.373	45.411	45.448
1110	45.486	45.524	45.561	45.599	45.637	45.675	45.712	45.750	45.787	45.825
1120	45.863	45.900	45.938	45.975	46.013	46.051	45.088	46.126	46.163	46.201
1130	46.238	46.275	46.313	46.350	46.388	46.425	46.463	46.500	46.537	46.575
1140	46.612	46.649	46.687	46.724	46.761	46.799	46.836	46.873	46.910	46.948
1150	46.985	47.022	47.059	47.096	47.134	47.171	47.208	47.245	47.282	47.319
1160	47.356	47.393	47.430	47.468	47.505	47.542	47.579	47.616	47.653	47.689
1170	47.726	47.763	47.800	47.837	47.874	47.911	47.948	47.985	48.021	48.058
1180	48.095	48.132	48.169	48.205	48.242	48.279	48.316	48.352	48.389	48.426
1190	48.462	48.499	48.536	48.572	48.609	48.645	48.682	48.718	48.755	48.792
1200	48.828	48.865	48.901	48.937	48.974	49.010	49.047	49.083	49.120	49.156
1210	49.192	49.229	49.265	49.301	49.338	49.374	49.410	49.446	49.483	49.519
1220	49.555	49.591	49.627	49.663	49.700	49.736	49.772	49.808	49.844	49.880
1230	49.916	49.952	49.988	50.024	50.060	50.096	50.132	50.168	50.204	50.240
1240	50.276	50.311	50.347	50.383	50.419	50.455	50.491	50.526	50.562	50.598
1250	50.633	50.669	50.705	50.741	50.776	50.812	50.847	50.883	50.919	50.954
1260	50.990	51.025	51.061	51.096	51.132	51.167	51.203	51.238	51.274	51.309
1270	51.344	51.380	51.415	51.450	51.486	51.521	51.556	51.592	51.627	51.662
1280	51.697	51.733	51.768	51.803	51.836	51.873	51.908	51.943	51.979	52.014
1290	52.049	52.084	52.119	52.154	52.189	52.224	52.259	52.284	52.329	52.364
1300	52.398	52.433	52.468	52.503	52.538	52.573	52.608	52.642	52.677	52.712
1310	52.747	52.781	52.816	52.851	52.886	52.920	52.955	52.980	53.024	53.059
1320	53.093	53.128	53.162	53.197	53.232	53.266	53.301	53.335	53.370	53.404
1330	53.439	53.473	53.507	53.642	53.576	53.611	53.645	53.679	53.714	53.748
1340	53.782	53.817	53.851	53.885	53.926	53.954	53.988	54.022	54.057	54.091
1350	54.125	54.159	54.193	54.228	54.262	54.296	54.330	54.364	54.398	54.432
1360	54.466	54.501	54.535	54.569	54.603	54.637	54.671	54.705	54.739	54.773
1370	54.807	54.841	54.875							

参 考 文 献

[1] 施文康,余晓芬.检测技术[M].3版.北京:机械工业出版社,2010.
[2] 周杏鹏.传感器与检测技术[M].北京:清华大学出版社,2010.
[3] Pallas-Areny R,Webster J G.传感器和信号调节[M].张伦,译.2版.北京:清华大学出版社,2003.
[4] 陈杰,黄鸿.传感器与检测技术[M].北京:高等教育出版社,2010.
[5] 付华,王雨虹,刘伟玲.智能仪器技术[M].北京:电子工业出版社,2017.
[6] 娄悦.火灾探测报警系统原理与应用[M].杭州:浙江大学出版社,2018.
[7] 丁宏军.火灾探测报警系统系列产品强制性国家标准[M].北京:中国标准出版社,2006.
[8] 吴龙标,方俊.火灾探测信息处理[M].北京:化学工业出版社,2006.
[9] 吴龙标,袁宏永,疏学明.火灾探测与控制工程[M].2版.合肥:中国科学技术大学出版社,2013.
[10] 全国消防标准化技术委员会第六分技术委员会.特种火灾探测器:GB 15631—2008[S].北京:中国标准出版社,2009.
[11] 公安部沈阳消防科学研究所.火灾自动报警系统设计规范:GB 50116—98[S].北京:中国标准出版社,1998.
[12] 全国消防标准化技术委员会火灾探测和报警分技术委员会.火灾自动报警系统性能评价:GB/Z 24978—2010[S].北京:中国标准出版社,2010.
[13] 陈晓娟.基于多元数据融合技术的有限大空间火灾探测系统研究与应用[D].武汉:海军工程大学,2011.
[14] 侯杰.基于视频图像的高大空间建筑火灾探测研究[D].北京:清华大学,2010.
[15] 王腾.舰船大空间火灾视频探测与识别方法研究[D].武汉:海军工程大学,2018.
[16] 王选民.智能仪器原理及设计[M].北京:清华大学出版社,2008.
[17] 林洪桦.测量误差与不确定度评估[M].北京:机械工业出版社,2009.
[18] 费业泰.误差理论与数据处理[M].北京:机械工业出版社,2000.
[19] 叶德培.计量基础知识[M].北京:总装电子信息部技术基础局,1999.
[20] 范巧成.测量不确定度评定的简化方法与应用实例[M].北京:中国电力出版社,2007.
[21] 李维波.电力电子装置中的典型传感器技术[M].北京:中国电力出版社,2016.
[22] 刘迎春,叶湘滨.传感器原理设计与应用[M].3版.长沙:国防科技大学出版社,1997.
[23] 贾伯年,俞朴.传感器技术[M].南京:东南大学出版社,1992.
[24] 封士彩.测试技术学习指导及习题详解[M].北京:北京大学出版社,2009.
[25] 徐科军.传感器与检测技术[M].4版.北京:电子工业出版社,2016.
[26] 胡向东.传感器与检测技术[M].3版.北京:机械工业出版社,2018.

图书资源支持

感谢您一直以来对清华大学出版社图书的支持和爱护。为了配合本书的使用，本书提供配套的资源，有需求的读者请扫描下方的"书圈"微信公众号二维码，在图书专区下载，也可以拨打电话或发送电子邮件咨询。

如果您在使用本书的过程中遇到了什么问题，或者有相关图书出版计划，也请您发邮件告诉我们，以便我们更好地为您服务。

我们的联系方式：

地　　址：北京市海淀区双清路学研大厦 A 座 701

邮　　编：100084

电　　话：010-83470236　010-83470237

资源下载：http://www.tup.com.cn

客服邮箱：tupjsj@vip.163.com

QQ：2301891038（请写明您的单位和姓名）

用微信扫一扫右边的二维码，即可关注清华大学出版社公众号。

教学资源・教学样书・新书信息

人工智能科学与技术
人工智能|电子通信|自动控制

资料下载・样书申请

书圈